石油和化工行业"十四五"规划教材

化工 与 美好生活

张 翔　田伟军 ◎主编

于红军 ◎主审

U0389574

HUAGONG

YU

MEIHAO SHENGHUO

化学工业出版社

·北京·

内容简介

　　《化工与美好生活》是一部深入浅出、兼具趣味性和前沿性的化工科普作品。本书从安全生活、健康生活、美丽生活和绿色生活四个视角出发，聚焦粮食安全、生命健康、妆饰之美、绿色可降解等十六个主题，设计了"认识一种产品""铭记一段历史""讲述一个人物""走进一家企业"等96个任务。全书精选了生物农药等16种民族产品，回溯了中国化肥工业等16段民族历史，勾勒了吴蕴初等16位民族脊梁，展现了上海百雀羚等16家民族企业，融入了"坚持人民至上"等16类党的二十大精神主题，引入了智能响应膜分离材料等28项新型材料，嵌入了秸秆制糖联产黄腐酸等12项关键技术，呈现了云天化数字智慧化工厂等智能趋势，旨在弘扬民族精神，传播安全理念、健康理念、美丽理念、绿色理念，传承职业思维、职业规律、职业精神、职业文化，引导读者思考产品指向、专业方向、就业去向、岗位面向，促进建立专业认同、职业认同、行业认同和民族认同。

　　本书可作为高等教育、职业教育化工类及其相关专业的教材，也可供行业、企业相关从业人员阅读。

图书在版编目（CIP）数据

　　化工与美好生活 / 张翔，田伟军主编. -- 北京：化学工业出版社，2024. 7（2025. 1重印）. --（石油和化工行业"十四五"规划教材）. -- ISBN 978-7-122-46289-3

　　Ⅰ. TQ07

　　中国国家版本馆CIP数据核字第20244YY955号

责任编辑：提　岩　旷英姿　　　　　文字编辑：崔婷婷
责任校对：田睿涵　　　　　　　　　装帧设计：王晓宇

出版发行：化学工业出版社
　　　　　（北京市东城区青年湖南街13号　邮政编码100011）
印　　装：中煤（北京）印务有限公司
787mm×1092mm　1/16　印张15¾　字数238千字
2025年1月北京第1版第2次印刷

购书咨询：010-64518888　　　　　售后服务：010-64518899
网　　址：http://www.cip.com.cn
凡购买本书，如有缺损质量问题，本社销售中心负责调换。

定　　价：48.00元

本书编写人员名单

主　编　湖南化工职业技术学院　张　翔　田伟军

参　编（排名不分先后）

单位	姓名	单位	姓名
湖南化工职业技术学院	刘绚艳	神木职业技术学院	李建法
	魏义兰	宁波职业技术学院	彭振博
	江金龙	湖南石油化工职业技术学院	万　琼
	赵品文	重庆化工职业学院	揭芳芳
	佘媛媛	河南应用技术职业学院	岳瑞丰
	胡彩玲	四川化工职业技术学院	何　风
	殷　洁	宁夏工商职业技术学院	罗灵芝
	周　全	扬州工业职业技术学院	诸昌武
	谢桂容	河北化工医药职业技术学院	张红蕊
	刘海路	内蒙古化工职业学院	崔文静
	申　娉	兰州石化职业技术大学	张雅迪
	李　洁	常州工程职业技术学院	程　进
	谭美蓉	南京科技职业学院	李玉龙
	余小光	徐州工业职业技术学院	柳　峰
	胡文伟	河南应用技术职业学院	付大勇
	段锦华	湖南海利化工股份有限公司	张俊东
	游小娟	浙江龙盛集团股份有限公司	王　专
	李崇裔	株洲飞鹿高新材料技术股份有限公司	刘佳娜
	谈　瑛		
	廖红光		

前 言

化育万物，巧夺天工。人类在自然界的启迪下，于雷电引发的野火中悟得陶土塑形的真谛后，便逐步开启了在矿物中点石成金、从谷物里酿造醇香、于丝麻上施以彩绘的探索，掌握了改造物质的奥秘。19世纪末，曼彻斯特地区的制碱业污染检查员乔治·埃斯克拉·戴维斯（G. E. Davis）首次提出了"化学工程（chemical engineering）"这一术语。伴随工业革命的蓬勃发展，化学家与工程师们潜心钻研，生产出肥料、燃料、炸药等化工制品，化学工程学科由此应运而生。与此同时，在中华大地之上，范旭东、侯德榜、吴蕴初等中国近代化学工业先驱扛起振兴中华的伟大旗帜，以化工实业报国，为中国化学工业的发展打下了坚实基础。

本书精心架构，设置四大模块，涵盖十六个项目，安排96个任务。模块一聚焦粮食安全、居住安全、出行安全和国家安全，逐一呈现安全生活的守护者——农用肥料、建筑材料、交通材料和国防材料。模块二转向粮食健康、家居健康、生命健康和环境健康，徐徐描绘健康生活的滋养者——农药、洗涤剂、医药、环保材料。模块三着眼服饰之美、饮食之美、居住之美和妆饰之美，细腻展示美丽生活的描绘者——染料、食品添加剂、涂料、化妆品。模块四落脚生活可保障、能源可持续、反应可加速和绿色可降解，缓缓讲述绿色生活的推动者——衣用纤维、新型能源、催化剂、生物材料。从安全、健康、美丽到绿色生活，书页间跃动着中国人民对美好生活的无限向往，镌刻着化学工业为之作出的坚定承诺。

每个项目设计了"认识一种产品""铭记一段历史""讲述一个人物""走进一家企业""发起一轮讨论""完成一项测试"6个任务，环环相扣。精选了特种橡胶、生物农药、艺术涂料和变色唇膏等16种民族产品，回溯了中国化肥工业、染料工业、合成纤维、工业催化等16段民族历史，勾勒了吴蕴初、师昌绪、闵恩泽、沈寅初等16位民族脊梁，展现了国药集团、云天化集团、湖南海利化工、上海百雀羚等16家民族企业，融入了"坚持人民至上""坚持自信自立""推动绿色发展"等16类党的二十大精神主题，引入了自修复混凝土材料、智能响应膜分离材料、智能纤维传感器、刀片电池等28项新型材料，嵌入了智能化施肥、3D混凝土打印、数字化唇膏配色系统、秸秆制糖联产黄腐酸等12项关键技术，呈现了云天化数字智慧化工厂、中策橡胶高性能子午胎未来工厂、星火有机硅"蚯蚓盒子"、立邦智能制造工厂等智能趋势，旨在弘扬民族精神，传播安全理念、健康理念、美丽理念、绿色理念，传承职业思维、职业规律、职业精神、职业文化，引导读者思考产品指向、专业方向、就业去向、岗位面向，促进建立专业认同、职业认同、行业认同和民族认同。

本书由湖南化工职业技术学院化学工程学院、制药与生物工程学院组成的课程教研组成员倾心编写，得到了兰州石化职业技术大学、宁波职业技术学院、河北化工医药职业技术学院、湖南石油化工职业技术学院、河南应用技术职业学院、四川化工职业技术学院、重庆化工职业学院、宁夏工商职业技术学院、内蒙古化工职业学院、神木职业技术学院、扬州工业职业技术学院、常州工程职业技术学院、南京科技职业学院、徐州工业职业技术学院等兄弟院校的大力支持，同时邀请了湖南海利化工股份有限公司、浙江龙盛集团股份有限公司、株洲飞鹿高新材料技术股份有限公司等企业的专家参与教材内容的编写与审核。本书由张翔、田伟军担任主编，于红军担任主审。胡彩玲、段锦华、程进编写模块一项目一，谭美蓉、何风编写模块一项目二，李建法、余小光编写模块一项目三，刘海路、胡文伟、诸昌武编写模块一项目四，魏义兰、张俊东编写模块二项目一，岳瑞丰、谈瑛、付大勇编写模块二项目二，周全、张红蕊编写模块二项目三，佘媛媛、万琼、申娉编写模块二项目四，江金龙、王专编写模块三项目一，刘绚艳、李洁、柳峰编写模块三项目二，崔文静、李崇裔、刘佳娜编写模块三项目三，殷洁、揭芳芳编写模块三项目四，谢桂容、罗灵芝编写模块四项目一，赵品文、彭振博编写模块四项目二，游小娟、张雅迪、廖红光编写模块四项目三，张翔、田伟军、李玉龙编写模块四项目四。全书由张翔统稿。

由于编者水平所限，书中不足之处在所难免，敬请广大读者不吝赐教。

张　翔

2024 年 3 月

CONTENTS
目 录

模块一
化工与安全生活
001

项目一　粮食安全——农用肥料　002

任务一　认识一种产品——化肥　002
1. 化肥的应用历史　002
2. 化肥的分类　003
3. 化肥的研究进展　004
4. 化肥的未来展望　005

**任务二　铭记一段历史——中国化肥
　　　　工业发展史**　005
1. 硝烟风云：从民族抗争到自强自立　006
2. 化肥春秋：从突破自主到见证飞跃　007
3. 绿动未来：从质效转型到生态引领　007

任务三　讲述一个人物——孙成　008
1. 奠基平衡理论：营养生长和生殖生长
　的博弈　008
2. 发明"世纪田王"有机肥：缓释技术
　和复混肥料的结合　009
3. 创新"世纪田王"营养餐：不对称
　催化和诱变育种的融合　009

4. 提出"三土精神"：绿色转型和科技
　引领的哲学　010

**任务四　走进一家企业——云天化集团
　　　　有限公司**　010
1. 多元转型保护生态，绿色智肥描绘
　新篇　011
2. 新型材料创造未来，精细化工引领
　升级　011
3. 供应体系谱写新篇，绿色发展兑现
　承诺　012
4. 数字赋能展现新颜，智慧工厂守卫
　安全　012

**任务五　发起一轮讨论——推动
　　　　绿色发展**　013
任务六　完成一项测试　013

项目二　居住安全——建筑材料　014

任务一　认识一种产品——混凝土材料　014
1. 混凝土材料的应用历史　014
2. 混凝土材料的组成与特性　015
3. 混凝土材料的研究进展　016
4. 混凝土材料的未来展望　017

**任务二　铭记一段历史——中国绿色
　　　　建筑材料发展史**　019
1. 绿色建材启航：从国际浪潮到中国
　征程的绿色进化　019

2. 建材革新纪元：从政策引领到科技
　绿动的全面发展　020
3. 健康绿动未来：从科创融汇到绿色
　环保的崭新篇章　020

任务三　讲述一个人物——刘加平　021
1. 田间地头求学者：厚植材料力学与
　化学基础　021
2. 裂缝控制征服者：根除混凝土材料学
　顽疾　022

3. 混凝土材革新者：引领建材革命关键
    突破 022
4. 产学研用实践者：融汇科教广育
    英才 023
**任务四 走进一家企业——中国南玻
    集团** 023
1. 建筑玻璃：安全与舒适的守护者 023

2. 节能南玻：保温隔热魔法师 024
3. 光伏南玻：新能源综合解决方案
    服务商 025
4. 绿色南玻：品质生活缔造者 026
**任务五 发起一轮讨论——坚持发扬
    斗争精神** 026
任务六 完成一项测试 027

项目三 出行安全——交通材料 028

任务一 认识一种产品——轮胎 028
1. 轮胎的结构与功能 028
2. 轮胎的主要成分 030
3. 轮胎的生产工艺流程 031
4. 轮胎的未来展望 031
**任务二 铭记一段历史——中国橡胶
    工业发展史** 032
1. 从美洲丛林到全球舞台的演变之旅 033
2. 从蹒跚学步到自主超越的发展之途 033
3. 从技术革新到全球影响的提升之路 034
4. 从绿色环保到智能辅助的探索之道 035
任务三 讲述一个人物——李引桐 036
1. 橡胶缘起：南洋风云中的艰难起步 036

2. 解困国需：西方封锁下的填补空白 036
3. 和平纽带：中马建交后的华商智慧 037
4. 科教兴邦：教育情怀下的伟大实践 037
**任务四 走进一家企业——中策橡胶
    集团股份有限公司** 038
1. 产品矩阵织经纬，领航轮胎多元化 038
2. 科技引擎催新变，筑基轮胎创新潮 039
3. 海外布局展宏图，中策橡胶翻新篇 039
4. 智能制造赋动能，数字化工绘蓝图 040
**任务五 发起一轮讨论——建设现代化
    产业体系** 041
任务六 完成一项测试 041

项目四 国家安全——国防材料 042

任务一 认识一种产品——特种橡胶 042
1. 橡胶的结构与性能 042
2. 特种橡胶的分类与特征 043
3. 特种橡胶的应用 044
**任务二 铭记一段历史——中国碳纤维
    材料发展史** 045
1. 碳纤织翼：微丝蕴巨力，战略织
    未来 046
2. 碳纤传承：启航于灯丝，铭刻于
    丰碑 047
3. 碳纤破茧：封锁寻自强，征程显
    辉煌 047
4. 碳纤经纬：勇越技术峰，巧破工
    艺卡 048

任务三 讲述一个人物——师昌绪 048
1. 书生报国路，赤子归心图 049
2. 云翼铸魂师，蓝天梦逐新 049
3. 筹谋大局眼，经纬战略心 050
**任务四 走进一家企业——江西蓝星
    星火有机硅有限公司** 051
1. 硅材奥秘织经纬，性能应用谱华章 051
2. 星火燎原硅路长，创新成就铸辉煌 052
3. 智驭 5G 织未来，星火硅谷焕新颜 053
4. 绿色织梦星火间，环保实践谱新篇 054
**任务五 发起一轮讨论——推进国家
    安全体系和能力现代化** 054
任务六 完成一项测试 055

项目一　粮食健康——农药　　058

任务一　认识一种产品——生物农药　058
1. 农药的应用历史与类型　　058
2. 生物农药的类型　　060
3. 生物农药的特点　　060
4. 生物农药的起效影响因素　　061

任务二　铭记一段历史——中国农药
　　　　工业发展史　　062
1. 农药春秋：兴替转战三十年，转型
　　求索护田畴　　062
2. 改革潮涌：农药转型春风里，八十
　　年代启新颜　　063
3. 绿色崛起：大国迈向强国路，创新
　　引领未来篇　　064

任务三　讲述一个人物——张少铭　065
1. 幼学壮志启新程，科研初心源家乡　066

2. 化工烽火锻英才，染料变革显担当　066
3. 杀菌剂里见真章，科技创新织希望　066
4. 薪火传扬育桃李，科研泰斗写春秋　067
5. 国之栋梁献真情，文物承古泽后世　067

任务四　走进一家企业——湖南海利
　　　　化工股份有限公司　　068
1. 绿色兴农领航者：科研深耕启新程　068
2. 科研兴农开创者：甲基异氰酸酯
　　铸辉煌　　069
3. 生态兴农守护者：氨基甲酸酯
　　显神威　　070

任务五　发起一轮讨论——完善科技
　　　　创新体系　　071
任务六　完成一项测试　　071

项目二　家居健康——洗涤剂　　072

任务一　认识一种产品——洗衣液　072
1. 洗衣液的应用历史　　072
2. 洗衣液的成分和功能　　073
3. 洗衣液的生产工艺流程　　075
4. 洗衣液的发展现状及未来展望　　076

任务二　铭记一段历史——中国肥皂
　　　　工业发展史　　078
1. 起源探秘：腓尼基偶得与罗马肥皂
　　的兴盛历程　　079
2. 古法智慧：华夏之地从皂荚到胰子
　　演变之路　　079
3. 洋风东渐：上海滩肥皂工业兴起与
　　外资风云　　080
4. 国潮兴起：新中国肥皂工业蜕变与
　　品牌坚守　　081
5. 改革春风：市场化浪潮下国货肥皂
　　涅槃新生　　081

任务三　讲述一个人物——沈济川　082

1. 东吴启航化工梦，海外精研技归国　082
2. 洗涤工业奠基人，表活破局启新篇　083
3. 大颗粒粉创新艺，技术升级铸辉煌　083
4. 育人为本筑基石，桃李芬芳满天下　084

任务四　走进一家企业——蓝月亮集团
　　　　有限公司　　084
1. 织就多元布局清洁画卷，守护全景式
　　家庭家居专属蓝天　　084
2. 深层洁净科技浓缩精华，至尊泵头
　　共绘绿色生活新篇章　　085
3. 世界大运会的洁净卫士，全球信赖的
　　赛事洁净保障之选　　085
4. 科学洗涤理念的传播者，驭浪数字化
　　营销领域的弄潮儿　　086

任务五　发起一轮讨论——增进民生
　　　　福祉，提高人民生活品质　086
任务六　完成一项测试　　087

项目三　生命健康——医药　088

任务一　认识一种产品——青蒿素　088
1. 抗疟药物的研究背景　088
2. 青蒿素的初步探索　089
3. 青蒿素的璀璨问世　089
4. 青蒿素的基本性质　090

**任务二　铭记一段历史——中国
　　　　维生素 C 工业发展史**　091
1. 自然珍馈与科技飞跃：维生素 C 的
　 探秘与应用案例　091
2. 海上历险与奇迹发现：维生素 C 的
　 航海救赎之旅　092
3. 自然馈赠转科学精粹：维生素 C 提取
　 法的演变历程　092
4. 化学革命与产业巨擘：维生素 C 的
　 合成时代纪元　093

5. 微生物的力量：自主创新下的
　 维生素 C 发酵技术飞跃　093

任务三　讲述一个人物——谢毓元　095
1. 药研先锋：抗疟克星，锑剂问世　096
2. 科研转向：国之所需，我之所向　097
3. 科研秘籍：坚韧求索，热爱无疆　098

任务四　走进一家企业——国药集团　098
1. 四梁八柱绘蓝图，筑梦健康新生态　099
2. 新药研发浪潮涌，前沿科技赋健康　099
3. 现代医药流通网，服务健康零距离　100
4. 智慧医疗启新章，健康生活谱未来　100

**任务五　发起一轮讨论——推进健康
　　　　中国建设**　101

任务六　完成一项测试　102

项目四　环境健康——环保材料　103

任务一　认识一种产品——膜分离材料　103
1. 膜分离材料的发现　103
2. 膜分离材料的分类　106
3. 膜分离材料的性能　106
4. 膜分离材料在净水领域的应用　107

**任务二　铭记一段历史——中国绿色清洁
　　　　生产和生态环境治理发展史**　109
1. 清洁生产：绿色脉动与时代印记　109
2. 绿色赋能：跨界合作与生态转型　110
3. 生态修复：理念先行与技术引领　111

任务三　讲述一个人物——汤鸿霄　112
1. 负梦前行：科学萌芽落地生根　112

2. 留校任教：科研道路漫漫起行　112
3. 兢兢业业：项目研究成效显著　113
4. 99 分试卷：探索精神代代传承　113

**任务四　走进一家企业——中国石化镇
　　　　海炼化公司**　114
1. 以"赤诚红"诠释奋进自强　115
2. 以"生态绿"彰显持续发展　116
3. 以"发展蓝"谋划创新未来　117

**任务五　发起一轮讨论——坚持"绿水
　　　　青山就是金山银山"理念**　118

任务六　完成一项测试　119

模块三
化工与美丽生活　121

项目一　服饰之美——染料　122

任务一　认识一种产品——分散染料　122
1. 分散染料的应用历史　122

2. 分散染料的分类　124
3. 分散染料的染色特性　125

4. 分散染料的发展现状　　126
任务二　铭记一段历史——中国染料工业发展史　　127
1. 染料新生：奠基时期的发展与转型　　128
2. 产业蜕变：升级技术与结构的双重飞跃　　128
3. 改革春风：创新引领的染料工业跃进　　129
4. 强国之路：染料世界的中国制造崛起　　130
5. 绿色未来：功能与可持续的染料新纪元　　130
任务三　讲述一个人物——侯毓汾　　131
1. 奠基之路：染料学科启明星　　132
2. 科研征程：活性染料破晓时　　132

3. 项目探索：丝绸染色艺术境　　133
任务四　走进一家企业——浙江龙盛集团股份有限公司　　133
1. 龙腾盛世绘化工：染料巨擘的成长轨迹　　133
2. 核心优势筑基石：品牌竞争力深度解析　　133
3. 匠心工艺织彩虹：分散活性染料生产揭秘　　134
4. 创新驱动绘蓝图：研发创新引领未来　　136
任务五　发起一轮讨论——坚持深化改革开放　　137
任务六　完成一项测试　　137

项目二　饮食之美——食品添加剂　　138

任务一　认识一种产品——甜味剂　　138
1. 甜味剂的应用历史　　139
2. 甜味剂的分类　　140
3. 甜味剂的研究进展　　141
任务二　铭记一段历史——中国柠檬酸工业发展史　　142
1. 柠檬酸：自然界的酸甜精灵与生活品质的调味大师　　142
2. 生产艺术：柠檬酸提炼技术的变迁与生物发酵的崛起　　143
3. 产业升级：中国柠檬酸工业的创新之路与全球影响力　　143
任务三　讲述一个人物——吴蕴初　　144

1. 自主研味精，贫寒学子逆袭成宗师　　144
2. 延伸产业链，"天"字企业星罗棋布　　145
3. 饮水而思源，公益助学报国心切　　146
任务四　走进一家企业——久大精盐公司　　146
1. 百味之源：从餐桌到健康的神奇旅程　　147
2. 久大诞生：民族精盐工业的曙光初现　　147
3. 技术跃升：精盐提纯的艺术与科学实践　　148
4. 扩产增效：资源循环与拓展创新之路　　148
任务五　发起一轮讨论——贯彻新发展理念　　149
任务六　完成一项测试　　149

项目三　居住之美——涂料　　151

任务一　认识一种产品——艺术涂料　　151
1. 艺术涂料的特点与分类　　151
2. 艺术涂料的原料与配方　　152
3. 艺术涂料的施工技术与工艺　　153
4. 艺术涂料的现状与挑战　　153
5. 艺术涂料的未来展望　　154
任务二　铭记一段历史——中国建筑涂料工业发展史　　154

1. 古代涂料艺术：自然韵彩与时间见证的技艺传奇　　155
2. 涂料工业的近代飞跃：从手工艺术到科技化工的蜕变　　155
3. 涂料世界的多元绽放：技术革新引领环保与功能并进　　156
4. 智能涂料的未来展望：科技赋能，让生活空间灵动智慧　　157

任务三 走进一个人物——陈调甫 159
1. 童年志向·化工启航：早年岁月与
   学术启蒙 159
2. 碱业先锋·漆海弄潮：由碱至漆的
   工业转型 159
3. 育才沃土·管理新篇：人才策略与
   创新管理 160
4. 智慧舵手·社会责任：管理哲学与
   家国情怀 160

**任务四 走进一家企业——立邦涂料
        （中国）有限公司** 161
1. 共舞市场潮头，彩绘中国梦想 161
2. 色彩科技结合，护航健康安全 161
3. 数字重塑业态，智能领航未来 162
4. 绿色制造新篇，共筑美好家园 162

**任务五 发起一轮讨论——坚持人民
        至上** 163
任务六 完成一项测试 164

项目四 妆饰之美——化妆品

165

任务一 认识一种产品——变色唇膏 165
1. 变色唇膏的应用历史 165
2. 变色唇膏的"变色"原理 166
3. 变色唇膏的主要成分 166
4. 变色唇膏的未来展望 167

**任务二 铭记一段历史——中国透明
        质酸工业发展史** 168
1. 透明质酸功效：锁水艺术与护肤圣品 168
2. 透明质酸初探：从牛眼发现到全球
   认知 169
3. 透明质酸产业崛起：中国科研人的
   创新征途与产业化飞跃 169
4. 透明质酸未来展望：跨界应用新领域
   与生活品质的重塑 170

任务三 讲述一个人物——凌沛学 170
1. 科研启明星：与玻尿酸的不解之缘 171
2. 科研攻坚路：玻尿酸产业的自主突破 172
3. 科技惠民梦："中国成分"融入美好
   生活 173

**任务四 走进一家企业——上海百雀羚
        日用化学有限公司** 173
1. 民国风华，美妆缘起 174
2. 百家争鸣，独领风骚 174
3. 赋能草本，重获新生 174
4. 时空交响，国潮新章 175

**任务五 发起一轮讨论——推进文化
        自信自强** 175
任务六 完成一项测试 176

模块四
化工与绿色生活

177

项目一 生活可保障——衣用纤维

178

**任务一 认识一种产品——超高分子量
        聚乙烯纤维** 178
1. 超高分子量聚乙烯纤维的应用历史 179
2. 超高分子量聚乙烯纤维的性能 180
3. 超高分子量聚乙烯纤维的应用 183

**任务二 铭记一段历史——中国合成
        纤维工业发展史** 184

1. 纤维初诞：原料转换启新程，衣被
   天下基业兴 184
2. 织就华裳：衣橱变革助民生，纤维
   工业展宏图 185
3. 丝缕飞跃：产能问鼎全球冠，创新
   纤维织未来 185

4. 智能织物：科技融纺开新境，智织
生活万物联 185
任务三　讲述一个人物——蒋士成 187
1. 创建仪征化纤：破解穿衣难题 187
2. 开创聚酯纤维：国产替代之路 188
3. 研制性能纤维：紧扣国家需要 189
**任务四　走进一家企业——中复神鹰
碳纤维股份有限公司 190**
1. 织梦未来：轻韧并济领航科技与
时尚新纪元 190

2. 碳纤寻梦：国内千吨级 T300 级别
产线稳定投产 191
3. 干喷湿纺：全球首款大丝束高性能
碳纤维面世 191
4. 星海征途：碳纤维生产规模和质量
双重突破 192
**任务五　发起一轮讨论——坚持自信
自立 193**
任务六　完成一项测试 193

项目二　能源可持续——新型能源　194

任务一　认识一种产品——电池材料 194
1. 锂电之心：镍钴锰的三元交响 194
2. 麒麟之舞：CTP 技术的三次腾飞 195
3. 凝聚之美：能量密度的翻天巨变 196
**任务二　铭记一段历史——中国石油
炼制工业发展史 196**
1. 油海初澜：初创艰辛与战时维艰 197
2. 创业砥砺：应国之需的奋起直追 197
3. 支柱成型：改革春风中的石化崛起 198
4. 大国蝶变：石化劲旅屹立世界之林 198
5. 绿色转型：迈向高质量发展的低碳
征途 198
任务三　讲述一个人物——闵恩泽 199

1. 石油炼制催化学科奠基人 199
2. 非晶态合金催化创新先行者 200
3. 绿色加氢脱硫醇催化开拓者 201
**任务四　走进一家企业——比亚迪股份
有限公司 202**
1. 电光石火：动力电池进化轨迹探秘 202
2. 比亚迪引擎：刀片电池与一体化
创新锋芒 203
3. 未来驱动：蜂巢结构仿生六棱柱
电池 204
**任务五　发起一轮讨论——坚持守正
创新 205**
任务六　完成一项测试 205

项目三　反应可加速——催化剂　207

任务一　认识一种产品——催化剂 207
1. 催化剂的应用历史 207
2. 催化剂的组成与分类 208
3. 催化剂的功能和作用机制 209
4. 催化剂的评价指标和影响因素 210
5. 催化剂的应用 211
**任务二　铭记一段历史——中国工业
催化发展史 211**
1. 催化历史溯往昔：奠基者拓土开疆，
科研星火耀华夏 212
2. 催化科技新趋势：绿色高效引航向，
环境友好迈新阶 212

3. 催化科学进化论：纳米革命破晨晓，
登峰造极新效能 214
任务三　讲述一个人物——余祖熙 214
1. 硫酸用钒 V1 催化剂 215
2. 合成氨和碳变换用 A 系和 C 系
催化剂 216
3. 邻苯二甲酸酐和己内酰胺用催化剂 216
4. 薪火相传催化人才培养 216
**任务四　走进一家企业——中国石化
催化剂有限公司 217**
1. 整合启航：中国石化催化剂业务的
重塑与飞跃 217

2. 创新驱动：科研高地与技术蝶变的
    双重奏   218
3. 市场版图：国内领航与国际舞台的
    双轮驱动   218
4. 绿动未来：环保使命与可持续发展的

责任交响   219
任务五 发起一轮讨论——坚持问题
        导向   219
任务六 完成一项测试   220

项目四 绿色可降解——生物材料   221

任务一 认识一种产品——可降解塑料 221
1. 可降解塑料的概念   221
2. 可降解塑料的分类   223
3. 可降解塑料的应用   224
4. 可降解塑料的标识   225
任务二 铭记一段历史——中国乙醇
        工业发展史   225
1. 通用乙醇：从历史沿革到技术飞跃，
    铸就绿色化工新篇章   226
2. 燃料乙醇：代际进化显神威，驱动
    能源绿色转型路   226
任务三 讲述一个人物——沈寅初   229
1. 志趣相融：青年巧结生化情缘   230
2. 国计民生：科研靶向国家需求   230
3. 产研结合：成果惠及田间地头   231

4. 后浪推前：培育新人续写辉煌   231
任务四 走进一家企业——安徽丰原
        集团有限公司   232
1. 酸甜之源：从自然馈赠到工业奇迹 232
2. 发酵艺术：从深层发酵到清液发酵 233
3. 聚合乳酸：绿色科技塑造未来生活 233
4. 科技破壁：聚乳酸合成法的演进与
    挑战   234
5. 丰原篇章：聚乳酸产业的自主突破
    与绿色发展   235
6. 秸秆新生：废弃物转化与产业革新
    之道   235
任务五 发起一轮讨论——坚持系统
        观念   236
任务六 完成一项测试   236

参考文献   238

模块一
化工与安全生活

在人类文明的宏伟篇章中，化学工业始终扮演着举足轻重的角色，它以科技的光芒照亮了安全生活的各个维度，从滋养生命的粮食安全，到庇护温馨的居住安全，再到畅行无阻的出行安全，乃至守卫国家的国防安全，化工的每一次飞跃，都是对人类福祉的深情承诺。

粮食安全是民生之本。化肥，见证了人类对土地的智慧耕耘。化肥的发展历程是科技进步与农业共生的华章。中国化肥工业的崛起，从范旭东与永利铔厂的光辉岁月，到孙成院士的绿色肥料革命，再到云天化集团的绿色智能转型，每一步都镌刻着化工人为民族自强、绿色发展做出的不懈努力。在化肥的时光隧道里，我们见证了从依赖进口到自主生产，从单一肥效到多元化、智能化的华丽转身，这些不仅保障了国家粮食安全，更为全球生态平衡贡献了中国方案。

居住安全是立命之基。化工材料在建筑领域的应用为家的港湾提供了坚实的保障。从高性能混凝土到环保型涂料，从保温隔热材料到防火阻燃体系，化学工业让我们的居所更加安全、环保、舒适，同时也推动了建筑材料的绿色升级，减轻了环境的负担，体现了化工与自然和谐共生的理念。

出行安全是顺畅之源。轮胎作为汽车与道路之间的桥梁，其发展历程是化学工业与安全需求的交响曲。从充气轮胎的诞生到智能轮胎的创新，再到生物基橡胶和石墨烯增强材料的应用，每一次技术革新都让行驶更安全、更智能、更环保。智能轮胎通过物联网技术实时监测，提前预警，确保旅途无忧；绿色轮胎的出现，以生物基材料替代传统原料，大大降低了对环境的影响，展现了化工行业对未来可持续的追求。

国家安全是兴邦之盾。特种橡胶在国防领域的应用，是化工行业对国家安全无声而坚定的守护。从氟橡胶（fluorinated rubber，FKM）的耐腐蚀性能到硅橡胶在航天领域的密封性能，再到碳纤维材料的轻质强韧，这些化工产品的卓越性能，不仅保障了武器装备的可靠耐用，还促进了国防科技的进步，是化学工业为国家安全铸就的坚实盾牌。

作为化工领域的后来者，我们将站在前辈们奠定的坚实基础上，继续探索未知，创新技术，为解决人类面临的资源、环境和安全问题贡献智慧。我们的努力，将让世界看到，化工不仅是推动社会进步的强大力量，更是守护美好生活的温暖力量。

项目一 粮食安全——农用肥料

化肥，农业的隐形英雄，见证了人类对土地的精耕细作与科技进步的并行不悖。从古埃及的粪肥利用，到李比希的矿质营养学说，直至哈伯法合成氨的突破，化肥的应用跨越千年，支撑起现代农业的繁荣。在中国化肥工业史中，范旭东与永利铔厂的光辉，不仅终结了我国依赖进口化肥的时代，更为民族工业的自立自强写下浓墨重彩的一笔。孙成院士，这位农业领域的灯塔人物，以其"植物营养生长与生殖生长平衡理论学说"，引领了肥料革命，通过"世纪田王"有机肥的创新，实现了营养与环境的和谐共生，为农业绿色转型树立了标杆。云天化集团，作为绿色智能转型的先锋，不仅在化肥领域深耕，更以"三土精神"为引领，将产业链延伸至现代农业的每一个环节。从绿色智能肥料的研发到农业种植端的全链条绿色发展，云天化展示了从"一肥打天下"到多元化产业帝国的华丽蜕变，其绿色智能肥和现代农业模式的探索，成为了推动农业可持续发展的强大力量。化肥作为保障粮食安全的关键因素，其发展历程、科技创新、人物贡献及企业实践，共同绘就了一幅从传统向绿色、智能转型的壮美画卷，为全球粮食安全与生态平衡贡献了中国智慧与力量。

任务一 认识一种产品——化肥

在人类文明的沃土上，化肥不仅是粮食丰收的幕后英雄，更是科技进步与自然共生的桥梁。今日之世，化肥不仅分类精细、功能多样，支撑起现代农业的骨架，而且其研究进展更是映射出绿色、可持续的未来愿景。生物化肥的蓬勃兴起，携带着微生物的智慧，优化土壤生态系统，减少化学依赖，为地球披上生态绿装。缓释肥料与有机无机复混肥料的创新，如同细雨润物，精准滋养，提升效率的同时守护着蓝天碧水。智能化施肥技术的登台，则引领我们步入精准农业的新纪元，让每一粒化肥都成为作物苗壮生长与环境友好的双重使者。本任务我们将穿梭化肥的时光隧道，从古老智慧到现代科技，探秘氮、磷、钾的奇妙组合如何塑造餐桌上的丰饶。我们将见证生物科技与信息技术如何携手，重新定义粮食安全与土壤健康的明天。

1. 化肥的应用历史

很久以前，人类将动物粪便、植物残体等天然物质作为肥料，以增强土壤肥力。在中国，《齐民要术》中就记载了公元前 5 世纪人们使用绿肥和人畜粪便施肥的方法。古埃及和古罗马人也意识到粪肥对于提高农作物产量的重要性。这标志着人类早期对土壤管理和肥料使用的初步认识。

1840 年，德国化学家李比希提出了"矿质营养学说"，认为植物生长需要特定的矿物质元素，这一理论为化肥的工业化生产奠定了理论基础。最初的人造化肥来源于骨粉——将动物骨骼煅烧后得到磷酸盐，用以补充土壤磷元素。1843 年，世界上第一个生产硫酸铵的化肥工厂在英格兰建立。随后，磷、钾矿的开发使得磷、钾肥的生产成为可能。19 世纪中叶，智利硝石（天然硝酸钠）的发现和开采，开启了大规模生产氮肥的先河。进入 20 世纪，化肥产业迎来了革命性发展。1909 年，德国化学家哈伯（Fritz Haber）和博施（Carl Bosch）

合作发明了合成氨工艺，实现了氮气与氢气在高温高压及催化剂条件下直接合成氨，这一过程被称为"哈伯法"。合成氨的工业化生产，打破了地球上氮素循环的限制，极大地提高了氮肥的产量。随后，磷、钾肥的生产工艺也相继成熟，形成了氮、磷、钾（N、P、K）复合肥料体系，极大地推动了全球粮食产量的增长。表 1-1 是肥料的应用历史梳理。

表 1-1　肥料的应用历史

时间	关键事件
公元前 5 世纪	中国《齐民要术》记载了当时使用绿肥和人畜粪便施肥的方法
19 世纪 40 年代	德国化学家李比希提出"矿质营养学说" 世界上第一个化肥工厂在英格兰建立，生产硫酸铵
19 世纪中叶	智利硝石的发现和开采，开启大规模生产氮肥的先河
20 世纪初	磷、钾矿的开发使得磷、钾肥生产成为可能 德国化学家哈伯和博施发明合成氨工艺（哈伯法）

2. 化肥的分类

化肥作为植物生长所必需的营养源泉，种类繁多且功能各异，依据其主要成分与作用特性，大致可归类为氮、磷、钾、复合肥以及微量元素肥料五大类别，精准服务于不同土壤和作物。表 1-2 是化肥的分类介绍。

氮肥对于茎叶生长具有显著刺激作用，促使叶片翠绿饱满，提升种子蛋白质含量，增强农产品营养价值，并在增产效果上表现突出。尿素、硫酸铵、硝酸铵等是常见的氮肥品种。

磷肥对植物根系发育、光合作用强度以及整体生长发育起着至关重要的促进作用。磷酸钙、磷酸二氢钙、磷酸二氢铵、过磷酸钙、磷矿粉等为其典型代表。

钾肥被誉为"品质元素"，能够激活多种酶，强化光合作用，增强作物抗病性，显著提升农产品品质。氯化钾、硫酸钾等是常用的钾肥种类。

复合肥料集多种营养元素于一身，包含氮、磷、钾中至少两种或全部三种元素，按元素组合可细分为二元复合肥（如磷酸二氢铵、硝酸钾）、三元复合肥及多元复合肥。这种肥料旨在实现养分的全方位供给，简化施肥步骤。

微量元素肥料如硫酸亚铁、硫酸锌等，专门用于补充铁、锌、铜、锰等植物生长必需但需求量较少的微量元素，确保植物健康生长，防止因微量元素缺乏引发生理障碍。

表 1-2　化肥的分类

化肥类型	典型代表	功效
氮肥	尿素、硫酸铵、硝酸铵	促进茎叶生长，使叶片翠绿饱满；增加蛋白质含量，提升营养价值；增产
磷肥	磷酸钙、磷酸二氢钙、磷酸二氢铵	促进根系发育，增强光合作用；整体生长发育的重要促进因素
钾肥	氯化钾、硫酸钾	强化光合作用，增强作物抗病性；提升农产品品质，钾被称为"品质元素"
复合肥	磷酸二氢铵、硝酸钾	提供多种营养元素，全方位供给，简化施肥步骤，满足作物多元需求
微量元素肥	硫酸亚铁、硫酸锌	补充必要微量元素，防止生理障碍，保障植物健康成长

3. 化肥的研究进展

生物化肥、缓释肥料和有机无机复混肥料是新型肥料的典型代表。

（1）生物化肥　生物化肥作为一种由生物活性物质精心制成的新型肥料，兼具提供植物所需养分与优化土壤结构、改善微生物环境的双重功效。与传统化肥相比，它以天然、无害、可再生的特质脱颖而出，其生产过程低碳节能、对环境污染小，充分契合绿色化工的发展理念。近年来，随着人们对土壤健康关注度的提升以及生态农业的蓬勃发展，生物化肥在全球范围内的生产和应用步入了高速发展的轨道。联合国粮农组织预测，至2030年，生物化肥市场规模将实现翻倍增长，其在整体化肥市场中的占比将进一步扩大。

微生物肥料，作为生物化肥家族的重要成员，巧妙利用有益微生物菌群的力量，改善土壤质地、增强作物抵抗力、提升养分利用率。以根瘤菌剂在豆科作物种植中的应用为例，它能显著提升作物对氮素的吸收与利用效率，从而降低化学氮肥的施用量。如今，科研人员正借助基因编辑、微生物组工程技术等前沿手段，有目标地筛选和改良具备高效功能的菌株，以满足不同类型土壤与不同品种作物的个性化需求。生物化肥的广泛应用，不仅有利于提升农产品品质、确保食品安全，更在修复土壤生态系统、推动农业可持续发展方面发挥着积极作用。数据显示，科学施用生物化肥后，农作物产量平均可提升10%～20%，化学肥料使用量则能有效削减20%以上，有力缓解了农业面源污染的压力。浙江省自推行生物化肥替代部分化学肥料政策以来，农田土壤有机质含量逐年递增，地下水硝酸盐污染得到有效控制，农作物病虫害发生率显著下降，农民收入显著提升。

（2）缓释肥料　缓释肥料作为一种通过物理、化学或生物工艺手段精心设计，使其内部养分得以缓慢释放，以满足植物全程生长需求的创新型肥料，显著减轻了传统化肥过量施用引发的环境污染问题，提高了养分利用率，对土壤健康与生态环境保护具有积极意义。据国际肥料工业协会统计，过去十年间，缓释肥料市场规模增长率超过60%，显示出强劲的生命力与市场需求潜力。

缓释肥料的研发过程中，融入了高分子包膜技术、凝胶材料缓释技术、微胶囊技术等多项高新技术。例如，运用可调控降解的聚合物薄膜将肥料颗粒严密包裹，形成一层能灵活调节养分释放速度的保护屏障；或者借助沸石、硅藻土等多孔吸附材料承载肥料，通过孔隙扩散效应精确控制养分释放速率。全球范围内，因化肥使用不当导致的氮、磷流失比例高达50%以上，严重威胁水体质量与土壤健康。缓释肥料凭借其卓越的控释性能，极大程度减少了面源污染，对于保障全球粮食安全与保护生态环境具有重大战略意义。从经济效益角度考量，尽管缓释肥料初期投入成本可能略高于传统肥料，但鉴于其高效的利用率与减少的重复施肥次数，长期总体成本实则降低，经济效益显而易见。这些先进技术的成熟应用，有力提升了缓释肥料的产品质量和使用效果。江苏省成功推广缓释肥料项目，经对比试验显示，连续多年施用缓释肥料后，水稻、小麦等主要农作物产量平均提升约15%，而化肥总使用量则减少了约20%。

（3）有机无机复混肥料　有机无机复混肥料是一种将有机肥料与无机肥料按照科学比例精妙融合的创新型肥料。其核心价值在于整合有机物的长效缓释优势与无机物的快速补充特点，实现土壤养分的全面、均衡供给，降低对单一化学肥料的过度依赖。既确保了农作物养分需求的满足，又优化了土壤结构，激活了微生物活性，有效减少了农业面源污染。

科研人员持续探索与完善有机无机复混肥料的生产工艺，如热稳定性有机物料处理技术、微生物发酵技术、矿物包膜缓释技术等，使得肥料中有机物与无机物得以更高效协同，全面提升肥料的整体性能。有机无机复混肥料的应用，有力推动了农业生产的绿色转型，同时也在很大程度上打破了社会对化工行业高污染、高能耗的偏见。根据国际肥料工业协会发布的数据，预计到 2030 年，全球有机无机复混肥料市场规模将以年均约 7% 的速度稳步扩张，预示着这一新型肥料在农业可持续发展领域拥有广阔的发展前景。以我国某现代农业示范区为例，自引入有机无机复混肥料以来，历经连续三年的试验观察，数据显示：粮食作物产量平均增长了 12%，土壤有机质含量提升了 8%，土壤 pH 值趋向稳定，农田生态系统显著改善。此外，得益于养分释放更为均衡持久，农民每年施肥次数减少了约 20%，既节约了人力成本，又降低了对周边水源的潜在污染风险。表 1-3 是新型化肥的特点。

表 1-3　新型化肥的特点

化肥类型	特点
生物化肥	含生物活性物质，优化土壤结构与微生物环境；天然、无害、可再生，低碳环保，提升作物抗性，改善土壤质地，减少化学肥料使用
缓释肥料	设计养分缓慢释放，符合植物全程生长需求；减少环境污染，提高养分利用率；应用高分子包膜、微胶囊等技术控制释放速度
有机无机复混肥料	结合有机肥长效缓释与无机肥快速补给特性，全面均衡供给养分，降低单一化肥依赖；改善土壤结构，激活微生物活性，减少污染

4. 化肥的未来展望

智能化施肥技术是一种集信息技术、传感器技术、大数据分析及智能决策技术等前沿科技于一体的创新模式，旨在实时监测农田土壤养分状况，动态调整并精准执行施肥计划，旨在提升化肥利用率，减轻环境污染，保护土壤生态，增进农作物产量与品质，以推动农业生产的可持续发展。

具体而言，该技术借助便携式土壤养分检测仪，实时捕捉田块中氮、磷、钾等关键养分的含量，为精准施肥提供科学依据。结果显示，此技术在判断施肥需求方面的准确度超过 90%。智能化施肥技术还通过对土壤养分、气候状况、作物生长阶段等多种数据的采集整合，并运用大数据分析手段预测作物养分需求，进而智能生成最佳施肥方案。例如，美国硅谷一家农业科技企业研发的智能施肥决策系统，能基于海量农田数据自动调整灌溉与施肥规划。实际应用显示，使用该系统的农场化肥用量减少了 20%，而作物产量却提高了 15%。无人驾驶农机设备则配备高精度定位系统与智能控制系统，根据预设的施肥方案，确保肥料投放的精确性。在荷兰的一些高科技农场，无人驾驶拖拉机与精准滴灌施肥系统默契协作，同步进行播种、施肥与灌溉工作，显著提升了作业效率，提高了化肥利用率，同时降低了对环境的干扰。

任务二　铭记一段历史——中国化肥工业发展史

在中国这片古老而肥沃的土地上，化肥的故事与民族的命运紧密交织，共同铺陈出一部波澜壮阔的化工史诗。从硝烟弥漫的抗争岁月，步入自主突破的化肥春秋，直至绿意盎然的未来篇章。回望历史长河，范旭东先生与永利铔厂的传奇，如同璀璨星辰，照亮了中国化工的夜空。在战火中挺立，每一粒国产化肥的诞生，都是对侵略者最有力的回击。记录着从依赖到自主，从弱小到强大的飞跃之路。宛如春潮涌动，滋养了广袤的田野，支撑起国家的粮食安全，书写了农业现代化的辉煌篇章。在生态文明的新时代背景下，化肥工业勇于担当，开启了绿色转型的新征程。从追求产量到注重质量与效率，从传统生产到循环经济与精准服务，每一次变革都是对美好生活的深情诠释，每一步绿色实践都是对地球未来的庄严承诺。

1. 硝烟风云：从民族抗争到自强自立

我国肥料应用历史源远流长，早期以天然有机肥料及动物粪便为主。然而，伴随人口激增与农业规模扩大，传统施肥方式渐显乏力，难以满足日益增长的需求。20世纪初，化肥开始进入我国，尤以水稻种植领域为先，旨在提高粮食产量，进口肥料以硫酸铵为主。至30年代，国内开始尝试建设氮肥生产线，但产量尚处低位。其中，上海天利氮气股份有限公司与永利化学工业公司南京铔厂（简称永利铔厂）是早期的生产主力。

永利铔厂由著名爱国实业家范旭东先生一手创办。范旭东，一生秉持"实业救国"理念，被尊称为"中国民族化学工业之父"。毛泽东主席在论及中国民族工业时，曾多次提及"化学工业不能忘记范旭东"。1934年，范旭东携手侯德榜，在南京六合卸甲甸区域创建了永利铔厂。该厂不仅是中国早期化工厂的杰出代表，更一度成为亚洲规模最大的化工厂，享有"远东第一大厂"之誉。

1937年1月，永利铔厂顺利生产出首批合格的硫酸与液氨。2月，中国首包红三角牌硫酸铵（民间俗称"肥田粉"）缓缓下线，宣告了中国化肥生产自主化的开端。对此，范旭东先生在《记事》中感慨道："列强争雄于高压合成氨工业，在中华于焉实现矣，我国先有纯碱烧碱，这只能说有了一翼；现在又有硫酸、硝酸，才算有了另一翼。有了两翼，我国化学工业就可以展翅腾飞了。"

同年，亚洲当时最大规模的硝酸吸收塔在永利铔厂建成并启动生产。然而，硝酸塔运行不足半年，淞沪会战爆发，战火逐渐逼近南京。范旭东当机立断，指示厂长侯德榜迅速调整生产方向，转产硝酸铵，并利用铁工厂资源制造地雷壳、军用铁锹和飞机尾翼等军需物资，全力支援抗战。侯德榜身先士卒，激发全厂职工的抗日斗志，要求大家坚守岗位，确保生产的炸药等军火物资及时送达南京兵工厂。面对日本侵略者的拉拢，范旭东断然拒绝，并严令侯德榜"宁可破产，也不接受敌人的'奠仪'！"利诱无果的日军，开始对永利铔厂展开疯狂轰炸，造成厂内设施严重损毁，被迫停产。

为防止亲手创立的民族化工事业落入敌手，范旭东早有深思熟虑的内迁预案。他指示侯德榜组织员工整理重要图纸，拆卸关键设备，带领主要技术人员及图纸，向西部四川地区转移，并决心在那里建立起新的民族工业基地，以支持长期抗战。1937年12月13日，南京陷落于日军之手，仅仅四日后，永利铔厂亦被占领。日军意图利用厂内设备生产硝酸铵以扩充军备，然而受限于原材料短缺，未能如愿。丧心病狂的日本当局遂强行拆卸并掠夺了全套硝酸生产设备，包括8座吸收塔、1座氧化塔、1座硝酸浓缩塔在内的28套装置、1482件部件，总重达550吨。此外，一同被劫走的还有价值4万美元的铂金网。

时光流转至1945年8月，日本侵略者投降不久，范旭东先生因病离世，侯德榜接任永利化学公司总经理之职。抗战胜利后，永利化学工业公司接收回南京铔厂遗址，然而厂区内仅剩空荡荡的建筑框架。侯德榜在《大公报》发表题为《向日本拆回被劫去的硝酸装置》的文章，疾呼"必须要求日本归还并赔偿，即使只是破损的金属碎片也具有价值，因为这些都是我们浴血付出的代价"，其观点引起社会舆论的广泛共鸣。1947年7月，侯德榜亲自赴日，经过多轮交涉与谈判，历时两年之久，终迫使日本政府同意归还硝酸制造设备及价值4万美元的铂金网。硝酸吸收塔等设备运回国内后迅速得以重新安装并恢复生产，直至2011年5月才光荣退役。

2. 化肥春秋：从突破自主到见证飞跃

20世纪50～70年代，中国迈入了化肥大规模推广使用的时代。这一时期，国家依托国营农场和农业合作社等载体，构建起庞大的化肥推广使用体系，并通过政策优惠与技术支持，大力引导农民接纳并使用化肥，标志着中国自主探索建设化肥工业的起点。小型氮肥工业以碳酸氢铵为核心实现全面自主化生产，中型氮肥工业开始尝试自建与引进技术相结合的道路，大型合成氨与尿素装置的建设则在引进国外先进技术后顺利启动，氮肥工业实现了历史性的三级跳跃。自1949年新中国成立以来，氮肥产量几乎保持着年均约20%的增速。2000年，我国氮肥产量已达到2398.11万吨（折纯氮），占全球氮肥总产量的23%，稳居世界第一；2005年，全国磷肥产量已跃升至1206.2万吨（P_2O_5），首次问鼎全球首位；2019年，我国钾肥总产能达到762.2万吨（K_2O），成为全球第四大钾肥生产国；复合肥产业也进入了萌芽与初步发展阶段。2023年我国农用氮、磷、钾化肥产量达到5713.6万吨，较2022年增加140.22万吨。化肥种类与产量大幅增长，极大丰富了人民餐桌与粮仓，对"三农"生产建设发挥了重大推动作用。在这几十年里，"量"的提升成为主要矛盾，生产充足的化肥产品成为发展主旋律。

3. 绿动未来：从质效转型到生态引领

进入21世纪，"质"与"效"取代"量"，成为化肥工业发展的核心矛盾与转型目标。在此背景下，化肥行业开启转型升级之路，国家积极倡导企业技术创新与设备升级，旨在提升化肥品质与生产效率。化肥品种结构亦随之发生深刻变革，绿色肥料、高效肥料等新型产品逐渐占据主导地位。

2015年，农业部发布《到2020年化肥使用量零增长行动方案》，强调推动肥料产品优化升级、积极推广高效新型肥料是实现化肥零增长的技术关键。国家统计局数据显示，2016年，中国农用化肥用量降至5984万吨（折纯），较2015年减少38万吨，这是自1974年来我国农用化肥用量首次实现负增长，提前三年达成化肥使用量零增长目标，为农业绿色发展做出了重要贡献。

2017年，国家环境保护标准《排污许可证申请与核发技术规范 化肥工业-氮肥》正式生效，为氮肥工业向绿色可持续发展模式转变注入强劲推力。以湖北三宁化工股份有限公司为例，企业围绕核心产品废弃物展开资源化利用研究，成功构建了一条完整的循环经济产业链。通过将原本过剩且价格低廉的硫酸铵转化为市场需求旺盛的硫酸钾，同时利用合成氨的深度加工技术，生产出高品质硝硫基复合肥，此举不仅丰富了产品种类，每年还可节约硝硫基复合肥生产成本约1.2亿元。整个生产流程实现了固体废物零排放，既提升了产品附加值，又有效处置了副产品盐酸，充分体现了绿色化工与循环经济的紧密结合。

《"十四五"全国农药产业发展规划》强调了加快农药产业转型升级的重要性，提出了构建现代农药产业体系，提高农药供给能力和国际竞争力的目标。坚持安全发展、绿色发展、高质量发展和创新发展的基本原则，并设定了到2025年的发展目标，包括生产集约化、经营规范化、使用专业化和管理现代化。农业农村部制定的《到2025年化肥减量化行动方案》和《到2025年化学农药减量化行动方案》两份行动方案，旨在推进化肥农药减量增效，健全减量化机制，全方位夯实粮食安全根基，加快农业全面绿色转型，保障农产品质量安全，加强生态文明建设。2024年中央一号文件中提到，加强农村生态文明建设，持续打好农业农村污染治理攻坚战，一体化推进乡村生态保护修复，扎实推进化肥农药减量增效，推广种养循环模式，整县推进农业面源污染综合防治。

任务三　讲述一个人物——孙成

孙成院士，他的科研征程宛如一座璀璨灯塔，照亮了传统农业向绿色生态转型的道路。面对化肥滥用的全球性困境，孙成院士不仅提出了"植物营养生长与生殖生长平衡理论学说"，更将其转化为行动的力量，通过"世纪田王"系列生物有机肥的创新实践，引领了一场安全高效的肥料革命。他的科研成果如同希望的种子，播撒在每一寸渴望丰收的土地上，不仅极大提升了作物产量与质量，更为保护土壤健康、维护水体清洁筑起了一道坚固的防线。我们将跟随孙成院士的足迹，深入了解他在平衡植物生长理论、生物有机肥创新、多功能纳米肥料的前沿探索，以及"三土精神"对现代农业转型的深刻启示。

1. 奠基平衡理论：营养生长和生殖生长的博弈

20世纪中叶以来，化肥的兴起极大地推动了全球粮食产量的提升，但其背后隐藏的问题同样不容忽视。据统计，我国农作物每亩化肥用量高达21.9公斤，远超过世界平均水平8公斤，是美国的2.6倍，欧盟的2.5倍。而国际公认的化肥施用安全上限为225公斤/公顷，我国却达到了434.3公斤/公顷，是安全标准的1.93倍。化肥的过量使用会导致土壤退化，表现为有机质含量下降、土壤板结，进而影响作物根系发育和养分吸收。同时，未被作物有效利用的肥料成分流入水体，造成水体富营养化，引发环境污染，严重时甚至威胁到人类饮用水安全。

植物的生长发育分为营养生长和生殖生长两个阶段。营养生长侧重于根、茎、叶等植物体结构的构建，是植物积累营养物质的基础；而生殖生长则专注于花、果实和种子的形成，直接关联作物产量与品质。孙成院士提出了"植物营养生长与生殖生长平衡理论学说"，强调了在植物生长周期中，营养生长与生殖生长之间必须保持适宜的平衡，以确保植物能高效利用养分，既促进植物体的苗壮生长，又保证充足的生殖器官发育，实现作物的高产优质。

同时在作物吸收营养的专一性、选择性和相对稳定性规律上进行了总结。例如，植物吸收营养以无机态为主，这一特性指导我们需关注养分的无机形态供应。植物对氮、磷、钾等必需营养元素有明确的选择性，不会无差别地吸收土壤中的所有元素。作物的营养需求与其遗传特性及长期适应的土壤环境紧密相关。例如，无论种植在何种土壤中，同一种作物对养分的吸收比例和量通常保持相对稳定。小麦在不同区域的麦粒氮含量保持在1.8%～2.2%之间，显示出其对氮素吸收的特异性和稳定性。

基于此理论，孙成院士团队通过广泛的大田实验，探索出了作物特定生育期对氮、磷、钾等主要养分的具体需求规律。比如，水稻在不同地域和土壤类型下，对养分比例的需求有明显差异，北方碱性土需要氮、磷、钾比例约为 2:1:1，而南方酸性红土则为 1:0.4:0.9。这意味着，传统的"一刀切"施肥方式，如 1:1:1 型的通用复合肥，不仅浪费资源，还会破坏土壤生态平衡，导致环境污染。因此，孙成院士倡导根据作物品种、土壤类型和作物生长阶段，精确调整肥料配方，实现定制化施肥。

2. 发明"世纪田王"有机肥：缓释技术和复混肥料的结合

"世纪田王"生物有机肥的诞生，既是一次对传统化肥使用模式的革命性挑战，又是"植物营养生长与生殖生长平衡理论学说"的成功实践。早在 20 多年前，孙成院士团队研发的重大发明专利成果"世纪田王生物有机肥"就被纳入"国家重点新产品计划项目"和"高新技术产业重点示范工程项目"。这一创新产品将有机无机肥料巧妙结合并融合缓释技术打破了以往依赖单一化肥的传统，引领了绿色农业的新潮流。

传统的化肥易造成养分流失，利用率低。而"世纪田王"通过独特的缓释技术，使得肥料中的营养成分能够在作物生长周期中缓慢释放，有效延长肥效时间，减少了养分挥发和流失，提高了肥料利用率。这不仅意味着减少了化肥的投入成本，还有效缓解了因化肥过量施用导致的水体富营养化、土壤板结和酸化等问题。与常规化肥相比，"世纪田王"可减少 30% ~ 40% 的化肥施用量，同时提高肥料利用率 40% 以上。孙成院士团队在"世纪田王"中创新性地将有机质与无机养分相结合，利用有机质的生物活性和无机养分的快速供给特性，形成互补优势。这种结合不仅为作物提供了全面均衡的营养，还改善了土壤结构，增加了土壤的保水保肥能力，促进了土壤微生物的活动，有利于生态系统的良性循环。

这款产品历经 20 余年的广泛应用，覆盖中国大部分地区，并远销越南、马来西亚等多国，其中最为人瞩目的是与"杂交水稻之父"袁隆平院士的合作案例。在安徽亿牛生物科技有限公司的配合下，袁隆平院士团队使用"世纪田王"肥料进行田间试验，结果令人振奋。亩产从连续 6 年未能突破的 900 公斤大关，一举跃升至 926.4 公斤，创下了新纪录。央视《新闻联播》对此进行了报道，彰显了"世纪田王"在促进农民增产增收、提升农业经济效益方面的实际贡献。此项技术集中解决了我国化肥利用率低、土壤板结、环境污染、粮食安全等系列问题，填补了中国乃至全球在高浓度天然生物有机肥、生物有机无机缓释复混肥领域的空白，标志着中国肥料技术已达到国际先进水平。

3. 创新"世纪田王"营养餐：不对称催化和诱变育种的融合

2019 年，孙成院士成功研发出"世纪田王植物营养餐"，这是在"世纪田王生物有机肥"基础上，经过创新升级换代，具有颠覆性的最新重大前沿科技成果。这款肥料不仅凝聚了纳米碳不对称有机催化技术、纳米缓释技术与航天诱变育种技术的精髓，更是对传统肥料理念的一次颠覆性创新。孙成院士团队创造性地将纳米碳材料应用于肥料之中，利用其独特的物理化学性质，如小尺寸效应、表面效应等，实现了养分的高效活化。纳米碳材料如同微观魔术师，能有效吸附并富集土壤中的水分和养分，同时减少肥料中氨的挥发损失，提高呼吸作用和光合作用，促进作物生物量增加，为作物的茁壮成长奠定了坚实的物质基础。

肥料中添加的集硝化抑制、脲酶抑制、氮稳定和植物生长调节等多功能于一体的纳米有机缓释剂，如同作物的智能营养调控器，它能根据作物生长节奏，缓慢而持续地释放养分。这种技术不仅确保了养分供应与植物需求的精准匹配，还通过调节土壤结构，增大孔隙度，增强透气性和透水性，有效降低土壤盐碱度，促进盐分淋洗，降低土壤中有害重金属的活性，从而在保障作物生长的同时，改善土壤生态环境。

利用太空搭载的微生物菌剂，实现了微生物与空间技术的跨界融合。这种经过宇宙射线、微重力等极端条件筛选和变异的微生物，不仅生命力顽强，而且具有强大的活性和抗逆性。它们能分泌多种有益物质，如抗菌物质和酶类，有效抑制病原菌，促进土壤中有益微生物群落的建立，增强作物抗病虫害能力，同时还能促进土壤中有机质的转化，提升土壤肥力，为作物创造一个健康的生长环境。

"世纪田王植物营养餐"的广泛应用，不仅提升土壤有机质含量，还有效改善了作物品质，减少了农药使用，降低了农业的碳足迹。它不仅能够改良盐碱地，修复受污染耕地，还通过减少农药残留，提高了农产品的安全性，为实现农业的绿色低碳转型和"双碳"目标提供了有力支持。

4. 提出"三土精神"：绿色转型和科技引领的哲学

在化肥与农业发展的广阔天地中，孙成院士提出的"三土精神"——滋土、育土、沃土，不仅是一个理念，更是指引农业绿色转型的哲学灯塔，为农业可持续发展铺设了理论与实践并重的道路。

"滋土"，意在强调通过科学施肥和有机物料回归，滋养土壤，提升土壤有机质含量，恢复地力，形成良好的土壤生态系统。这一理念倡导的是对土壤的深度关爱，让土壤不再是简单的作物生长介质，而是充满生命力的生态基础。"育土"，则是在滋土的基础上，通过合理轮作、有机无机结合、生物技术等手段，培育土壤微生物多样性，增强土壤自我修复能力，使之成为作物健康成长的温床。育土的过程，犹如养育生命，细心呵护，让土壤焕发生机。"沃土"，最终目标是实现土壤的持久肥沃与高产稳产，通过高效利用资源，减少化肥和农药的依赖，使土地能够持续为人类提供高品质的农产品，同时维护生态平衡，确保农业的可持续发展。

在农业实践中，落实"三土精神"意味着从传统的化学农业向生态农业转变。通过精准施肥、有机替代、生态循环等策略，减少化肥过量使用，避免土壤盐碱化和板结，提升农产品品质，同时减少环境污染。这不仅有助于解决粮食安全问题，也是对全球气候变化挑战的积极回应。以孙成院士为引领的农业绿色发展院士先行示范区工程，正是"三土精神"在实践中的生动展现。该工程涵盖13个大类项目，如世纪田王营养餐与院士科技沃土工程、农田水利建设、绿色农产品品牌营销与溯源监测等，旨在通过科技支撑、政策推动和产业带动，推动农业绿色转型。"三土精神"不仅是理论上的深刻洞见，更是在实践中开花结果的农业发展哲学。

任务四　走进一家企业——云天化集团有限公司

在现代农业与化工产业的绿色智能转型浪潮中，云天化集团有限公司（简称云天化），秉持着"立根大地，志搏云天"的企业精神，从传统化肥制造商蜕变成亚洲绿色化肥的领航者，勾勒出一幅生态文明与产业升级和谐共舞的壮丽图景。从绿色智能肥的破土而出，引领农业向精准、环保的未来迈进，到精细化工与新材料领域的深度布局，云天化不仅是产业升级的新引擎，更是绿色制造的先行者。其产业链的绿色延伸、智能工厂的数字化转型，以及在新能源材料领域的重大突破，展现了企业对可持续发展的深刻洞察与责任担当。云天化的故事，是关于科技与自然和谐共生的探索，是传统产业在数字经济时代蝶变重生的范例，更是中国制造向中国智造迈出的坚实步伐。在每一粒肥料、每一项化工产品的背后，都蕴含着云天化对绿色、高效、安全的不懈追求，以及对推动中国农业与化工行业迈向更高层次发展的雄心壮志。云天化用实际行动诠释了从"一肥打天下"到多元化产业帝国的华丽转身，其背后是对生态友好、循环经济的深刻理解与践行。

1. 多元转型保护生态，绿色智肥描绘新篇

云天化在绿色智能肥料的研发与应用上走在了行业前列。2022 年初，他们推出了国内首款"金沙江"牌绿色智能水稻专用肥，标志着智能施肥技术的突破。这种肥料能够精准匹配作物生长周期所需营养，减少过量施肥导致的环境污染，提升了资源利用效率。云天化利用其独有的国家级磷资源开发利用工程技术研究中心，建立了张福锁、沈政昌两位院士的工作站，通过产学研合作，加速绿色资源、绿色制造到绿色产品的转化，为绿色农业的发展注入了强大的科研动力。

云天化没有止步于化肥的生产，而是将产业链向农业种植端延伸，实现了从源头到田间的全链条绿色发展。通过建设绿色农业高新技术产业示范项目（good agricultural practices，GAP），云天化在云南昆明市晋宁区打造了一个现代化花卉种植基地，昔日的磷矿废弃地如今变身成为千亩格桑花海和现代化大棚，其中的"粉红雪山"玫瑰就是高科技农业的产物。这些现代化大棚集成了水肥、环境和温度控制体系，实现智能化管理，大幅提高了农业生产效率和作物品质。

云天化在现代农业领域的布局，不仅仅体现在技术创新上，更在于产业模式的创新。以"云米""云花""云菜"三大产业为例，云天化展现了农业与工业融合的新模式。在西双版纳，云天化围绕 20 万亩优质特色水稻，倾力打造"云米"品牌，致力于成为中国香米的领军者；"云花"项目通过创建"花匠铺"品牌，为云南千亿云花产业提供示范引领，推动花卉种植的工业化、标准化；而"云菜"项目则瞄准粤港澳大湾区市场，建立直供通道，提升云南蔬菜的市场竞争力。

通过这些实践，云天化不仅在产业链重构和产业升级方面取得了显著成效，还在绿色农业高新技术领域取得了突破，形成了可示范、可推广、可带动的现代农业发展模式。这不仅解决了传统化肥与现代农业需求之间的矛盾，还促进了云南高原特色农业的整体提升，实现了经济效益与生态效益的双赢。

2. 新型材料创造未来，精细化工引领升级

云天化的精细化工与新材料板块，凭借其深厚的产业积淀和前瞻性的布局，已成为产业升级的典范。在精细磷化工领域，云天化旗下的饲料磷酸氢钙产品占据国内市场超过 70%的份额。这一成就不仅体现了公司在传统领域的精耕细作，更彰显了其在精细化、专业化方

向上的持续进步。

在"三药"（医药、农药、兽药）中间体新材料领域，云天化利用磷化工规模与体系优势，推进磷化工与中间体产业协同创新模式，填补了云南在这一领域的新材料空白。此举不仅丰富了公司产品线，更为云南乃至全国的医药、农药、兽药行业提供了高质量的原材料，增强了产业链的自主可控能力。

面对激烈的市场竞争，云天化在玻璃纤维及复合材料产业中采取了差异化的竞争策略，致力于在高价值产品领域确立细分市场的龙头地位。不同于行业内常见的规模扩张模式，云天化坚持走"适度规模下的差异化和高价值"道路，通过加大科研投入和产品迭代升级，不断推出高模玻璃纤维、耐老化性能更优的风电纱等高附加值新产品，满足清洁能源、5G通信、节能减排等高端领域的特定需求。

这一策略的成效显著，云天化在全球玻纤市场的占有率已达到11.3%，风电纱市场占有率超过30%，居全球首位；电子布领域市场占有率全球前三。产品品质得到国际认可，通过了德国劳氏船级社（Germanischer Lloyd，GL）、英国劳氏船级社（Lloyd's Register of Shipping，LR)、美国食品药品监督管理局（Food and Drug Administration，FDA）等权威认证，产品畅销全球多个国家和地区。这一系列成就不仅提升了云天化的国际竞争力，也为中国制造赢得了声誉。

3. 供应体系谱写新篇，绿色发展兑现承诺

云天化作为中国化肥行业的佼佼者，其绿色转型的探索值得深入剖析。云天化积极响应国家绿色发展战略，打造了7座国家级绿色矿山，15家绿色工厂，以及91个绿色产品，这不仅是对企业自身环境保护责任的践行，也为行业树立了绿色发展的标杆。复垦植被超过6万亩，植被复垦率高达95%，远超行业平均水平，云天化展现出了对生态文明建设的坚定承诺。

云天化构建的绿色供应链体系，强调从原料采购、生产制造到产品销售的全链条绿色化，不仅提升了自身运营效率，还带动了上下游企业的绿色转型，促进了循环经济的发展。尤其值得关注的是，云天化在新能源材料领域的布局，如投资建设的50万吨/年磷酸铁项目，不仅顺应了新能源汽车产业的蓬勃发展，还为实现"双碳"目标贡献了重要力量。与多氟多化工股份有限公司合作的六氟磷酸锂项目，更是体现了在精细氟化工领域的深度合作与技术突破，推动了绿色新材料的发展。

4. 数字赋能展现新颜，智慧工厂守卫安全

云天化通过引入数字孪生技术，构建了全厂数字孪生模型，这标志着其3D智慧工厂的诞生。这一创新之举不仅使得工厂的运营实现了高度可视化和智能化，还能模拟生产流程，提前预判潜在问题，优化生产方案。在这样的智慧工厂中，从原料输入到产品输出的每一步都能被精准监控与管理，大大提高了生产效率和资源利用率。此外，无人机自动巡检系统的引入，更是为化工园区的安全管理插上了科技的翅膀。无人机携带高清摄像头与各类传感器，能够对园区进行定期巡视，实时监控环境状况，一旦发现异常，如气体泄漏、温度异常等，立即触发预警，确保了第一时间响应与处理，极大地降低了安全风险。

在"工业互联网＋危化品安全生产"框架下，云天化构建了一体化的安全生产信息化平

台，该平台集成了风险分级管控、隐患排查治理、重大危险源监测预警等关键功能。通过大数据分析和人工智能算法，平台能够实时分析生产数据，识别潜在风险点，为管理层提供决策支持。在应急响应方面，云天化同样借助数字化手段，实现了应急预案的智能化管理，一旦发生紧急情况，系统能够迅速启动相应预案，确保人员安全与事故得到有效控制。

任务五　发起一轮讨论——推动绿色发展

化肥，从古至今的农业命脉，见证了与自然共生的智慧进化。在绿色发展的引领下，从古老粪肥到"世纪田王"的科技突破，孙成院士以纳米科技融合生态智慧，开创生物有机肥新篇章，倡导"三土精神"，在土壤、作物、环境间织就和谐共生的绿网。云天化则以绿色智能肥为笔，绘就现代农业转型的生态画卷，不仅提升产业效能，更在实践中书写了减量增效、和谐共生的绿色发展新篇章。每一粒肥料，都是向可持续未来致敬的注脚，共绘人与自然和谐共生的美好愿景。这些实例共同印证了中国在推动绿色发展中，正通过强化创新驱动发展战略与科教兴国战略，加快构建和完善科技创新体系，促进人与自然和谐共生，向着高质量发展迈进。

讨论主题一：请说明如何将数字化、智能化的技术应用于农业领域。

讨论主题二：请从中国化肥工业发展历史来分析，为什么新时代我国要推进化肥农药减量化。

讨论主题三：谈谈孙成院士提出的"三土精神"如何指导我们专业学习。

讨论主题四：请从云天化集团有限公司企业发展故事来分析企业坚持绿色发展理念的意义。

任务六　完成一项测试

1. 常见的化肥种类不包括（　　）。

A. 氮肥　　　　　　B. 磷肥　　　　　　C. 钾肥　　　　　　D. 钠肥

2. "中国民族化学工业之父"是（　　）。

A. 张之洞　　　　　B. 张謇　　　　　　C. 卢作孚　　　　　D. 范旭东

3. 下列不属于孙成的研究成果的是（　　）。

A. 滴塑生产技术　　　　　　　　　　　B. 世纪田王植物营养餐

C. 植物营养生长与生殖生长平衡理论学说　D. 新型缓释肥料

4. 不属于云天化集团有限公司"三绿建设"的是（　　）。

A. 绿色矿山　　　　　B. 绿色工厂　　　　C. 绿色产品　　　　D. 绿色农场

项目二　居住安全——建筑材料

混凝土，这一看似平凡的建筑材料，却是构筑现代文明的基石。从古罗马建筑混凝土到现代超高性能混凝土的革新，其发展历程见证了人类对科技进步的不懈追求。绿色建筑材料，如节能玻璃，尤其是低辐射镀膜玻璃（Low-E 玻璃），正以节能、环保的特性，改变建筑面貌，响应全球绿色建筑的浪潮。中国建材领域，刘加平院士以对混凝土的深刻研究，特别是在裂缝控制和高性能化上的贡献，推动了行业技术革新，其科研成果广泛应用于重大工程，体现了科研与实践的完美结合。提及企业典范，中国南玻集团作为节能玻璃的领航者，不仅在 Low-E 玻璃技术上领先，更在光伏产业和绿色发展中展现其前瞻视野，以实际行动促进可持续发展。这些故事共同描绘出一幅从个体智慧到企业力量，再到行业变革的宏伟画卷，均为保障居住安全背后不可或缺的支持力量。它们通过绿色建材的创新应用，间接促进了农业基础设施的现代化，为农业的可持续发展奠定基石。

任务一　认识一种产品——混凝土材料

在构筑人类家园的宏伟篇章中，混凝土不仅是城市森林的基石，更是科技进步与安全生活的牢固纽带。从史前遗址中那原始而朴素的材料初探，到罗马帝国以智慧凝固的永恒丰碑，直至波特兰水泥问世引领的现代建筑革命，混凝土的发展轨迹映射了人类对材料科学的精进追求与自然界的和谐共生。如今，混凝土不仅是居住安全的守护者，更是科技进步的展示窗。踏入 21 世纪，混凝土的面貌焕然一新。超高性能混凝土以其超凡的强度与耐久性，成为现代工程的宠儿，构筑起跨越时空的坚固桥梁；自修复混凝土则像拥有生命的建材，默默守护建筑免受微伤之扰，延长结构寿命；而 3D 打印混凝土技术的兴起，让建筑设计挣脱传统束缚，以无限创意勾勒未来城市的轮廓，同时书写着绿色建造的新篇章。在此任务中，我们将启程于混凝土的古老起源，穿越至今日科研的辉煌成就，洞悉高性能材料背后的科学奥秘，领略智能科技如何令建筑材料拥有了"思考"的能力。从纳米尺度的微观调控到大数据驱动的精准预测，每一步创新都是向着更安全、更绿色、更智慧的生活环境迈进。

1. 混凝土材料的应用历史

中国凌家滩遗址是一处距今 5000 多年的新石器时代晚期聚落遗址，考古学家在此处发现了一种早期混凝土形态——一种由黏土、砂砾与骨料交融而成的类似混凝土的建筑复合材料。尽管它在性能上远逊于现代版本，但却象征着人类对复合材料运用的初探，拉开了建筑材料从单纯自然元素向人工合成物演进的历史帷幕。

真正意义上的混凝土诞生于罗马帝国。罗马工匠发现，将石灰、火山灰与碎石巧妙融合，经水调和形成的混合物硬化后展现出卓越的耐久性和可塑性，这一创举极大地赋能了罗马建筑艺术的进步。诸如历经千年仍傲然挺立的罗马斗兽场、万神殿等雄伟建筑，恰是混凝土应用初期的典范，生动诠释了其在承重能力、抗腐蚀及装饰美学方面的超凡特性。

步入工业革命浪潮，随着波特兰水泥（由约瑟夫·阿斯普丁于 1824 年发明）的横空出世，现代混凝土应运而生。凭借其快速凝结、高强度以及优良的耐久性，波特兰水泥迅速取代了传统的石灰砂浆，推动混凝土的制造与应用步入工业化轨道。进入 20 世纪，混凝土科技呈井喷式发展，从配方精进、生产工艺革新，到新材料、新技术的百花齐放，混凝土已从单一的建筑结构载体跃升为覆盖土木工程、交通基建、能源设施乃至艺术创新等诸多领域的核心要素。

2. 混凝土材料的组成与特性

（1）混凝土材料的组成　混凝土材料，是由胶凝材料、骨料、水，以及可能添加的外加剂和掺和料，严格按照比例混合搅拌，经过硬化过程塑造而成的人造石质材料。

胶凝材料，被视为混凝土的精髓，主宰其硬化后的力学性能与耐久品质。以广泛应用的波特兰水泥为例，其主体成分为硅酸钙，在水化作用下生成水化硅酸钙凝胶与水化铝酸钙晶体，构建起坚固的微观骨架，赋予混凝土强大的强度与稳定性。

骨料，如碎石、砂等，构成了混凝土的主体，提供必要的体积、降低成本，并对混凝土的密度、孔隙率、热传导性能等物理属性产生影响。骨料的质量、粒径分布及形态直接关乎混凝土的和易性、强度表现及耐久性。

水在混凝土材料中扮演润滑剂与黏结剂的角色，使水泥颗粒充分水化并有效裹覆骨料，形成均匀的混合物。水的用量须精准控制，过量或不足都将导致混凝土性能大打折扣。

外加剂与掺和料是现代混凝土技术跃升的显著标志。外加剂如减水剂、早强剂、缓凝剂等，显著优化混凝土拌和物的和易性、作业性能、强度及耐久性能。掺和料如粉煤灰、矿渣等工业副产品，既能替代部分水泥，节省能源与成本，又可提升混凝土的耐久性与抗裂性能。表 1-4 是混凝土材料的成分与功能特性。

表 1-4　混凝土材料的成分与功能特性

组成成分	功能特性
胶凝材料	硅酸钙为主体，水化后生成坚固的微观骨架，决定混凝土的力学性能与耐久品质，提供主要的黏结力与强度
骨料	如碎石、砂等，构成混凝土主体，影响体积、成本及物理属性，改变密度、孔隙率、热传导性能，影响和易性、强度表现和耐久性
水	润滑与黏结作用，促进水泥水化，控制用量至关重要，影响混凝土整体性能
外加剂	如减水剂、早强剂、缓凝剂等，优化混凝土拌和物的和易性与作业性能，调节强度发展进程，提升耐久性能
掺和料	如粉煤灰、矿渣等工业副产品，替代部分水泥，既节省能源与成本，又可提升混凝土的耐久性与抗裂性能

（2）混凝土材料的特性　和易性、抗压和抗拉强度、耐久性是衡量混凝土材料优劣的主要指标（见表 1-5）。

和易性，即混凝土拌和物的流动性与可塑性，是衡量混凝土施工适用性的重要指标。优秀的和易性确保混凝土便于运输、浇筑、捣实，有效防止离析、泌水等现象，保障工程质量。

强度，是混凝土最为人所熟知的特性之一，其抗压强度通常介于 20 ～ 100 MPa 之间，超高性能混凝土（ultra-high performance concrete，UHPC）甚至可高达200 MPa以上。相比之下，抗拉强度较低，通常仅为抗压强度的十分之一左右，但可通过加入钢筋或纤维予以强化。混凝土的强度随时间增长，一般在28天后达到设计要求。

耐久性，即对抗各类环境侵蚀（如冻融、渗透、氯离子侵入、硫酸盐侵蚀等）的能力，对建筑物使用寿命具有决定性影响。混凝土的变形特性包括收缩、徐变、弹性变形等。硬化过程中，因水分蒸发、化学反应等因素，混凝土会产生收缩，可能导致裂缝产生。在持久荷载作用下会发生徐变，影响结构稳定。其弹性模量为20～50 GPa，决定了混凝土对荷载反应的速度与刚度。

表1-5 混凝土材料的主要指标

材料指标	指标解读
和易性	即混凝土拌和物的流动性与可塑性，确保混凝土施工便利，包括容易运输、浇筑和捣实，减少施工中离析与泌水现象，保证工程品质
抗压强度	通常20～100 MPa，是最显著的力学性能，随养护时间增长，在28天左右达到设计要求
抗拉强度	约为抗压强度的1/10，通过添加钢筋或纤维强化，以弥补混凝土抗拉性能的不足
耐久性	混凝土抵抗环境侵蚀（如冻融循环、水分渗透、化学侵蚀）的能力，直接影响结构的使用寿命，是评价混凝土长期性能的关键

3. 混凝土材料的研究进展

UHPC是一种拥有极高强度、极低孔隙率、卓越韧性和耐久性的创新混凝土材料。通过大幅提高水泥浆体与骨料的比例、采用高效减水剂、添加微细活性矿物掺和料（如硅灰、矿渣粉等）以及采用高温蒸汽养护等方法，使混凝土内部构筑起致密、连续的水化产物网络，显著提升其力学性能与耐久度。

UHPC在抗氯离子渗透、抗硫酸盐侵蚀、抗冻融等方面的性能远胜传统混凝土，有力抵御恶劣环境对结构的侵害。中国港珠澳大桥的沉管隧道接头即采用UHPC制造，成功解决深海环境中大跨度沉管连接的难题。浙江大学建筑设计研究院紫金院区办公楼采用了UHPC材料，其凹凸板双曲线的外形在光线下呈现出不同的效果。法国米约高架桥，主梁以UHPC制备，其2.1 m厚的纤巧箱梁设计在呈现美观之余，大大减轻自重、降低风阻、节约投资。与传统混凝土相比，桥面板厚度缩减40%，自重减轻20%，预期寿命长达120年。UHPC的抗压强度通常在150～250 MPa之间，甚至可达300 MPa以上。通过融入钢纤维或聚合物纤维，UHPC具备良好的抗拉、抗弯、抗剪性能，断裂能可高达普通混凝土的50倍以上。在高层建筑中，UHPC应用于核心筒、剪力墙、楼板等关键位置，显著提升结构整体刚度与抗震能力。如阿联酋迪拜的"公主塔"，其核心筒采用UHPC，有效强化建筑抗风、抗震性能，实现超高层建筑的安全与稳定。与传统混凝土相比，"公主塔"采用UHPC后，核心筒壁厚减薄20%，结构自重降低约10%，大幅提升建筑的使用效能与经济效益。

自修复混凝土（self-healing concrete,SHC），是一种具有神奇自我修复能力的新型混凝土材料。其奥秘在于预先在混凝土内部植入装有愈合剂的微胶囊、生物基材料或智能化学反应系统。当混凝土结构出现裂缝时，这些愈合剂便会适时释放，填充裂隙，恢复结构的整体性。自修复混凝土如同一位"隐形医生"，能自动检测并修补微小裂缝，阻碍裂缝扩大，防止结构性能衰退。以荷兰乌得勒支大学一项实验为例，研究人员将含有细菌愈合剂的微胶囊植入自修复混凝土试件中。当试件出现裂缝时，微胶囊破裂，内部细菌开始繁殖并分泌碳酸钙，成功填充裂缝。修复后的试件，其抗压强度恢复至原有值的 80% 以上，显著增强了结构安全性。

此外，自修复混凝土通过减少裂缝的产生与扩散，大幅减少了结构维修、加固的需求，节省大量维护费用。比利时一座地下停车场的顶板采用了含有水玻璃愈合剂的自修复混凝土。运营初期五年内，该停车场顶板未出现明显裂缝，无需任何维修。预计在其整个生命周期内，维护成本较使用普通混凝土节省约 40%。这种"自我修复"的特性，使自修复混凝土成为构筑更加持久、安全、经济的建筑结构的理想选择，为美好生活增添了一份科技守护。

3D 打印混凝土技术（concrete 3D printing，C3DP）巧妙借助增材制造原理，犹如建筑师手中的魔术棒，以逐层堆叠之法，精准地将混凝土浆液"绘制"在预设位置，逐渐塑造成三维立体结构。这一技术能够依据设计蓝图，直接"打印"出形态复杂、异乎寻常的建筑部件，轻松实现高度个性化定制，一举打破传统模板浇筑的束缚。告别繁重模板，减少材料损耗，消减施工噪声与粉尘排放，显著提升建筑生产效能，有力践行绿色建筑之道。

以中国西安某 3D 打印别墅项目为例，该项目采用自主研发的大型龙门式 3D 打印机，选用 UHPC 作为打印原料，仅耗时 60 小时即高效完成了两层共计 300 平方米的建筑主体打印。此案例为解决我国农村住房问题开辟了崭新思路。放眼国际，荷兰"Landscape House"堪称全球首栋获准居住的 3D 打印混凝土住宅。其独特的曲面造型全然由 3D 打印技术精雕细琢而成，生动揭示了 3D 打印混凝土技术在塑造建筑艺术美感、满足个性化居住需求方面的无限可能。美国 ICON 公司的 Vulcan II 3D 打印系统，能在极端环境下迅速构建应急住所。例如，在墨西哥地震灾区，该公司仅用短短 24 小时便"打印"出一座面积达 50 平方米的住宅，有效解决了受灾群众的临时居住难题，凸显了 3D 打印混凝土技术在应对紧急情况时的强大应变力与人道关怀价值。表 1-6 是混凝土材料（技术）的功能特性和应用案例。

表 1-6　混凝土材料（技术）的功能特性和应用案例

材料（技术）类型	功能特性	应用案例
超高性能混凝土（UHPC）	极高强度（150 ~ 250 MPa），极低孔隙率，卓越韧性与耐久性，抗恶劣环境侵蚀，减轻自重与提高结构效率	浙江大学建筑设计院紫金院区办公楼外墙；法国诺曼底大桥桥面板，法国米约高架桥主梁，港珠澳大桥沉管隧道接头；阿联酋迪拜"公主塔"核心筒
自修复混凝土（SHC）	自我检测与修复裂缝，延长结构寿命，减少维护成本，阻挡侵蚀介质入侵	荷兰乌得勒支大学含细菌愈合剂实验；美国科罗拉多州公路桥桥面板；比利时地下停车场顶板
3D 打印混凝土技术（C3DP）	精准定制复杂结构，提高建造效率与精度，减少材料浪费与环境影响，快速响应紧急需求	中国西安 3D 打印别墅项目；荷兰"Landscape House" 3D 打印住宅；美国 ICON 公司 Vulcan II 系统在墨西哥地震灾区的应急住所建造

4. 混凝土材料的未来展望

在科技日新月异的今天，传统建筑材料正悄然经历一场华丽蜕变。纳米科技、智能材料、大数据与人工智能等前沿技术与混凝土的深度融合，催生出一系列创新成果，它们以超越想象的力量重塑建筑世界，为构筑更加智能、绿色、可持续的美好未来注入强劲动力。

纳米改性水泥基复合材料（nano-modified cementitious composites，NMCCs），通过巧妙融入硅灰石、二氧化钛、碳纳米管等纳米粒子，赋予混凝土前所未有的强化力量，显著提升其力学性能、耐久性及自修复特性。

新加坡国立大学研发的自愈合混凝土，内嵌含有神奇修复剂的微胶囊，一旦裂缝现踪，微胶囊如同微型急救包般破裂释药，悄然修补损伤。这便是纳米科技在建筑材料革新中的生动演绎。

石墨烯气凝胶，一种高导热、低密度的新颖材质，宛如混凝土的保暖衣，当其融入混凝土体内时，能显著改善其隔热保温性能。中国科研团队创新研发的石墨烯增强混凝土，其导热系数仅为普通混凝土的五分之一，如同给建筑披上一层节能外衣，未来有望在绿色建筑界大放异彩。

生物质废弃混凝土，以绿色木炭为掺和料融入混凝土，既增强了混凝土的筋骨，延长了使用寿命，又实现了固废资源的有效利用，减少了碳排放。瑞典一项研究表明，混凝土中掺入仅 10% 木炭粉，抗压强度即可提升约 10%，同时碳足迹下降达 20%，环保效益与经济效益双丰收。

智能温控瓷砖（thermo-responsive tiles），一种嵌入相变材料（phase change materials，PCMs）的独特瓷砖，仿佛建筑的恒温调节器，随环境温度起伏而吸热放热，悄然调节室内温度。将其镶嵌于混凝土墙体或地面，犹如安装了节能空调，助力实现被动式建筑能源管理，有效降低空调能耗，让生活空间更绿色、更舒适。表 1-7 是混凝土材料类型与功能特性。

表 1-7　混凝土材料类型与功能特性

材料类型	功能特性
纳米改性水泥基复合材料	强化混凝土力学性能，提升耐久性、自修复特性（如新加坡国立大学研发的自愈合混凝土）
石墨烯增强混凝土	高导热、低密度，显著改善隔热保温性能，导热系数仅为普通混凝土的五分之一，节能环保
生物质废弃物混凝土	增强混凝土强度与寿命，有效利用固废资源，减少碳排放（掺入 10% 木炭粉，抗压强度提升约 10%，碳足迹下降 20%）
智能温控瓷砖	环境响应型温度调节，吸热放热，调节室内温度，促进被动式建筑能源管理，降低空调能耗，提升居住舒适度与环境绿色度

借助物联网技术，实时捕获混凝土生产与施工过程中的各项关键数据（如原料比例、搅拌时长、浇筑温度、养护条件等），结合大数据分析的智慧之眼，精准预见并优化混凝土性能。德国某混凝土企业运用大数据平台，成功削减生产成本约 10%，同时提升了产品质量稳定性，展示了数据驱动决策的魅力。人工智能（artificial intelligence，AI）技术在混凝土行业的触角已延伸至设计、生产、检测等多个环节。比如，深度学习算法犹如混凝土强度的预言家，精准预测其强度发展曲线，为施工进度规划提供科学指导；基于机器视觉的混凝土缺陷识别系统，仿佛一双火眼金睛，自动捕捉混凝土表面的裂纹、蜂窝、麻面等瑕疵，确保工程质量。更有 AI 辅佐的 3D 打印混凝土技术，实时监测打印过程，灵活调整参数，确保建筑结构的精确度与稳定性，让智慧建造成为现实。

任务二 铭记一段历史——中国绿色建筑材料发展史

在中国绿色建筑材料的编年史中，我们见证了一段从国际启迪到本土实践，从理念启蒙到科技创新的绿色进化之旅。回溯过往，绿色建材的萌芽源自对环境危机的全球觉醒，步入建材革新纪元，政策法规如同灯塔，照亮了绿色建材发展的航道，科技的绿动让建材产业焕发出前所未有的活力。从可循环建材的循环利用到碳纤维材料的轻盈革命，从低辐射镀膜玻璃的节能智慧到生态水泥的绿色创想，每一项创新都是对传统建材的超越，每一次进步都指向更加节能、环保的未来。展望未来，健康绿动的篇章已经翻开，我们正步入一个以科技融合创新，筑造环保生活新纪元的时代。抗菌建材守护着每一个空间的健康呼吸，高性能隔热材料编织着四季如春的居住梦想。这些不仅仅是材料的革新，更是对未来生活方式的深刻思考与重塑，展现了化工与材料科学在促进人与自然和谐共生中的无限可能。

1. 绿色建材启航：从国际浪潮到中国征程的绿色进化

绿色建筑理念的孕育与国际绿色建筑发展历程，其源头可追溯至 20 世纪 60 年代。当时，随着工业化狂潮席卷全球，环境问题日益严峻，尤其是石油危机引发的能源警钟，促使世人深刻反思建筑与自然环境间的关系。此时，建筑界开始积极探索在建筑设计与施工中如何兼顾环保与资源节约，绿色建筑理念就此破壳而出。国际绿色建筑实践的步伐始于 70 年代的欧洲大陆，尤以丹麦、瑞典等北欧国家为先驱。他们对能源效率与环境保护的执着追求，使其绿色建筑研究与实践走在世界前列。90 年代初，英国推出全球首个绿色建筑评估体系（building research establishment environmental assessment method，BREEAM），标志着绿色建筑步入系统化、标准化的发展轨道。紧随其后，美国于 1993 年推出绿色建筑评级体系（leadership in energy and environmental design，LEED），有力助推了绿色建筑理念在全球范围内的广泛传播与落地生根。

我国对绿色建筑理念的接触与接纳虽起步稍晚，但随着改革开放大门的敞开，对外交流日益频繁，绿色建筑思想在 20 世纪 80 年代末逐渐引起国内学术界及部分先锋企业的关注。1992 年，联合国环境与发展大会通过《21 世纪议程》，将绿色建筑理念引入国内，为我国绿色建筑实践拉开了序幕。1994 年，《中国 21 世纪议程——中国 21 世纪人口、环境与发展白皮书》的发布，首次明确提出了建筑节能与资源节约的国家意志，为我国绿色建筑事业铺就了政策基石。可循环建材的研发与推广，旨在从源头减少建筑垃圾产生，实现资源的闭环再生。通过物理、化学或生物手段，废弃物得以华丽转身，成为可用的建筑原料。例如，将建筑废墟中的碎砖瓦经过破碎、筛选、混合等工艺，即可重生为再生砖；废弃混凝土经破碎、清洗、分级后，可化身混凝土骨料或再生混凝土。在这个过程中，湿法冶金、固废热解、生物发酵等化工技术大显身手，成功实现了废弃物的减量化、无害化与资源化蜕变。

碳纤维材料，这一高性能复合材料的典范，是由树脂基质与碳纤维丝经高温炼制而成。碳纤维材料以其轻盈、强韧、防腐蚀、耐高温的特质，加之独特的自我清洁能力，在建筑领域展现出显著的环保节能优势。比如，用于建筑主体结构，可显著减轻建筑物自重，降低运行能耗；若应用于建筑围护结构，如屋顶、墙面，则能有效隔热、保温，大幅削减空调能耗。再者，其卓越的耐腐蚀性与长久的使用寿命，降低了建筑维护成本，减少了资源消耗。Low-E 玻璃，作为绿色建筑早期的节能明星，通过在玻璃表面镀覆一层或多层金属或其他化合物薄膜，巧妙调控太阳能辐射，大幅提升建筑保温性能。低辐射玻璃如同建筑的"智能防晒伞"，夏季能有效阻隔烈日辐射热进入室内，冬季则能减少室内热量逸散，有力助推建筑节能降耗。美国能源部数据显示，采用低辐射玻璃的建筑，其空调制冷负荷可降低20%～30%，采暖负荷可降低10%～25%，显著降低建筑能耗，为美好生活的绿色转型注入强大动力。

2. 建材革新纪元：从政策引领到科技绿动的全面发展

20世纪90年代，我国绿色建材产业迈入全面成长与规范化新时期。在此期间，一系列政策法规与标准体系的构建，犹如灯塔般为行业发展指明了航向。时光流转至2006年，我国正式颁布《绿色建筑评价标准》（GB/T 50378—2006），这是我国首部从建筑全生命周期视角审视建筑性能的国家标准，标志着我国绿色建筑评价体系的正式确立。同年，科学技术部与建设部携手签署"绿色建筑科技行动"合作协议，为绿色建材工业的技术升级提供了强大的政策与科研后盾。

绿色建材，以选用可再生、可回收、低环境负担的原料为核心，致力于构建资源节约、环境友好的建筑材料体系。比如，巧用粉煤灰、矿渣等工业副产品替代部分水泥原料，既减轻了废弃物对环境的负担，又节省了宝贵的自然资源；再如，借助农作物秸秆、稻壳等生物质资源，通过生物降解工艺，变废为宝，生产出生物质建材，实现了废弃物的高效利用。在生产过程中，采用低温固化、常压养护等节能技术制备绿色混凝土，显著降低水泥熟料烧制过程中的能源消耗。

空气加气砖是一种轻质、多孔的墙体建材，主要由粉煤灰、水泥、石膏等原料配制，并通过发泡剂发泡及蒸压养护工艺加工而成。其内部布满大量均匀密闭的气孔，赋予其轻质、高强度、保温等诸多优良特性。据中国建筑科学研究院权威数据，采用空气加气砖建造的建筑，其墙体热工性能可提升20%～30%，显著降低建筑能耗。

生态水泥作为早期绿色建筑材料的代表，主要以钢铁渣、矿渣、粉煤灰等工业副产品为原料，通过特定化学反应生成水泥熟料。与常规水泥相比，生态水泥的生产大幅减少了对天然资源的需求，降低了能源消耗及碳排放，并有效缓解了工业废弃物对环境的压力。例如，以粉煤灰替代部分石灰石，既避免了石灰石开采对山体的破坏，又成功地转化了燃煤电厂的副产物，实现废弃物的高效利用。统计数据显示，每吨粉煤灰替代石灰石，可节约标准煤约0.71吨，相应减排二氧化碳约0.6吨。

绿色真空玻璃无疑是这一时期绿色建筑材料的又一瞩目焦点，它通过在两片玻璃板间抽真空并填充惰性气体，构建起一道高效的隔热屏障。真空玻璃的传热系数远低于常规中空玻璃，能有效阻隔夏季高温辐射热进入室内，减少冬季室内暖量逸出，有力促进建筑节能。具体而言，采用绿色真空玻璃的建筑物，其空调制冷负荷可下降20%～30%，而采暖负荷则可降低10%～25%。此外，绿色真空玻璃还具备出色的隔音性能与长寿命优势，进一步增强了建筑的舒适度与经济效益。

3. 健康绿动未来：从科创融汇到绿色环保的崭新篇章

步入21世纪，中国绿色建筑材料产业在政策法规与标准体系的双重引领下，展现出深度革新与持续发展的蓬勃气象。《绿色建筑评价技术细则》的发布，为绿色建筑评估提供了翔实的操作手册，大大提升了评价的精确度与公平性。与此同时，《绿色建筑评价标识管理办法》对标识的申请、评审、授牌、后续管理等环节进行了全面规范，确保了整个评价过程的制度化运行。这些政策文件的出台，不仅为绿色建筑的推广提供了权威的评判基准，更有力保障了绿色建筑市场的健康、有序发展。

伴随公众健康意识的普遍提升，抗菌建材已成为绿色建筑研究的焦点领域。这类建材通过在基材中融入具有抗菌特性的添加剂，如纳米银、二氧化钛等，或者利用材料自身具备的自净化机制（如光催化效应），有效遏制有害微生物的滋生。抗菌涂层瓷砖、抗菌涂料等产品在实际使用中能持续抑制细菌、霉菌生长，有力维护室内环境卫生安全。以一款新型抗菌瓷砖为例，其表面覆盖一层富含纳米银粒子的抗菌釉层。纳米银凭借其强氧化性能，能够穿透并破坏微生物细胞膜，从而阻止其繁殖。此类瓷砖在日常生活中能有效对抗大肠杆菌、金黄色葡萄球菌等多种常见致病菌，显著减小交叉感染风险。同时，其生产工艺与传统瓷砖相近，易于大规模制造，已在医院、学校、餐厅等公共建筑中广泛应用，为建筑空间提供了额外的卫生保护屏障。

面对建筑节能需求的日益增长，高性能隔热材料的研发亦取得重大突破。诸如运用相变储能材料、纳米复合技术研制的新型隔热涂料、隔热膜等产品，在保持卓越隔热效能的同时，实现了轻量化、薄层化设计，既适用于已建建筑的节能改造，也适配新建建筑的高效隔热需求。比如，内含相变储能材料的隔热涂料能在白昼吸收并储存热量，夜晚再缓慢释放，有效调节室内气温，减少空调耗能。以配备 Low-E 玻璃与高性能隔热材料的节能窗户为例，Low-E 玻璃能高效反射红外线，减少热量透射，而多层隔热膜等高性能隔热材料则能有效阻挡室内外热量交换。此类节能窗户的传热系数（U 值）远低于常规窗户，极大地削减了建筑物冬夏两季的空调与暖气能耗。以北京市某居民小区为例，经改造采用高效节能窗后，冬季取暖能耗下降约 15%，夏季制冷能耗降低约 20%，节能效果显著，同时还提升了室内居住舒适度，降低了噪声影响。

任务三　讲述一个人物——刘加平

刘加平院士，以其在混凝土收缩裂缝控制与超高性能化领域的卓越贡献，屹立于建筑材料创新之巅。作为业界翘楚，刘院士在学术界声望卓著，科研硕果累累，一举攻克困扰国际同行已久的混凝土收缩开裂顽疾，创造性地构建起收缩开裂理论体系，研发出一系列实用功能材料，并成功应用于无锡太湖隧道、兰新高铁等百项重大工程项目，赢得国家技术发明二等奖、国家科技进步二等奖等多项殊荣。其科研成果不仅有力推动了土木工程技术的迭代升级，更在实际工程中展现出巨大的应用价值。如在无锡太湖隧道项目中，刘院士的不开裂混凝土技术使得主体结构实现"天衣无缝、滴水不漏"，生动诠释了科研成果转化成生产力的巨大潜力。此外，刘院士还积极关注行业绿色发展，大力倡导并积极推动绿色低碳混凝土材料的研发与应用，为我国实现"双碳"目标添砖加瓦。

1. 田间地头求学者：厚植材料力学与化学基础

刘加平院士，是从江苏海安市葛家桥村田间地头走出来的科研巨匠。朴实的农耕生活磨炼了他的意志，母亲的勤俭持家之道和父亲寒暑假让他"打零工"的锻炼，铸就了他脚踏实地、勇于挑战的精神风貌，这份源自田野的坚韧，为他日后攀越科研巅峰提供了无比坚实的心理支柱。

刘加平的学术之路始于重庆建筑工程学院（后并入重庆大学）的建筑材料及制品专业，以优异成绩入学的他，不仅积淀了深厚的学科知识，更在学校浓郁的学术氛围中，深刻领悟到跨学科研究的价值。随后，在东南大学攻读硕士、博士学位期间，有幸师从孙伟院士与唐明述院士两位业界泰斗，他们的悉心教诲使他在混凝土材料力学与化学领域持续精进，学术修为日渐深厚。孙伟院士在结构工程与混凝土材料力学领域的深厚功底，使刘加平对混凝土内部"力"的理解更为透彻，把握住了攻克开裂问题的命脉；而唐明述院士在混凝土材料化学领域的权威见解，则助他从微观与纳米尺度洞悉混凝土性能提升的实质。两位院士严谨的治学风范和无私的奉献精神，深深烙印在刘加平的学术生涯中，成为他科研征途上永不熄灭的指路明灯。

2. 裂缝控制征服者：根除混凝土材料学顽疾

混凝土收缩裂缝控制是长期困扰全球工程界的顽固难题，由于水分蒸发、水化反应、热胀冷缩等多元因素导致的收缩，加之内外约束引起的应力集中，使得裂缝问题几乎无法避免。裂缝不仅破坏建筑物外观，加速结构老化，而且可能危及整体安全性。然而，传统混凝土技术在应对裂缝产生时往往力有未逮，导致大量建筑物出现渗漏、结构损伤等现象，成为建筑行业的重大痛点。

面对这一挑战，刘加平院士凭借深厚的学术积累与锐意创新的精神，构建起一套崭新的收缩开裂理论体系。他巧妙地将材料特性、结构设计与环境条件紧密联结，创造性地提出复杂胶凝体系的活化能计算方法，解决了实验室数据与实际工程表现之间的对接难题，并创建了混凝土水化过程中温度、湿度与约束三者耦合作用的模型。这一模型不仅打破了开裂风险量化评估的理论桎梏，为裂缝预防性设计提供了科学支撑，更填补了该领域的研究空白。

在收缩开裂理论体系的引领下，刘加平院士率领团队实现了关键技术创新与工程实践的深度融合。他们独辟蹊径地研发出减缩抗裂、力学性能提升与流变性能调控三大核心技术集群，全面覆盖了混凝土性能改良的各个维度。减缩抗裂技术通过创新研制水分蒸发抑制剂、水化热调节剂、补偿收缩剂与化学减缩剂等核心材料，精准抑制混凝土收缩，有效防止裂缝产生；力学性能提升技术则通过精细化调整混凝土组成与配合比，大幅度提升了混凝土的强度、韧性和耐久性；流变性能调控技术确保混凝土在施工过程中保持良好的流动性与易操作性，保障工程质量。这些核心技术的集成应用，成功攻克了混凝土开裂这一难题，极大提升了混凝土结构的整体性与安全性。

3. 混凝土材革新者：引领建材革命关键突破

超高性能混凝土的独特之处在于其惊人的抗压强度（通常超过 150MPa）和卓越的耐久性，这归功于其精细的颗粒级配、高比例的胶凝材料以及严格的制备工艺。然而，这种高度优化的材料特性也带来了制造难题。首先，为了实现高强度和高耐久性，UHPC 通常需要精细的颗粒分布和高密实度，这导致其初始流动性较差，增加了施工难度。其次，UHPC 的水化反应强烈，产热大，对养护条件要求严格，传统养护方法难以满足其快速、均匀水化的需要。最后，UHPC因其高强度和高密实度，易发生脆性破坏，对结构设计和施工方法提出了更高的要求。正是在这样的背景下，刘加平院士以其敏锐的前瞻性目光和深厚的科研底蕴，引领了UHPC技术的工程化应用，取得了一系列突破性成果，并成功应用于诸多重大工程。

兰新高铁穿越戈壁、沙漠、冻土等多种复杂地质环境，对混凝土的耐久性和抗裂性要求极高。刘加平院士团队研发的免蒸养含粗骨料UHPC成功应用于兰新高铁的桥梁、隧道和路基等关键部位，显著提高了工程的整体质量和耐久性，为我国高速铁路建设提供了强有力的技术支持。此外，刘加平院士团队的UHPC技术还应用于上海地铁14号线地下车站、南京长江第五大桥等110余项重大工程。这些工程的成功应用，充分证明了刘加平院士团队在UHPC技术上的创新成果具有广泛的适用性和显著的工程价值。

4. 产学研用实践者：融汇科教广育英才

刘加平院士深谙科研成果的价值唯有转化为现实生产力，服务社会，方能最大程度地发挥其能量。在他的积极倡导与推动下，孕育出了江苏苏博特新材料有限公司这一高新技术企业。

刘加平院士深知科普教育与人才培养对于科研事业的重要性，积极投身科普教育与人才培养工作。他曾多次举办学术讲座，如在母校重庆大学为材料科学与工程学院的学生讲述"土木工程材料——人类文明的承载者"，以生动的语言和鲜活的案例，将深邃的科研知识转化为通俗易懂的语言，激发了学生们对科研与创新的兴趣。此外，他还亲自执掌教鞭，担任东南大学首席教授，为本科生与研究生传授专业知识，通过课堂讲解、实验指导、论文指导等多元化教学方式，培养出了一大批优秀的科研人才。

任务四 走进一家企业——中国南玻集团

在光与影的交响中，建筑玻璃以其独特的语言，编织着现代城市的安全、舒适与美学梦想。南玻集团，作为这段旅程中的领航者，以四十载的智慧累积，展现了从节能南玻到光伏南玻，再到绿色南玻的华丽蜕变，其产品与技术深刻影响着建筑的面貌与生态的未来。透过南玻的视角，我们看见节能玻璃如何化身"保温隔热的魔法师"，以科技之光应对建筑能耗挑战，提升生活空间的品质与效率。Low-E玻璃的璀璨登场，不仅代表了节能技术的巨大飞跃，也映照出全球对于绿色建筑的共同向往。南玻集团在新能源解决方案的探索与实践中，不断拓宽边界，从光伏玻璃到太阳能产业链的全面布局，勾勒出一幅可持续发展的宏伟蓝图。在此任务中，我们将深入探讨建筑玻璃的多样形态与卓越性能，见证南玻集团如何以创新为翼，引领行业向绿色、智能、高效的未来迈进。这是一场关于光的艺术、能源的智慧与生活的理想的深刻对话，展现了企业在追求品质生活与环境保护和谐共生道路上的不懈努力与辉煌成就。

1. 建筑玻璃：安全与舒适的守护者

建筑玻璃，兼具采光、隔热、保温、装饰及安全防护等多重功能。其主要原料包括石英砂、纯碱、石灰石等，经过高温熔炼成玻璃液，再经冷却、退火、切割等工序最终成型。依据用途与特性，建筑玻璃可划分为平板玻璃、浮法玻璃、钢化玻璃、夹层玻璃、中空玻璃、Low-E 玻璃等多种类型，表 1-8 为建筑玻璃的分类、特性和应用场景信息。

表 1-8　建筑玻璃的分类、特性和应用场景

玻璃种类	简单定义	特性	应用场景
平板玻璃	普通的无色透明玻璃	生产薄玻璃，玻璃深加工的基础原料，隔热和保湿性能较差	普通民用建筑的门窗、深加工玻璃的原片
浮法玻璃	浮法工艺产出的普通玻璃	厚度均匀性好、具有较好的光学性能	建筑天然采光的首选、建筑玻璃用量最大
钢化玻璃	经过热处理工艺后的玻璃	具有较好的机械冲击强度、良好的热稳定性、破碎的安全性	建筑物的幕墙、门窗、自动扶梯栏板等
夹层玻璃	两片或多片玻璃通过一层或多层有机聚合物中间膜黏结为一体的复合玻璃	具有良好的抗冲击强度、隔音性、防紫外线功能以及高度的使用安全性，功能齐全，适用性好	建筑法规中规定使用安全玻璃的场所，如玻璃幕墙、交通工具的挡风玻璃等
中空玻璃	两片或多片玻璃以有效支撑均匀隔开，玻璃层间形成干燥气体空间的玻璃	具有最优良的保温隔热性能、较好的隔声性能，防结露，抗冷辐射，施工方便	广泛应用于工业与民用建筑的门、窗、幕墙、围墙、天窗及透光屋面等部位，也可用于火车、汽车、轮船的门窗等处
Low-E 玻璃	低辐射镀膜玻璃	具有优异的隔热性能和良好的反射性能、较好的节能性	广泛用于高端建筑，如清华大学超低能耗示范楼等

建筑玻璃的光学性能主要涵盖透光性、反射性、吸收性与颜色等特性，不同类型的建筑玻璃在这几方面表现各异。例如，普通平板玻璃透光率较高，而 Low-E 玻璃则以其出色的反射和保温性能著称。建筑玻璃的热工性能主要体现在其保温隔热性能上。节能装饰型玻璃，作为兼具节能与装饰双重属性的玻璃制品，不仅拥有美观的外观色彩，更具备独特的光热吸收、透射与反射能力。将其应用于建筑外墙与门窗，能显著提升建筑的节能效果，现已被广泛应用于各类高端建筑中。建筑上常见的节能装饰玻璃包括吸热玻璃、热反射玻璃及中空玻璃等。中空玻璃、Low-E 玻璃等新型建筑玻璃通过采用多层结构或特殊表面处理，显著降低了热量传递，极大地提升了建筑的保温性能。

建筑玻璃的力学性能关乎其抗压、抗拉、抗冲击等能力。钢化玻璃、夹层玻璃等通过特殊的加工工艺，具备了较高的强度与韧性，适用于承受较大外力的场合。建筑玻璃的安全与防护性能主要涉及抗冲击性、防爆性及防盗性等。安全玻璃，相较于普通玻璃，具有更高的力学强度与抗冲击能力，主要品种包括钢化玻璃、夹丝玻璃、夹层玻璃及钛化玻璃。当安全玻璃破碎时，其碎片不易伤人，且通常兼具防盗、防火等功能。钢化玻璃以其高强度、高弹性和良好的热稳定性等优点，在建筑工程、交通工具及其他领域得到广泛应用。

2. 节能南玻：保温隔热魔法师

现代建筑对玻璃的性能需求可概括为节能、装饰与舒适等核心要素。大面积采光玻璃设计虽蔚然成风，却与建筑节能趋势构成矛盾。透明玻璃在夏季易引入过多阳光热能，冬季则无法有效阻滞室内热量外泄，导致空调或暖气能耗显著增加，难以维持室内适宜温度。

节能玻璃，即具备保温与隔热特性的玻璃，主要涵盖吸热玻璃、热反射玻璃、低辐射玻璃等类别。其中，吸热玻璃通过在其表面涂抹一层吸热涂层，使玻璃能吸收太阳光中的热

量，从而减少热量传递；热反射玻璃则在玻璃表面附着一层反射膜，将太阳光中的热量反射回去，降低热量进入；低辐射玻璃通过表面的低辐射涂层，在保证高透光性的同时，减少室内外热量交换，增强保温效果。使用节能玻璃不仅能有效降低建筑能耗与运行成本，提升建筑保温隔热性能，提高室内舒适度，还有利于减少环境污染、应对气候变化。因此，节能玻璃在现代建筑中的应用日益普及。

南玻集团始创于1984年，彼时仅是一家小型玻璃加工企业，凭借对国家改革开放政策的敏锐洞察和对市场需求的深刻理解，逐步发展为中国玻璃行业的领军企业。在南玻集团的产品矩阵中，节能玻璃占据重要地位。集团专注于研发与制造高质量的节能玻璃，以满足不同客户的个性化需求。

3. 光伏南玻：新能源综合解决方案服务商

Low-E玻璃，被誉为节能玻璃界的瑰宝，其节能效果显著优于普通单片玻璃（节能约75%）和普通中空玻璃（节能约40%）。采用Low-E玻璃，可有效降低空调与取暖费用约50%。假设一套100平方米的两居室，年均取暖与空调费用为1万元，使用Low-E玻璃后，只需支付5000元左右。正是得益于其绿色、节能、环保的特质，Low-E玻璃在全球范围内迅速普及，特别是在欧美发达国家，政府纷纷出台法规与标准，强制规定新建建筑必须采用以Low-E玻璃为核心的节能玻璃产品。在欧洲，80%的中空玻璃采用Low-E镀膜，美国则有75%的住宅和三分之一的公共建筑选用了Low-E玻璃。目前，欧美发达国家Low-E镀膜玻璃的产能占据了全球总产量的90%。

南玻集团所生产的Low-E玻璃，不仅具备卓越的节能性能，还具有丰富多彩的装饰效果，因此成为建筑设计的首选材料。Low-E玻璃的节能特性主要体现在其对阳光热辐射的屏蔽性（即隔热性）和对室内热量流失的阻隔性（即保温性）两方面。根据使用地域和设计需求的差异，Low-E玻璃被细分为遮阳型和高透型两大类别。作为国内最早涉足高端建筑节能玻璃制造的企业，南玻集团自主研发了第一至第四代Low-E节能玻璃，其产品在国内高端节能玻璃市场的占有率极高。尤为值得一提的是，南玻集团的低辐射镀膜玻璃荣获国家级制造业单项冠军称号，彰显其在该领域的领先地位。

历经四十年的稳健发展，南玻集团已构建起节能玻璃、电子玻璃及显示器件、太阳能光伏三条完整产业链，其六大生产基地分布于中国经济最活跃的华南珠三角、华北京津冀等地区，坐拥30多家制造子公司，主要有浮法玻璃、光伏玻璃、工程玻璃、电子玻璃、光伏材料五大业务板块。南玻集团拥有全国范围及国际化的营销网络，其客户服务及销售网络覆盖全国，产品畅销全球约60个国家和地区。

在浮法玻璃领域，南玻集团以超白、超宽、超厚、超薄等差异化产品为核心，所有产品皆可直接用于深加工，广泛应用于建筑节能玻璃、汽车玻璃、高端制镜、显示器、扫描仪、仪表等行业。南玻集团是国内同行业中少有的全线产线均使用清洁能源天然气的公司，且所有产线均配备烟气余热发电系统、脱硫脱硝系统，污染物排放水平远低于国家标准。

在光伏玻璃领域，南玻集团是中国首家自主研发并拥有完全知识产权的光伏玻璃生产线企业。在工程玻璃产业，作为国内最早涉足高端建筑节能玻璃制造的企业，南玻集团的产品覆盖工程和建筑节能玻璃的全部种类。在太阳能光伏领域，南玻集团拥有从高纯多晶硅、高效硅片、高效光伏电池及组件制备到光伏电站建设运营的全产业链布局，是国内太阳能光伏行业的重要参与者，正逐步转型为提供多元化新能源综合解决方案的服务商。南玻集团深度参与多项国家标准及行业标准的制定与修订工作，目前公司持有近两千项专利，拥有多家国家级或省级技术中心、专家工作站等优质资源，为公司产业创新提供了持续不断的动力源泉。

4. 绿色南玻：品质生活缔造者

在《中华人民共和国节约能源法》中，国家明确从法律层面支持节能型产品的研发、生产和销售，这一举措为我国节能产业的发展提供了有力保障。具体到幕墙门窗行业，我国所用的节能玻璃正经历从普通白玻璃到深色吸热玻璃（俗称茶色玻璃）、镀膜玻璃，再由中空玻璃过渡至 Low-E 玻璃的升级历程，这一变迁轨迹昭示着绿色节能建筑即将成为未来建筑市场的主流趋势。

自 2005 年起，南玻集团紧跟全球节能减排、发展低碳经济的时代步伐，全面启动产业升级与战略转型，进军太阳能产业，战略性地构建了涵盖多晶硅、硅片至太阳能电池的完整产业链。除了在节能玻璃研发与生产领域持续发力外，南玻集团还积极推广节能玻璃在建筑、交通等领域的应用，致力于推动中国玻璃行业技术进步与产业升级。作为一家极具社会责任感的企业，南玻集团始终秉承绿色、低碳、循环的发展理念。在生产环节，公司严格执行污染排放标准，积极推进清洁生产模式。同时，南玻集团不断拓展可再生能源产业版图，通过研发与生产太阳能玻璃、薄膜电池等产品，为全球节能减排事业做出了积极贡献。

任务五　发起一轮讨论——坚持发扬斗争精神

在时代的洪流中，坚持发扬斗争精神，是推动科技进步与绿色发展的不竭动力。从混凝土材料的古朴起源到现代超性能混凝土的飞跃，每一次革新都是对极限的挑战，是对更高品质与安全的不懈追求。刘加平院士在混凝土科研领域的奋斗，正是这种斗争精神的缩影，他不仅攻克了混凝土收缩裂缝的世界难题，还通过产学研结合，将科研成果转化为生产力，推动了建筑材料的绿色发展。中国绿色建筑材料的发展史，同样是一部斗争史，从对国际经验的学习到本土实践的创新，从理念启蒙到科技突破，每一步都伴随着对传统观念的挑战和环境问题的斗争。绿色真空玻璃、抗菌建材等创新产品的问世，正是斗争精神与环保责任相结合的产物，它们不仅守护着居住的健康与安全，更助力国家实现"双碳"目标。中国南玻集团作为绿色建材的领航者，以科技为刃，坚持在节能、环保的道路上斗争前行，从 Low-E 玻璃到光伏技术的全面布局，每一次技术革新都是对传统材料局限的突破。南玻集团的发展史，是对绿色未来的承诺，是斗争精神在现代工业中的光辉展现。总之，无论是混凝土的不断革新，还是绿色建筑材料的崛起，乃至刘加平院士的科研征途与南玻集团的绿色发展，都是坚持发扬斗争精神的真实写照。在人与自然和谐共生的过程中，我们创造了更加安全、绿色、智慧的居住环境，为人类的可持续发展铺设了坚实的基石。

讨论主题一：新型混凝土在建筑领域有着广泛的应用，请举例说明其智能化、绿色化发展趋势与意义。

讨论主题二：请根据绿色建材工业的发展史，并结合国家发展战略分析绿色建筑的发展趋势和理念。

讨论主题三：请总结刘加平先生在攻克混凝土科学顽疾——混凝土收缩裂缝控制过程中体现的精神内涵。

讨论主题四：请从中国南玻集团的企业精神，结合自身来分析如何推动节能及可再生能源产品的发展。

任务六 完成一项测试

1. 主宰混凝土材料硬化后力学性能与耐久品质的核心成分是（　　）。

A. 胶凝材料　　　　　B. 骨料　　　　　　　C. 外加剂　　　　　　　D. 掺和料

2. 下列不属于绿色建筑理念的是（　　）。

A. 以粉煤灰、矿渣等工业副产品替代部分水泥原料

B. 借助农作物秸秆、稻壳等生物质资源，通过化学改性或生物降解工艺实现材料回收利用

C. 采用低温固化、常压养护等节能技术制备绿色混凝土

D. 增加建筑垃圾产生，实现资源的回收利用

3. 下列与刘加平院士的研究成果无关的是（　　）。

A. 上海地铁 14 号线地下车站　　　　B. 南京长江第五大桥

C. 无锡太湖隧道　　　　　　　　　　D. 长沙天心阁

4. 以下不属于节能玻璃的是（　　）。

A. 平板玻璃　　　　B. 中空玻璃　　　　　C. 热反射玻璃　　　　D. 低辐射镀膜玻璃

项目三　出行安全——交通材料

　　轮胎，这看似简单的橡胶圆环，实则是现代出行安全与效率的守护者。从简单填充物到充气轮胎，再到智能轮胎，每一次革新都深刻影响着交通出行。橡胶，这一轮胎之基，其历史源远流长，从南美丛林的原始发现到固特异的硫化奇迹，橡胶工业的崛起不仅改写了材料科学，更促进了全球工业的飞跃。李引桐，被誉为"中国橡胶之父"，他的故事是对教育、科技与国家使命的深情诠释，他以橡胶为桥梁，连接了中国与世界，推动了产业与教育的双重进步。中策橡胶集团股份有限公司（简称中策橡胶），作为中国轮胎行业的佼佼者，展现了对环保与性能的双重承诺，其"1+5+X"工业互联网平台与未来工厂的构建，引领行业向智能化、绿色化转型，为中国制造赢得了全球声誉。这一系列故事，不仅讲述了轮胎的演变与橡胶的发展历程，更彰显了科技与人文交织下，化工产业如何为保障出行安全背后的交通物流提供坚强支撑，以及在追求绿色、智能、可持续发展道路上的不懈探索。

任务一　认识一种产品——轮胎

　　轮胎作为出行篇章的序曲，以其不凡身世和科技创新，谱写了一段从工业革命尘烟中走来，至当代智联时代的辉煌篇章。从 1845 年英国人罗伯特·威廉·汤姆森（Robert William Thomson）发明的第一个空心轮子开始，1888 年苏格兰人约翰·博伊德·邓洛普（John Boyd Dunlop）制成了橡胶空心轮胎，演变至今日遍布全球的 20 亿条轮胎，每一道车辙都是化学工业与安全理念的深刻印记。此番探索，我们将穿梭于时光隧道，从橡胶的天然馈赠到合成奇迹的化学炼金术，揭秘那些看似简单的黑白胶圈内，隐藏的复杂结构与精妙功能。胎面的花纹，不仅是雨水的导流渠，更是安全的守护符；帘布层的坚韧，支撑着速度与负重的梦想；而从密炼机的高温熔炉到硫化机的魔法转变，每一道工序都见证了材料科学对精准与效率的不懈追求。继而，我们将站在科技的前沿眺望，智能轮胎的物联网技术正编织一张数据的网，让每一条轮胎成为车辆健康的守护者；生物基材料与石墨烯的革新应用，正引领轮胎制造业步入可持续发展的绿色航道；3D 打印技术的奇幻触角，则重新定义了制造的边界，让轮胎设计跃升至前所未有的自由境界。

1. 轮胎的结构与功能

　　轮胎，作为车辆与地面间唯一的纽带，其精密复杂的内部构造是成就卓越性能的核心。一款典型的子午线轮胎，主要由胎面、胎体帘布层、气密层、钢丝带束层等关键部分构成（图 1-1），它不仅承载着车辆与地面的物理交互，更在安全性、节能性、舒适性等方面发挥着不可估量的作用。

　　胎面，位于轮胎最外表层，直接与道路亲密接触，肩负着传递驱动力、制动力、转向力及吸收振动的重任。通过巧妙的花纹设计，如深浅沟槽、交错块状、斜向刀槽等，增强排水效果，确保在雨天或湿滑路面上的抓地力；同时，科学的胎面硬度分布有助于减小滚动阻力，提升燃油效率。胎面磨损状况直接影响刹车距离与操控灵敏度，故当磨损过度时，应及时进行更换。

图 1-1 轮胎的结构组成

胎体帘布层，隐身于胎面之下，由多层高强纤维（如尼龙、聚酯或钢丝）经纬交织而成，赋予轮胎必需的强度与刚性，使其在高速驰骋或承载重物时仍能保持稳定形态，避免变形或破裂。帘布层的设计布局对轮胎的操纵稳定性、舒适度以及抗冲击能力具有决定性影响。

气密层，又名内衬层，紧贴轮胎内壁，由特殊橡胶精制而成，具有出色的气密特性，确保轮胎在正常工况下气压稳定，无漏气之忧。此外，气密层还充当防护屏障，抵御内部压力及外界环境对胎体的侵蚀。

钢丝带束层（仅适用于部分高性能或重型轮胎），位于帘布层与气密层之间，由高强度钢丝交织成网状结构，进一步增强了轮胎的侧向刚度与抗冲击韧性，特别适合应用于高性能轿车以及重型卡车。在高速行驶或急弯转向时，这种结构能有效抑制轮胎变形，提升车辆的操纵稳定性和行驶安全性。

胎圈，位于轮胎最内缘，由高强度钢丝或钢丝绳精心编织，其使命在于将轮胎牢固固定于轮辋之上。胎圈处橡胶常经特殊硬化处理，以应对安装时的张力及行驶中反复弯曲应力的考验。

胎侧，占据胎面与胎圈之间的广阔地带，主要功能包括保护内部结构、传导侧向力以及标注轮胎规格、品牌、速度等级等重要信息。胎侧橡胶通常较为柔韧，能够有效缓冲路面颠簸，提升乘车舒适度。

气门嘴，巧妙嵌入轮胎一侧，是充气与放气的操作接口。现代轮胎广泛采用无内胎设计，气门嘴直接固定于轮辋，与气密层形成密闭连接，确保气压稳定，使用便捷。轮胎的结构与功能见表 1-9。

表 1-9　轮胎的结构与功能

结构	功能
胎面	直接接触路面，传递驱动力、制动力、转向力，花纹设计增强排水效果，提升抓地力，科学硬度分布减小滚动阻力，提升燃油效率
胎体帘布层	由高强纤维组成，提供轮胎强度与刚性，保持高速或重载下的稳定性，避免变形或破裂，影响操纵稳定性、舒适度、抗冲击能力

结构	功能
气密层	紧贴内壁，确保轮胎气密性，维持稳定气压，防护内部结构免受内外侵蚀
钢丝带束层	增强侧向刚度与抗冲击韧性，抑制高速行驶或急弯时轮胎变形，提升操纵稳定性与安全性
胎圈	由高强度钢丝制成，固定轮胎于轮辋上，胶料硬化处理，承受安装与行驶应力
胎侧	保护轮胎内部结构，传导侧向力，标注轮胎规格信息，提供缓冲，增加乘车舒适度
气门嘴	充气与放气接口，无内胎设计，直接固定于轮辋，保证气压稳定

2. 轮胎的主要成分

轮胎的主体成分由天然橡胶（NR）与合成橡胶（SR）两类生胶构成，同时融入填充剂、硫化剂等多种添加剂，共同赋予橡胶制品多样化的性能。天然橡胶源于橡胶树（hevea brasiliensis），通过凝固、干燥、造粒等工艺，将其富含乳胶液的原汁转化为可用原料。天然橡胶以其卓越的弹性和回弹性、良好的耐磨性和耐屈挠性而备受青睐，但其耐油、耐热、耐老化性能相对逊色，且市场价格易受气候、病虫害等因素影响。相比之下，合成橡胶则是通过化学手段人工合成的高分子聚合物，品种丰富，如常见的丁苯橡胶（styrene-butadiene rubber，SBR）、顺丁橡胶（butadiene rubber，BR）、丁基橡胶（isobutylene-isoprene rubber，IR）、氯丁橡胶（chloroprene rubber，CR）等。合成橡胶可根据特定应用需求，灵活调整分子结构和性能特性，如SBR因其突出的耐磨性和耐老化性，常用于轮胎胎面胶的制造；BR则凭借其超高的弹性、低生热特性和卓越的抗疲劳性，被广泛应用在轮胎胎体胶的制作中。采用合成橡胶，不仅能弥补天然橡胶的性能短板，还能实现资源利用的多元化，降低对单一原材料的依赖。

填充剂如炭黑、白炭黑、碳酸钙等，主要作用在于提升橡胶的强度、耐磨性和抗撕裂性，同时也有助于降低成本。其中，炭黑是最常用的填充剂，其颗粒结构、表面性质、分散状态等特性，对橡胶的整体性能有着显著影响。以德国马牌轮胎推出的"Black Chili"配方为例，采用独特结构的炭黑，使得轮胎在干湿路面上均展现出卓越的抓地力。硫黄、过氧化物等硫化剂，其任务是促使橡胶分子链间形成稳定的交联网络，从而使橡胶从可塑状态转变为富有弹性的实体。硫黄是最常规的硫化剂，其用量、添加方式、硫化温度等参数，均会对硫化效果及最终轮胎性能产生直接影响。二硫代氨基甲酸盐、噻唑类、次磺酰胺类等促进剂，可加速硫化反应进程，提升硫化效率，并能调控硫化速度、焦烧性能和硫化均匀性。例如，双钱牌轮胎采用的"环保型促进剂"，在确保硫化效果的前提下，有效减少了有害物质排放。胺类、酚类、对苯二胺类等防老剂，旨在防止或延缓橡胶在使用过程中因氧化、高温、光照、机械应力等因素引发的老化现象，从而延长轮胎的使用寿命。固特异的"Maxlife"技术即是一例，通过添加高效的防老剂，使得轮胎在正常工况下的使用寿命提高了约20%。石油系、煤焦油系、脂肪油系等软化剂，旨在降低橡胶硬度，增强塑性，改善其加工性能与低温适应性。

除此之外，还有防霉剂、增塑剂、颜料、抗静电剂、阻燃剂等一系列其他添加剂，可根据具体需求适时添加，以满足特定性能要求或符合相关法规标准。这些化工元素的巧妙融合，让轮胎成为了一部集力学、化学、材料学于一体的科技杰作，默默守护着我们的出行安全，生动展现了化学工业与美好生活的紧密联系。表1-10是轮胎的主要成分与功能汇总表。

表 1-10　轮胎的主要成分与功能

成分	功能
天然橡胶	提供卓越的弹性和回弹性，良好的耐磨性和耐屈挠性
合成橡胶	如 SBR、BR、IR、CR 等，根据需求调整性能，SBR：耐磨、耐老化，适用于胎面胶，BR：高弹性、低生热、抗疲劳，适用于胎体胶
填充剂	如炭黑、白炭黑、碳酸钙，提升橡胶强度、耐磨性和抗撕裂性，降低成本
硫化剂	如硫黄、过氧化物，促使橡胶分子链形成交联网络，转变为有弹性的实体
促进剂	如二硫代氨基甲酸盐、噻唑类、次磺酰胺类，加速硫化反应，提升硫化效率，调控硫化速度和均匀性
防老剂	如胺类、酚类、对苯二胺类防老剂，防止橡胶老化，延长使用寿命
软化剂	如石油系、煤焦油系、脂肪油系，降低橡胶硬度，增强塑性，改善加工性能与低温适应性
其他添加剂	如防霉剂、增塑剂、颜料、抗静电剂、阻燃剂等，满足特定性能要求或符合法规标准

3. 轮胎的生产工艺流程

　　轮胎的制造过程大体可分为混炼、成型、硫化、检验四个环节。首先，混炼阶段，将天然/合成橡胶、填充剂、硫化剂等原料，依据精准配方计量后投入密炼机中，进行混合、塑炼、分散操作，最终形成均匀细腻的混炼胶。混炼工艺对于轮胎性能至关重要，混炼过程中的温度、时间、转速、加料顺序等参数必须严格把控，任何微小偏差都可能影响轮胎最终品质。

　　接着，成型环节，将混炼胶通过挤出机、压延机等设备，加工成符合轮胎结构需求的各个部分，如胎面、帘布层等。随后，借助成型机将这些部件精准拼接、定型，形成未经硫化的轮胎毛坯。

　　在特定的温度和压力环境下，硫化剂启动橡胶分子间的交联反应，形成坚固的三维网格结构，赋予轮胎必要的弹性和强度。这就是橡胶性能得以显著提升的关键步骤。硫化过程中，硫化温度、压力、时间、升温速率等工艺参数的精确控制，对确保轮胎性能一致性和稳定性至关重要。

　　最后，对完成硫化的轮胎进行全面质检，包括尺寸测量、外观检查、性能测试等多个维度，如运用 X 射线检测、动平衡检测、高速耐久试验等手段，以确证每一条出厂轮胎均达到规定的质量标准。如普利司通公司采用的"非接触式激光检测技术"，便能高效精准地探查轮胎内部瑕疵，有力提升产品质量。

4. 轮胎的未来展望

　　随着物联网（internet of things，IoT）技术的革新，轮胎正从单一的承载部件迈向智能化时代。智能轮胎内置传感器和无线通信模块，实时监测并传输轮胎的温度、压力、磨损状况、速度、载荷等关键数据，为驾驶者和车队管理者提供精确的轮胎健康报告，推动预防性维护和运营效率提升。米其林的"Vision"概念轮胎是智能轮胎的杰出代表。这款无气轮胎内嵌传感器与电子设备，通过无线方式将轮胎状态信息发送至驾驶员的移动设备或车载系统，甚至具备预测路面条件的能力，动态调整轮胎性能以应对环境变化。对于自动驾驶车辆而言，轮胎需提供更为精细的路面反馈信息，以供车辆控制系统及时调整行驶策略。例如，倍耐力与麻省理工学院合作研发的"Cyber Tire"，内置传感器和算法，实时监测并解析轮胎与路面的接触状况，为自动驾驶系统提供抓地力、路面类型、湿滑程度等关键数据，强化了车辆的环境感知能力。德国马牌推出的"ContiAdapt"概念轮胎，则集成了可变轮胎宽度与主动充放气系统，可根据路况和驾驶模式自动调整轮胎参数，确保最佳行驶性能与舒适度。

面对环保挑战与资源限制，轮胎行业积极探寻生物基橡胶的研发与应用之路。生物基橡胶源自可再生生物质资源，如除天然橡胶树外的其他植物（如杜仲、银胶菊等），以及微生物发酵产生的生物聚合物（如丁二醇、异戊二烯等）。通过研发生物基橡胶、可回收橡胶、环保添加剂等，轮胎生产对环境的影响得以显著降低。米其林的"Evergreen"概念轮胎堪称典范，其完全由生物源材料和可回收物料制成，且能实现 100% 回收再利用。固特异与领先的可持续技术公司（Visolis）合作研发的生物基异戊橡胶已成功应用于轮胎生产，与传统石化原料相比，其碳足迹大幅降低，有力推动了轮胎产业的可持续发展。石墨烯，作为二维纳米材料，以其超大的比表面积、出色的力学性能和导电性能备受关注。将其融入轮胎橡胶中，可显著增强轮胎的抗湿滑性、耐磨性、抗刺穿性以及散热效能。英国公司 Graphene Nanochem 与意大利轮胎制造商 Vittoria 合作推出的商用石墨烯轮胎——Corsa G$^+$，实验数据显示其滚动阻力较传统轮胎降低 7%，湿滑路面抓地力提升 10%，耐用性提升 20%，展示了石墨烯在轮胎领域的巨大潜力。

3D 打印技术为轮胎制造业带来了颠覆性的变革可能。通过逐层叠加材料的方式，可以快速、精确地制造出具有复杂几何形态和内部构造的轮胎，实现个性化定制与轻量化设计。固特异的"Oxygene"3D 打印概念轮胎便采用了开放式结构和生物降解材料，不仅能够吸收并转化路面水分为氧气，还嵌入了传感器与照明元件，实现智能化互联。尽管 3D 打印轮胎尚处于研发阶段，其广阔的应用前景无疑为未来的轮胎设计打开了无限遐想之门。

任务二　铭记一段历史——中国橡胶工业发展史

橡胶工业，作为现代工业体系中不可或缺的一环，凭借其独特的性能属性与广泛的应用领域，已深深植根于现代社会生活的方方面面。我们将踏上一场穿越时空的旅程，探索橡胶如何从美洲丛林的原始应用演变为支撑全球工业乃至日常安全生活的关键元素。回望东方，中国橡胶工业的发展轨迹，是从蹒跚学步到自主超越的百年征途。上海大中华橡胶厂的创立，不仅是民族工业自强不息的象征，也是安全出行篇章的开端。在新中国成长的脉络中，橡胶工业经历了从依赖进口到自力更生的艰难转型，每一次技术突破，如子午线轮胎的国产化，都是对国家安全战略的坚实回应，保障了亿万家庭的平安出行。步入改革开放新时代，中国橡胶工业搭乘技术革新的快车，不仅在国际舞台上崭露头角，更以前沿科技如石墨烯轮胎的创新，引领了绿色智能的潮流。在追求更低滚动阻力与更高环保标准的同时，橡胶制品正以更智能、更环保的形态融入我们的出行生活，守护每一次旅程的安全与舒适。

1. 从美洲丛林到全球舞台的演变之旅

早在哥伦布揭示新大陆面纱之前，中美洲与南美洲的原住民已开始利用天然橡胶资源。然而，真正将天然橡胶推向工业化进程的，是欧洲的探险家与商人们。1736 年，法国首度详述了橡胶的产地、采胶工艺以及在南美本土的应用概况，由此，欧洲人逐渐意识到天然橡胶的宝贵价值。

西方橡胶工业的历史可追溯至 19 世纪初叶，伴随着橡胶的发现及其早期应用，其卓越的弹性和防水特性迅速引发广泛关注。然而，天然橡胶易老化的特性严重阻碍了其广泛应用的步伐。直至 1839 年，查尔斯·固特异（Charles Goodyear）发明硫化法，有效克服了这一瓶颈，橡胶制品的工业化生产由此揭开序幕。在维多利亚时代，橡胶工业迅猛发展，鞋履、雨衣、自行车轮胎等橡胶制品普及于世。步入 20 世纪，伴随汽车工业的崛起，橡胶需求呈井喷式增长，尤其是轮胎制造业的繁荣，驱动橡胶技术持续革新。这些标志性事件，不仅确立了西方橡胶工业在全球的领先地位，也为日后中国橡胶工业的发展提供了重要的启示与借鉴。

2. 从蹒跚学步到自主超越的发展之途

20 世纪初，橡胶制品作为外来商品涌入中国市场之时，中国本土橡胶工业的种子也悄然萌芽。彼时，西方橡胶工业已历经查尔斯·固特异硫化工艺的革新突破，推动橡胶制品实现规模化生产与广泛应用，而中国橡胶工业却刚在民族资本家的锐意进取中崭露头角。

1926 年，中国首家橡胶企业——上海大中华橡胶厂应运而生，标志着中国橡胶工业的起步。该厂初期聚焦橡胶雨鞋与自行车轮胎的制造，尽管技术水平与西方先进国家存在显著差距，但其产品的问世，对打破进口橡胶制品在国内市场的垄断，推动民族工业发展起到了积极作用。本土生产的橡胶雨鞋为民众提供了更经济实用的防雨装备，而自行车轮胎的制造，则精准对接了当时正在中国城市快速普及的自行车市场，满足了与日俱增的出行需求。大中华橡胶厂不仅引入了当时先进的生产设备，还注重技术人才的培养与科研力量的构建，为其后续发展打下了基础。然而，由于当时中国工业基础薄弱，橡胶原料严重依赖进口，加之外国企业的竞争压力，大中华橡胶厂等民族企业在成长过程中承受了巨大挑战。

新中国成立初期，橡胶工业被列为国家重点发展的行业之一，但历经长期战乱与经济封锁，中国橡胶工业基础极为薄弱。据统计，1952 年全国仅有 6 家轮胎厂，总产能仅能满足全国汽车轮胎需求的约 10%。天然橡胶资源稀缺，国内年产量仅约 1 万吨，远远无法满足工业需求。此外，核心技术受制于人，如轮胎制造中的帘线、钢丝、橡胶配方等关键技术均掌握在外国企业手中。

面对如此严峻形势，中国政府采取了一系列举措推动橡胶工业发展。首先，通过"一五"计划、"二五"计划等国家规划，大举投资建设橡胶工业项目，如在青岛、长春等地新建或扩建轮胎厂，提升国内轮胎生产能力。其次，积极引进国外先进技术和设备，如 1954 年，青岛橡胶九厂从苏联引进了第一条年产 3 万条斜交轮胎的生产线，标志着我国轮胎制造技术迈出了重要一步。1964 年，上海大中华橡胶厂成功研发出中国第一套子午线轮胎模具，打破了外国的技术封锁，实现了子午线轮胎的国产化。再者，高度重视科研力量的建设，组建了如北京橡胶工业研究设计院等科研机构，开展橡胶材料、加工工艺等领域研究，20 世纪 60 年代成功研制出丁苯橡胶连续乳液聚合工艺，显著提升了生产效率与产品质量。同时，针对合成橡胶关键原料——单体（如丁二烯、苯乙烯等）的生产技术，我国也进行了大量研发工作，逐步实现国产化，降低对外依赖。

除轮胎外，中国橡胶工业在其他橡胶制品领域也取得显著成果。如密封件与减震器等产品，通过引进国外先进技术并结合国内市场需求进行适应性改良，逐步形成具有中国特色的生产技术体系。例如，20世纪60年代，长春橡胶制品研究所成功研发出适用于严寒地区的耐低温密封件，解决了我国北方地区冬季车辆密封性能差的问题。同时，随着汽车工业的发展，对减震器的需求日益增长，中国橡胶企业如广州华南橡胶轮胎有限公司等，通过自主研发，成功开发出性能优良的汽车减震器，不仅满足了国内市场需求，还实现了出口创汇。

然而，尽管取得一些进展，中国橡胶工业在交通出行领域的应用仍面临诸多挑战。一方面，由于天然橡胶资源短缺，我国不得不大量进口，对外依存度一度超过80%；另一方面，轮胎等高端橡胶制品的核心技术仍被外国企业垄断，国产轮胎在质量、性能上与国外品牌存在明显差距。此外，环保标准的提升、市场竞争的加剧，也对我国橡胶工业提出更高要求。

面对这些挑战，中国橡胶工业并未退缩，而是积极寻求突破。企业积极开展自主研发，推动轮胎制造技术向更高层次跃进。我国合成橡胶产业从无到有，逐步建立起完整的产业链。中国科学院长春应用化学研究所（简称长春应化所）在合成橡胶的研发上发挥了重要作用。1950年12月28日，该所在其中间实验工厂诞生了中国第一块合成橡胶——氯丁橡胶。1958年，重庆长寿化工厂建成了第一套氯丁橡胶装置，中国成为世界上第三个能生产氯丁橡胶的国家。同一时期，北京橡胶工业研究设计院在20世纪70年代成功研发出具有自主知识产权的子午线轮胎生产技术，为中国轮胎制造业的自主创新提供了有力支撑。在原材料方面，除了加大天然橡胶种植力度外，还大力发展合成橡胶产业。此外，我国成功研制出具有自主知识产权的丁苯橡胶生产技术，打破了国外技术垄断，目前已成为全球最大的丁苯橡胶生产国。在轮胎制造技术方面，通过引进消化吸收与自主研发相结合，持续提升产品质量与性能。以中策橡胶为例，该公司通过引进日本、美国等先进技术，并结合自身研发实力，成功开发出一系列高性能、低滚动阻力的绿色轮胎，产品畅销全球160多个国家和地区，成为中国轮胎行业的领军人物。

3. 从技术革新到全球影响的提升之路

改革开放为中国橡胶工业开启了一扇技术交流与国际合作的窗口，国内企业开始大规模引进、消化、吸收国外先进的轮胎制造技术，如子午线轮胎技术、绿色轮胎技术等。在此基础上，中国轮胎企业持续加大研发投入，实现深度自主研发。中国轮胎企业积极参与国际标准制定，如中策橡胶参与制定ISO 28580新版标准，标志着中国轮胎技术与国际标准的深度融合。

随着国内汽车、航空航天、高铁等高端制造产业的快速发展，对高性能、高附加值橡胶制品的需求日益旺盛。中国橡胶企业敏锐捕捉市场需求，加大高端橡胶制品的研发力度，如用于航空航天领域的特种氟橡胶密封件、用于高铁减震系统的高阻尼橡胶件等。同时，企业积极拓展海外市场，如玲珑轮胎在欧洲、北美、中东等地设立研发中心和销售网络，提升了中国高端橡胶制品的国际影响力。

我国合成橡胶产业实现了从无到有、由小到大的飞跃。在引进国外先进合成橡胶生产线的基础上，中国企业在丁苯橡胶、顺丁橡胶、乙丙橡胶等重要品种的生产工艺上进行了大量改进与技术创新。如中石化巴陵石化公司自主研发的SEBS（苯乙烯-乙烯-丁二烯-苯乙烯嵌段共聚物）产品，打破了国外技术垄断，填补了国内空白，广泛应用于交通出行领域的密封件、减震器等产品中。在催化剂、聚合工艺、后处理技术等方面，中国也取得了一系列创新成果，如自主研发的高效环保催化剂、连续液相本体聚合工艺等，显著提升了合成橡胶的生产效率和产品质量。

根据国家统计局公布的2023年中国合成橡胶生产数据，2023年全年累计产量达到了909.7万吨，同比上年增长了8.2%。同时，中国合成橡胶产品结构不断优化，高端、特种合成橡胶产品的比例逐年提升。如用于新能源汽车电池包密封的硅橡胶、用于高速铁路减震的热塑性弹性体等产品，已成为中国合成橡胶产业新的增长极。

中国橡胶企业在引进、消化、吸收国外先进技术的基础上，加大自主研发力度，实现了轮胎制造技术的快速跃升。如三角轮胎成功研发出低滚动阻力、高抗湿滑性能的绿色轮胎，荣获国家科技进步二等奖；双星轮胎公司研发出全球首款石墨烯导静电轮胎，引领行业技术创新潮流。

中国橡胶企业积极推进新材料、新工艺的研发与应用，如采用硅橡胶、氟橡胶等高性能橡胶材料，以及液态橡胶注射成型、热塑性弹性体挤出成型等先进工艺，提升了橡胶制品的性能和生产效率。这些创新实践，不仅推动了中国橡胶工业的技术进步，也使橡胶制品更好地服务于交通出行、航空航天、新能源汽车等众多领域，为提升人民生活质量、构建美好生活做出了重要贡献。

4. 从绿色环保到智能辅助的探索之道

轮胎，作为汽车与地面接触的唯一媒介，其性能优劣直接关乎车辆的安全性、操控性、燃油经济性等核心指标。中国橡胶工业在汽车配套产业中贡献突出，不仅为国内各大汽车厂商提供了丰富多元的轮胎产品，更在高性能轮胎、低滚阻轮胎、静音轮胎等细分领域取得重大突破。中策橡胶通过胎面花纹优化与新型材料运用，有效降低滚动阻力，助力汽车节能减排。此外，各类橡胶密封件、减震器、刹车片等组件，在提升车辆舒适度、延长使用寿命等方面发挥着不可替代的作用。

在公共交通领域，橡胶制品同样扮演关键角色。轨道交通车辆的减震系统、车窗密封、电缆保护等广泛采用橡胶制品，确保列车运行平稳、安静且安全。如青岛地铁车辆所配备的橡胶金属复合减震器，显著减少了运行过程中的振动与噪声。在桥梁建设中，橡胶支座凭借出色的减震、隔震性能，被广泛应用于大型桥梁结构设计，如港珠澳大桥即大量采用高性能橡胶支座。另外，橡胶改性沥青在道路铺设中广泛应用，极大增强了道路的抗滑性、降噪性与耐久性，为我国交通基础设施建设提供了强有力的支持。

面对环保要求的提高，中国橡胶工业积极研发绿色轮胎、生物基橡胶等环保技术，推动行业向绿色、低碳转型。绿色轮胎通过胎面配方优化、花纹设计改良等方式，大幅降低滚动阻力，减少碳排放，如中国赛轮轮胎采用赛轮液体黄金技术（EcoPoint3），其滚动阻力较普通轮胎降低20%，显著提升燃油效率。生物基橡胶，如天然橡胶、生物基丁苯橡胶等，以其可再生、可降解的特性，成为替代传统石油基橡胶的理想选择。当前，我国在生物基橡胶的研发与产业化方面已取得重要进展，如青岛科技大学已成功开发出生物基丁苯橡胶生产工艺并实现规模化生产。

随着汽车智能化、网联化趋势日益凸显，橡胶制品正朝着智能化、多功能化方向演进。如智能轮胎，内置传感器实时监控轮胎温度、压力、磨损状况等信息，并与车载系统、云平台无缝连接，实现预测性维护、驾驶辅助等功能。此外，无人驾驶、电动汽车等新兴技术的发展，对橡胶制品的电磁屏蔽性能、导电性能、耐高温性能等提出了更高要求，为橡胶材料及制品的研发开辟了全新市场空间。中国橡胶企业如双星轮胎公司、赛轮轮胎公司等已着手布局智能轮胎研发，抢占未来市场先机。这些创新实践，不仅推动了中国橡胶工业的技术进步，也让橡胶制品更好地服务于汽车、公共交通、道路建设等众多领域，为提升人民生活质量、创造美好生活作出了重要贡献。

任务三　讲述一个人物——李引桐

橡胶，一种看似普通实则关乎现代工业命脉与国家安全的战略资源。它不仅广泛渗透于汽车、航空、医疗等众多领域，更在特殊历史时期成为左右国家命运的关键变量。李引桐，这位被誉为"橡胶之父"的杰出实业家、教育家与社会活动家，以其非凡一生深刻揭示了橡胶产业与国家发展之间的紧密纽带。从倾力支援抗美援朝，到前瞻性引入橡胶种植技术，助推中国橡胶产业实现自给自足，再到作为"和平使者"推动中马两国建交，李引桐的每一个行动无不镌刻着对祖国的炽热忠诚与无私付出。他的人生轨迹，是一部与橡胶产业休戚与共、与国家命运同频共振的传奇长卷。

1. 橡胶缘起：南洋风云中的艰难起步

1913 年，李引桐出生于福建南安梅山镇一个清贫的乡村医者家庭。其父李国外医术精湛、仁慈施医，但因常年为乡邻免费诊治，家中经济颇为困顿。少年李引桐，历经匪患横行、父遭绑架之险，又遭逢军阀割据引发的社会动荡，年仅十二岁的他不得不随父逃亡至新加坡，投奔南洋橡胶巨贾——堂亲李光前。在李光前的庇佑与资助下，李引桐得以继续学业，半年后返回故土，先后就读私塾、小学，进而进入泉州培元中学与晋江东湖师范学校深造。然而，烽火连天的岁月再次中断了他的求学生涯，1934 年，年仅 21 岁的李引桐再度踏足南洋，加入李光前麾下，从橡胶厂基层岗位起步，从此与橡胶产业结下不解之缘。

李引桐初涉橡胶产业并非一帆风顺，但凭借超群的才智与坚韧的精神，他迅速在南益集团各分支崭露头角，从财务主管逐步晋升至公司决策层。二战期间，他冒险涉足"地下"大米贸易，积累了丰厚财富，并在战后购入荒废橡胶园，为日后的事业蓝图奠定了坚实基石。战后，李引桐受命出任南益公司总巡，全面负责泰国橡胶业务。其出众的经营才华获得广泛认可，旋即被任命为泰国南暹公司总经理。在他的引领下，南暹公司短时间内实现了橡胶业务的爆发式增长，泰国南部橡胶帝国的轮廓渐次清晰。1954 年，南暹公司遭遇债务危机，李光前决定退出，而李引桐独具慧眼，联手友人贷款收购该公司，创建泰国德美行有限公司，亲自担任董事长。在他的精心操持下，德美行一举成为泰国橡胶出口的"业界翘楚"，李引桐因此跻身陈嘉庚、李光前之后的第三代橡胶业巨头之列，亲手铸就了泰国橡胶帝国的璀璨篇章。

2. 解困国需：西方封锁下的填补空白

在抗美援朝战争的烽火岁月，橡胶作为不可或缺的特种军需物资，对保障军事行动和巩固国防具有至关重要的作用。西方列强对华封锁导致橡胶供应严重短缺，这一战略资源成为国家备战的关键瓶颈。在此严峻形势下，李引桐以其深厚的爱国热忱与强烈的社会责任感，通过香港南宗公司，不畏艰险，辗转从泰国经香港、澳门向内地输送了总计21万吨的橡胶，同时运送了大量急需的药品与医疗器械。这一壮举犹如雪中送炭，及时缓解了国内的紧迫需求，为前线作战提供了实质性支持。李引桐的无私捐赠，既彰显了其个人的博大胸怀，也凸显了橡胶作为战略物资在国家生死存亡关头的关键影响力。

面对我国橡胶种植与生产领域的空白，李引桐深谙唯有实现自给自足，方能从根本上破解橡胶短缺困局。他以前瞻视野，悄然组建考察团深入海南岛腹地，精心选址适宜橡胶种植的区域，引进优质橡胶树种，并运用巧妙手段将其安全运回国内。随后，他延请外籍专家亲授橡胶栽培技术，革新传统的"烟胶片"生产工艺，慷慨赠予检测仪器，全方位提升了我国橡胶产业的技术水准与产品品质。这一系列创新举措不仅填补了我国橡胶产业的空白，更使其实现了从无到有、从落后到先进的历史性跨越，使中国橡胶产业迅速跻身当时世界先进水平。李引桐因此被尊称为"橡胶之父"，这一荣誉不仅是对他在橡胶产业领域卓越贡献的高度赞誉，更是对他开创新篇、影响深远的充分认可。

3. 和平纽带：中马建交后的华商智慧

中马建交发生在全球冷战格局之下，两大阵营对峙，以美国为首的西方阵营对中国实施经济封锁，橡胶作为关乎国防与经济发展的重要战略物资，其稳定供应对中国至关重要。此时，华人华侨群体在中马两国交往中扮演了特殊角色。他们既是连接中国与海外的纽带，又是推动中马友谊与合作的重要力量。身为旅泰马来西亚华人的李引桐，身处冷战背景，深切洞悉橡胶封锁对中国的巨大压力，同时深谙马来西亚华人群体对中马关系未来走向的深切关注与殷切期盼。

李引桐在中马建交过程中发挥了至关重要的民间桥梁作用。他充分发挥自身在马来西亚的影响力与人脉资源，积极引导马方高层理解与中国建立外交关系的战略价值，尤其着力争取华人社群的广泛支持。他不仅在马来西亚大选期间向国防部部长拉扎克谏言，强调赢得华人支持的关键在于与中国的友好互动，还亲赴北京传递重要信息，为中马高层直接对话搭建桥梁。

李引桐在推动建交过程中展现出非凡的勇气与责任担当，他毅然肩负起民间外交官的重任，不畏政治压力，敢于面对可能遭遇的法律风险与政治非议，坚定地推进两国关系迈向正常化。在中马双方初步接触阶段，他以个人名义开展沟通协调工作，为官方外交谈判的顺利开展铺平道路。李引桐被赞誉为"中马建交的和平使者"，这一称号不仅是对他个人在两国关系历史性转折点上所作贡献的高度赞扬，更凸显出他作为华侨领袖在国际关系舞台上的独特作用与深远影响。

4. 科教兴邦：教育情怀下的伟大实践

李引桐的科学精神首先体现在其面对困难与挑战时的勇于冒险。在橡胶产业初创时期，他不惧艰辛，毅然涉足被外界视为"走私"的大米贸易，以此积累资金，为橡胶事业奠定基础。在引进橡胶种植技术的过程中，他不顾潜在的法律风险，巧妙封装橡胶枝条，秘密运回国内，展现出了其科研探索的勇气与爱国精神。其次，李引桐高度重视技术创新。他深刻意识到新技术对于橡胶产业乃至国家进步的关键作用，积极引入泰国标准胶 TTR 生产的先进设备与工艺，有力推动了橡胶产业的现代化步伐。他不仅关注技术创新本身，更重视其在实际生产中的应用与普及，通过推行标准化生产，确保产品品质达到国际标准，有效提升了中国橡胶产业的总体竞争实力。

李引桐深信教育乃国家与民族振兴之基，始终倾力关心与支持教育事业。他不仅热心捐资助学，设立奖学金激励并资助优秀学生深造，其教育实践的影响力更超越家乡与祖籍国，延伸至泰国、马来西亚等地，昭示出对教育普世价值的深刻理解与广泛认同。在捐资办学领域，李引桐对厦门大学、集美学校等知名高校慷慨解囊，同时对南安国光中学、国专小学等基础教育机构亦给予大力扶持。他的捐资行动不仅显著改善了学校的硬件设施，更为提升教学品质、吸引优秀师资提供了强有力保障。在人才培养环节，李引桐不仅投资培养本土人才，还秘密邀请外籍专家赴海南岛传授橡胶栽培技术，为我国橡胶产业培养了一大批专业技术精英。李引桐的教育实践充分彰显了对人才培养的长远规划与务实作风，为橡胶产业乃至整个化工领域源源不断地输送了大量专业人才。

任务四　走进一家企业——中策橡胶集团股份有限公司

在轮胎行业的浩瀚星空中，中策橡胶犹如一颗璀璨明星，六十余载光辉历程见证了其从国内翘楚到国际舞台的飞跃。这家发源于 1958 年的企业，以每年 8000 万套汽车轮胎的产能，编织了一个覆盖全钢、轿车、两轮车、工程等全方位需求的轮胎王国。在这里，每一款产品都是匠心与科技的结晶，从"载重王"到"朝阳 1 号"，无不见证着中策在技术创新征途上的持续领跑。秉承"跟跑 - 并跑 - 领跑"的战略蓝图，企业不仅在国际合作与自主革新中深耕，更建立起强大的科研矩阵，专利成果累累，正向设计理论的自主构建标志着中策在全球轮胎设计领域的话语权。智慧工厂与数字化转型的蓝图，让"1+5+X"平台与未来工厂成为现实，重塑了制造业的智慧化未来。中策橡胶的每一步，都是对更高标准的追求，每一次跨越，都印证着从中国制造到中国创造的华丽转身。

1. 产品矩阵织经纬，领航轮胎多元化

中策橡胶集团有限公司，始建于 1958 年，历经六十多年的风雨洗礼与蓬勃发展，已傲然崛起为中国轮胎产业之领军企业。作为国内轮胎行业的佼佼者，中策橡胶不仅连续十二载登上国内销售额榜首，且自 2013 年起稳居全球轮胎企业十强之列，其 2020 年度主营业务收入高达 281.5 亿元人民币，充分彰显其市场竞争力与行业影响力的双重实力。公司坐拥杭州及罗勇府（泰国）等全球 9 大生产基地，构建起年产 8000 万套汽车轮胎、1 亿条两轮车胎、20 万条橡胶履带及内胎、实心胎的庞大生产体系。集团旗下集结朝阳、西湖、好运等一众知名轮胎品牌，产品线琳琅满目，囊括全钢子午线轮胎、轿车子午线轮胎、斜交轮胎、自行车胎、电动车胎、摩托车胎、橡胶履带等多元品类，精准对接各层次、各场景消费需求。产品谱系丰富，涵盖乘用车轮胎、商用车轮胎、重型卡车轮胎、工程轮胎以及各类工农业车辆专用轮胎与两轮轮胎等。

面对市场需求的瞬息万变，中策橡胶以"新异特"为引领，驱动产品革新换代。其研发的车胎产品在国际自行车、摩托车赛场上屡获佳绩，力证其超凡性能。在斜交胎领域，中策轮胎针对迥异应用场景，创新推出一系列特种轮胎产品，如模块车专用轮胎等，有力推动了我国港口轮胎市场的繁荣发展。针对重载市场，中策橡胶适时推出载重王（CM998）与长途好汉（CM958）两大明星产品，凭借卓越的承载能力与耐久性，深受市场赞誉。公司还成功研发超越系列、非凡系列等紧贴市场需求的全钢子午线轮胎，此轮胎一举跃升为国内最受欢迎轮胎产品之一。技术研发过程中，中策橡胶携手哈尔滨工业大学，共同挖掘并构建预应变轮胎正向设计理论（performance structure construction technology，PSCT），为提升轮胎设计精确度与性能提供了坚实的理论支撑。公司长期与比亚迪、吉利、长安等主流车企保持紧密的配套合作关系，其乘用车轮胎在替换市场占有率持续名列前茅。

2. 科技引擎催新变，筑基轮胎创新潮

中策橡胶深谙技术创新对企业长远发展的重要性，确立了"跟跑-并跑-领跑"的科技创新战略。在这一战略指引下，公司首先对标国际尖端轮胎技术，通过追踪研习、消化吸收，实现与业界前沿技术的"跟跑"，铸就稳固的技术基石。继而，通过加大研发投入、广纳高端人才、优化研发流程，提高自主创新能力，渐次缩窄与行业翘楚的技术差距，达成关键技术板块的"并跑"。最终，借助持续的自主革新，特别是在前瞻性技术、关键共性技术、颠覆性技术等领域实现重大突破，塑造独特的核心竞争优势，实现某些领域的"领跑"。

公司构建了省级企业技术中心、省级企业研究院、石化行业创新平台轮胎设计与绿色制造产业技术创新中心等多个高规格创新载体，为技术研发提供了坚实的硬件依托。同时，公司麾下汇集一支规模宏大、专业素养卓越的科研团队，坐拥逾两千名科技研发人员，他们既是技术创新的中坚力量，又是知识传承、人才培养的关键纽带。此外，中策橡胶还深度介入国家（行业）标准的制定工作，主导或参与制定国家（行业）标准累计达96项，凸显其在行业技术规范建设中的核心地位。

在研发硕果层面，中策橡胶成就斐然。截至2021年，公司拥有有效专利667项，其中发明专利高达116项，这些专利涉及轮胎设计、制造工艺、新材料应用等关键领域。尤为引人瞩目的是，中策橡胶已构建起自主正向设计理论体系，意味着公司在轮胎设计全程具备从概念构思到产品落地的全流程自主创新能力，能依据市场需求迅捷、精准地研发出富有市场竞争力的创新产品。

中策橡胶深信"独行快，众行远"的哲理，积极拓宽与国内外知名高校及科研院所的产学研合作，借外力强己身，完善研发体系。公司已与清华大学、浙江大学、中国科学院等众多顶级学术机构建立深度合作关系，联手攻关轮胎设计、新材料研发、制造工艺优化等课题。此种合作模式使中策橡胶既能实时捕捉国际前沿技术动向，又能借势外部专家智慧与资源，破解研发过程中遭遇的技术瓶颈，提升研发效能与成功率。

3. 海外布局展宏图，中策橡胶翻新篇

中策橡胶积极响应国家"走出去"倡议，早在2014年即启动海外生产基地的构建。矗立于泰国罗勇府的中策橡胶泰国厂，堪称公司国际化棋局中的关键节点。该厂自一期工程破土起，历经多轮扩建，现已全面建成三期设施，打造出年产全钢胎320万套、半钢胎

1300万套的巨量生产能力，年销售额高达40亿元人民币，产品远销全球80多个国家与地区。

为进一步拓宽海外市场疆域，中策橡胶在德国法兰克福、巴西圣保罗等地设立销售分公司，借力本土化运作，深度融入所在国市场，贴切服务于海外消费者。近年来，中策橡胶的国际贸易营收连续突破15亿美元大关，占集团主营业务总收入的比例超过40%，充分彰显其国际市场拓展之显著成效。庞大的海外销售网络既提升了中策橡胶的市场触达力，又使其能迅速把握全球轮胎市场动态，为公司的全球化战略决策提供有力情报支持。

4. 智能制造赋动能，数字化工绘蓝图

数字化转型与智能制造，是中策橡胶推进产业升级、强化核心竞争力的战略双翼。作为中国轮胎业的领航者，中策橡胶紧跟科技潮流，积极引入大数据、物联网、云计算、人工智能、5G等前沿技术，全面推动企业研发、生产、供应链、销售全链路的数字化、智能化变革，构建起"1+5+X"协同制造工业互联网平台，成功锻造出高性能子午胎未来工厂，树立起传统制造业数字化转型的标杆。"1+5+X"协同制造工业互联网平台，是中策橡胶数字化转型的核心引擎。其中，"1"即"智慧决策驾驶舱"，依仗大数据操作系统与BI（商业智能）系统，对内部各类数据进行深度整合与智能解析，为各级决策者提供精准、即时的决策支持。"5"代表"五大能力赋能平台"，涵盖数字化研发设计、智能化生产管控、绿色安全制造、协同化供应链、精准化营销五维能力提升，旨在以数字化技术优化产业链上下游协作，整体提升运营效能。"X"寓意"全面互联互融"，通过集成各类系统设备、业务数据与协同数据，打破信息壁垒，实现全链数据无缝交互，为智能化决策提供强大数据支撑。

中策橡胶高性能子午胎未来工厂，位列浙江省首批"未来工厂"榜单，融合多种尖端制造技术与智能系统，实现生产流程的高度自动化、智能化。工厂内自动导引车（automated guided vehicle，AGV）在生产线间游刃有余，精准调度物料需求；智能生产与检测模块高速运转，大幅提高生产效率；未来工厂全面连通各类系统设备与业务数据，实现数据驱动的精益管理。尤为一提的是，该工厂劳动生产率提升三倍，单日产能可达12000条轮胎，生动诠释了数字化、智能化技术在提升制造业生产力方面的无穷潜力。

在产品研发设计阶段，中策橡胶广泛运用计算机辅助设计（computer-aided design，CAD）、计算机辅助工程（computer-aided engineering，CAE）、有限元分析（finite element analysis，FEA）等先进技术，显著提升设计效率与产品质量。通过与哈尔滨工业大学等高等学府及其他科研机构合作，公司研发出轿车子午线轮胎花纹参数化设计平台，实现花纹设计的数字化、智能化，大幅提升轮胎性能与客户满意度。此外，中策橡胶还引进郭孔辉院士团队，共同开展车辆动力学仿真研究，进一步提高轮胎与车辆匹配技术的精准度。

中策橡胶通过部署高级计划与排产系统（advanced planning and scheduling，APS），实现生产计划的智能化、精细化管理。系统能依据市场需求、产能状况、原材料供应等多元因素，自动优化生产排程，确保生产资源的高效配置。同时，通过企业资源计划（enterprise resource planning，ERP）、制造执行系统（manufacturing execution system，MES）、仓库管理系统（warehouse management system，WMS）等系统的深度融合，实现生产数据的实时共享与协同，增强生产过程的透明度与响应速度。

任务五　发起一轮讨论——建设现代化产业体系

　　轮胎与橡胶工业是现代化产业体系建设中不可或缺的一环，其发展历程见证了从传统制造向高端化、智能化、绿色化迈进的坚实步伐。李引桐，被誉为"中国橡胶之父"，不仅在橡胶种植与加工技术上取得突破，更将教育与产业相结合，为橡胶工业培育了大量人才，体现了科教兴国的战略思想。中策橡胶集团股份有限公司，作为行业佼佼者，其全球化布局不仅拓展了国际市场，也展示了中国制造的国际影响力。更重要的是，中策橡胶通过数字化转型与智能制造，如"1+5+X"协同制造工业互联网平台的构建，及高性能子午胎未来工厂的落成，实现了生产效率与产品质量的飞跃，为推动制造业高端化发展树立了标杆。轮胎和橡胶工业的发展是中国现代化产业体系建设的缩影，展现了从制造大国向制造强国转变的宏伟征程。

　　讨论主题一：请从轮胎的发展趋势分析其演变规律。

　　讨论主题二：请从中国橡胶工业史来分析我国橡胶产业发展的趋势和规律。

　　讨论主题三：请以李引桐为例探讨化工人如何促进国家发展。

　　讨论主题四：请以中策橡胶为例，说明轮胎行业如何进行数字化转型与可持续发展。

任务六　完成一项测试

1. 下列不属于轮胎主要成分的是（　　　　）。

A. 生胶　　　　　　　　B. 硫化剂　　　　　　　　C. 填充剂　　　　　　　　D. 催化剂

2. （　　　　）研发出全球首款石墨烯导静电轮胎，引领行业技术创新潮流。

A. 中策橡胶　　　　　　　　　　　　　B. 双星轮胎公司

C. 普利司通轮胎公司　　　　　　　　　D. 马牌轮胎公司

3. 李引桐在橡胶产业的技术革新中，特别重视通过（　　　　）来提升中国橡胶产品的国际竞争力。

A. 引进外籍专家传授橡胶栽培技术　　　　B. 扩大橡胶种植面积

C. 优化"烟胶片"生产工艺　　　　　　　D. 引入泰国标准胶 TTR 生产技术

4. 中策橡胶与（　　　　）没有建立深度合作关系。

A. 北京化工大学　　　B. 哈尔滨工业大学　　　C. 青岛科技大学　　　D. 哈佛大学

项目四 国家安全——国防材料

在国防基石中，特种橡胶以其独特性能守护国家安全，从氟橡胶的耐腐蚀屏障到硅橡胶在航天密封中的卓越表现，它们在极端条件下的可靠应用，确保了武器装备的耐用。碳纤维技术的发展，是科技进步与国家安全的缩影，从爱迪生的碳纤维灯丝到师昌绪院士的高强碳纤维，中国碳纤维产业从无到有。师昌绪的贡献不仅在于科研突破，更在于战略眼光与国家使命的坚守。江西蓝星星火有机硅有限公司，作为化工行业的璀璨明星，从支持火箭燃料到转型智能绿色生产，以 5G 融合、智能制造引领有机硅产业的未来，其发展历程映射了中国化工行业的崛起与创新。从特种橡胶的隐秘防线到碳纤维的轻盈强韧，再到有机硅的智能转型，它们共同织就了国防与工业的坚韧盔甲，保障了国家安全，展示了化学工业对安全、高效、绿色未来的不懈追求。

任务一　认识一种产品——特种橡胶

在探索材料科学的无尽征途中，特种橡胶不仅是工业领域的隐形英雄，更是连接过去与未来、科技与自然的神奇纽带。特种橡胶的每一次演变，都是人类智慧向自然学习的证明。氟橡胶以其卓越的耐化学腐蚀性和宽广的温度适应范围，在半导体制造、石油化工等尖端领域筑起了坚不可摧的屏障。硅橡胶凭借其从极寒至酷热仍能保持柔软弹性的独特性质，成为了航空航天器密封件的首选材料。而丁腈橡胶，作为油品环境中的守护者，其出色的耐油、耐磨特性，保障了机械传动部件的长寿命与高效率运行。在创新的推动下，特种橡胶制品实现了从复杂结构到定制化功能的飞跃，不仅满足了日益增长的性能需求，也为设计美学与生态环保理念的融合开辟了新天地。本次探索之旅，我们将聚焦于特种橡胶的奇幻世界，从其起源的神秘面纱，逐步揭开隐藏于每一次科技飞跃背后的奥秘。从分子结构的微调优化，到大数据分析指导下的材料智能化，每一步前进都是向着更加安全、高效、环保的材料解决方案迈进。

1. 橡胶的结构与性能

天然橡胶主要成分是聚异戊二烯，是一种典型的高分子链，其分子链上每个单元之间通过碳碳单键相连，形成一条长链，正是这种线性结构赋予了橡胶优异的弹性。而在合成橡胶中，通过化学手段引入不同的单体，比如丁腈橡胶中的丁二烯和丙烯腈单元，可以进一步优化橡胶的耐油、耐热性能。这些分子链并不是僵硬的直线，而是呈现出卷曲状态，当外力作用时，分子链能够伸展，外力去除后，又能够恢复原状，这就是橡胶弹性之谜。橡胶的变形与恢复能力，科学上称为"熵弹性"。简单来说，橡胶在不受力时，分子链自由卷曲，状态混乱（熵值高），当受到外力拉伸时，分子链被强迫拉直，熵值下降；当外力解除，分子链倾向于恢复到原来混乱的高熵状态，从而实现材料的弹性恢复。这一机制使得橡胶能在极端温度、压力变化下保持其形态和性能，如氟橡胶能在 -40 ~ 200℃ 范围内保持良好的弹性。橡胶材料的耐温性和耐介质腐蚀性是其在国防领域应用的关键（如图 1-2 所示）。例如，氟橡胶由于分子中氟原子的存在，形成了紧密的分子间作用力，显著提升了耐油、耐化学腐蚀性能，使得它成为飞机燃油系统密封件的理想选择。而在潜艇的消声瓦中，利用橡胶材料内部的微孔结构，使声波在空腔内多次反射和消耗，有效吸收声波，达到隐身效果，其中橡胶的低模量、高弹性发挥了至关重要的作用。

图 1-2 特种橡胶在国防领域中广泛应用

2. 特种橡胶的分类与特征

特种橡胶，也称特种合成橡胶，指具有特殊性能和用途，能适应在苛刻条件下使用的合成橡胶。如：耐 300 ℃ 高温，耐强侵蚀，耐臭氧、光、气候、辐射和耐油的氟橡胶；耐 -100 ℃ 低温和 260 ℃ 高温，对温度依赖性小、具有低黏流活化能和生理惰性的硅橡胶；耐热、耐溶剂、耐油，电绝缘性好的丙烯酸酯橡胶。其他还有聚氨酯橡胶、聚醚橡胶、氯化聚乙烯橡胶、氯磺化聚乙烯橡胶、环氧丙烷橡胶、聚硫橡胶等。特种橡胶的特性和用途见表 1-11。

表 1-11 特种橡胶的特性和用途

种类名称	特性	用途
丁基橡胶（IIR）	气密性好、硫化快、与其他橡胶相容性好	橡胶制品内衬层、气密层和各种胶条
丁腈橡胶（NBR）	耐油、耐磨、耐热，黏接力强以及力学性能优异	耐油橡胶制品的标准弹性体，广泛用于汽车、航空航天、石油开采、石化、纺织、电线电缆、印刷和食品包装等领域
丙烯酸酯橡胶（ACM）	耐热、耐油	曲轴油封、变速箱油封、气门杆油封、阀杆密封、气缸垫及输油管，被称为"汽车胶"
硅橡胶（VMQ）	耐热、耐寒，使用温度在 -100 ～ 350℃ 之间，具有优异的耐气候性、电绝缘性和高透气性	汽车、电子、建材、医疗、航空等领域
氟橡胶（FKM）	耐热、耐氧化、耐油和耐药品	汽车、航空、化工等工业部门，作为密封材料、耐介质材料以及绝缘材料

种类名称	特性	用途
聚硫橡胶（PSR）	耐油、耐溶剂	固态、液态和乳态三类，用于航空、造船、建筑和汽车等领域，多与丁腈橡胶并用
聚氨酯橡胶（PUR）	耐磨性佳、高强度、高伸长率、高弹性、硬度范围宽	鞋底料、耐磨胶条、胶辊和胶带

氟橡胶作为特种橡胶家族中的佼佼者，以其卓越的耐化学品侵蚀性能著称。氟原子的引入，为分子链披上了"防护铠甲"，使氟橡胶能够抵抗几乎所有种类的油品、溶剂以及化学试剂的侵蚀。例如，氟橡胶广泛应用于战斗机燃油系统密封件，即使在面对高温和航空燃油的双重考验下，仍能保持密封性能，确保飞行安全。此外，氟橡胶还具备优异的耐高温特性，能在 -40 ~ 200℃的极端温度区间内保持稳定，是航天器、核潜艇等高精尖设备中不可或缺的材料。

硅橡胶（vinyl methyl silicone rubber，VMQ）以其优异的耐高低温和电绝缘性能而闻名。它能够在 -100 ~ 300℃的宽广温度范围内保持弹性，这一特性使其成为航空航天领域中不可或缺的材料。例如，卫星的外部保护层和电子设备的密封件，往往采用硅橡胶制作，既能抵御太空中的极端温差，又能确保信号传输不受干扰。硅橡胶还具有良好的生物兼容性和低毒性，使得它在医疗设备中也有广泛应用，如人工心脏瓣膜的密封圈，既安全又可靠。

氢化丁腈橡胶（hydrogenated nitrile butadiene rubber，HNBR）是丁腈橡胶（nitrile-butadiene rubber，NBR）的升级版，通过氢化处理，极大地增强了分子链的稳定性，使其在耐油、耐热、耐臭氧方面达到了新的高度。HNBR 在军事装备中扮演着重要角色，如坦克和潜艇的密封圈、油管，能长时间浸泡于油液环境中保持良好的密封性，同时在高温下也能维持稳定的物理性能。王辉教授团队研发的高性能长寿命氢化丁腈特种橡胶制品，成功解决了深海水密封难题，为我国高电压大电流武器的关键部件提供了自主生产的材料支撑，显著提升了我国国防装备的自主保障能力。

3. 特种橡胶的应用

（1）隐形技术的橡胶应用　潜艇的"隐形外衣"消声瓦，是一种采用合成橡胶制成的高科技装备。消声瓦通常厚约 30mm，内部含有微孔结构，能够吸收声波，有效降低潜艇的声学特征。以俄罗斯"台风"级潜艇为例，敷设了 150mm 厚的消声瓦后，其对美国 MK-48 和 MK-46 型鱼雷的探测距离缩短至原来的三分之一，显著提升了隐蔽性能。消声瓦的设计利用了橡胶的阻尼特性与结构设计，使声波在空腔内反复反射，转化为热能散失，从而大大减少了回声强度，实现了潜艇的"隐身"。

在飞行器上，特种橡胶涂层技术同样发挥了隐身魔法。通过在飞机表面涂覆一层含有特殊填料的橡胶涂层，可以有效改变飞机的雷达反射特性，降低雷达反射截面积，使得飞机在雷达屏幕上难以被识别。例如，美国的 F-117 夜鹰隐形战斗机就利用了这类技术，极大提升了其低可观测性，确保了突防能力。

（2）密封技术的橡胶解决方案　舰船的安全航行，离不开橡胶密封圈和橡胶管的贡献。

在舰船的水密舱室、阀门等关键部位，高质量的橡胶密封圈能有效阻挡海水渗透，确保舰船在恶劣海况下依然能够保持结构的完整性。橡胶管在舰船的燃油、冷却液等系统中，同样扮演着密封和传输的双重角色，为舰船的持续作战提供保障。

在航空领域，橡胶密封技术的精密应用不可或缺（见图 1-3）。飞机的气密座舱需要 O 形圈、气密胶带等橡胶制品来确保空气压力的稳定，为飞行员提供安全舒适的驾驶环境。燃油系统中的橡胶软管和密封件，则在高温、高压环境下，有效防止燃油泄漏，确保飞行安全。

织物/橡胶密封材料   橡胶颗粒

图 1-3　飞机舱门用织物／橡胶密封材料及橡胶颗粒

（3）减振降噪的橡胶技术　在航空器的动力系统和起落架中，橡胶减振垫与阻尼器是不可或缺的组成部分。它们能够有效吸收飞机在起降和飞行过程中的震动能量，减少机械磨损，提高飞行的稳定性和乘客的舒适度。例如，中国商飞 C919 的起落架就采用了先进的橡胶减震技术，大幅降低了着陆时的冲击力。

舰艇和装甲车辆的动力系统中，橡胶减震材料的应用显著减少了发动机运转产生的强烈震动和噪声。在舰艇的发动机座和装甲车的悬挂系统中，橡胶减震组件能够吸收并转化机械能，避免了长时间震动对设备的损伤，同时降低了噪声水平，增强了隐蔽性和作战效能。例如，现代驱逐舰上的燃气轮机安装了橡胶减震基座，有效抑制了舰体震动，提高了武器系统的射击精度。

任务二　铭记一段历史——中国碳纤维材料发展史

碳纤维材料，是国家安全与科技进步的璀璨明珠。碳纤维的故事，始于灯丝的微光，却照亮了航天航空、国防军工的辽阔苍穹，它的每一步演变，都是人类智慧与意志的胜利赞歌。从斯万的碳纸条到爱迪生的碳纤维灯丝，碳纤维的起源不仅是化学史上的里程碑，也是现代材料科学的启蒙。进入 20 世纪，随着多种化学纤维的商业化，碳纤维技术在欧美迎来突破，奠定其在高性能材料领域的基石地位。而在中国，碳纤维的发展是一部自强不息的奋斗史。面对国际封锁，从李仍元、张名大先生的初步探索，到师昌绪院士力推的产业化进程，中国碳纤维产业在重重困难中破茧而出，成就了一段从无到有、由弱至强的壮丽征程。碳纤维的奥秘，藏于其精密复杂的制造链中，从基础能源的转化到最终产品的成型，每一步都是科技与匠心的结晶。我国在干喷湿纺等先进技术上的突破，不仅推动了碳纤维的高性能化，更为其在航空、汽车、新能源等领域的广泛应用开辟了新天地，深刻诠释了化工如何编织出安全、高效、绿色的生活图景。

1. 碳纤织翼：微丝蕴巨力，战略织未来

碳纤维，作为一种含碳量超过 90% 的高强度、高模量纤维，凭借其耐高温性能在所有化纤材料中独占鳌头。这种神奇的纤维，以腈纶和黏胶纤维为原料，历经高温氧化碳化过程，华丽变身为制造航天航空等高科技设备的优质材料。尽管其直径仅为 5μm，相当于人类头发丝的 1/12～1/10，但其强度却超越铝合金 4 倍之多，展现出惊人的"小身材、大力量"。碳纤维及其复合材料在火箭、导弹、装甲防护等军事领域（见图 1-4）大显身手，显著提升军事装备性能，已然成为现代国防军工武器装备不可或缺的战略物资。放眼全球，碳纤维主要应用于风电叶片、体育休闲、航空航天三大领域，展现了其广泛而深远的影响力。

近年来，我国政府高度重视碳纤维及其复合材料产业的发展，出台了一系列扶持政策，旨在推动关键生产技术升级、加快产业化进程、拓宽应用领域，从而激发碳纤维行业的巨大潜能。2022 年 4 月，工业和信息化部、国家发展和改革委员会联合发布《关于化纤工业高质量发展的指导意见》，明确指出我国将着力提升高性能纤维的生产与应用水平，涵盖碳纤维、芳纶、超高分子量聚乙烯纤维等多个品类，旨在提高其质量一致性与批次稳定性。此外，文件还鼓励进一步扩大高性能纤维在航空航天、风力和光伏发电等多元领域的应用，充分挖掘其在构建美好生活中的巨大价值。

图 1-4　碳纤维的代表性应用

2. 碳纤传承：启航于灯丝，铭刻于丰碑

碳纤维的起源可追溯至白炽灯的发明历程。英国化学家兼物理学家约瑟夫·威尔森·斯万（Joseph Wilson Swan）在创造白炽灯时，首先尝试以铂丝作为发光体。然而，铂丝对高温的耐受性有限，斯万遂以碳化的细纸条替代铂丝。尽管碳纸条在空气中易燃，但斯万通过将灯泡抽成真空有效规避了这一问题。1860年，斯万成功研发出一款半真空电灯，其发光体正是碳纸条，这便是白炽灯的雏形。然而，受限于当时的真空技术，这种灯泡寿命短暂。19世纪70年代末，随着真空技术的成熟，斯万得以改良并获得实用白炽灯的专利权（1878年）。

1879年，托马斯·阿尔瓦·爱迪生（Thomas Alva Edison）接过接力棒，他以碳纤维作为白炽灯的发光体。爱迪生选取富含天然线性聚合物的植物材料，如椴树内皮、黄麻、马尼拉麻等，将其定型并高温烘烤。这些由连续葡萄糖单元构成的纤维素纤维在受热过程中被转化为碳纤维。1892年，爱迪生的"白炽灯泡碳纤维长丝灯丝制造技术"在美国获得专利，标志着最早的商业化碳纤维的诞生。

步入20世纪，黏胶纤维（1905年）、醋酯纤维（1914年）等早期人造纤维的出现，特别是聚氯乙烯纤维（1931年）、聚酰胺纤维（1936年）和聚丙烯腈纤维（1950年）等化学纤维的商业化，为美国在20世纪中期开展高性能碳纤维技术的基础科学研究奠定了基础。这一系列开创性工作最终得到了权威认可——2003年9月17日，美国化学会认定原美国联合碳化物公司帕尔马技术中心在高性能碳纤维技术领域的研究成果为"美国历史上的化学里程碑"。

3. 碳纤破茧：封锁寻自强，征程显辉煌

早期，碳纤维因制造工艺尚不成熟导致价格高昂，仅限于军工航天等资金充裕领域使用。鉴于其在军事航天领域的广泛应用潜力，国际对中国实施了严格的技术封锁，依据瓦森纳协定，美国甚至对任何与中国关联、试图交易碳纤维（无论用于钓鱼竿还是网球拍）的组织和个人采取严厉措施。

中国对碳纤维的研究始于20世纪60年代，由李仍元先生与张名大先生分别在长春应化所和沈阳金属研究所率先展开。然而，直至2000年，产业化进程仍未取得突破，长期的技术瓶颈导致国内研究氛围低迷，"碳纤维"一词几乎成为科研禁区。关键时刻，战略科学家、两院院士师昌绪先生于2000年主持研讨碳纤维产业化问题，并于次年初向中央提交了专项报告。2001年10月，科技部启动"304专项"，标志着中国正式步入碳纤维自主研发的高速通道。

2002年，吉林石化公司与长春工业大学联手承担省级高技术攻关项目，致力于"T300碳纤维及原丝稳定生产关键技术"的研究。经过两年不懈努力，我国科研团队于2004年成功突破关键技术，吉林石化公司建成国内首套年产10吨的小丝束聚丙烯腈（polyacrylonitrile，PAN）原丝中试装置，实现PAN原丝小规模连续稳定生产。2005年，陈光威团队研制的碳纤维通过"863"专家组验收，其CCF-1产品达到国际先进水平。短短几年后，中国科研人员攻克核心难题，自主研发出国产碳纤维，并于2014年实现工程化批量生产。

目前，我国碳纤维工业化技术主要集中在T300、T700系列，约九成产品属中低规格通用级别，无法充分满足国防高端工业需求。尽管我国已掌握M50J、M55J、M60J等高模高强系列碳纤维的实验室制备技术，与国际先进水平相近，但在工业化生产和提升市场竞争力

方面仍面临重大挑战。尽管当前在高端碳纤维领域仍受制于人，但我们完整经历了从无到有、自力更生的研发历程，这段历史见证了中国碳纤维产业的顽强崛起。

4. 碳纤经纬：勇越技术峰，巧破工艺卡

原丝制备产业链，起始于石油、煤炭或天然气等基础能源，历经一系列精密转化，最终抵达各类终端应用，囊括了从源头到成品的全方位制造历程。具体而言，首先从这些初级能源中提取出丙烯，随后通过氨氧化工艺将其转化为丙烯腈。丙烯腈经过聚合与纺丝处理，便生成了PAN碳纤维原丝（以下简称"原丝"），原丝还需历经预氧化、低温碳化以及高温碳化的重重关卡，才能蜕变为我们所熟知的碳纤维。整个流程技术含量极高，各步骤间环环相扣，任何细微的技术偏差或物料瑕疵，都可能对碳纤维的稳定产出及其产品质量产生深远影响。

在这一产业链条中，原丝扮演着举足轻重的角色。它不仅直接决定了碳纤维的品质高低，还对其生产成本有着决定性影响。因此，提升原丝性能，实现其高纯度、高强度、高密度以及表面光洁无瑕，成为了制备高性能碳纤维的首要课题。这一课题的攻克，将有力推动碳纤维产业的发展，使其在航空、汽车、风电、体育器材等诸多领域发挥更大价值，为我们的美好生活注入更多可能性。PAN原丝制造主要分为聚合、制胶、纺丝三个过程，纺丝环节主要有干法、湿法、干喷湿法三条工艺路线。

干法纺丝是将高聚物在溶剂中配成纺丝原液后，经喷丝头形成细流，溶剂被纺丝甬道中热空气挥发带走的同时，使得高聚物浓缩和固化成初生纤维的方法。此方法操作简单，溶剂回收率大。利用干法纺丝可以获得致密的原丝，但由于其生产能力差，未能工业化。

湿法纺丝是将纺丝原液经过滤、脱泡，通过计量泵从喷丝头挤出，在凝固浴的作用下，黏液细流内的溶剂扩散以及凝固剂向黏液细流中渗透，经过适当的喷丝头拉伸形成初生纤维的方法。该技术较为成熟，是目前原丝生产中应用最广的纺丝工艺。

干喷湿纺法（干湿法）是指纺丝液经喷丝孔喷出后，先经过空气层，再进入凝固浴进行双扩散、相分离和形成丝条的方法。经过空气层发生的物理变化使得分子取向开始规整，有利于形成细特化、致密化和均质化的丝条。与湿法相比，干喷湿纺法具有纺丝速度快、纤维表面缺陷少、工艺性能优异、溶剂回收便捷等优势，可纺出较高密度且无明显皮芯结构的原丝，大幅提高了纤维的抗拉强度，可生产细特化和均质化的高性能碳纤维。中复神鹰的干湿法纺丝可以进行高倍的喷丝头拉伸，纺丝速度是湿法的3~4倍，明显提高了生产效率同时降低了成本。

任务三　讲述一个人物——师昌绪

师昌绪，一位将青春熔铸于祖国钢铁长城的材料巨匠，用一生诠释了科学与爱国的深刻交响。我们将穿越历史烽烟，见证师昌绪如何在烽火中砥砺前行，以卓越学识突破重围，最终回归祖国怀抱，为中国化工安全理念注入不朽力量。从书香门第走出的少年，到海外学成的赤子，师昌绪的每一步都烙印着对国家的忠诚与责任。在美期间的辉煌成就未能阻挡他归国的脚步，即便面对重重阻碍，那份"让祖国强大"的信念依旧炽热如初。回国后，他不仅

在科研上攻坚克难，铸就航空领域的奇迹，更以战略科学家的远见，擘画科技蓝图，推动了国家材料科学的飞跃。

1. 书生报国路，赤子归心图

1918年12月17日，师昌绪出生于河北省保定市徐水区大营村一个世代书香的家庭。1937年，随着卢沟桥事变的爆发，他的人生轨迹与国家兴衰、民族命运紧密交织。在动荡不安的时代背景下成长，师昌绪自幼便怀抱强国之志，深知中国要走向强盛，必须拥有强大的钢铁工业作为基石。1941年，秉持实业救国的理想，他考入国立西北工学院矿冶系，四年的刻苦学习使他始终保持年级第一的优异成绩。

1948年8月，当前环境下难以施展抱负的师昌绪选择赴美深造。他展现出惊人的学术才华，短短9个月即在密苏里矿冶学院获得硕士学位。1950年2月，他进入欧特丹大学继续攻读博士学位，仅用两年半时间便以全A的傲人成绩顺利毕业。

在美国科研生涯中，师昌绪取得了令人瞩目的成就。他主持的美国空军研究课题"硅在超高强度钢中的作用"，成功研发出300M超高强度钢，有效解决了困扰航空业已久的飞机起落架断裂问题，使之成为当时美国应用最广泛、口碑最佳的起落架用钢。尽管在学术界崭露头角，师昌绪却坚决选择回国。面对合作导师莫里斯·科恩教授关于薪资、职位的挽留，他毫不犹豫地回答："这些都不是我回国的原因，真正的原因是我身为中国人，应当回到中国去。如今中国极其落后，亟须像我这样的人才，而在美国，具备类似能力的人才比比皆是，我在那里难以发挥重大作用。"

正当师昌绪计划博士毕业后回国任教之际，朝鲜战争的爆发打破了原有的计划。他被列入美国政府严禁离境的35名中国留学生名单。身处困境，师昌绪并未屈服，他在麻省理工学院进行博士后研究的同时，积极组织并参与争取回国的斗争。他与其他留学生共同起草一封致美国总统艾森豪威尔的公开信，表达他们渴望归国的强烈意愿。在波士顿的公寓里，师昌绪用一台旧式滚筒油印机印制了上千份公开信，并在纽约等地广为散发，以此呼吁社会各界对中国留学生回国给予理解和支持。

1955年6月，师昌绪终于踏上了归国之路。他听从国家安排，来到沈阳的中国科学院金属研究所工作。尽管这意味着他需要从熟悉的物理冶金领域转向炼铁、炼钢、轧钢等全新的研究方向，但他毫无怨言，只为更好地服务于国家。他说："一旦确定了人生观，它将永不改变。我的人生观，就是让祖国强大。"这种炽热的爱国情怀，成为驱动师昌绪一生默默奉献、不懈奋斗的永恒动力。

2. 云翼铸魂师，蓝天梦逐新

二十世纪五六十年代，国际局势风云变幻，苏联专家撤走后，我国决心大力发展航空航天事业，动力系统成为新型飞机自主研发中的重中之重。1964年一个寒冷冬夜，航空研究院副总工程师荣科深夜叩响师昌绪家门，恳请金属研究所承担空心涡轮叶片的研发重任。此前，国内有专家断言，要实现空心涡轮叶片的研发，无异于要求我们在短短数年内跨越数十年的技术鸿沟，堪称天方夜谭，这几乎是一项无法完成的任务。

面对一无现成专家、二无充足资料的困境，师昌绪却坚定地接下了这项艰巨任务，他掷地有声地说："虽然心中没有把握，但我坚信有答案。答案就是——美国能做到，我们也能！"在他的引领下，课题组仅用一年时间便攻克了造型、脱芯、合金质量控制等系列难题。1966年12月，我国自主研发的第一片铸造九孔空心涡轮叶片成功装机试车，犹如为"战鹰"植入一颗崭新的"心脏"。1967年，装备空心涡轮叶片的歼8战斗机在高空飞行时速竟超越苏联同类机型10%以上。师昌绪团队以百米冲刺般的速度，完成了这场科研马拉松。空心涡轮叶片的成功研发，使我国涡轮叶片技术实现两大飞跃：一是由锻造合金升级为真空铸造合金，二是由实心叶片革新为空心叶片。这一突破，使我国紧随美国之后，成为全球第二个掌握这项尖端制造技术的国家。

师昌绪始终坚信，材料科学研究的价值不仅体现在学术论文的发表上，更在于研究成果对国家工业生产的实际贡献。因此，他高度重视科技成果的转化与推广。1975年，第三机械工业部（中国航空工业集团公司前身）决定将空心涡轮叶片生产基地由沈阳410厂迁至贵州平坝的170厂。年近六旬的师昌绪亲自带队奔赴贵州，与技术人员一同住在简陋的招待所，食用发霉的大米，饮用未经净化的河水，夜以继日工作数月，亲自向工人传授专业知识与技能，显著提升了该厂空心涡轮叶片的合格率，助力数百架军机翱翔蓝天。师昌绪始终以国家需求为导向，除空心涡轮叶片之外，他在铁基高温合金、真空铸造、金属腐蚀与防护、材料失效分析的研究与推广等领域也做出了不可磨灭的贡献，展现了他深厚的爱国情怀与无私的奉献精神。

3. 筹谋大局眼，经纬战略心

"战略"一词蕴含前瞻性、系统性和长远性，对于战略科学家而言，其思想视野不能局限在个人的专业领域之内，而是要以宽广的视角审视我国科技事业的整体格局。师昌绪深刻认识到，一位真正的战略科学家应具备胆识、全局观念以及勇于负责的精神。无论面临何种重大科技议题，师昌绪总是身先士卒，摒弃空谈，立足现实，提出符合我国国情、切实可行的解决方案与建议。

两个"唯一"事迹，表明了师昌绪在我国科技事业发展进程中无可替代的地位。1986年2月，旨在支持基础研究的国家自然科学基金委员会正式成立，师昌绪出任副主任。为了全身心投入这一崭新事业，他毅然将自己的组织人事关系转至基金委，成为当时基金委编制内"唯一"的学部委员。1992年春天，师昌绪与其他五位学部委员共同向中央提交《关于早日建立中国工程与技术科学院的建议》，并在随后的中国工程院筹备工作中，作为六位副组长中"唯一"的倡议科学家代表，起到了沟通内外、协调各方的关键纽带作用。师昌绪素来热衷于关注那些看似"闲事"、实则关乎国家利益的重大问题，他常言："欲使祖国强盛，必做他人不敢为之事。"高性能碳纤维作为先进歼击机和导弹复合材料的关键组成，长期以来我国在此领域的研发却始终"久攻不克"，受制于发达国家的技术封锁，对国防安全构成严重威胁。2000年，师昌绪毅然决定要"啃下碳纤维这块硬骨头"。面对"苦海无边，回头是岸"的劝告，他淡然回应"苦海有边，回头无岸"，并坚称："作为一名材料科学家，若不能解决这个问题，何以面对国人！"直至生命最后一刻，师昌绪心中牵挂的仍是国家的科技事业。从"材料人"到"战略科学家"，他的每一步都精准踩在国家最急需之处。"使中国富强是唯一目标，只要是有利于中国，我都愿意去做！"师昌绪一生以炽烈的爱国精神为底色，以扎实的科研业务能力为根基，以在科技管理咨询中发挥关键作用为己任，充分诠释了战略科学家应有的特质。

任务四　走进一家企业——江西蓝星星火有机硅有限公司

在化学与材料的交响乐章里，有机硅材料以其独特的魅力奏响了现代工业的乐章。江西蓝星星火有机硅有限公司（简称星火有机硅），作为这段辉煌历程的见证者与参与者，自1968年肩负国家使命，至今已蜕变为中国乃至全球有机硅产业的领航者，其发展历程是中国化工行业由弱至强的缩影。步入21世纪，5G智能的浪潮中，星火有机硅再度焕新颜，以科技智慧引领行业前行。智能化转型不仅重塑了生产与管理的面貌，更在节能减排、绿色环保的征途上迈出了坚实步伐，为地球织就一片蔚蓝梦想。这是一段关于创新与责任、挑战与超越的故事，展现了有机硅材料如何在人类社会的每一个角落绽放光彩，以及一家企业如何在时代的星河中，以科技之光点亮前行的道路。在这跨越近一个世纪的探索旅程中，有机硅产业不仅成就了无数科技创新的可能，更在公司的引领下，编织出一幅幅绿色、智能、可持续的未来图景，向世界展示了中国化工行业的智慧与力量。

1. 硅材奥秘织经纬，性能应用谱华章

有机硅产品与国民经济的各个层面紧密相连，它们在推动高科技产业发展、促进产业结构优化升级的过程中发挥着日益显著的作用。追溯至1943年，美国道康宁公司建造了世界上第一家有机硅工厂，自此开启了有机硅材料工业80余载的演进历程。得益于有机硅材料所独具的热稳定性、防潮性、耐候性、耐辐射性等一系列卓越性能，该产业现已发展成为一个高度技术密集、在国民经济中占据举足轻重地位的新型精细化工体系。有机硅作为合成材料家族中最具时代适应性、增长最为迅猛的品种之一，其重要性与日俱增。有机硅主要类型见表1-12。

表1-12　有机硅主要类型

类型	简介
硅氧烷类	硅氧烷类化合物是最常见的有机硅化合物，其中硅原子与氧原子形成硅氧键。常见的硅氧烷包括二甲基硅氧烷、甲基硅胶等。它们具有优异的耐热性、耐寒性、电绝缘性和化学稳定性，在建筑材料、电子器件、涂料、密封材料等方面得到广泛应用
硅氮烷类	硅氮烷类化合物中，硅原子与氮原子形成硅氮键。典型的硅氮烷类化合物包括一硅氮烷、二硅氮烷等。它们具有良好的黏附性、抗水解性和热稳定性，广泛应用于涂料、胶黏剂、阻燃材料等领域
硅氢烷类	硅氢烷类化合物中，硅原子与氢原子形成硅氢键。典型的硅氢烷类化合物包括甲硅烷、乙硅烷等。它们具有良好的热稳定性、低表面能、抗腐蚀性和优异的电绝缘性，广泛应用于涂料、密封材料等领域
有机硅聚合物	有机硅聚合物是由多个有机硅单体通过共价键连接而成的高分子化合物。根据不同的单体结构，有机硅聚合物可以具有不同的性质和应用。常见的有机硅聚合物包括硅橡胶、硅树脂等，它们具有优异的弹性、耐热性和耐寒性，在橡胶制品、塑料、涂料等领域得到广泛应用

硅氧烷类化合物是有机硅化合物中应用最广的一类，其核心构造单元是以硅氧（Si-O-Si）键结形成的链状骨架，其侧链则通过硅原子与各式有机基团紧密结合。这种独特构型使

得有机硅产品兼具"有机基团"与"无机结构"双重属性，实现了有机物特性与无机物功能的高度融合。正是由于这种特殊的组成与分子排列方式，有机硅材料拥有了众多出众的性能特性，展现出其在化学材料领域的独特魅力与广阔应用前景。表1-13是有机硅材料特性汇总表。

表1-13　有机硅材料特性

特性	具体分析
生理惰性	聚硅氧烷是目前已知最无活性的化合物中的一种，具有优异的生物相容性和较好的抗凝血性能，可与人体长期接触且无毒副作用、无刺激性，特别适用于食品和医疗卫生领域
低表面能	有机硅具有极低的表面张力和较高的表面活性，在疏水、消泡、润滑、防黏、上光等应用领域具备优异的使用性能，可作为表面活性剂、防水剂、高分子材料加工助剂
黏结密封性	有机硅由于主链两侧基团分别亲有机和无机介质，因此可以对有机和无机介质进行很好的黏结，同时有机硅材料还具有良好的防水性能，可用于防水密封
电绝缘性	有机硅材料具有良好的电绝缘性，其介电损耗、电阻系数等均在绝缘材料中名列前茅
热稳定性	有机硅材料的热稳定性高，可在较宽的温度范围内使用（-80～260℃）
耐候性	有机硅主链结构不易被紫外线和臭氧所分解，具有比其他高分子材料更优异的耐候性，在自然环境条件下使用寿命达数十年

有机硅化合物的探索和研究可以追溯到18世纪，不过，有机硅树脂的快速发展缘于在第二次世界大战中作为飞机、火箭、坦克等军事装备的特种材料使用。

有机硅粘接技术在军用电子设备制造中发挥着关键作用，实现零部件的高效机械连接与稳固固定。通过以粘代焊、以粘代铆、以粘代螺纹连接及粘代紧配合等工艺，有机硅胶黏剂能轻松满足整机及部件在加固、密封、绝缘等多方面的功能性需求。此外，根据待粘接材料、使用环境及设备特殊要求，有机硅胶黏剂可具备绝缘、减振、密封保护等特性，且能在盐雾、霉菌等各种恶劣环境中保持良好性能。以历史事件为例，二战期间，德国入侵苏联遭遇罕见严冬，苏德双方坦克、装甲车辆因润滑油与燃料冻结而丧失战斗力。苏联科学家发现将硅油与油料混合可有效防冻，使苏军在对德作战中取得优势。

有机硅经特殊工艺处理后，可展示出导电、导磁等多种优异性能，广泛应用于运载火箭、卫星、飞船及航母等各类装备的各个部位。具体而言，其良好的瞬间耐高温及耐烧蚀性能，适用于飞行器材料；其耐超低温及特种介质特性，适用于火箭推进剂；其出色的耐空间环境（如温度交变、高真空等）能力，使得有机硅胶黏剂与密封剂成为理想选择。细分来看，有机硅凭借良好的粘接性，用于薄金属、绝缘垫片等轻质结构件粘接；凭借优秀的密封防水性能，用于密封圈条、硅橡胶垫板；凭借优良的散热性，用于导热硅橡胶条、屏蔽罩。与传统金属连接配件相比，有机硅材料更为轻巧，且属性可灵活调整以适应特殊需求。可以说，有机硅对航空航天技术的进步起到了不可或缺的推动作用。

2. 星火燎原硅路长，创新成就铸辉煌

星火有机硅的前身——化工部星火化工厂，自1968年成立之初，便肩负着国家使命，生产高能火箭燃料，为我国卫星和"神舟"系列飞船的成功发射提供了强大的幕后支持。这份特殊的贡献，三次赢得了国家银质奖章，见证了中国航天事业的辉煌篇章。随着时间的推

移，星火有机硅的成长轨迹映射出中国化工行业从萌芽到壮大的光辉历程。自1978年起，在化工部的指导下，江西星火化工厂启动了有机硅系列产品的研发工作。1987年，开启了中国首套万吨级有机硅生产装置的工业性试验项目，涵盖了有机硅单体、烧碱、甲胺等关键生产设施的建设。1996年，它加入中国蓝星（集团）股份有限公司，开启了企业规模化、现代化的新篇章。企业发起二次创业的攻坚战。次年5月，公司在国内开先河，历经第29次开车试验终获成功，建成了万吨级有机硅单体生产装置，标志着这套工业试验装置正式步入商业化生产阶段。1998年，星火化工厂凭借自身技术实力，将有机硅装置产能扩增至2万吨/年，同步将烧碱装置提升至2万吨/年规模。1999年改造完成，工厂年产值首次逼近3亿元大关，终结了长达8年的亏损局面。2001年，星火有机硅再次刷新纪录，成功投产了当时国内年产能最大的5万吨有机硅单体生产装置，该技术创新荣获了国家科技进步二等奖，标志着企业在有机硅单体技术上的重大突破。

进入21世纪，星火有机硅的发展步伐更为迅猛。2007年，它完成了"7扩10"扩改项目，产能进一步提升，成为国内首个产能达20万吨的有机硅企业。2009年，借力鄱阳湖生态经济区发展战略，星火有机硅斥资65亿元，引入国际先进技术，构建了包含20万吨有机硅单体、12万吨下游产品及高效污水处理厂在内的综合性项目，实现了从单体到下游产品的全链条布局，为后续成为亚洲最大、世界前三的有机硅单体生产商铺就了道路。历经数十年的发展与壮大，企业年产值已跃升至50亿元人民币，其中民用产品产值占全厂工业总产值的95%，成功走出了一条军民融合、以民品养军品的独特发展道路。公司的产品不仅遍布全国，更远销至全球五大洲逾70个国家和地区，彰显其在全球化工市场的广泛影响力与竞争力。

3. 智驭5G织未来，星火硅谷焕新颜

星火有机硅的智能化转型策略，是将5G、大数据等先进技术深度融合到生产、管理的每一个环节。"蚯蚓盒子"是星火有机硅智能工厂中的亮点之一，它通过遍布全厂的传感器网络，实时采集设备运行数据，一旦发现偏离正常状态，系统立刻报警并自动调整，确保生产线的高效稳定运行。这种即时反馈机制，有效避免了因设备故障导致的生产中断，大大降低了维护成本和安全风险。在星火有机硅的智能工厂里，5G技术的应用不仅仅局限于数据传输，它还支持了5G机器人巡检、无人机监测等前沿应用。例如，5G机器人能够自主巡检设备，通过高清视频实时回传，及时发现并处理潜在问题，减少人工巡检的局限性。而5G无人机则在环保监测、厂区间物流配送等方面展现出了独特优势，大幅提升了工作效率和安全性。

通过智能排产系统、实验室信息管理系统（LIMS，laboratory information management system）等的应用，星火有机硅实现了生产计划的精准执行与产品质量的全程监控，生产效率较数字化转型前提高了20%，研制周期缩短了30%。这意味着，从原材料到最终产品的全过程，都能在最短时间内完成，且品质更有保障。借助5G$^+$智能化技术，星火有机硅在上游单体连续型生产中，通过设备智能化改造，单位能耗降低了12%，不良率降低了30%。同时，智能物流与仓储技术的应用，进一步优化了资源分配，综合运营成本降低了20%。这些数据直观展示了智能转型对于企业经济效益的直接影响。星火有机硅的5G$^+$智能化工厂不仅实现了自身的高效能、低消耗、低碳排放，也为我国乃至全球的化工行业提供了可借鉴的范例。

4. 绿色织梦星火间，环保实践谱新篇

星火有机硅深知节能减排的重要性，通过一系列创新技术与改造项目，实现了能耗的大幅度降低和排放的有效控制。例如，公司对循环水装置进行合同能源管理，引入高效节能水泵，仅此一项年节电量就达到了750万千瓦时。在蒸汽消耗上，通过对分馏装置进行技术改造，成功将蒸汽消耗从55吨/小时降至45吨/小时，年节约蒸汽8万吨，大幅减少了能源消耗。在烟气排放处理上，星火有机硅积极响应国家环保政策，实施锅炉烟气超低排放改造项目，改造后的烟气排放不仅满足了超低排放标准，还增设了湿式静电除尘器，有效控制了颗粒物、二氧化硫和氮氧化物的排放，为蓝天保卫战贡献了一份力量。

为实现资源的最大化利用，星火有机硅启动了污水零排放项目，采取前端减量、中水回用、末端处理的综合策略。通过源头减量和中水回用技术，公司污水排放量大幅减少，同时，与卡博特蓝星化工江西有限公司合作，形成了有机硅产业链内部的资源循环，如将副产品一甲基三氯硅烷送至卡博特生产白炭黑，而卡博特的副产物盐酸又反馈给星火有机硅用于生产氯甲烷，实现了资源的高效循环和环境影响的最小化。

在环保投入上，星火有机硅不遗余力，2016～2019年间，累计投入超过3亿元，用于包括污水提标改造、两酸提浓技术应用、新建危废仓库等在内的数十项环保改造项目。这些举措不仅改善了生产环境，也为企业带来了实质性的经济效益。例如，通过应用两酸提浓技术，公司有效减少了稀盐酸和稀硫酸的产生，实现了资源的再利用。这些努力获得了显著的环保成效，星火有机硅被授予国家级绿色工厂称号，其绿色制造系统集成在行业内树立了典范。通过持续的技术创新和环保投入，公司不仅降低了生产成本，还提升了产品竞争力，为实现绿色化、精细化、智能化、国际化、可持续化的战略目标奠定了坚实基础。

任务五　发起一轮讨论——推进国家安全体系和能力现代化

特种橡胶、碳纤维材料、师昌绪的科学贡献，以及江西蓝星星火有机硅有限公司的崛起，共同绘制了一幅维护国家安全和社会稳定的壮丽画卷。特种橡胶，作为国防科技的隐形卫士，氟橡胶、硅橡胶等特种合成材料在极端环境下展现出卓越的性能，为武器装备的密封、减振降噪提供了可靠保障。碳纤维材料的发展，从实验室的微光到航空航天、国防军工领域的广泛应用，见证了中国科研人员自强不息的奋斗历程，师昌绪院士正是这一进程中的杰出代表，他的战略眼光与奉献精神，为材料科学与国家安全的深度融合树立了典范。江西蓝星星火有机硅有限公司，作为有机硅产业的领军者，不仅在智能化转型中走在前列，更以绿色制造践行着国家安全观中的生态安全，其产品在电子设备、航空航天中的应用，为国家安全体系提供了坚实支撑。这些科技创新与产业升级，不仅巩固了国家安全的物质基础，也促进了社会稳定，体现了科技进步与国家安全的深度融合，携手写下现代化强国的辉煌篇章。

讨论主题一：请从特种橡胶品种、产品性能来分析其在军民两用领域的重要意义。

讨论主题二：请从碳纤维技术发展史来分析我国突破关键"卡脖子"新材料的基础和优势有哪些。

讨论主题三：请从师昌绪先生的成长故事分析如何将个人发展与国家需要相结合。

讨论主题四：请从江西蓝星星火有机硅有限公司的企业发展案例来思考新型化工转型发展之路。

任务六　完成一项测试

1. 从应用领域和功能来说，下列不属于特种橡胶的是（　　　）。

A. 氟橡胶　　　　　　B. 硅橡胶　　　　　　C. 天然橡胶　　　　　　D. 丁腈橡胶

2. 下列不属于碳纤维发展技术壁垒的是（　　　）。

A. 原丝环节　　　　　　B. 碳化环节　　　　　　C. 应用环节

3. 下列不属于师昌绪先生的研究领域的是（　　　）。

A. 合金钢与高温合金　　　　　　　　B. 空心涡轮叶片

C. 碳纤维　　　　　　　　　　　　　D. 硅橡胶

4. 有机硅橡胶的基本结构单元为（　　　）。

A. 硅氧（Si—O—Si）链节　　　　　　B. 碳氧（C—O—C）链节

C. 硫氧（S—O—S）链节　　　　　　　D. 氮氧（N—O—N）链节

模块二
化工与健康生活

在化工与健康的广阔舞台上，我们不仅是舞台的搭建者，更是灯光的调控师，以科学之光引领生活走向更加美好的未来。化工，这个与民族复兴紧密相连的领域，正以其独特的方式，编织着一幅幅关乎粮食健康、家居健康、生命健康与环境健康的绚丽画卷。以此为轴心，我们将踏上一场探索化工如何守护与提升健康生活的知识之旅。

粮食健康，是化工赋予土地的绿色承诺。从古老的草本智慧到现代生物农药的精准呵护，我们见证了科技如何在保障食品安全的同时，尊重自然，减少对化学农药的依赖，守护每一颗粮食的纯净。生物工程技术的突破，让微生物与植物精华成为作物健康的守护神，引领着农业走向绿色、可持续的发展路径。在这里，我们将深入学习生物农药的演变历程，体会其在粮食生产中不可或缺的作用，从而激发学生的民族认同感，认识到化工技术在守护国家粮食安全中的重要地位。

家居健康，是化工馈赠家庭的温馨保障。从环保材料的研发到绿色清洁用品的普及，我们不仅关注产品的效能，更注重其对人体与环境的友好性。蓝月亮集团等企业的创新实践，以浓缩洗衣液、生物技术的融合，展现了化工如何在提高生活品质的同时，减少环境负担，让家的每一寸空间都洋溢着健康与安全。这不仅是对化工产品创新的展示，更是对学生行业认同的培养，让他们看到化工在提升生活品质中的巨大潜力。

生命健康，是化工献给人类的永恒福音。从张少铭院士的杀菌剂研发，到新型药物的合成，化工不仅对抗疾病，更保障了人类生命的健康安全。在学习中，我们不仅认识到化学药品的科学原理，更领悟到科研人员在守护生命健康中的责任与使命，激发学生的职业认同，鼓励他们成为未来健康守护者的决心。

环境健康，是化工赐予地球的蔚蓝愿景。膜分离技术的飞跃、污水处理的创新、土壤修复的突破，这些不仅体现了化工对环境污染治理的贡献，更展示了化工与自然和谐共存的可能性。汤鸿霄院士的环境水质学研究，以及化工企业对清洁生产的坚持，为学生们树立了化工行业在环境保护方面的正面形象，增强了他们的专业认同，认识到化工在构建生态文明中是不可或缺的。

在"化工与健康生活"的广阔天地中，每一次科技的跃进，每一步绿色的转型，都是化工人对民族认同的坚定表达，对行业责任的深刻理解，对职业使命的忠诚践行，对专业领域的不懈追求。

项目一　粮食健康——农药

生物农药，自然之馈赠，守护着粮食健康的绿色卫士。从古罗马的草本防护到现代微生物科技的精准出击，生物农药以其源于自然的温和力量，为现代农业织就一张生态防护网，引领着安全食品链的构建。中国农药发展史是一部农业与科技的交响曲，从古代植物提取物的智慧，到化学农药的兴起，再到绿色转型的坚定步伐，见证了中国农药从传统向现代化、从依赖进口到自主创新的华丽蜕变。张少铭院士，农药科研的光辉典范，他的身影在农药行业的绿色进程中熠熠生辉，不仅在杀菌剂领域开创新天地，更以环保理念和严谨治学态度，为行业树立了科研与道德的双重标杆。湖南海利化工股份有限公司，作为绿色农药革命的先行者，以科研创新为驱动，成功突破甲基异氰酸酯关键技术，为中国乃至全球的农业可持续发展贡献了重要力量，其旗下的生物农药与高效低毒产品，如同绿色田野上的科技之光，照亮现代农业的未来。这一系列的探索与实践，共同勾勒出一幅粮食健康与环境和谐共生的美好画卷。

任务一　认识一种产品——生物农药

生物农药不仅是农作物的守护神，也是衔接自然与健康的绿色桥梁。从古罗马智慧的草本防护，到华夏先民利用莽草与嘉草的生态智慧，直至当代微生物与植物精华的科学提炼，生物农药的演变之路，铺陈着人类对安全食品的渴望与对生态环境的敬畏之心。现今，它不仅是粮食健康的坚强后盾，更是科技进步在农业领域的璀璨明珠。步入新世纪的门槛，生物农药以全新姿态绽放，生物工程技术赋予其前所未有的精准与高效，微生物农药以其生态友好的特性，成为守护绿色田野的新星；植物源制品如同自然的精妙配方，温和而强力地抵御病虫侵袭；而生物信息素的精妙运用，则开启了生物防治的新纪元，引导害虫管理进入智能化时代。3R（reduce，renew，recycle）原则（减少用量、替代化学农药、资源循环）的践行，见证了生物农药在促进农业可持续发展中的重要角色。此番探索，我们将从生物农药的古老智慧启航，飞越至现代生物技术的辉煌顶点，洞察生物活性成分的奥秘，体验生物科技如何为农业生产赋予"智慧"之眼。从靶向生物的精准设计到生态系统的和谐融入，每一项进步都是朝着更加安全的食品链、更加清洁的环境、更加和谐的生态平衡迈进的稳健步伐。

1. 农药的应用历史与类型

参照 2022 年国务院新颁《农药管理条例》，农药被定义为用于预防、控制危害农业、林业的病、虫、草、鼠和其他有害生物以及有目的地调节植物、昆虫生长的化学合成或源于生物、其他天然物质的单一物质或者几种物质的混合物及其制剂。农药乃农业生产之重要物资，对于防控病虫害、保障粮食安全及农业稳产增产意义重大。农药的应用历史源远流长。古罗马人使用藜芦防治害虫和鼠类、波斯人用红花除虫菊防治蚊虫，我国古代利用莽草、嘉草等植物提取物防治害虫，而欧美地区则采用烟草提取液、烟草粉、石灰粉、除虫菊粉、鱼藤根粉等自然物质进行虫害治理。

按功能划分，农药主要分为化学农药与生物农药两大门类，而以防治对象细分，则包括杀虫杀螨剂、杀菌剂、杀线虫剂、杀鼠剂、除草剂、脱叶剂、植物生长调节剂等多种类型。尽管全球农药行业中，生物农药呼声渐高，但其产量尚处低位，预计至21世纪50年代前，化学合成农药仍将是农药领域的主导力量。当前，我国农药使用中约90%服务于农业生产，其余10%则应用于非农业领域。农药产品已成为国家农业生产体系中不可或缺的一环，尤其在减少粮食、棉花、油料、蔬菜等作物因病虫害导致的减产损失方面，发挥着至关重要的作用。表2-1是常见农药品种及分类。

表2-1　常见农药品种及分类

品种	化合物类别	农药名称
杀虫杀螨剂	有机磷类	辛硫磷、敌敌畏、毒死蜱、乙酰甲胺磷、氧乐果等
	氨基甲酸酯类	灭多威、丁硫克百威、异丙威、仲丁威、茚虫威等
	拟除虫菊酯类	高效氯氰菊酯、氯氟氰菊酯、联苯菊酯、甲氰菊酯等
	沙蚕毒素类	杀虫双、杀虫单、杀螟丹
	氯化烟酰类	吡虫啉、啶虫脒、烯啶虫胺、噻虫胺、噻虫嗪、哌虫啶等
	昆虫生长调节剂类	氟铃脲、氟啶脲、氟虫脲、噻嗪酮等
	其他类杀虫剂	阿维菌素、甲维盐、溴虫腈、氯虫苯甲酰胺等
	杀螨剂	哒螨灵、炔螨特、四螨嗪、三唑锡、噻螨酮（尼索朗）等
杀菌剂	铜制剂	氢氧化铜、碱式硫酸铜、噻菌铜、喹啉铜、噻森铜等
	硫制剂	石硫合剂、代森锰锌、代森联、代森锌、福美双、敌克松等
	有机磷类	稻瘟净、异稻瘟净、乙磷铝等
	苯并咪唑和托布津类	甲基托布津、多菌灵、苯菌灵
	甾醇类	氟菌唑、咪鲜安（施宝功）、三唑酮、戊唑醇、丙环唑等
	其他类	百菌清、五氯硝基苯、甲霜灵、霜霉威（普力克）、乙蒜素等
除草剂	灭生性除草剂	草甘膦、草胺磷、百草枯
	选择性除草剂	甲草胺、异丙甲草胺、乙草胺、丁草胺、精喹禾灵、高效氟吡甲禾灵、氟乐灵等
杀病毒剂		盐酸吗啉胍、宁南霉素、香菇多糖等
植物生长调节剂		芸苔素内酯、多效唑、乙烯利、丁酰肼、赤霉素、吲哚乙酸等

生物农药，又名天然农药，是指运用生物活体（如真菌、细菌、昆虫病毒、转基因生物、天敌昆虫等）及其代谢产物（如信息素、生长素、萘乙酸钠、2,4-D等），针对农作物病虫害进行杀灭或抑制的制剂。这类农药并非化学合成产物，而是源自天然的化学物质或生物体，且具备一定的杀菌和杀虫功效。第一代生物农药包括尼古丁、生物碱、鱼藤酮类、除虫菊类及部分植物油等成分，它们在人类历史上已拥有悠久的应用史，例如，除虫菊便是常见蚊香的主要成分之一。

生物农药在市场上的占有率相对较低，主要原因在于其往往不具备广谱性，与化学农药相比，其见效速度较慢，有效期偏短且成本相对较高。2022年2月，中国农业农村部等多部门共同发布了《"十四五"全国农药产业发展规划》，明确提出：优先扶持生物农药产业与化学农药制剂加工业，适度扩张化学农药原药生产企业；加大对微生物农药、植物源农药的研发投入；完善农药登记管理制度，加速生物农药、高毒农药替代品、特色小宗作物用药、林草专用药的注册审批进程。2023 年 7 月，在第十三届生物农药发展与应用交流大会上，与会专家披露了如下数据：我国生物农药年产量约为 13 万吨，产值约为 30 亿元，占农药总产量和总产值约 10%。从我国近年来新农药登记情况看，生物农药已成为创新主力，2018 ～ 2022 年间共登记新的有效成分 84 个，其中生物农药成分占 46 个，占比高达 54.8%。预计到 21 世纪中叶，全球生物农药的需求量将占农药市场的 60%，缺口巨大。我国生物农药防治覆盖率仅有 10% 左右，远不及发达国家 20% ～ 60% 的水平，生物防治作为综合防治的重要举措仍有较大的发展空间。

2. 生物农药的类型

生物农药依据其组成成分及来源，主要可划分为植物源农药、动物源农药和微生物源农药三大类别。

植物源农药，又称生物源农药或植物性农药，是指从各类植物中提取或合成的，具备杀虫、杀菌、除草等功效的活性物质或复合物。凭借其在自然环境中易于降解、环保无害的特性，植物源农药已成为绿色生物农药的首选之一，具体包括植物源杀虫剂、植物源杀菌剂、植物源除草剂及植物源光活化霉素等。目前，自然界已发现的具有农药活性的植物源农药有博落回系列杀虫杀菌剂、除虫菊素、烟碱和鱼藤酮等。植物源农药不仅具备良好的防治效果，而且显著降低了对非靶标生物和人体健康的潜在风险。例如，从楝树、苦参等植物中提取的一些生物碱类化合物已被证明对害虫具有强烈的驱避和杀灭作用。

动物源农药主要由动物毒素构成，如蜘蛛毒素、黄蜂毒素、沙蚕毒素等。昆虫病毒杀虫剂已在美、英、法、俄、日、印等多国得到广泛应用，国际市场上已有超过 40 种昆虫病毒杀虫剂完成注册、生产和应用。

微生物源农药则是利用细菌性农药（如苏云金杆菌）、真菌性农药（如白僵菌、绿僵菌）、病毒性农药（如核型多角体病毒）以及其他有益微生物（如拮抗菌）或其代谢产物，来防治农业有害生物的生物制剂。其中，苏云金杆菌属于芽孢杆菌类，是全球应用最为广泛、研发历史最长、产量最大、成效最显著的生物杀虫剂。它能产生一种对鳞翅目害虫具有极高毒性的蛋白质晶体，当害虫取食后，这种毒素在害虫肠道内溶解并破坏肠道细胞，最终导致害虫死亡。昆虫病原真菌属于真菌类农药，对防治松毛虫和水稻黑尾叶病具有特效，病毒入侵害虫体内，利用害虫自身的细胞机制进行复制扩散，破坏细胞功能，引发害虫发病乃至死亡。

3. 生物农药的特点

与化学农药相比较，生物农药在有效成分来源、工业化制备路径、杀虫防病机制及作用方式等诸多层面展现出诸多本质区别。这些特性使得生物农药在未来的有害生物综合治理策略中更具推广价值。相较于传统化学农药，生物农药不易诱发抗药性，具有较好的抗逆性，适用于综合防治多种有害生物，并且种类丰富、研发选择空间广阔，开发成本相对较低。尤为关键的是，生物农药多为低毒或微毒产品，对非靶标生物毒性低，对人、畜及天敌生物安全性高，自然降解迅速、残留量少，不易污染农产品，对生态环境的影响微乎其微。表 2-2 为生物农药和化学农药的特性对比汇总表。

表 2-2　生物农药与化学农药的比较

种类	生物农药	化学农药
特点	选择性强	毒性较强
	对人、畜、环境安全	对环境影响较大
	低残留、高效	可能引起农药残留问题
	用量相对较少	用量较大
	原料来源广泛	原料来源相对较窄
	不易产生耐药性	易产生抗药性，害虫会污染水体、环境等

虽然目前生物农药尚未在农药家族中占据主导地位，但其展现出强劲的发展势头与巨大的发展潜力。随着民众生活质量提升以及对生态环境保护和食品安全议题关注度的日益增强，生物农药发展前景光明。生物农药广泛应用的生物农药产品，仅针对病虫害起作用，通常对人、畜及各种有益生物（包括昆虫天敌、蜜蜂、授粉昆虫及鱼、虾等水生生物）极为安全，对非靶标生物的影响也极小。生物农药主要利用特定微生物或其代谢产物所具有的杀虫、防病、促生功能，其有效活性成分完全源自并回归自然生态系统，其显著特点在于极易被阳光、植物或土壤微生物分解，形成一种源于自然、归于自然的良性物质循环模式。因此，生物农药对自然生态环境安全无害，不会造成污染。部分生物农药种类（如昆虫病原真菌、昆虫病毒、昆虫微孢子虫、昆虫病原线虫等）具备在害虫群体间水平传播或经卵垂直传播的能力，在适宜野外条件下，具有定殖、扩散及流行的能力。不仅能对当前有害生物实施有效控制，还能对有害生物种群的后代产生一定的抑制作用。我国生产的生物农药主要利用天然可再生资源（如玉米、豆饼、鱼粉、麦麸或某些植物体等），原料来源广泛、成本相对低廉。

4. 生物农药的起效影响因素

（1）观天象　温度、湿度、光照强度与风速风向，均为影响生物农药施用效果的关键气候要素。温度不仅直接影响生物杀虫剂孢子的活力，同时也作用于害虫本身，进而影响病原微生物的致病力与毒性效力；湿度对生物杀虫剂孢子的繁殖与扩散过程具有显著影响，湿度较高时，微生物孢子繁殖与扩散加速，易于快速感染并消灭害虫；阳光中的紫外线对芽孢具有强烈杀伤作用，故施药时应尽量避开强光时段，午后 4 时之后施用效果更佳；风力对粉剂型生物农药的飘散与均匀分布至关重要，微风条件下施用粉剂，能使其防治效果最大化。

（2）察地情　不同地域环境下，生物农药的使用效果存在显著的差异。在干旱地区，应适当增加喷药用水量，有利于微生物孢子存活与增殖，同时可在制剂中添加特定的高分子物质及增稠剂，如淀粉、动物骨胶、草木灰浸出液等，以提升生物农药的使用效能。

（3）辨虫态　针对不同种类与特性的害虫，生物农药的施用策略应有所差异。害虫生命历程中经历多个发育阶段，各阶段对生物杀虫剂的耐受性各异。选择害虫低龄幼虫期施药，可最大限度发挥生物农药的防治效果，实现"早防早治，彻底防治"的目标。此外，还需依据害虫取食习性选用适宜类型的生物杀虫剂。常见昆虫见图 2-1。

鉴于生物农药生产成本相对较高，故应优化施药技术，采用高效喷洒设备，如采用弥雾法施药，以提升生物农药防治效果，降低成本。精准施药技术是一种依托现代科技手段，根

蚜虫

小菜蛾

斜纹夜蛾

棉椿象

螨虫

图 2-1　常见昆虫

据农作物病虫害发生规律、作物生长状况、地理位置等因素，进行实时监控、精确判断，并据此精确调整农药施用量、施药时机与施药位置的现代农业技术。精密喷雾器、静电喷雾技术、变量施药系统等硬件设施的更新升级，显著提升了农药施用的精准度与效率。其中，静电喷雾技术可减少农药雾滴飘散，提高农药在作物表面的沉积率，从而降低农药流失，减轻对环境的污染。近年来，全球定位系统（global positioning system，GPS）、遥感技术、无人机及物联网等信息技术在精准施药领域的广泛应用，如 GPS 导航系统帮助农机具精准定位于田间，确保农药仅施用于需处理区域；遥感技术实时监测作物病虫害发生状况，指导农户适时适地施药。

（4）择剂型　使用生物农药时，应根据防治对象、气象条件及施药时期，合理选择适合的剂型。例如，针对食叶量大的害虫如菜青虫，可将可湿性粉剂加水配制成悬浮液喷雾，效果良好。胶囊剂兼具持久防效与保护内部病原体免受环境影响的优点，适用于大棚撒施。常见的农药剂型包括固体制剂、液体制剂及其他类型，如微囊悬浮剂（capsule suspension，CS）、微乳剂（microemulsion，ME）等。通过创新剂型，如微囊化、水分散粒剂、悬浮剂等，提升农药在田间的利用效率与生物活性，同时减少飘移与淋溶损失，减少农药在土壤和水源中的残留。

展望未来，合成生物学、基因编辑技术、天然产物联合提取技术等前沿生物科技将成为生物农药产业创新发展的关键支撑。以生物制造技术为引领，融合工程学、化学、物理学等多学科理论方法，有望实现农药增效减量及农药生产过程低碳化。

任务二　铭记一段历史——中国农药工业发展史

中国是世界上最早使用农药的国家之一，早在三千多年前即已采用植物制剂防治害虫。我们将共同翻开中国农药发展史这厚重一页，探秘民族智慧如何在田畴间播种安全与丰收的希望。从古代植物与矿物的朴素应用，到中华人民共和国成立后化学农药工业的蓬勃发展，中国农药工业的每一步跨越，都是对农业安全、粮食健康及生态平衡的不懈追求。本任务旨在引领同学们穿越时空，见证中国农药工业从零星手工作坊到世界领先的华丽转身。我们将深入剖析农药工业在不同历史时期的挑战与机遇，从早期依赖进口、品种单一，到自主创制、绿色发展，探讨如何在保障农业产量的同时，减少对环境的影响，确保餐桌上的每一粒粮食都蕴含着健康的承诺。特别是在改革开放以来，中国农药工业的转型之路，展示了科技创新如何引领行业从依赖仿制到自主创制的飞跃，以及在新时代背景下，如何响应绿色发展的号召，向农药强国迈进。

1. 农药春秋：兴替转战三十年，转型求索护田畴

世界农药工业的兴起与化学工业的成熟密不可分，后者为农药制造提供了丰富的低成本

原料和先进的有机单元反应技术。尽管中国早在 20 世纪 40 年代就开始涉足化学农药的研究与开发，但由于我国拥有悠久的植物性与矿物性农药防治历史，因此在这一阶段并未紧跟全球农药工业的发展步伐。

20 世纪 50 年代，中国农药工业实现了显著的进步，化工系统成功研发并生产出大量新型农药品种，有效满足了农业发展对农药日益增长的需求。国家在这段时间内制定并完善了一系列农药标准，各大农药研发与生产企业体系初步构建，奠定了农药工业的基础。1958 年，中央提出的"农业八字宪法"旨在推动中国农业高速发展，农药工业的地位随之提升，成为保障国家实现农业高速发展的关键一环，农药工业发展任务紧迫。1959 年，中国农药产量首次突破 10 万吨大关，到 1972 年增至 40 万吨。这一阶段的代表性农药品种包括有机氯杀虫剂六六六、滴滴涕，有机磷杀虫剂对硫磷，杀菌剂五氯酚，除草剂 2,4-D 等。农药工业的迅速发展带动了农药剂型的多样化。然而，也暴露出一些显著问题：高效农药品种稀缺，六六六和滴滴涕这两个低效品种占据了中国农药总量的 60% 以上；部分地区由于长期使用，不仅导致昆虫产生抗药性，还积累了严重残毒，亟须引入新的农药品种予以替代。农药种类比例失衡，杀虫剂占农药总产量的 90%，杀菌剂和除草剂分别仅占 3% 和 5%，而国外农药市场通常各类型农药占比均衡。此外，农药剂型单一，导致药效未能得到充分释放。

2. 改革潮涌：农药转型春风里，八十年代启新颜

改革开放为农药工业的发展注入强大动力，大量国外先进农药新剂型、新制剂开始在中国注册登记，间接推动了中国本土农药新剂型、新制剂的开发速度。20 世纪 80 年代，中国农药工业步入全新发展阶段。

这一时期见证了中国农药工业发展史上的一大转折——1983 年 4 月 1 日，国务院宣布禁止生产和使用高残留的六六六、滴滴涕等有机氯农药。为确保农业生产不受影响，国务院、化工部积极组织和引导科研机构与企业共同攻关，成功开发出一批新型杀虫剂、杀菌剂、高效除草剂和植物生长调节剂，迅速填补了市场空白，推动了农药新剂型、新制剂的创新，有力支持了农业生产。在杀虫剂领域，新的有机磷类、氨基甲酸酯类、拟除虫菊酯类杀虫剂相继问世，构建起中国杀虫剂"三足鼎立"的格局。与此同时，杀菌剂和除草剂也实现了快速发展。至 1990 年，中国农药产品种类已增至 70 种，产能达到 38.5 万吨，年产量升至 22.7 万吨。

20 世纪 90 年代初期，中国农药行业大力调整产品结构，进一步提升对农业生产，特别是对高效、低毒、低残留农药需求的满足程度。在杀虫剂方面，继有机磷、氨基甲酸酯、拟除虫菊酯类杀虫剂之后，新烟碱类杀虫剂作为新一代杀虫剂崭露头角；同时，随着生物技术的进步，阿维菌素逐渐发展成为重要的生物杀虫剂。杀菌剂和除草剂领域也取得显著进展，使中国农药产品结构进一步优化。杀虫剂、杀菌剂、除草剂与其他品种所占比例由 1991 年的 77.4%、13.8%、7.82% 和 0.98% 调整为 2023 年的 41.15%、27.53%、25.93% 和 5.39%，进一步提升了对农业生产的适应性。

为加速中国农药科研从仿制向创制的转型进程，1996 年国家组建了国家农药工程研究中心和国家南方农药创制中心（即北方中心和南方中心），这一战略性决策对中国农药工业发展具有重要意义，标志着中国农药创制研究体系的正式建立，农药科研开始步入创仿结合的轨道。北方中心以沈阳化工研究院和南开大学元素有机化学研究所为依托，南方中心以上

海农药研究所、江苏省农药研究所、湖南化工研究院和浙江化工研究院为依托；此外，还成立了以安徽化工研究院为主的化工部农药加工和剂型工程技术中心。

3. 绿色崛起：大国迈向强国路，创新引领未来篇

进入 21 世纪，中国农药工业已构建起从原药生产、中间体配套至制剂加工的完整工业体系。中国成为全球最大的农药原药生产国，年出口量超 100 万吨，占世界农药市场份额过半。在广大科研人员与企业的共同努力下，中国农药新品创制进程显著加速，已有 30 余种农药创制品种实现产业化开发并取得临时登记，累计推广面积达 1.2 亿亩次，累计销售收入达 11.4 亿元。此外，还有近 100 种具有良好活性的化合物正处于开发的不同阶段。中国已跻身世界少数具备新农药自主研发能力的国家之列。

有机磷农药在中国农药发展历程中发挥了巨大作用，对保障农业生产安全和粮食安全作出了不可磨灭的贡献，占据了防治害虫领域的"半壁江山"。随着国产新农药品种的不断涌现，国家发展和改革委员会等六部门于 2008 年 1 月 9 日联合发布公告，正式禁止甲胺磷等五种高毒有机磷杀虫剂，中国农药产品结构经历了第二次"巨变"。

2015 年 2 月，农业部印发《到 2020 年农药使用量零增长行动方案》，提出到 2020 年实现主要农作物农药利用率提升至 40% 以上，比 2013 年提高 5 个百分点，力争实现农药使用量零增长。这一目标的提出，对于加快农业发展方式转变，推进农业生态环境保护与治理具有重要作用。当前，低毒、微毒产品比例已超过 82%，高毒产品占比降至 1.4%，生物农药占比达 10%；农药制剂产品正逐步向环保方向发展，悬浮剂、水剂、水分散粒剂、水乳剂等环保剂型比例逐年提高。

为推动农药产业高质量发展，2022 年中国农业农村部联合国家发展和改革委员会等部门共同编制了《"十四五"全国农药产业发展规划》（简称《规划》）。《规划》提出，到 2025 年，构建更加完善的农药产业体系，产业结构更加合理，对农业生产的支撑作用持续增强，实现绿色发展和高质量发展的全面提升。

（1）生产集约化　鼓励农药生产企业通过兼并重组、转型升级等方式发展壮大，培育一批竞争力强劲的大中型农药生产企业。目标到 2025 年，成功塑造 10 家产值超过 50 亿元、50 家超过 10 亿元、100 家超过 5 亿元的农药企业，使园区内农药企业产值提升 10 个百分点。

（2）经营规范化　重点在粮食、蔬菜、水果、茶叶等优势产区打造 1 万家标准化农药经营服务门店，大力推广开方卖药、台账记录、追溯管理等规范化经营服务模式。力争到 2025 年，使 50% 的农药经营门店实现标准化经营服务。

（3）使用专业化　强化农药科学安全使用技术普及，大力推广生物防治、理化诱控、科学用药等绿色防控技术，积极发展专业化统防统治服务，有效提升农药利用效率。至 2025 年，确保三大粮食作物统防统治覆盖率提升至 45%，持续推进化学农药减量化使用。

（4）管理现代化　构建国家农药数字化监管平台，完善信息化、智能化监管服务体系。健全管理制度，改进工作手段，构建上下协同、运作高效、支撑有力的现代化管理体系，全面提高农药监管服务能力和水平。

《规划》强调，"十四五"期间，围绕农药产业发展的新目标，将着力构建现代农药生产体系、经营服务体系、安全使用体系、监督管理体系、研发创新体系。表 2-3 为农药产业发展指南。

表 2-3　农药产业发展指南

发展趋势	具体情况
优先 发展	生物农药：微生物农药（白僵菌、绿僵菌、枯草芽孢杆菌等）、农用抗生素（多杀霉素、春雷霉素等）、生物生化农药（性诱剂、植物诱抗剂等）、RNA 及小肽类生物农药
	化学农药：重点面向解决水稻螟虫、稻飞虱、小麦赤霉病、蔬菜小菜蛾、蓟马、烟粉虱、松材线虫病等重大病虫害防治品种偏少和抗药性替代等需求，加快发展第四代烟碱类、双酰胺类、小分子仿生类杀虫剂及新型高效低风险杀菌剂、除草剂等
适度 发展	杀虫剂：敌百虫、乐果、毒死蜱、三唑磷、吡虫啉、阿维菌素、氟虫腈、丁硫克百威、氟苯虫酰胺、氰戊菊酯、乙酰甲胺磷、啶虫脒、噻虫嗪、杀虫双等
	除草剂：草甘膦、乙草胺、莠去津、丁草胺、2,4-滴、2甲4氯、莠灭净、麦草畏、甲草胺、敌草快、草铵膦、烯草酮等
	植物生长调节剂：多效唑、复硝酚钠、丁酰肼等
	杀鼠剂：敌鼠钠、敌鼠酮、杀鼠灵、杀鼠醚、溴敌隆、溴鼠灵、肉毒素等
逐步 退出	甲拌磷、甲基异柳磷、灭线磷、水胺硫磷、涕灭威、克百威、灭多威、氧乐果、磷化铝、氯化苦；禁止壬基酚用作农药助剂

面对气候变化、病虫害抗药性增强等严峻挑战，农药研究领域迫切需要持续创新，以应对复杂多变的农业生态环境，并满足现代农业对绿色、高效、可持续发展的要求。一是加速绿色农药研发与技术创新，丰富生物农药、绿色农药产品线，加快研发进程，完善生物农药（如微生物农药、植物源杀虫剂等）的产品种类和性能，利用其对环境友好的特性，降低对生态系统的影响。二是加速缓释剂、微囊剂、水分散粒剂等新型农药剂型开发，提高农药在田间的有效利用率，减少径流损失和挥发，延长药效期，降低施药频率，从而降低农药对环境的整体影响。三是强化 GPS 导航、遥感技术、无人机等智能化的农药施用设备和智能决策支持系统的应用，例如，GPS 导航系统可以帮助农机具在田间进行精准定位，确保农药仅施用于需要处理的区域；遥感技术能够实时监测作物病虫害的发生状况，指导农民何时何地施药，基于大数据分析和人工智能算法的智能决策支持系统，可以根据天气变化、土壤湿度、作物生长阶段、病虫害预警等多元信息，生成定制化的农药施用方案，以最小的农药投入实现最大的防治效果。

任务三　讲述一个人物——张少铭

在化工的浩瀚星空中，张少铭如同一颗璀璨星辰，引领着健康生活与职业理想的航向。我们将跟随这位"中国农用杀菌剂科研带头人"的足迹，探索他如何在科研征途中播种健康理念。从青岛维新化学厂到沈阳化工研究院，张少铭不仅是染料变革的先锋，更在农药领域开辟出一片新天地。他领导研发的多菌灵等杀菌剂，不仅守护了农田的健康，更将绿色环保的理念深深植根于中国农药工业的未来。他的每一项成果，都是对健康生活理念的躬身实践，对化工安全的执着追求。将个人志趣融入国家发展的洪流，用科技的力量保障人类健康，让职业道路因责任与梦想而熠熠生辉。

1. 幼学壮志启新程，科研初心源家乡

张少铭，这位后来被誉为"中国农用杀菌剂科研带头人"的杰出科学家，于1908年5月17日出生于今山东省高密市一个深受传统文化熏陶、崇尚知识的家庭。在那个传统与现代观念交融的时代，年少的张少铭便显现出对大自然奥秘和科学法则的强烈好奇心。得益于父母营造的良好教育氛围和开放思维，他在成长过程中逐渐孕育出对科学研究的执着追求。在故乡接受完备的小学与中学教育期间，张少铭刻苦学习，成绩优异，尤以理科见长，展现出非凡的科学潜能。随着对化学知识的深入探究，他对当时中国化工产业的落后现状深感忧虑，立志提升自我专业素养，为改变这一局面贡献力量。

20世纪30年代，中华民族正处于风雨飘摇之际，怀抱科技救国理想的张少铭，于1929年踏上了东渡日本的求学之路，进入东京工业大学预科学习应用化学专业。经过四年努力，他于1933年顺利进入本科，又于1936年取得工学学士学位，并于同年考取研究生。在日本求学期间，他如饥似渴地吸收先进的化学理论知识，不断提升自我，同时锤炼出严谨的科研精神与卓越的实验技能。尽管身处异国，但张少铭的心始终系于祖国的前途与命运。1937年"七七事变"爆发，强烈的民族责任感促使他毅然放弃国外优越的研究条件，义无反顾地返回祖国，投身于振兴民族工业、推动科技进步的伟大事业，拉开了其跌宕起伏、成就斐然的科研生涯序幕。

2. 化工烽火锻英才，染料变革显担当

张少铭先生首先投身于青岛维新化学厂，以其深厚的化学功底与丰富的实验实践，积极参与并主导多项化工项目，为提升我国染料及其他化工产品自给率做出了重要贡献。他的加入不仅提升了企业的技术水平，更为业界树立了锐意改革、积极进取的典范。在张少铭的引领下，青岛维新化学厂即便在战火纷飞的环境中依然保持稳健发展，为国家军工及民生提供了不可或缺的化工物资保障。

抗日战争胜利与中华人民共和国成立后，张少铭先生在青岛染料厂（前身为青岛维新化学厂）担任厂长一职。在任职期间，他坚守科技兴国信念，积极推动染料生产技术的升级与创新，使该厂成为中国染料工业的中坚力量。张少铭对我国染料工业现代化建设的推动作用举足轻重，为新中国初期化工产业的发展奠定了坚固基石。

随着时间推移与国家需求变迁，张少铭先生敏锐洞察到农药在保障粮食安全与推动农业发展中的核心地位。1961年，他做出职业生涯中的重要抉择，转战农药研究领域，加盟沈阳化工研究院实验厂。这次职业转换成为张少铭科研生涯的又一重要转折点，也是他为中国农药工业打下基石的起点，自此开启了他在农药科研领域的崭新篇章。凭借深厚的专业底蕴与丰富的实践经验，张少铭先生迅速晋升为实验厂副厂长，并在随后岁月中担任总工程师这一关键职务。

3. 杀菌剂里见真章，科技创新织希望

在农药研究领域，张少铭带领团队攻克了一系列技术瓶颈，特别是在化学农药的本土化研发与生产方面，取得了开创性的成就。他主导研发的五氯苯酚、甲基胂酸铁铵等新型农药产品，不仅填补了我国农药生产领域的多项空白，更在实际应用中表现出卓越的防治效果，极大提升了我国农作物病虫害防治水平，有力保障了国家粮食安全与农业丰产丰收。

然而，张少铭并未止步于此，他深谙农药研发必须与时俱进，追求高效、安全与环保。在他的引领下，科研团队在苯并咪唑类杀菌剂研究中取得了突破性进展。特别是在应对东北地区柞蚕养殖业中频发的线虫病害时，张少铭及其团队成功研发出特效产品——多菌灵2号。该农药的广泛应用，不仅有效解决了长期困扰的农业病害难题，更因其卓越性能与低毒特性，对环境友好，赢得了广大农户与业界的一致好评。

多菌灵及其关键中间体氯代甲酸甲酯及邻苯二胺的合成与工业化，是张少铭科研生涯中一项重大科技成果。作为我国年产量最大的重要农用杀菌剂，多菌灵被广泛应用于农作物病害防治，对我国植保工作起到了关键作用，并有一部分产品出口创汇。多菌灵是一种广谱内吸性杀菌剂，既可用于喷叶，也可进行拌种、拌土等处理。药剂通过作物根、叶和种子的吸收，能够渗透至作物体内，起到有效的防护与治疗作用。柞蚕是我国北方特有的经济昆虫，其丝制品柞蚕丝是我国优质纺织原料。然而，柞蚕体内寄生的线虫会导致蚕死亡，严重影响柞蚕丝产业的发展。当时虽尝试了多种杀虫剂，包括多菌灵1号，但都无法有效杀灭线虫，或同时毒杀蚕体。张少铭与辽宁丹东柞蚕研究所科技人员合作，采用多菌灵2号防治柞蚕体内线虫，通过让蚕食用含药柞叶，既能杀死蚕体内线虫，又不对蚕体造成伤害。

鉴于张少铭在农药研究领域取得的卓越成就，其科研成果得到了国家的高度重视与认可。1982年，张少铭主持的苯并咪唑类杀菌剂研究项目荣获国家科学技术发明奖，这是对其多年辛勤付出与卓越贡献的最高肯定。通过这些实实在在的科研成果，张少铭不仅提升了我国农药产业的整体实力，还在国际农药研究领域树立了中国科学家的权威形象。

4. 薪火传扬育桃李，科研泰斗写春秋

作为一位杰出的科学家，张少铭不仅在农药研究领域建树斐然，更是一位心系国家、胸怀社会的知识分子。他在专注科研之余，始终铭记社会责任，身体力行参与公益活动，积极弘扬科学精神，传承民族文化。

在教育领域，张少铭对人才培养和科学知识普及工作尤为重视。他亲力亲为地指导学生，传授专业知识，强调严谨的科研态度与务实的科研方法，为我国农药科研领域培养了大批优秀人才。面对农药产品快速迭代的现实，他多次在公开场合发表演讲，分享科研心得与人生智慧，激励年轻学者勇攀科学高峰，为国家科技事业贡献力量。

即使在20世纪80年代末，年逾八旬的他仍坚持每日研读文献，为培养研究生倾注心血，精心编撰了大量授课材料。其中，《内吸性杀菌剂的传导机制及最近进展》《棉花维管束病害的化学防治》《植物病理学纲要》《国外农药现状及研究动向》以及《抑制多角生物性合成的杀菌剂》等重要著作，无不凝聚了他的学术智慧与教育热情。

5. 国之栋梁献真情，文物承古泽后世

张少铭先生深怀爱国热忱，矢志不渝地拥护中国共产党，坚决反对日本帝国主义对我国的侵略。在留学日本期间，他毅然决然中断学业回国，严于律己，避世潜心学术研究。在解放战争中，他积极保护国家财产，坚定支持解放事业。1950年，他与夫人匡淑元慷慨捐出一处楼房及所有金银首饰，用于购置飞机大炮，支援抗美援朝战争，并送一双儿女参军报国。1955年调离青岛时，又将所剩五处房产尽数交予国家。1959年，为了丰富中国历史博物馆馆藏，他将家族珍藏的西周青铜器召伯虎簋（图2-2）、西汉石洛侯黄金印及家丞铜印等

图 2-2 张少铭捐赠青铜器

珍贵文物悉数献给国家。此后，他又将其珍藏的数百册元明清古版书籍、25 轴明清朝代字画真迹、65 件周秦青铜器、千余枚历代古钱币、百余枚石章及 21 件玉器，悉数捐赠给辽宁省博物馆。这些珍贵藏品承载着厚重的历史底蕴，堪称中华文化的瑰宝，充分彰显了张少铭先生对国家文化事业的无私奉献和对社会公益事业的执着付出，同时也体现出作为一名科学家，他对文化传承与保护的深切关注与责任感。

他的公益行动不仅限于实物捐赠，更在于他利用自身的学术影响力，积极推动科研成果转化，服务于社会经济发展，提高人民生活质量，提升公众对农药安全与环境保护的认知。他大力倡导绿色农药的研发与应用，强调科学、合理施药，旨在减轻农药对环境的负面影响，确保食品安全，这同样是他深刻理解并切实履行社会责任的生动体现。

张少铭院士的人生历程与科研硕果，已然成为中国农药科研史上浓墨重彩的一笔，他的人格魅力与精神风貌将持续鼓舞后来的科研工作者砥砺前行，为我国农药工业的持续繁荣和社会公益事业的发展注入源源不断的智慧与力量。他的事迹昭示我们，一位真正的科学家不仅应具备敏锐的问题洞察力与卓越的问题解决能力，更应始终胸怀初心使命，以宽广的全球视野和深厚的人文关怀，致力于创造一个更美好、更和谐的世界。

任务四　走进一家企业——湖南海利化工股份有限公司

在绿色与科技交织的田野上，湖南海利化工股份有限公司，作为中国农药行业的璀璨星辰，引领着一场农业科技的绿色革命。自 1994 年成立以来，湖南海利深耕于农药与精细化学品领域，不仅以"海利"品牌赢得了国内外市场的广泛认可，更以科研创新驱动现代农业的转型升级，绘就了一幅高效、环保、安全的现代农业画卷。其全资子公司湖南化工研究院，作为农药创新的摇篮，承载着突破国际技术封锁的历史使命，成功研发出甲基异氰酸酯这一关键中间体的工业化制备技术，为氨基甲酸酯类农药的国产化奠定了坚实基础。这项技术的突破，不仅是科研团队智慧与毅力的结晶，更是中国农药工业从依赖进口到自主创新的历史性跨越，为中国乃至全球的农业可持续发展贡献了重要力量。在这片希望的田野上，湖南海利正以科研之光，照亮现代农业的绿色未来，书写着从技术创新到产业领航的辉煌篇章。

1. 绿色兴农领航者：科研深耕启新程

湖南海利化工股份有限公司（简称湖南海利）成立于 1994 年，由湖南化工研究院为主要发起单位组建而成，是位列中国化工 500 强、中国农药百强的科技股份制企业。公司专注于农药及精细化学品的研发、生产和销售，产品涵盖氨基甲酸酯类农药、光气化产品以及其他精细化工产品三大系列，共计五十多个品种。湖南海利的主打产品在全球市场享有较高的占有率，与多家全球五百强企业建立了战略合作关系，产品远销全球 100 多个国家和地区，现已发展成为拥有完整产业链优势的农化企业。湖南海利植根现代农业，秉持"海纳百川，利在千秋"的价值观，为我国农药工业提供了众多高效、低毒、低残留的环保型农药新品及一系列先进技术，为现代农业进步和农产品质量安全作出了积极贡献。

其全资子公司湖南化工研究院有限公司（以下简称"研究院"）创建于 1951 年，是我国农药行业的重要创新研发基地，坐拥国家农药创制工程技术研究中心、国家氨基甲酸酯类农药工业性试验基地、仿生农药国家地方联合工程实验室、国家南方农药创制中心湖南基地以及国家企业技术中心等 5 个国家级研发平台。研究院具备农业农村部授权的农药登记、田间药效、残留、环境行为、环境毒理及产品化学试验资质，同时也是湖南省化肥农药质量监督检验授权站、湖南化工产品质量监督检验站。研究院科研实力雄厚，构建了涵盖化学合成、生物活性筛选、工艺优化、工程技术开发与设计、残留与全组分分析、应用技术研究、三废处理及信息咨询等全方位的研发体系，成功开发出系列高效氨基甲酸酯类农药及其关键中间体的成套清洁生产工艺，使我国氨基甲酸酯类农药制造技术跃居世界前列。

2. 科研兴农开创者：甲基异氰酸酯铸辉煌

新中国成立初期，解决民众"缺粮""少粮"的民生问题，是中国共产党面临的一项艰巨任务。彼时，粮食产量低下，农业灾害成为制约粮食产量提升的重要因素，每年因病虫草害导致的农作物减产高达 30% 左右。面对此种境况，人民政府对于缺乏有效防治手段应对农业病虫害问题深感忧虑。农药作为关乎国计民生的战略物资，供需矛盾极为尖锐。此时，湖南化工研究所（湖南海利集团的前身）决心研发一种新型、高效的环保农药，以缓解农业生产困境。

1969 年，曾宪泽、陈世珍等科研人员在众多选题中锁定甲基异氰酸酯（CH_3NCO，简称 MIC 或异酯）作为研究对象。该物质作为一种关键中间体，通过添加其他原料，可合成一系列新型农药、化工产品乃至医药，其最大优点在于高效、低毒且环保。然而，甲基异氰酸酯生产技术为美国专利，彼时西方对华实施严密的技术封锁。吴必显等老一辈科研人员回忆起那段艰苦的试验研究时光，设备故障泄漏时与工人共同抢险，彻夜守在设备旁苦思冥想解决方案，甚至遭受外界冷嘲热讽，认为他们难以取得成功。吴必显坚信，随着国际社会对第一代农药有机氯类、第二代农药有机磷类的淘汰趋势日益明显，氨基甲酸酯类农药必将接棒成为第三代主流农药。要在这一新兴领域中抢占先机，关键在于攻克其重要中间体——甲基异氰酸酯（MIC）的工业化制备这一难题。

1978 年，年仅 43 岁的吴必显被委任为科研攻关组组长，与曾宪泽、陈世珍、王晓光、石峰、苏红、郑群怡等一道，继续在 MIC 中试和初期工业化道路上默默耕耘。同年，吴必显光荣加入中国共产党。此后，他几乎将一生的精力都投入甲基异氰酸酯工业化生产工艺的改进、以甲基异氰酸酯为中间体的系列氨基甲酸酯类农药的开发应用研究以及工程放大设计工作中。1979 年，湖南化工研究院历经艰辛，终于在 MIC 工业制备方法中试研究上取得突破，一举打破了美国、德国、日本等少数发达国家对此项技术的长期垄断。同年 11月，湖南省科学技术委员会与湖南省化学工业局对湖南省化工研究院进行的年产 60 吨甲基异氰酸酯法制备速灭威和叶蝉散中间试验进行了鉴定。1980 年，60 吨 / 年甲基异氰酸酯法制备速灭威在海利望城试验工场试车成功，300吨／年叶蝉散在江西贵溪农药厂成功试车投产（速灭威对晚稻害虫稻飞虱、稻叶蝉、稻蓟马、稻田蚂蟥以及茶小绿叶蝉等具有显著防治效果）。

作为国家"六五"计划的重点攻关项目之一，甲基异氰酸酯制备项目的攻坚历经十数载终告成功。它的成功不仅使我国摆脱了长期依赖进口农药的被动局面，更为我国化工科研填补了一项重大空白。1983年，中国政府宣布禁止生产并决定在库存消耗完毕后全面禁止农业生产中使用有机氯农药"六六六""滴滴涕"，取而代之的是扩大有机磷和氨基甲酸酯类农药的产量，并积极研发拟除虫菊酯类及其他新型杀虫剂。

3. 生态兴农守护者：氨基甲酸酯显神威

为提高MIC生产的安全性，国家科委将MIC不贮存试验列入"七五"国家科技攻关项目，交由湖南化工研究院负责。吴必显、王晓光、石峰、苏红等技术专家组成攻关课题组，致力于开展制备MIC直接用于连续化合成氨基甲酸酯农药的研究。所谓"不贮存"，即通过工艺流程的连续化设计，实现人与物料的物理隔离，整个过程在封闭系统中完成，无须中间贮存。课题组在大量实验基础上提出了采用管式反应器作为分解反应器，突破了传统工艺中采用釜式反应器的局限，使得反应物停留时间缩短12倍，收率提升5%，节能10%，固体废渣大幅减少，为MIC大规模生产创造了可能。然而，当时国内生产设备较为落后，要实现自动化、连续化生产线的组建，需要设备、防腐、仪表等多个专业领域的密切协作，是一场大规模的集体战役。令吴必显记忆犹新的是，共产党员高若海为实现仪表应用与工业生产的无缝对接，与他在一个房间内连续讨论了三天三夜，直至找到可行方案后才采购零部件付诸实施。1988年，农药中间体"甲基异氰酸酯制备方法"项目荣获国家发明奖和发明专利。

经过反复模拟试验与装置试验，1989年，湖南化工研究院的MIC工程技术开发取得重大突破，中国成为继美国之后全球第二个掌握MIC关键技术的国家，为我国民族农药工业的发展树立了一座重要的里程碑。该技术随后成功转让至江西贵溪、湖北荆州、山东宁阳、湖南临湘、江苏常州等地的多家大中型农药企业，累计创造直接经济效益超过50亿元，社会效益逾千亿元，每年为国家节省外汇约6000万美元，为湖南乃至全国氨基甲酸酯类农药的工业化生产开启了崭新篇章。采用该技术的国内厂家，至今已稳定运行超过三十年。

此后，湖南海利陆续开发并投产了速灭威、异丙威（叶蝉散）、仲丁威、残杀威、克百威、丙硫克百威、丁硫克百威、甲萘威、灭多威、硫双灭多威等十余种低毒高效的新型农药，构建起完整的氨基甲酸酯类农药产业链，成为全球氨基甲酸酯类农药的领军企业，其产品畅销全球，市场占有率位居榜首。

"战斗辉煌四十春，攻关拔险历艰辛。高科领域擎云手，青史丰碑又一人。"刘少奇同志的秘书李龙生在2002年了解到吴必显的事迹后，欣然为其题诗一首。近年来，农业农村部大力推动环境友好型替代农药的使用，2020年，高效低风险农药占比已超过90%，为农业绿色发展、乡村振兴战略的实施提供了坚实的科技支撑。对于湖南海利而言，科研发展方向无疑聚焦于高效低毒环保农药，同时将进一步提升工程自动化水平。目前，湖南海利正与国内外下游优势企业深度合作，重点开发低毒化氨基甲酸酯类农药和光气衍生新材料，进一步延伸产业链和价值链，为服务农业现代化、保障粮食安全、满足人民美好生活需要作出新的更大贡献。

任务五　发起一轮讨论——完善科技创新体系

在中国农药工业的发展轨迹中，科技创新始终是推动产业迭代升级的关键引擎。以张少铭为代表的科研先驱，不仅在农药研发中融入环保理念，还推动了绿色施药技术的广泛应用，其严谨的科研态度与对公益的贡献，为行业树立了榜样。湖南海利化工股份有限公司作为行业标杆，依托其科研底蕴深厚的湖南化工研究院，突破国际技术封锁，成功自主研发甲基异氰酸酯的工业化制备技术，促进了氨基甲酸酯类农药的国产化进程，显著提升了我国农药行业的自主创新能力与国际竞争力。这些实践，正是对完善科技创新体系、加快实施创新驱动发展战略的生动诠释，不仅推动了中国农药工业向高端化、绿色化迈进，也为全球农业可持续发展贡献了中国智慧与力量。

讨论主题一：对比生物农药与化学农药，请分析生物农药对生物生命健康、环境保护、经济发展的意义。

讨论主题二：请从中国农药工业发展历史来分析我国农药产业的发展趋势，以及怎样诠释"让粮食更安全 让生活更美好"。

讨论主题三：请从张少铭先生的个人事迹思考分析如何做一个对社会有用的人。

讨论主题四：请从湖南海利化工股份有限公司秉持"粮食守卫者"初心，诠释"让粮食更安全 让生活更美好"的愿景。

任务六　完成一项测试

1. 下列不属于生物农药的是（　　　）。
A. 除虫菊　　　　　　B. 黄蜂毒素　　　　　　C. 苏云金杆菌　　　　　D. 滴滴涕
2. 中国对化学农药的研究和开发始于 20 世纪（　　　）年代。
A. 20　　　　　　　　B. 30　　　　　　　　　C. 40　　　　　　　　　D. 50
3. 中国农用杀菌剂科研带头人张少铭的研究成果是（　　　）。
A. 敌百虫　　　　　　B. 多菌灵 1 号　　　　　C. 吡虫啉　　　　　　　D. 六六六
4. 以下关于氨基甲酸酯类农药的描述不正确的是（　　　）。
A. 属于生物农药　　　　　　　　　B. 可作为杀虫剂
C. 可作为植物生长调节剂　　　　　D. 可作为除草剂

项目二　家居健康——洗涤剂

洗衣液，这一现代清洁的使者，其历史与科技的交织，见证了人类对洁净与健康的不懈追求。从古埃及肥皂的偶然诞生，到 20 世纪初洗衣液的商业化进程，科技的进步不断赋予其更高效、环保的清洁魔力。如今，洗衣液不仅守护衣物本色，更融入个性化定制与智能调控的前沿潮流，成为家居健康生活的重要标志。回望中国肥皂的岁月长河，从皂荚树下的古老智慧，到上海滩边民族工业的蓬勃发展，每一块肥皂都承载着历史的厚重与民族品牌的崛起。沈济川，作为洗涤剂行业的先驱人物，他的贡献如同清流，滋养着行业之树，不仅推动了技术的迭代，更为中国洗涤业的自主创新发展树立了典范。蓝月亮集团有限公司，作为洗涤剂行业的领航者，秉承科技创新与环保理念，从一款深层洁净洗衣液开始，引领了中国洗衣液市场的变革。其不断创新，推出环保型、多功能型洗衣液，不仅满足了消费者对绿色健康生活的向往，更在智能洗涤解决方案上不断探索，展现了中国洗涤企业的时代担当与前瞻视野。家居健康，洗涤为先，从传统到现代，从个人到企业，每一步跨越都是对更高生活品质的追求与承诺。洗衣液的每一次革新，肥皂发展史的每一篇章，沈济川的每一份坚持，蓝月亮的每一次突破，共同书写了家居健康洗涤的多彩篇章，让清洁更智能，让生活更美好。

任务一　认识一种产品——洗衣液

洗衣液，这一承载着人类对洁净生活执着追求的现代日化产物，其历史长卷跨越千年，见证了科技演进与清洁标准提升的交融历程。洗衣液的革新与发展，不仅体现在其配方由单一向多元、环保的转变，更表现为功能特性由基础清洁扩展至护色护形、除菌防螨、柔顺抗静电等全面护理。其生产工艺流程严谨精细，涵盖了原料预处理、乳化等环节，确保了产品质量的稳定与高效。当前，环保型、功能型及个性化洗衣液顺应市场需求，展现强劲发展势头，而智能洗衣液的探索更预示着未来洗涤行业的无限可能。洗衣液，已然从日常生活中的普通用品升华为科技、环保、个性化需求与智能趋势交汇的创新载体，持续引领着洗涤行业的进步与变革。

1. 洗衣液的应用历史

人类对衣物清洁的诉求可追溯至遥远的史前时代。彼时，先民们借助天然河溪、岩石、木枝等朴素工具，并融合肥皂草、碱性土壤、兽脂等源于自然的物料，完成了最初的衣物洗涤。尽管这一原始洗涤手段简朴粗犷，却映射出古人们对洁净生活的朴素向往与不懈追求。步入现代社会，洗衣液已晋升为寻常家庭不可或缺的清洁伴侣，其发展历程不仅鲜活地诠释了科技演进的步伐，更是人类对清洁标准持续提升的忠实记录。

（1）洗衣液的出现　约公元前 2800 年，古埃及人巧妙地将动物脂肪与富含碱性成分的草木灰相融合，通过加热处理，提炼出一种具有显著清洁效能的混合物。步入中世纪，欧洲各国纷纷设立肥皂工坊，使得肥皂逐渐普及，成为广大民众日常洗涤的必备之物。迨至

19世纪中叶，伴随工业化大潮汹涌而来的是，规模化生产的合成肥皂逐步取代手工作坊出品，占据洗涤市场的主导地位。然而，固体肥皂在硬水环境下易生成难溶的皂垢，加之携行不便、洗净效能受限等弊端，催生了新型洗涤剂的研发需求。历史的车轮滚滚向前，直至1907年，德国汉高公司推出了世界上第一款真正意义上的洗衣液——Persil，此举象征着洗衣液正式步入商业化的崭新阶段。该产品以阴离子型表面活性剂为核心成分，凭借卓越的去污性能与优良的漂洗性，拉开了洗衣液逐步取代传统肥皂的历史序幕。

（2）洗衣液的初步发展　1933年，美国宝洁公司（Procter & Gamble）在市场中投放了首款专为美国消费者设计的液体洗涤剂——Dreft，这款产品特别针对婴儿衣物的清洁需求而研制，标志着液体洗涤剂在美国市场上迈出了开创性的一步。自此之后，欧美地区的其他洗涤剂制造商纷纷响应，竞相投入到洗衣液的研发与批量生产之中，市场上的产品种类日益丰富，其整体市场份额亦稳步提升。

彼时的洗衣液配方以阴离子表面活性剂作为核心清洁成分，同时还配以助洗剂（增强去污效果）、增稠剂（确保产品稳定性）等辅助成分。相较于传统的肥皂，这类新型洗衣液在去污能力上展现出明显优势，然而在衣物色彩保护、形状保持、杀菌功效以及赋予织物柔顺感等方面仍存在一定的局限性。此外，早期洗衣液配方中普遍包含磷、铝等成分，这些物质在使用过程中虽有助于提升洗涤效果，但其排放后对生态环境却构成了潜在威胁。

（3）洗衣液的技术革新和市场繁荣　20世纪70年代以来，随着环保意识的觉醒和社会对生活质量要求的提高，洗衣液行业迎来了重大变革。一方面，科研人员开始研发新型、环保的表面活性剂，如非离子表面活性剂、两性离子表面活性剂等，它们具有更低的生物毒性、更好的生物降解性，显著提升了洗衣液的环保性能；另一方面，各种功能性添加剂如酶制剂、护色剂、柔软剂、抗菌剂等被广泛应用于洗衣液中，极大地丰富了产品的功能特性，满足了消费者对护色护形、除菌防螨、柔顺抗静电等多元化需求。

此阶段，各大品牌竞相推出特色鲜明、定位明确的洗衣液产品，如针对婴儿衣物、运动衣物、丝毛织物等特殊面料的专业洗衣液，以及强调无磷、无荧光增白剂、无香料等健康环保属性的洗衣液。市场呈现出百花齐放的局面，洗衣液逐渐取代肥皂，成为主流洗涤产品。

2. 洗衣液的成分和功能

洗衣液作为日常生活中不可或缺的清洁用品，其成分与功能特性是实现高效清洁、衣物护理的关键。

（1）洗衣液的基本成分　洗衣液主要包括表面活性剂、助洗剂、酶制剂、增稠剂、香精及防腐剂等关键成分。

表面活性剂，作为洗衣液的"灵魂"，通过降低水的表面张力，犹如魔法师般令污渍与衣物纤维迅速解耦，并使其悬浮于水中，待水冲刷时轻松去除。常见类型有阴离子型（如烷基苯磺酸盐、脂肪醇硫酸盐等）、非离子型（如聚氧乙烯醚、烷基醇酰胺等）以及两性离子型。其中，阴离子型表面活性剂以其卓越的去污能力独领风骚，而非离子型表面活性剂则以极佳的水溶性、温和亲肤特性和与其他成分的优良兼容性赢得青睐。

助洗剂如碳酸钠、硅酸钠等，如同洗涤过程中的"助攻手"，不仅提升整体洗涤效果，还具备软化硬水之功效，有效防止钙镁离子阻碍表面活性剂发挥其清洗威力。以碳酸钠为例，它能与硬水中不受欢迎的钙、镁离子发生反应，生成不易溶于水的沉淀物，从而降低水的硬度，助力表面活性剂尽显其高效洗涤本色。

酶制剂则是对付各类顽固污渍的秘密武器。诸如蛋白酶、淀粉酶、脂肪酶等生物催化剂，针对不同类型的污渍施展"精准打击"。蛋白酶专攻蛋白质类污渍（如血渍、奶渍），淀粉酶化解淀粉类污渍（如食物碎屑），而脂肪酶则对油脂类污渍（如食用油、化妆品油渍）有奇效，它们通过生物降解的方式，显著增强洗衣液的清洁实力。

增稠剂如羧甲基纤维素、聚丙烯酸盐等，赋予洗衣液适中的黏稠度，使之既便于储存又易于倾倒使用。它们或是通过吸收水分膨胀，或是构建起三维立体网格，增加体系的内聚力，确保产品在瓶中静置时稳定如初，倒出时顺畅滑润。

香精，作为提升洗衣体验的"嗅觉艺术家"，散发出怡人香气，让每一次洗涤都成为愉悦的感官之旅。而防腐剂如对羟基苯甲酸酯、异噻唑啉酮等，则担当"守护者"角色，有效抑制微生物滋生，确保洗衣液在保质期内品质始终如一。表2-4为洗衣粉主要成分及其功能汇总表。

表 2-4　洗衣液主要成分及其功能

成分	代表物质	功能
表面活性剂	阴离子型：烷基苯磺酸盐、脂肪醇硫酸盐；非离子型：聚氧乙烯醚、烷基醇酰胺	降低水表面张力，分离污渍，阴离子型主攻去污，非离子型增强溶解性与亲肤性
助洗剂	碳酸钠、硅酸钠	提高洗涤效率，软化水质，与钙镁离子反应减少水硬度
酶制剂	蛋白酶、淀粉酶、脂肪酶	靶向分解特定污渍，蛋白酶：去除蛋白质污渍，淀粉酶：清理淀粉痕迹，脂肪酶：分解油脂污渍
增稠剂	羧甲基纤维素、聚丙烯酸盐	调整黏稠度，改善存储与使用性，通过吸水膨胀或结构强化维持稳定性
香精	N/A（具体种类多样）	添加愉悦气味，提升洗涤体验
防腐剂	对羟基苯甲酸酯、异噻唑啉酮	防止产品中微生物生长，保障有效期内的品质

（2）洗衣液的功能特性　洗衣液的卓越性能远不止于基础的清洁任务，更体现在一系列精心设计的护色护形、除菌防螨、柔顺抗静电、易漂洗无残留等增值功能上。这些特性均源自配方中精心搭配的各类功能性添加剂。

荧光增白剂，如双三嗪氨基二苯乙烯类化合物，巧妙运用光学原理，能吸收肉眼不可见的紫外光，并释放出蓝紫色荧光。这种荧光与衣物上因老化或污染产生的微黄色光相互抵消，互补成白光，从而显著提升白色及浅色衣物的明亮度与洁白感。

螯合剂如乙二胺四乙酸（ethylene diamine tetraacetic acid，EDTA）、柠檬酸钠等，扮演着"金属捕手"的角色。它们能够与水中潜在的金属离子（如铁、铜）紧密结合，形成稳定的配合物，有效阻止金属离子与衣物染料发生不良反应，避免导致颜色褪色或暗淡，有力保障衣物色泽鲜艳如新。

抗菌剂如季铵盐、酚类化合物、银离子等，具备强大的微生物抑制能力。它们或穿透微生物细胞膜，破坏其内部结构，或干扰微生物的正常代谢活动，从而有效抵御细菌、霉菌、病毒等有害微生物的滋生，确保衣物卫生，呵护肌肤健康。

防螨剂如拟除虫菊酯、硅酮季铵盐等，对衣物上的螨虫具有显著的驱避或杀灭作用。通过消除这些微小却可能引发皮肤过敏反应的生物体来降低过敏风险，提升穿着舒适度。

柔软剂如阳离子表面活性剂（如季铵盐型）、硅油、天然油脂等，能在衣物纤维表面形成一层无形的润滑保护膜。这层膜不仅使织物触感细腻柔滑，还能减少纤维之间的摩擦，减少静电产生，让衣物在穿着或晾晒时避免吸附尘埃，同时增添穿戴的惬意感。

抗静电剂如聚酯酰胺、聚醚酯等，通过调整纤维表面的电荷分布，降低其电阻率，加速静电电荷的快速逸散，有效防止衣物在干燥环境下积聚静电，减少因静电吸附带来的不便与不适。

此外，部分洗衣液还通过配方的精巧优化，控制泡沫生成，增强产品在水中的分散性能。这样的设计使得洗涤后衣物易于漂洗彻底，不留明显残留感，不仅节水节能，也确保衣物清新洁净，提升洗涤体验。表 2-5 为洗衣液功能性添加剂及其功能汇总表。

表 2-5　洗衣液的功能添加剂及其功能

功能性添加剂	代表物质	功能信息
荧光增白剂	双三嗪氨基二苯乙烯类化合物	吸收紫外光释放蓝紫荧光，与衣物微黄光互补为白光，增白提亮
螯合剂	乙二胺四乙酸（EDTA）、柠檬酸钠	结合金属离子如铁、铜，防止衣物染料褪色，保持颜色鲜艳
抗菌剂	季铵盐、酚类化合物、银离子	抑制细菌、霉菌、病毒，保护衣物免受微生物侵害，呵护肌肤健康
防螨剂	拟除虫菊酯、硅酮季铵盐	驱避或杀死螨虫，减少过敏原，提升穿着舒适度
柔软剂	季铵盐型阳离子表面活性剂、硅油、天然油脂	形成保护膜减少纤维摩擦，防静电，使衣物柔软，易于打理
抗静电剂	聚酯酰胺、聚醚酯	调节纤维电荷分布，加速静电释放，减少静电吸附尘埃
泡沫控制与分散剂	多种聚合物与助剂	优化洗衣液泡沫，增强水溶性，易于漂洗无残留，高效节水

3. 洗衣液的生产工艺流程

洗衣液的生产工艺流程，如同一部精密而和谐的交响乐章，将原料预处理与配制、乳化与均质、酶制剂活化与添加、成品调配与稳定化、灌装与包装、质量控制与环保安全等诸多环节巧妙交织，共同奏响了一曲精细化工领域追求卓越品质、高效生产与绿色守护的华丽乐章。

（1）原料预处理与配制　首先，进场验收环节旨在全方位核实表面活性剂、助洗剂等核心原料的纯度、活性等关键指标，为打造优质洗衣液筑起坚实的第一道防线。验收合格的原料随后会被分类入库，安置于专设的仓储空间内，有效防止任何可能引发变质的因素，确保原料新鲜如初，待命投产。

随后，部分原料需历经特定的预处理工序，以优化其在后续配方中的性能表现。例如，固体形态的助洗剂会经历粉碎与筛分的蜕变之旅，细密的机械作用力将其颗粒细化至均匀状态，提高其在水介质中的溶解速率与均匀度，从而确保洗涤过程中助洗效能的充分发挥。而面对液体原料，施以过滤与脱气之法，有效滤除其中的细微杂质，同时驱散潜藏的气泡，使其在配方组合中展现出纯净、无瑕的一体性，保障最终产品的清澈度与稳定性。在精准配方的导航下，预处理完毕的各类原料被输送至配料罐，通过集成精密计量泵、高精度电子秤等先进设备，对每一组分进行定量投放。

（2）乳化与均质　将难溶的表面活性剂、油脂等与部分水在高速搅拌下初步混合，形成细小的油滴分散于水中，通过预乳化为后续均质做准备。将预乳化液送入高压均质机，在高达数千帕的压力和高速旋转的定转子间形成的强烈剪切力作用下，进一步细化油滴尺寸，使其分布均匀、稳定，形成细腻的乳液。

（3）酶制剂活化与添加　首先，依据酶制剂特异性，定制适宜活化条件，如温度调控至酶活性峰值区，pH 值调整至酶最适工作范围，并添加保护剂以防活化期间酶受损。此过程在专用活化罐中进行短暂而精准的激活操作。随后，于较低剪切力状态下，将已活化的酶制剂缓释融入预先乳化稳定的基液体系，避免因剧烈搅拌引发酶失活，确保其在配方中保持高效清洁性能。

（4）成品调配与稳定化　在完成乳化均质处理的基液中，有条不紊地注入增稠剂、香精以及防腐剂等添加剂成分。运用低速搅拌手段，达成均匀分布的效果。依据特定产品的特性需求，精心微调最终溶液的酸碱度，即 pH 值，使其精准落位于理想的适配区间（通常介于 7 ～ 9 之间）。旨在维系酶的活力峰值，同步巩固乳液体系的稳定态势。此外，适时引入诸如电解质、抗氧化剂等各类稳定剂，实现长期使用过程中的品质如一。

（5）灌装与包装　使用自动灌装线将调配好的洗衣液定量灌装至预先消毒的塑料瓶或袋中，灌装过程中严格控制液位与净重，确保每件产品的规格一致。采用热熔封口、旋盖等方式封闭容器，随后进行贴标、装箱、码垛等操作，完成最终产品的包装。包装材料应符合环保要求，标签信息清晰准确，符合相关法规标准。

表 2-6 是洗衣液的生产工艺及注意事项汇总表。

表 2-6　洗衣液的生产工艺及注意事项汇总表

工艺环节	注意事项
原料验收与储存	严格遵守质量标准进行原料验收，控制温湿度，确保原料新鲜与稳定性
原料预处理	固体原料需粉碎筛分至均匀状态，液体原料需过滤脱气，保证纯净
配料	使用自动化配料系统，精确计量每种原料，确保配方比例一致性，保证产品质量
预乳化	初步混合难溶原料，为均质做准备
均质	细化并均匀分布油滴，形成稳定乳液
酶制剂活化	定制活化条件（温度、pH），添加保护剂，精准控制活化时间，避免酶失活
酶制剂添加	低剪切力下缓释酶，维持酶活性
添加剂加入	有序加入增稠剂、香精等，低速搅拌均匀
pH 调整与稳定化	微调 pH 值至最佳范围，添加稳定剂维持品质
灌装	自动定量灌装，控制液位与净重，保证规格统一
封口与包装	使用环保材料，封口严密，标签合规，完成最终包装

4. 洗衣液的发展现状及未来展望

（1）环保型洗衣液　科研领域正积极研发并推广使用源自生物基、具备可降解特性的表面活性剂，如葡萄糖苷、氨基酸酯等，以替代传统的石油基表面活性剂，从而减轻其对环境的影响。以某国际知名品牌推出的"生态纯净"系列洗衣液为例，其配方中高达99%的表面活性剂源自可再生植物资源，这不仅彰显了品牌对可持续发展的承诺，也为消费者提供了更为环保的洗涤选择。

鉴于含磷、含氟化物助剂可能导致水体富营养化及对臭氧层的破坏，洗涤剂行业正积极响应政策导向，减少乃至避免此类助剂的使用。各国政府已相继出台相关政策，对洗涤剂中磷、氟化物含量设定上限，有力推动了行业绿色转型的步伐。选用无磷、无氟化物的洗涤产品，是消费者在日常生活中践行环保理念、保护地球生态的具体行动。

随着环保意识的提升，浓缩型与无泡型洗衣液逐渐受到市场青睐。浓缩型洗衣液在确保清洁效果的同时，显著减少了单位衣物洗涤所需的洗衣液用量，不仅有助于降低包装材料消耗、减少废弃物产生，还具有更高的性价比，实现了环保与经济效益的双重提升。无泡型洗衣液通过抑制洗涤过程中泡沫的生成，既提高了洗涤效率，又简化了污水处理流程，对于构建节水型社会与推动绿色生活方式具有积极作用。

（2）功能型洗衣液　功能型洗衣液包括材质专用型洗衣液、高效去渍型洗衣液等多种类型。

材质专用型洗衣液旨在满足对羊毛、丝绸、棉麻、合成纤维等多种材质衣物的专业护理需求。这类产品如某品牌所推出的"羊毛＆丝绸专用洗衣液"，采用了温和且针对性的配方设计，确保在有效清除污渍的同时，最大限度地保护织物纤维结构，防止因洗涤过程中的化学反应或机械作用导致的损伤，从而延长衣物的使用寿命。其特点在于能够保持羊毛与丝绸等娇贵材质的柔软度与光滑质感，并赋予洗净后的衣物如初般的触感与观感。

高效去渍型洗衣液则聚焦于对血渍、油渍、汗渍等难以去除的顽固污渍的高效清除。以某品牌推出的"强力去渍洗衣液"为例，该产品富含专利酶技术，如复合酶或固定化酶系统，这些酶制剂具有高度的专一性和催化效率，能够在适宜的洗涤条件下迅速锁定并分解各类复杂污渍分子，显著提升清洁效能，确保衣物恢复洁净如新。

护色护形型洗衣液致力于保护衣物色彩鲜艳持久，防止因反复洗涤导致的褪色现象，并维持衣物原有的立体剪裁与版型。如某品牌所推出的"护色护形洗衣液"，运用先进的护色科技，含有特定的护色剂与抗紫外线剂，能在洗涤循环中形成保护屏障，抵抗氧化褪色与紫外线照射造成的色泽衰减，同时有助于保持衣物形态稳定，避免因拉伸、缩水或变形而影响穿着效果。

除菌防螨型洗衣液强调其在清洁基础上提供的额外卫生防护功能。如某品牌推出的"除菌防螨洗衣液"，内含经过科学配比的抗菌剂与防螨剂，经权威实验室验证，能有效杀灭并长效抑制附着于衣物上的细菌、病毒及螨虫，确保衣物穿戴卫生安全，尤其适合敏感肌肤人士及婴幼儿衣物的清洁，为用户提供全方位的健康保护。

柔顺抗静电型洗衣液旨在改善衣物的触感与穿着体验。如某品牌推出的"柔顺抗静电洗衣液"，其中蕴含天然植物来源的柔顺因子与抗静电剂，能够在洗涤过程中渗透至纤维内部，减少纤维间的摩擦，使得洗净后的衣物手感柔滑，易于熨烫整理，且能有效减少静电积聚，避免穿着时因静电吸附尘埃或产生电击感带来的不适，提升穿着的舒适度与衣物的整体质感。

表2-7是功能型洗衣液的类型及其功能特点汇总表。

表 2-7　功能型洗衣液的类型及其功能特点

洗衣液类型	功能特点
材质专用型	针对羊毛、丝绸、棉麻、合成纤维等材质，温和配方，保护纤维结构，防损伤，保持娇贵材质柔软度与光滑质感
高效去渍型	专攻血渍、油渍、汗渍等顽固污渍，富含专利酶技术，高效分解污渍分子，显著提升清洁效能，恢复衣物洁净
护色护形型	保护衣物色彩鲜艳，防止褪色，含护色剂与抗紫外线剂，形成保护屏障，维持衣物立体剪裁与版型，避免变形
除菌防螨型	提供额外卫生防护，杀灭细菌、病毒及螨虫，含科学配比抗菌剂与防螨剂，适合敏感肌肤与婴幼儿衣物，确保卫生安全
柔顺抗静电型	改善衣物触感与穿着体验，天然植物来源柔顺因子与抗静电剂，减少纤维摩擦，衣物柔滑，抗静电积聚

（3）个性化洗衣液　针对特殊群体需求，市场上推出了敏感肌肤专用洗衣液。这类产品秉持极简与温和原则，剔除了香精、色素、荧光增白剂等可能诱发皮肤敏感反应的成分，转而采用低刺激性表面活性剂配方。如此精心设计，旨在最大程度上呵护敏感肌肤人士及婴幼儿这类皮肤屏障较弱、易受外界刺激影响的用户群体，确保他们在享受洁净衣物的同时，免受潜在致敏因素的困扰。

个性化定制服务也在洗涤产品领域崭露头角。一些创新品牌已开始提供在线定制洗衣液的服务，让消费者可以根据个人喜好及实际需求，自由搭配清洁力度、香味类型以及功能性添加剂（如抗过敏、除菌、柔顺等）。这种定制化模式赋予消费者前所未有的参与感与自主权，确保所选购的洗衣液产品精准契合个体生活习惯与衣物材质特点，实现洗涤效果与个人偏好的完美匹配。

着眼于未来家居智能化趋势，科研人员正积极探索智能洗衣液的研发。这类产品深度融合传感器技术与物联网技术，旨在实现洗衣液对洗涤条件的自动识别及清洁力度的智能调控。尽管目前智能洗衣液尚处于起步阶段，技术成熟度与市场接受度还有待提升，但随着科技进步与消费者对便捷、智能生活追求的日益增强，智能洗衣液有望凭借其精准、高效的洗涤解决方案，在未来洗涤用品市场占据一席之地，展现出巨大的发展潜力。

任务二　铭记一段历史——中国肥皂工业发展史

肥皂，这一看似平常却底蕴丰厚的日用化学品，不仅镌刻着历史的痕迹与科技演进的脚步，其发展脉络更是映射出我国化工产业的沧桑巨变与民族品牌砥砺前行的壮丽篇章。我们将启程探索中国肥皂工业发展史的悠悠长河，从皂荚树下的朴素发现，到上海滩畔外资风云的洗礼，直至国货品牌在改革春风中涅槃重生，肥皂的故事不仅是清洁与健康的篇章，更是民族工业成长的缩影。上海制皂厂的成立，不仅见证了技术的引进与吸收，更成为中国化工行业自立自强的象征。迈入新中国，肥皂工业在计划经济的框架下保障民生，成为维护公共卫生安全不可或缺的一环。而改革开放后，国货品牌在激烈的市场竞争中焕发出新的生命力，以绿色高效、科技创新回应着时代变迁与消费者需求的升级。本任务我们穿梭于这段历史长廊，从古法智慧中汲取灵感，从民族工业的起伏中感受责任，最终理解化工与美好生活之间的紧密联系。

1. 起源探秘：腓尼基偶得与罗马肥皂的兴盛历程

关于肥皂的起源，可追溯至公元前7世纪，一位身处古埃及皇宫的腓尼基厨师，不慎打翻一罐食用油。情急之中，他将草木灰撒于油上，并随手将沾油的草木灰抛至厨房外，试图以此掩饰过失。未曾料想，这一举动竟无意间催生了肥皂的雏形。当厨师尝试洗净手上的草木灰时，惊奇地发现手上的油渍与长久积存的污垢皆荡然无存，且双手洁净如新。于是，腓尼基人首次发现了草木灰蕴含的神奇去污效能。

时光流转至公元70年，罗马帝国的学者普林尼，首次成功将山羊油脂与草木灰融合，制得块状肥皂，自此，整个罗马帝国开启了使用肥皂的时代。然而在罗马早期，肥皂并非用于人体清洁，人们更多选用橄榄油与砂石擦拭身体。随着罗马帝国的衰落，肥皂的制造技艺及其应用近乎消失。幸亏，这一宝贵知识在拜占庭帝国（古罗马城市）与阿拉伯帝国得以保存。直至公元8世纪，意大利与西班牙才重新复苏了制皂技术，13世纪，法国将肥皂推广至整个欧洲市场。直至14世纪，制皂技术才最终传播至英国。

19世纪30年代，纽约创业家本杰明·塔尔博特·巴比特以"B T Babbitt 最佳香皂"之名，开创性地将小包装肥皂推向市场。19世纪50年代，他更是推出"购买25包肥皂即可兑换免费彩色相框"的促销活动，此举堪称世界营销史上早期促销活动的经典范例之一。然而，在肥皂品牌化的进程中，最具影响力的贡献者当属宝洁公司。宝洁涉足肥皂业务，实因当时其核心业务——蜡烛行业前景黯淡，面临危机。此时，宝洁推出的象牙皂一举成名，成为扭转乾坤的关键。象牙皂的独特之处在于其能浮于水面，在当时的高度竞争市场中，这一特性赋予宝洁象牙皂无可比拟的销售亮点。

2. 古法智慧：华夏之地从皂荚到胰子演变之路

古代肥皂的制作原料主要源于自然界的丰富馈赠，如皂荚、肥皂树果实、草木灰、豆粉、猪胰、油脂等，它们既易于获取，成本低廉，又具备一定的清洁作用。制备工艺以物理研磨、混合搅拌等手段为主，同时辅以简单的化学反应，如皂化反应，这充分展示了古人对自然资源的高效利用以及对化学知识的初步应用。

在中国古代，洗涤用品的开发与利用体现出对天然资源的精巧运用，其中最具代表性的是皂荚、澡豆和肥皂团。这些古老的清洁剂，见证了古人对清洁卫生理念的朴素认知与实践智慧。皂荚，即皂角树所结的果实，富含皂苷，遇水能生成丰富的泡沫，具有卓越的去污力。早在《礼记·内则》中便有"冠带垢，和灰清漱"的记录，揭示了早在周代，人们就已经知晓将草木灰与皂荚共同浸泡，利用其浸泡液洗涤衣物。到了宋代，李时珍在《本草纲目》中明确记载了皂荚的洗涤效用，并将其列为清洁剂之首。由于皂荚取材便利、效果显著，它成为了古代最重要的洗涤原料之一。

澡豆诞生于魏晋南北朝时期，是一种将豆粉、药物、香料等混合研磨形成的颗粒状洗涤剂。其制作工艺相对复杂，一般以豆粉为基底，添加白僵蚕、青木香、白檀香、甘松香、麝香、丁香等香料，以及鸡蛋清、猪胰等滋润成分，有时还会加入珍珠粉、玉屑等珍贵药材，以增强其美容功效。澡豆的问世，标志着古代洗涤用品从单一清洁功能向美容保养领域扩展，是古代贵族洗浴文化的重要标志。宋代庄季裕《鸡肋编》中提到的"肥皂团"，则是将肥皂树（肥珠子）的果荚煮熟捣碎，混入香料、白面等制成的球状洗涤用品。这种肥皂团当时主要用于洗脸和洗涤衣物，虽然工艺相对简单，但仍有较好的清洁效果，显示了古人对肥皂类洗涤剂的初步探索。

自宋代至清代，伴随着社会经济的进步与文化交流的深入，肥皂制品在种类、配方及制作工艺上展现出多样化的趋势。香皂的诞生，标志着肥皂制品从实用性向美学享受的延伸。宋代已出现"茉莉花香皂"等含香型洗涤产品，配方中融入各类香料，既提升了清洁效果，又赋予使用者宜人的香气，增强了洗浴的愉悦体验。至明清时期，香皂已经成为士人贵胄的日常生活用品，《红楼梦》中所提及的"香皂"即为当时富贵人家常用的高级洗涤品。此时期，皂角的应用更加广泛，不仅作为独立的洗涤原料，还被融入各类洗涤制品中，如当时的文学作品中提及的"茉莉花香皂"可能就含有皂角成分。此外，皂角还被用于制作"胰子"等复合型洗涤剂。

明清时期，民间对澡豆进行了改良，加入了砂糖、猪油、猪胰、香料等材料，研磨加热后压制成型，创造出名为"胰子"的新型洗涤剂。胰子中的猪油经脂肪酵素部分分解成脂肪酸，随后与碳酸钠（或草木灰中的碱性成分）发生皂化反应，生成真正的脂肪酸皂，其性能更接近现代肥皂，与之仅一步之遥。胰子的发明，标志着中国古代肥皂技术实现重大突破，其制作工艺与现代肥皂的制备原理极其相似，堪称肥皂发展史上的重要里程碑。

3. 洋风东渐：上海滩肥皂工业兴起与外资风云

近代上海肥皂产业的起源可以追溯到 19 世纪末，随着上海开埠和洋务运动的推进，工业化进程加快，对外贸易日益活跃，西方先进的制皂技术与产品开始流入中国。1888 年，英商美查兄弟在上海投资设立了制皂厂，拉开了近代上海乃至中国肥皂工业的大幕。这一阶段，外资企业在技术、设备、管理等方面拥有绝对优势，主导了上海乃至全国肥皂市场的初期发展。面对民族危机，许多先驱人物倡导"设厂自救""实业救国"，上海和汉口因此成为制皂商家的集聚地。中国首家化学肥皂厂由近代化学启蒙者徐寿之子徐华封于 19 世纪末在上海创建。工业合成肥皂的基本原理是油脂与碱反应生成肥皂和甘油，经过精炼、皂化、盐析、洗涤、碱析等一系列工序后回收甘油、制得皂基，再进一步加工成各种类型的肥皂。肥皂的主要成分包括皂基（脂肪酸钠与其他表面活性剂）、合成色素、合成香料、抗氧化剂、发泡剂、硬化剂、增稠剂、防腐剂等。一些品牌如舒肤佳的香皂中还添加了"迪宝芙（除菌）"、联苯乙烯二苯基二磺酸钠（荧光增白剂），力士的系列香皂中也含有联苯乙烯二苯基二磺酸钠（荧光增白剂）及其他功能性成分。

20 世纪初，随着民族资本主义的兴起，本土企业家开始涉足肥皂制造业。1901 年，董甫卿在闸北永兴路创办"裕茂皂厂"，成为上海最早的民族制皂企业之一。随后，包括五洲固本皂药厂、上海制皂厂在内的众多国营与民营皂厂如雨后春笋般涌现，构成了近代上海肥皂产业的基础。尽管本土企业起步较晚，但在与外资企业的竞争中不断积累经验，提升技术水平，为后续产业发展打下了基石。至 1949 年上海解放前夕，上海制皂工厂数量已增至48 家。

英商中国肥皂有限公司（简称中肥）成立于 1923 年，是当时上海规模最大的外资制皂企业。中肥引入了当时世界上最先进的生产设备与技术，所生产的肥皂品质优秀，品牌影响力广泛。其主力产品如"祥茂""固本"等洗衣皂，迅速占据了上海乃至全国的高端市场，对本土品牌形成巨大挑战。中肥的成功经营不仅推动了上海肥皂工业的技术升级，而且对整个行业标准的制定产生了深远影响。

上海制皂厂的历史可追溯至1923年建立的"五洲固本皂药厂"，历经一系列整合与重组，于1955年正式定名为上海制皂厂。作为新中国成立后首批国有制皂企业，上海制皂厂继承了中肥的部分技术和设备，并结合国家计划经济体制下的资源配置，迅速发展成为国内肥皂生产的领军企业。其推出的"上海药皂""蜂花""扇牌"等品牌产品，因质量上乘、价格合理，深受消费者青睐，有力推动了国产肥皂在国内市场的普及与市场份额的增长。

4. 国潮兴起：新中国肥皂工业蜕变与品牌坚守

中华人民共和国成立后，为促进民族工业发展和满足民生需求，政府对日化行业进行了国有化改造，其中包括肥皂行业。1955年，上海多家私营、公私合营皂厂合并重组，成立了国营上海制皂厂，一跃成为当时国内规模最大、技术领先的制皂企业。上海制皂厂在吸收外资企业技术和设备的基础上，结合社会主义市场经济体制下的资源调配，实现了迅速壮大。

"上海药皂"作为上海制皂厂的标志性产品，于1959年正式推出市场。凭借独特的中草药配方和显著的除菌效果，该皂品迅速赢得了消费者的青睐，特别是在医疗卫生领域，成为防治皮肤病、进行卫生消毒的必备工具。随着"上海药皂"销售业绩的节节攀升，其品牌影响力迅速扩展，不仅在国内市场占据重要份额，还成功出口海外，成为新中国对外贸易的一张闪亮名片。

另一知名品牌"蜂花"同样产自上海制皂厂。蜂花系列香皂凭借精选原料、精良工艺和怡人香气，深受消费者欢迎，尤其是在20世纪60～70年代，成为我国香皂市场上高端产品的代表之一。蜂花品牌的崛起，既丰富了我国肥皂产品的种类，又提升了国产肥皂在消费者心目中的形象，为国产肥皂品牌树立了榜样。

在计划经济体制下，肥皂作为生活必需品，其生产和消费受到严格的国家调控。生产方面，政府依据全国需求制订生产计划，上海制皂厂等国有肥皂企业遵循计划进行生产。从原材料供应、设备更新、产品定价到产量分配，皆由国家统一规划安排。这种高度集中的生产模式确保了肥皂供应的基本稳定，但也限制了企业的自主决策权和创新能力。

在抗美援朝战争期间，国产肥皂作为重要的卫生物资，为前线部队提供了必要的卫生保障。上海制皂厂等企业积极响应国家号召，全力保障军需肥皂的生产和供应，对于提高部队卫生条件、防止疾病传播起到了关键作用。同时，肥皂还被用作慰问品送往前线，提振了士气，体现出后方对前线战士的关怀与支持。

在自然灾害时期，如20世纪60年代初的三年困难时期，国产肥皂在保障民生、维护公共卫生方面发挥了至关重要的作用。尽管物资极度匮乏，但国家始终优先保障肥皂等基本生活必需品的生产和供应。上海制皂厂等企业顶住压力，坚持生产，确保即使在极端困难条件下，民众也能获得基本的洗涤用品，有效防止了疾病的滋生和传播，维护了社会秩序的稳定。

5. 改革春风：市场化浪潮下国货肥皂涅槃新生

自20世纪80年代起，伴随改革开放的深入推进，国际知名肥皂品牌如舒肤佳、力士、滴露等纷纷登陆中国市场。这些品牌凭借其全球范围内积累的强大品牌影响力、尖端的研发实力、成熟的营销策略以及跨国公司的雄厚资本支持，短时间内在中国市场站稳脚跟。

舒肤佳作为宝洁公司麾下一员，于1989年进入中国，凭借独特的"迪宝芙"除菌配方与大规模广告宣传攻势，迅速成为国内家庭卫生护理领域的领军品牌。力士则以其丰富的产品线和优雅的品牌形象，赢得了众多追求生活品质消费者的喜爱。滴露作为消毒杀菌领域的专家，其消毒液、洗手液等产品在中国市场亦取得显著市场份额。

面对外资品牌的激烈竞争，国货品牌如上海药皂、六神、纳爱斯等积极应对，寻求在竞争中脱颖而出。上海药皂倚仗其独特的中草药配方及深入人心的"除菌专家"形象，精准锁定专业市场，强化在特定消费群体中的品牌忠诚度。上海药皂通过持续研发投入，推出契合现代消费者需求的新品，如液体皂、沐浴露等，并加强线上线下融合的全渠道营销，不断提高品牌曝光度与市场占有率。

六神作为上海家化旗下品牌，以经典的草本清凉配方及夏季防蚊产品享誉业界，成功塑造了独特的品牌辨识度。六神通过产品创新、品牌跨界合作、年轻化营销等手段，成功吸引年轻消费群体关注，保持品牌活力与市场份额。纳爱斯集团则采取多元品牌战略，旗下囊括雕牌、超能等多个知名品牌，覆盖不同消费层级与细分市场。纳爱斯通过规模化生产降低成本，以高性价比产品吸引消费者，同时积极开展绿色制造、社会责任等公关活动，提升品牌形象，巩固市场地位。这些国货品牌通过精准市场定位、产品创新、品牌营销及供应链优化等多维度策略，成功抵挡外资品牌冲击，保持了稳定的市场份额，并在个别细分领域显示出强劲的竞争实力。权威机构智研咨询发布的最新数据显示，截至2023年，我国肥皂市场规模已跃升至约133.37亿元，鲜明体现了其在消费品市场中举足轻重的地位。

任务三　讲述一个人物——沈济川

在化工的广阔天地间，沈济川先生犹如一座光芒四射的灯塔，照亮了健康生活与职业精神的航道。我们将一同启程，循着这位洗涤工业奠基人的足迹，探寻中国洗涤工业发展源头。身为我国合成洗涤剂工业的奠基巨擘，面对国内牛羊油资源匮乏、传统肥皂原料受限的困境，他积极寻求并引进国际先进技术，成功研发出烷基磺酸钠与烷基苯磺酸钠这两种合成洗涤剂的核心成分。更值得一提的是，沈济川先生组织团队攻克了合成洗涤剂配方调配与干燥定型的关键工艺难关，独具匠心地设计出高塔式喷液干燥设备，成功制造出中空、球形、表面布满凹槽的大颗粒洗衣粉。这一创新不仅大幅度提升了产品的洗涤效能，更为我国合成洗涤剂工业实现规模化生产铺平了道路。沈济川先生以其学识渊博、人格魅力四射的形象，赢得了社会各界的广泛赞誉，其在化工领域的杰出贡献，已深深镌刻在我国化工事业发展的时间长卷之上，成为永不褪色的光辉印记。

1. 东吴启航化工梦，海外精研技归国

1905年2月5日，沈济川出生于江苏苏州，其学术生涯的起点，正是在苏州东吴大学化学系。1924年，沈济川以优异成绩完成学业，荣获理学士学位。东吴大学严谨的治学风气与扎实的化学教育体系，为他构筑起坚实的理论基石，赋予他从事化学工业研究必备的深

厚基础知识与严谨科研态度。

步入工业界后，沈济川先生初任九福制药公司化学技师，凭借精湛的专业技艺与刻苦钻研的精神，稳步晋升至厂长职位。任职期间，他主导研发的"九福乳白鱼肝油"与"几经补力多"等产品，不仅在市场上取得显著成功，抗住了同类进口商品的竞争压力，更彰显出他对市场需求的精准洞察力与技术创新的实用转化能力。之后，他转战五洲固本皂厂，担任设计部主任，主理产品设计与工艺改良工作，进一步磨砺了其在化工产品开发与工艺优化领域的实战本领。在中法药厂任副厂长期间，沈济川肩负起更高层次的管理职责，积累了丰富的工业企业管理经验。

为了攀登学术高峰，沈济川先生选择远赴海外深造。1938～1940年，他在美国密歇根大学化工冶金系攻读硕士学位，系统研习化工原理、过程控制等专业知识，极大拓宽了科研视野。此外，他还于林肯电焊学校接受了专业培训，掌握了电焊技术，这种跨学科的学习经历使他具备了全方位的工程技术素养，为其日后在油脂化工领域的创新研究与工业实践提供了强有力的支持。

2. 洗涤工业奠基人，表活破局启新篇

沈济川先生在合成洗涤剂工业的开创与奠基工作中发挥了无可比拟的作用，其贡献覆盖了从行业趋势预判到关键技术突破的全过程，对我国洗涤剂工业的现代化进程产生了深远影响。

首先，沈济川先生敏锐洞察到中国洗涤习惯的变化趋势与国外技术引进的迫切需求。中华人民共和国成立前，我国洗涤衣物主要依赖以动植物油脂为原料的传统肥皂。然而，随着社会经济进步与人民生活水平的提升，对洗涤产品的需求持续增长，而动植物油脂资源的有限性与日益增长的食用需求之间的矛盾日益显现。与此同时，20世纪30年代末，国外已成功研发出以化工原料制成的合成洗涤剂，其高效、便捷的特性昭示出巨大的发展潜力。面对这样的国内外形势，沈济川先生深刻意识到需要引进、消化、吸收国外先进合成洗涤剂技术，并在此基础上自主研发，对于打破传统肥皂生产原料的局限性，满足不断增长的洗涤需求，推动我国洗涤剂工业现代化具有决定性意义。

在技术研发过程中，沈济川先生及其团队面临着资料极度匮乏的严峻挑战。虽然国外已有相关技术，但当时我国能够获取的信息极其有限，且往往零散、碎片化，难以构建完整的技术体系。面对困局，沈济川先生凭借深厚的理论底蕴与实践经验，带领团队在艰难探索中前行，成功研制出合成洗涤剂的核心成分——烷基磺酸钠与烷基苯磺酸钠。这两大成果的取得，标志着我国在合成洗涤剂原料自主研发上取得了重大突破，为后续产品的开发与产业化铺平了道路。

3. 大颗粒粉创新艺，技术升级铸辉煌

在洗衣粉配方与干燥技术方面，沈济川先生及其团队更是实现了关键性的创新突破。初期生产的洗衣粉为极细粉末，存在生产、包装、运输及使用过程中粉尘飞扬，对人体健康构成威胁，且随尾气排放造成经济损失等问题。为解决这些难题，他们创造性地设计了大颗粒洗衣粉的生产工艺，采用高塔式喷液干燥装置，借助热空气逆流进行热交换，大幅提高干燥效率，使洗衣粉形成中空球状颗粒，表面带有缺口，有效增大与水的接触面积，显著加快溶

解速度。精确调控热空气温度，确保液滴首先在表面形成干燥薄层，内部水分在下落过程中逐渐蒸发，从而形成中空、球状、表面带缺口的大颗粒洗衣粉。这套方案的成功实施，不仅解决了洗衣粉的配方与成型问题，更显著提升了生产效率与产品质量，实现了大颗粒洗衣粉的工业化规模生产。

4. 育人为本筑基石，桃李芬芳满天下

沈济川先生不仅在科研领域成就卓著，还是一位备受敬仰的教育家，为我国化工人才的培养做出了重要贡献。他曾先后执教于交通大学、东吴大学、华东化工学院（今华东理工大学）等国内知名学府，开设化工机械、化工设计等专业课程，培育出众多才华横溢的化工精英。

沈济川先生的教学艺术深受学生喜爱与业界推崇。他将深厚的理论底蕴、丰富的实践经验以及广博的科技知识融入教学，独创了一套深入浅出、寓教于研的教学模式。他擅长将复杂的化工原理、公式与数据与现实案例相融合，使抽象的理论知识变得形象生动，便于学生深入理解与牢固掌握。此外，他积极倡导并引导学生参与科研项目，强调理论与实践的密切结合，使学生在解决实际问题的过程中锤炼专业技能，提升创新能力。

沈济川先生的教学成果斐然，其门下弟子大多成长为化学工业、轻工业和医药工业等领域的领军人物。他们在科研、设计、生产及教育等岗位上发挥重要作用，许多人在国内乃至国际学术界声名鹊起，成为极具影响力的专家学者。这充分印证了沈济川先生在化工教育领域的杰出贡献与深远影响。

任务四　走进一家企业——蓝月亮集团有限公司

蓝月亮以创新为笔，洁净为纸，绘制出一幅幅家庭清洁的蔚蓝画卷。二十余载精耕细作，蓝月亮不仅在衣物、个人与家居清洁领域织造出多元化的产品矩阵，更以科技之名，引领行业绿色升级。从浓缩洗衣液的先河开创，到生物科技的巧妙融汇，蓝月亮每一滴精华的凝聚，都是对消费者细微需求的深刻洞察与精准回应。在蓝月亮的清洁版图里，专品专用的智慧如灯塔指引，无论是运动型洗衣液的活力登场，还是内衣专用液的细腻呵护，皆是对生活场景的细腻描摹与专属定制。至尊系列的诞生，不仅浓缩了科技的力量，更以人性化设计诠释了品牌温度，共绘绿色生活的美好愿景。携手世界级体育赛事，蓝月亮以洁净卫士之姿，展现品牌的国际影响力与社会责任感。在数字化的浪潮中，蓝月亮更是破浪前行，依托知识营销与全渠道布局，让科学洗涤的光芒照进千家万户，多年蝉联行业品牌力指数榜首，成为家庭清洁领域中璀璨夺目的领航者。这是一段关于洁净与创新的传奇，蓝月亮以不懈追求，织就家庭清洁护理的多元蓝图，让每一次清洁都成为生活品质的跃升，引领我们步入一个更健康、更环保、更智能的清洁新时代。

1. 织就多元布局清洁画卷，守护全景式家庭家居专属蓝天

自1992年成立以来，蓝月亮始终矢志于洁净事业，深植"创新"精神内核，持续引领行业前行。最新统计数据显示，蓝月亮洗衣液已连续15载（2009～2023年）成为同类

产品市场综合占有率冠军。蓝月亮全面涉猎衣物清洁护理、个人清洁护理与家居清洁护理三大领域，囊括逾80款产品，精心构筑起一个既丰富又极具针对性的产品谱系，实现了品牌与消费者在多种场景下的高频互动与多元链接，旨在满足用户在不同情境下的各类清洁需求。

以衣物清洁护理为例，面对消费升级趋势，消费者对衣物除菌、去味、分类洗涤等精细化处理的需求日益凸显，对此，蓝月亮适时推出一系列创新产品，如至尊生物科技除菌去味洗衣液、内衣专用洗衣液等，精准对接市场需求。在个人清洁护理板块，蓝月亮与时俱进，推出自动洗手机、免洗抑菌洗手液等个护新品，赋予洗手过程便捷性与趣味性，提升消费者日常清洁体验。至于家居清洁护理领域，针对洗衣机内部清洁这一普遍困扰消费者的问题，蓝月亮适时研发出洗衣机清洁剂，有效提升了家居清洁的效率与便利性。如此多元化的产品布局，确保蓝月亮能无缝对接消费者在家庭清洁各环节、各场景下的多样化诉求，提供全方位的一站式清洁解决方案。

蓝月亮坚持"专品专用"的产品哲学，深度洞察不同消费群体及特定需求场景，精心研发具有高度针对性的清洁产品。例如，面对全民运动风潮，前瞻性地布局运动型洗衣液与速干面料专用洗衣液，有效应对运动后衣物的汗味问题，同时保护高性能面料不受损伤。这种对细分市场的精准把脉，不仅贴合了消费者日益个性化、差异化的清洁需求，更助力蓝月亮在激烈的市场竞争中找准独特定位，塑造出鲜明的品牌特色。

2. 深层洁净科技浓缩精华，至尊泵头共绘绿色生活新篇章

每一次蓝月亮产品革新的背后，都凝结着其在研发、设计、生产等全链条上的专业精神与专注态度。以至尊洗衣液的研发为例，为打造更适合中国家庭使用的浓缩洗衣液，蓝月亮在全国范围内调研了一万户家庭，揭示出普通家庭每日洗衣量约相当于8件成年男士短袖衬衫。在此基础上，蓝月亮通过技术创新，历经两年多的不懈努力，设计出超过一千个配方，经过上万次的严格测试实验，最终提炼出理想的洗衣液配方。

2008年，蓝月亮成功研发并大力推广深层洁净洗衣液，此举堪称开启中国洗衣"液"时代的先河。当时，洗衣粉市场占有率居高不下，洗衣液市场份额仅为4%。蓝月亮敏锐捕捉到洗衣液易溶解、易漂洗、温和护衣等特性优势，突破技术瓶颈，推出深层洁净洗衣液，并通过全国范围的大规模推广活动，颠覆了消费者对传统洗衣方式的认知，拉开了洗衣液广泛应用的时代序幕。这一创新成果不仅确立了蓝月亮在行业中的领导地位，更极大地推动了中国洗涤剂市场的结构性升级。

蓝月亮在推动行业浓缩化进程中起到了关键作用。2015年，面对消费者对高效、环保洗涤产品日益增长的需求，蓝月亮攻克技术难题，推出了国内首款计量式泵头装"浓缩⁺"洗衣液——机洗至尊。相较于国标洗衣液，机洗至尊用量减少2/3以上，采用低泡配方，减少漂洗次数，为消费者带来更轻松、更便捷、更节省的洗涤体验，有力驱动了行业浓缩化进程。

3. 世界大运会的洁净卫士，全球信赖的赛事洁净保障之选

蓝月亮与世界级体育盛事的成功合作，无疑为其综合实力与广泛影响力提供了强有力的佐证。以蓝月亮成为第31届世界大学生夏季运动会官方独家供应商为例，公司为这一全

球规模最大、竞技水平最高、影响力深远的青年体育盛宴提供了全方位的"赛事洁净保障方案"。蓝月亮能与如此高规格的国际赛事携手，充分显现了其深厚的品牌底蕴与卓越的产品实力。借助这一国际平台，蓝月亮不仅向全球观众展示了其专业、高效、环保的洗涤系列产品，更通过为参赛运动员提供周全的清洁保障，有力支持了赛事的圆满举办，生动诠释了作为行业领军企业所肩负的社会责任与使命担当。

4. 科学洗涤理念的传播者，驭浪数字化营销领域的弄潮儿

2022 年 4 月 20 日，中国北京一家品牌评级权威机构 CHNbrand 发布了 2022 年（第十二届）中国品牌力指数（C-BPI）品牌排名与分析报告。深耕家清行业近 30 载的领军企业蓝月亮，其洗衣液、洗手液产品再度荣获行业第一品牌殊荣，连续 12 年（2011 ～ 2022 年）登上 C-BPI 行业品牌力指数榜首。面对数字化消费浪潮的席卷，蓝月亮主动研发新技术，创新营销模式与服务体验，以适应市场变革。

蓝月亮通过知识营销、在线客服、拓宽服务边界等方式，深度贴近消费者，传播科学洗涤理念，全面提升清洁体验。例如，蓝月亮与巨量引擎、新华社客户端等平台强强联手，启动"了不起的未来洗衣科技"项目，以寓教于乐的形式普及洁净知识，生动展现了蓝月亮在数字化营销领域的积极探索与实践成果。此外，蓝月亮还充分利用线上商城、社交媒体、直播销售等多元化渠道，增强品牌触达力与用户互动性，顺应消费者购物习惯的变迁，进一步巩固了其在市场中的领军地位。

任务五　发起一轮讨论——增进民生福祉，提高人民生活品质

在增进民生福祉、提升生活品质、建设健康中国进程中，洗涤产品扮演着不可小觑的角色。从古至今，从肥皂到洗衣液的演变，见证了一个国家化工产业的茁壮成长与民众健康意识的觉醒。中国肥皂工业从皂荚树下的天然智慧起步，历经洋风东渐，再到民族品牌如蓝月亮集团的自主创新，其发展历程是中国工业自强不息的缩影。沈济川先生作为洗涤剂工业的先驱，他的科研贡献与创新精神，不仅推动了洗涤技术的进步，更促进了环保理念与个性化需求的融合。蓝月亮集团作为行业领航者，其环保型洗衣液的推出，不仅满足了消费者对绿色健康的需求，还引领了智能洗涤的潮流，让清洁变得更科学、生活变得更美好。由此可见，小小一瓶洗衣液，凝聚着科技进步与人文关怀，是提高生活品质、推进健康生活建设的生动实践。

讨论主题一：探讨智能洗衣液在未来洗涤行业中的角色与影响。

讨论主题二：探讨肥皂应用与发展史中的产业升级与变化规律。

讨论主题三：讨论沈济川先生的个人品质和专业成就对当代化工行业的影响。

讨论主题四：探讨蓝月亮集团如何通过科技创新和产品创新，引领行业绿色升级和智能洗涤趋势。

任务六 完成一项测试

1. 以下不是现代洗衣液的发展趋势的是（   ）。

A. 环保型　　　　　　B. 功能型　　　　　　C. 易产生抗药性　　　　D. 个性化定制

2. 中国首家化学肥皂厂由近代化学启蒙者徐寿之子徐华封在（   ）建立。

A. 广州　　　　　　　B. 上海　　　　　　　C. 天津　　　　　　　　D. 长沙

3. 沈济川先生在（   ）任职期间主导研发了"九福乳白鱼肝油"等产品。

A. 九福制药公司　　　B. 五洲固本皂厂　　　C. 中法药厂　　　　　　D. 华东化工学院

4. 以下不属于蓝月亮集团推出的国内首款计量式泵头装"浓缩$^+$"洗衣液——机洗至尊的主打特色的是（   ）。

A. 减少用量　　　　　B. 减少漂洗次数　　　C. 精准计量　　　　　　D. 增泡去污

本项目
数字资源

项目三　生命健康——医药

　　青蒿素，源自古老草药的现代奇迹，屠呦呦教授从中国古代智慧中汲取灵感，以坚韧不拔的探索，从黄花蒿中提炼出这一抗疟神药。它不仅挽救了全球数百万疟疾患者的生命，更标志着中国在自主研发药物领域迈出的坚实步伐，为全球健康福祉贡献了东方智慧。维生素C，是昔日航海者的救命稻草，其生产工艺被国外垄断，中国科学家在困境中自力更生，以两步发酵法打破了垄断，实现了从依赖进口到自主供应的华丽转身。这一历程不仅实现了中国维生素C产业的全球领先地位，更展现了科研创新在改善公共卫生中的关键作用。谢毓元，一位科研与生活的和谐践行者，他的科研生涯是创新与奉献的写照。从血吸虫病的挑战到解毒药物二巯基丁二酸的成功研发，谢先生不仅在药物合成领域屡创佳绩，更以他的科研哲学影响了一代学者，证明了对工作的热爱可以超越一切困难，科研创新与生活情趣并行不悖。国药集团，作为中国医药行业的旗舰，不仅在新时代展现了央企的责任与担当，更在科研创新与全球健康供应链中扮演着关键角色。从新药研发到智慧医疗，国药集团以全面的健康产业链，彰显了中国医药产业的崛起，为守护全球人类健康贡献力量，书写着医药企业的辉煌篇章。从青蒿素的发现到维生素C的工业化生产，从谢毓元的科研精神到国药集团的国际贡献，每一环都紧密相连，共同构建起生命健康的坚固防线，展现了中国在医药领域从传统智慧到现代科技的传承与创新，以及对全球公共卫生事业的深远影响。

任务一　认识一种产品——青蒿素

　　青蒿素，是连接传统智慧与现代医疗的璀璨珍珠。从古老医书的朦胧记载，到"523任务"对抗疟疾的紧迫使命，这段旅程揭示了人类对自然奥秘的不懈探索与生命科学的深刻洞察。青蒿素不仅仅是自然界赐予的抗疟之钥，更是科研与文化交融的光辉典范，步入当代，青蒿素的研究与发展如同开启了生命守护的新纪元。从分子层面的精妙解析，到国际舞台上作为中国经验的闪亮名片，它不仅见证了科技如何精准狙击病魔，还促进了全球健康合作的新愿景。现代科学通过高通量筛选与合成生物学等前沿技术，不断深化对青蒿素的了解与应用，推动药物创新迈向更高的境界。此番探索，我们将从青蒿素的传奇起源启航，航行至其改善全球公共卫生的广阔海域。沿途，将领悟到科研人员如何在传统与创新之间架设桥梁，利用化学的魔力点亮生命的希望。

1. 抗疟药物的研究背景

　　疟疾，俗称"打摆子"，是一种通过按蚊（亦称疟蚊）叮咬或接触携带疟原虫血液而传播的虫媒传染病。一旦人体受到疟原虫侵袭，就会出现典型的周期性发作症状，如阵发性寒战、高热、大汗淋漓，有时还会伴随脾脏肿大、贫血等体征。作为一项举世关注的重大公共卫生议题，曾一度让世人闻之色变。数据显示，在青蒿素的发现与广泛应用之前，全球每年约有4亿人不幸罹患疟疾，导致的死亡人数更是高达百万。

　　20世纪60年代初期，全球多地，特别是东南亚地区，面临着恶性疟原虫对传统抗疟药物氯喹产生抗药性的严峻挑战。与此同时，越南战争的升级加剧了这一问题的紧迫性，疟疾造成的士兵减员甚至超过了战场上的直接伤亡，严重削弱了双方的战斗力。面对这一困境，美军不惜投入巨资，筛选了 21.4 万个化合物，以期找到能够有效对抗抗氯喹恶性疟疾的新药。然而，尽管付出了巨大的努力，这一研究并未取得突破性的成果。与此相反，越军由于资源和技术限制，无法自主研制新的抗疟药物，遂向中国寻求援助，希望能够借助中国的科研力量来解决疟疾防治的燃眉之急。

同一时期，中国南方地区的疟疾疫情也十分严重，这使得中国方面对解决抗药性疟疾问题有着强烈的内在需求。在这样的背景下，1967 年 5 月 23 日，国家科学技术委员会（国家科委）与中国人民解放军总后勤部在北京共同召开了"疟疾防治药物研究工作协作会议"。会议明确了短期内亟待解决的三大核心任务：一是针对抗药性疟疾的防治药物的研发；二是研制抗药性疟疾的长效预防药物；三是开发有效的疟疾驱避剂。会议决定采用开会日期作为项目的代号，将其简称为"523 任务"，以确保项目的高度保密性。由此，"523 任务"成为了中国科研人员集中力量攻克抗疟难题、支援前线作战的重要科研攻关项目，为后来屠呦呦研究员及其团队成功提取并鉴定青蒿素，为全球疟疾防治做出杰出贡献奠定了基础。

2. 青蒿素的初步探索

在"523 任务"制定的《中医中药、针灸防治疟疾研究规划方案》中，列出了一系列应作为重点研究对象的传统药物，青蒿赫然在列。然而，在后续的项目记录中，并未发现有关对青蒿进行具体筛选工作的相关记载。转至 1969 年 1 月 21 日，中医研究院（即现今的中国中医科学院）中药研究所正式加入"523 任务"中的"中医中药专业组"，屠呦呦研究员被任命为中医研究院项目小组的负责人。面对艰巨的任务，屠呦呦深知挑战之大，但她坚信自古以来与疟疾斗争的过程中，必定积累了许多有效的民间中草药疗法。因此，她决定首先从系统整理中药历史经验着手。在 1969 年 1 月至 4 月这段时间里，项目组广泛收集并整理了2000 余方药，从中精选出以 640 余个方药为主体的《疟疾单秘验方集》，其中就包含了青蒿。

同年，屠呦呦课题组选取了胡椒、青蒿、雄黄等 50 余种药材进行鼠疟模型的临床试验。试验结果显示，胡椒提取物表现出极高的抗疟效果，对鼠疟原虫的抑制率高达 84%，这是自研究启动以来首次取得较为显著的成果。带着这份鼓舞，1969 年 7 月，课题组前往海南疟疾疫区进行实地临床试验。然而，尽管胡椒提取物能够在一定程度上改善疟疾症状，却无法彻底清除疟原虫，临床试验最终以失败告终。尽管研究工作似乎回到了原点，但屠呦呦并未气馁。她再次翻开《疟疾单秘验方集》，重新审视其中可能蕴含抗疟潜力的药物。此刻，青蒿引起了她的特别关注，课题组立即启动了对青蒿的试验工作。遗憾的是，初步试验结果显示，青蒿提取物对疟疾的抑制率仅为 68%，后续的复筛试验中，抑制率更是下降至 40% 甚至低至 12%。基于这一系列不尽如人意的结果，课题组暂时搁置了对青蒿的研究。研究之路曲折坎坷，到了 1970 年 9 月，由于种种复杂原因，屠呦呦课题组的抗疟研究工作不得不暂时中止。然而，这段看似停滞的时期，却为后续青蒿素的发现埋下了伏笔，预示着科研历程即将迎来转折点。

3. 青蒿素的璀璨问世

1971 年 5 月 21 日，全国疟疾防治研究工作座谈会于广州召开，标志着一度暂停的"523

任务"得以重新启动。这次，屠呦呦研究员终于得以带领抗疟小组重启抗疟研究的征程。经历近一年的沉淀与反思，屠呦呦开始重新审视此前的研究方法。关键时刻，屠呦呦在东晋葛洪所著《肘后备急方》中看到一则关于青蒿的记载："青蒿一握，以水二升渍，绞取汁，尽服之。"这引发了她的深刻思考。她敏锐地意识到，为何葛洪特别强调"绞取汁"，而非采用传统的水煎煮法？难道青蒿有效成分的提取关键在于温度控制？她推测，高温处理可能破坏青蒿的有效成分，从而影响其抗疟疗效。

基于这一洞察，屠呦呦课题组果断调整提取方案，选用乙醚作为溶剂进行低温提取。由于乙醚沸点极低，非常适合在低温条件下进行提取操作。经过数百次反复试验与调整，1971年10月4日，课题组试验的191号青蒿乙醚提取物的中性部分，成功获得了对鼠疟原虫抑制率达到100%的理想效果。

进入1972年，屠呦呦课题组开始大规模用乙醚提取青蒿，并于当年6月底完成了狗的毒性试验。然而，试验过程中发现有个别动物出现了疑似毒副反应，考虑到药物安全的不确定性，无法立即开展临床研究。但是疟疾作为一种季节性传染病，若错过当年的临床观察季节，将不得不等待一年之久。面对紧迫的时间窗口，屠呦呦与课题组成员展现出极大的科研勇气与奉献精神，他们在6月至8月期间，分两批以不同剂量自行服用青蒿乙醚中性提取物，以验证其安全性。幸运的是，所有参与自体试服的人员均未出现明显毒副作用。

尽管青蒿乙醚中性提取物显示出了抗疟活性，但由于其成分复杂，仍需从中分离出单一的抗疟活性成分。实际上，在进行自体试服之前，课题组已同步开展了纯化分离研究。1972年12月初，研究人员在对结晶进行鼠疟实验时，惊喜地发现11月8日得到的Ⅱ号结晶具有显著的抗疟效果，这标志着首次从青蒿中获得的单一化合物被证实具有抗疟活性，该化合物后来被命名为青蒿素。青蒿素由此成为新中国自主研发的第一个化学药品。紧接着，1973年，课题组又成功发现了疗效更为出色的青蒿素衍生物——双氢青蒿素。

4. 青蒿素的基本性质

青蒿素是一种具有特定分子结构的有机化合物，其化学式为 $C_{15}H_{22}O_5$，相对分子质量为282.34。作为一类新型倍半萜内酯，青蒿素分子中含有一处独特的过氧桥基团，这一特性赋予了它显著的药理活性。该化合物通常呈现为无色或白色的针状结晶形态，在丙酮、乙酸乙酯等有机溶剂中易溶，但在水中几乎不溶。由于过氧桥基团的存在，青蒿素对热敏感，容易受到湿气、高温以及还原性物质的影响而发生分解反应。青蒿素的化学结构式和实物如图2-3、图2-4所示。

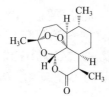

图2-3　青蒿素化学结构式

图2-4　青蒿素实物

尽管青蒿素抗疟的具体作用机制尚待进一步研究，但其抗疟活性显然与过氧桥形成的自由基密切相关。一旦过氧桥基团被改变，青蒿素的抗疟效果即会丧失。在疟原虫体内，亚铁血红素或游离的二价铁离子能够触发青蒿素的激活过程。激活状态下的青蒿素，其分子内部的过氧桥会发生断裂，释放出氧自由基。随后，通过 1,5- 氢迁移或分子断裂重排反应，这些氧自由基转化为活性更强的碳自由基，对疟原虫细胞的脂质体和液泡膜造成严重破坏，同时还可能通过烷基化血红素或直接与疟原虫蛋白质相互作用，抑制关键蛋白的活性，进而引发氧化应激反应和细胞损伤，最终实现对疟原虫的有效杀灭。自青蒿素诞生以来，其在全球范围内挽救了数百万人的生命，特别是在疟疾疫情最为严峻的非洲大陆，其疗效尤为显著。这一卓越贡献使得青蒿素的发现者屠呦呦教授荣获了诺贝尔生理学或医学奖以及国家最高科学技术奖的双重殊荣，充分彰显了青蒿素在人类医学史上的非凡地位。

世界卫生组织已将青蒿素联合疗法（artemisinin-based combination therapies，ACTs）认定为当前治疗疟疾最为有效且至关重要的方法，同时也是抵抗疟疾耐药性问题的最佳药物选择。随着科研工作的不断深入，青蒿素展现出除抗疟之外的多种潜在生物活性，包括但不限于抗肿瘤、治疗肺动脉高压、抗糖尿病、抗真菌以及免疫调节作用。这些新发现的应用前景为青蒿素的研究与开发开辟了更广阔的领域，有望在未来为更多疾病的治疗提供创新解决方案。

任务二　铭记一段历史——中国维生素 C 工业发展史

维生素 C，生命的守护者，其重要性在历史长河中熠熠生辉。我们将翻开维生素 C 工业化生产史的辉煌篇章，这不仅是一部科技进步的编年史，也是人类追求健康生活的见证。从大航海时代坏血病的阴霾，到今天维生素 C 的广泛应用，这段历史是科学与产业的协奏曲，映照出人类对自然奥秘的不懈探索。从达·伽马的悲壮航行，到林德医生的柑橘奇迹，每一次发现都是对抗疾病的胜利。20 世纪，从天然提取的艰辛尝试，到化学合成法的革命性突破，科技的飞跃彻底改变了维生素 C 的命运。特别是中国科学家，在困境中自力更生，以两步发酵法的创新，打破了国际垄断，书写了自主技术崛起的传奇，让中国制造的维生素 C 惠及全球。本任务旨在引领大家追溯维生素 C 从自然馈赠到科学精粹的演变，探讨其对人类健康生活不可估量的价值。我们不仅要铭记那些在黑暗中点亮科学光芒的先驱者，更要领悟科技进步与产业革新背后，那份对健康生活矢志不渝的追求。

1. 自然珍馈与科技飞跃：维生素 C 的探秘与应用案例

维生素 C（vitamin C），又名 L- 抗坏血酸（L-ascorbic acid），其分子式为 $C_6H_8O_6$，相对分子质量为 176.13，化学名称为 3- 氧代 -L- 古龙糖呋喃内酯（3-oxo-L-gulofuranolatone），其结构式如图 2-5 所示。

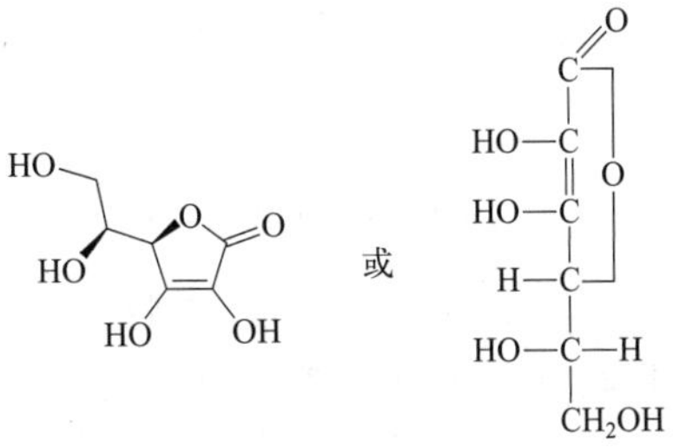

这种化合物呈现出白色或略带淡黄色的结晶或粉末形态，无特殊气味，味道偏酸。在水中，维生素 C 溶解性能良好。而在乙醚、氯仿以及石油醚等非极性有机溶剂中，则几乎不溶。维生素 C 的分子结构中含有的连二烯醇结构赋予其强烈的还原性，使其对光照、高温及氧

图 2-5　维生素 C 的分子结构式

气等因素极为敏感。暴露于光照下，其颜色会逐渐加深。干燥状态下，维生素 C 结晶相对稳定，但一旦与水接触，便容易遭受空气中氧气的氧化。因此，为保持其有效性，维生素 C 应储存在避光、避热、密封且干燥的环境中。

维生素 C 在自然界中分布广泛，尤其在柑橘类水果（如橙子、柠檬）、辣椒、西兰花等蔬菜中含量丰富。值得注意的是，人体自身无法合成维生素 C，故必须通过日常饮食持续摄取以满足生理需求。作为人体不可或缺的一种水溶性维生素，维生素 C 在细胞的氧化 - 还原反应中担当催化剂角色，深度参与机体的多种复杂代谢过程。它对促进生长发育、增强机体抵抗力具有重要作用。在医学实践中，维生素 C 被广泛用于预防和治疗因缺乏维生素 C 导致的坏血病，同时在预防冠心病、增强免疫力以抵抗疾病感染等方面也显示出其价值。在食品工业中，维生素 C 不仅是人体重要的营养补充剂，也被用作健康食品添加剂，有助于食品保鲜和延长贮藏期限。此外，在农林牧业领域，尤其是鸡类养殖和水产养殖中，维生素 C 作为饲料添加剂，能够提升动物的健康状况与生产性能。

2. 海上历险与奇迹发现：维生素 C 的航海救赎之旅

500 多年前，人类迈入了波澜壮阔的大航海时代。当时，船员们的饮食主要由干粮、咸菜和腌肉构成。然而，许多航行者却遭遇了一种被称为坏血病的神秘疾病。患者最初会感到疲乏、乏力，随后牙龈出血、皮肤下大面积出血等病症接踵而至，直至最终夺去生命。1497 年 7 月至 1498 年 5 月，葡萄牙航海家瓦斯科·达·伽马（Vasco da Gama）成功开辟了绕过非洲直抵印度的新航线，但他的船队 160 名船员中，竟有 100 余人因坏血病丧生。同样在 1536 年，法国探险家雅克·卡蒂埃（Jacques Cartier）的航程中，25 名船员死于坏血病，还有多人病情危重。幸运的是，善良的印第安人教会他们饮用金钟柏树叶煮成的水，成功治愈了这些病患。后来的研究发现，金钟柏叶中富含维生素 C，含量约为 50mg/100g。

人类在探寻坏血病真正病因的道路上经历了曲折与磨难，付出了沉重的生命代价。直到 1747 年，英国海军医生林德（James Lind）通过一次著名的对照实验，发现橘子和柠檬能够有效治疗坏血病。19 世纪初，英国海军开始明确规定，每位海员每天必须定量供应柠檬汁，以此预防坏血病的发生。1911 ~ 1912 年，英国科学家弗雷德里克·哥兰·霍普金斯（Sir Frederick Gowland Hopkins）提出了一个重要的观点：在动物和人类的饮食中存在着一种无形的、未知的"辅助食物因子"，缺乏这些因子将导致动物和人类患病，且这些疾病往往与营养不良直接相关。1912 年，波兰科学家卡西米尔·冯克（Casimir Funk）将这些饮食中未知结构的"辅助食物因子"命名为"Vitamine"，后简化为"Vitamin"，并在后续研究中特指维生素 C。1937 年，沃尔特·霍沃思（Walter Norman Haworth）因在糖类化学和维生素研究方面的卓越贡献荣获诺贝尔化学奖，而匈牙利阿尔伯特·圣捷尔吉（Albert Szent-Györgyi）则靠着对维生素 C 与人体内氧化反应的研究成就，摘得了诺贝尔生理学或医学奖桂冠。当"Vitamin"一词传入中国时，被译为"维他命"，后统一称为"维生素"。

3. 自然馈赠转科学精粹：维生素 C 提取法的演变历程

20 世纪 20 年代，人们获取维生素 C 的主要途径是从富含该物质的生物组织中提取。1922 年，苏联科学家 H. 贝索诺夫率先发表了从甘蓝中提取并制备维生素 C 制剂的方法。1924 年，C. 齐利娃成功从柠檬汁中提炼出富含维生素 C 的有效浓缩物。1928 年，圣捷尔吉从动植物组织中成功提取出微量的 Vitamin C，并通过实验确定其化学分子式为 $C_6H_8O_6$。1930 年，英国糖类化学家霍沃思进一步精确解析了 Vitamin C 的确切化学结构。紧接着在 1933 年，H. 谢皮列夫斯卡娅利用真空浓缩法从松柏针叶中提取出高浓度的维生素 C 浓缩物。

1934 年，苏联迈出重要一步，建立了世界上第一套以松柏针叶为原料制造浓缩维生素 C 的半工业化装置，随后又增设了第二套同类设施。1941 年，J. 施耐德曼将从野蔷薇和黑穗状醋栗生产维生素 C 糖浆的技术推广到工业化生产层面。1945 ～ 1947 年，专门用于从未成熟的胡桃中提炼维生素 C 的工厂也应运而生。然而，尽管上述各种浓缩提取法在当时起到了一定作用，但它们普遍存在成本高昂、产量受限的问题，无法满足人们对维生素 C 日益增长的需求。加之随着维生素 C 化学结构的确定，化学合成法生产维生素 C 的工业进程迅速推进，上述依赖天然原料提取的工厂在 1944 年便不复存在。20 世纪 60 年代，浓缩提取法在维生素 C 生产中的地位彻底被化学合成法取代，从此退出了维生素 C 生产的历史舞台。

4. 化学革命与产业巨擘：维生素 C 的合成时代纪元

1933 年，德国化学家塔德乌什·赖希斯坦（Tadeus Reichstein）等人开创性地发明了化学合成法生产维生素 C，这一方法后来被业界广泛称为"莱氏法"。仅仅一年后，罗氏公司成功购得该专利权，并迅速将其转化为大规模生产，由此，罗氏公司在维生素 C 市场上形成了独占地位。从此，人类不再需要担忧因新鲜水果供应不足而引发坏血病的问题。随着维生素 C 市场需求的增长，众多药企纷纷涉足这一领域，经过激烈的市场竞争，维生素 C 产业逐渐形成了以瑞士罗氏制药、德国巴斯夫公司和日本武田公司为代表的三大巨头格局。这三家企业结成了维生素 C 联盟，垄断了全球维生素 C 市场，通过划分市场范围、统一定价等方式掌控了整个产业链。

"莱氏法"作为维生素 C 工业化生产的主流工艺，其生产流程主要包括五个关键步骤。首先，以 D- 山梨醇为起始原料，通过醋酸菌进行一步发酵，得到 L- 山梨糖；接着，对 L- 山梨糖进行丙酮化反应，生成 2,3,4,6- 双丙酮基 -L- 山梨糖；然后，对上述产物进行氧化反应，得到 2,3,4,6- 双丙酮基 -L- 古龙酸；接下来，对其进行水解处理，得到 2- 酮基 -L- 古龙酸；最后，通过烯醇化、内酯化，最终制得维生素 C。图 2-6 为"莱氏法"制取维生素 C 的工艺路线图。

"莱氏法"具有工艺成熟、产品质量优良、生产周期短、总收率高等显著优点，以山梨醇计算，整体收率可达到约 66%。然而，这种方法也存在一些不容忽视的缺点。其工艺流程复杂，涉及多个反应步骤，较长的反应链使得连续操作颇具挑战性，劳动强度较大。此外，该法原料消耗量大，且在生产过程中需要使用大量易燃、易爆的化学品，对环境造成严重污染，对工业生产带来了负面影响。尽管如此，"莱氏法"在长达半个多世纪的时间里，仍是全球范围内工业生产维生素 C 的主流选择，其影响力和贡献不容忽视。

5. 微生物的力量：自主创新下的维生素 C 发酵技术飞跃

20 世纪 30 年代末期，发达国家由于物质资源丰富，居民普遍能够通过日常饮食摄入充足的维生素 C，导致国内市场需求相对较小，价格较低。与此形成鲜明对比的是，发展中国家，特别是中国，维生素 C 需求量极大，但由于缺乏本土生产能力，不得不依赖进口，从而导致维生素 C 价格居高不下。

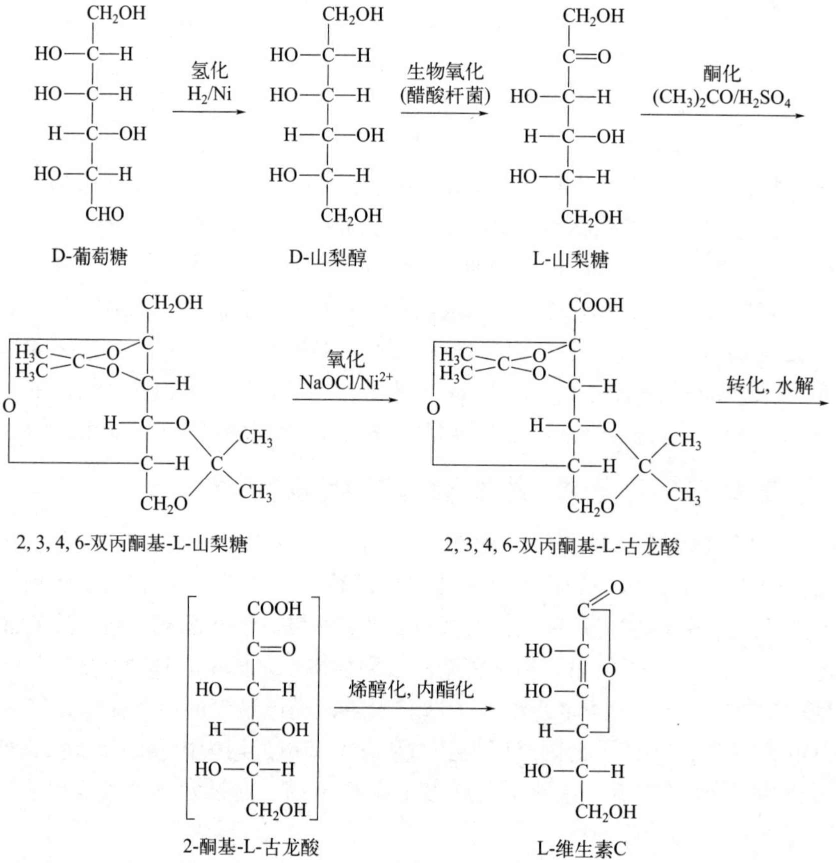

图 2-6 "莱氏法"制取维生素 C 工艺路线

　　面对这一困境，1957 年东北制药总厂自力更生，设计并建造了一套用于生产维生素 C 的设施。1958 年，这套装置采用"莱氏法"正式投入生产，初期年产量仅为 30 吨。然而，由于国外对"莱氏法"核心技术实施严格的技术封锁，我国当时的维生素 C 年产量远不能满足国内庞大的人口需求，巨额的外汇仍需用于进口大量维生素 C。

　　面对核心技术受制于人的严峻局面，中国开启了自主研发维生素 C 生产工艺的征程。1969 年 2 月 6 日，中国科学院微生物研究所（代表人物有尹光琳、陶增鑫、严自正等）与北京制药厂（代表人物有宁文珠、王长会、王书鼎等）组建协作组，共同开展维生素 C 生产工艺的技术攻关项目。当时，我国科研条件极其艰苦，科研人员面临无详细技术资料、无适宜菌种、无专用设备等多重困难，一切几乎是从零起步，边研究边创造条件。科研工作者们不畏艰难，以无比敬业的精神和坚韧不拔的毅力，攻克了一个又一个技术难题。终于在 70 年代初，他们成功研发出"维生素 C 两步发酵技术"，这是中国首次实现的维生素 C 新型生产工艺，标志着科研工作取得了重大突破。1983 年，国家科学技术委员会正式授予该技术国家发明二等奖，以表彰其在科技进步上的杰出贡献。

　　1986 年，这项由中国自主研发的"维生素 C 两步发酵技术"以高达 550 万美元的价格转让给了国际知名制药企业——瑞士罗氏公司。这一消息在科学界引发了强烈反响，因为这笔交易创下了当时中国单笔技术出口交易金额的最高纪录，不仅彰显了我国科研实力的提升，也标志着我国在维生素 C 生产技术领域已具备与国际先进水平竞争的实力。这一事件不仅提升了中国的国际科技形象，也为后续更多高新技术的国际交流与合作奠定了坚实基础。

两步发酵法是一种革新性的维生素 C 生产技术，其核心在于以 L- 山梨醇为原料，通过两步微生物氧化过程直接生成 2- 酮基 -L- 古龙酸，随后转化为最终产品维生素 C。相较于传统的"莱氏法"，两步发酵法摒弃了化学氧化手段，改为利用微生物对 L- 山梨糖进行氧化，直接制备 2- 酮基 -L- 古龙酸。这一变革大幅简化了生产工序，降低了对昂贵原料的需求，减少了对有机溶剂的依赖，显著减轻了化工原料造成的环境污染，同时改善了工人的工作环境，使得生产流程更为紧凑，成本大幅度降低。图 2-7 为两步发酵法制备维生素 C 的工艺路线图。

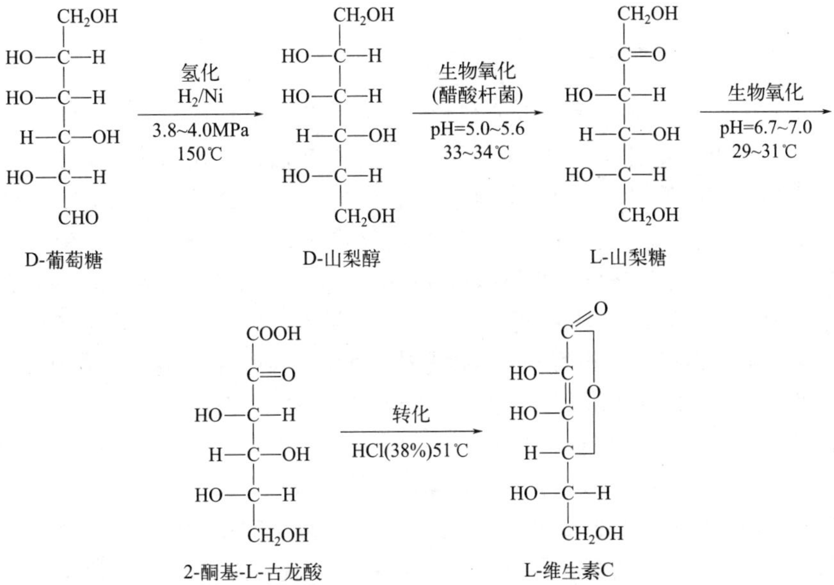

图 2-7　两步发酵法制取维生素 C 工艺路线

得益于两步发酵法的极高经济价值与社会效益，我国迅速成长为全球最大的维生素 C 生产国。1990 年，我国维生素 C 产量已达到 6000 多吨，其中出口比例高达 59.42%。1998 年，产量进一步攀升至 2.58 万吨，出口比例更是跃升至 91.09%。进入 21 世纪后，我国维生素 C 产业继续保持强劲势头，产能与产量持续攀升，出口量大幅增加。从 20 世纪 90 年代中期至 21 世纪初，我国维生素产业实现了快速崛起，并在全球市场中牢固确立了领导地位。时至今日，全球约 80% 的维生素 C 产量源自中国，而国产维生素 C 中有超过 80% 用于出口。

这一成就无疑是理论与实践紧密结合的成功典范，生动展现了科技作为第一生产力的巨大推动力，同时也是科技工作者锐意创新、勇于探索的丰硕成果。两步发酵法的广泛应用不仅推动了我国维生素 C 产业的繁荣发展，而且对全球维生素 C 供应链产生了深远影响，为中国在全球医药与食品添加剂市场赢得了重要地位。

任务三　讲述一个人物——谢毓元

在医药科学的浩瀚星空中，谢毓元，这个名字犹如一颗璀璨星辰，以其非凡的科研成就和无私的奉献精神，照亮了中国药物研究的前行之路。自踏入中国科学院药物研究所的大门，他便以满腔热忱投入到新药研发的艰难征程中。从传统中草药的现代化学探索，到成功提取抗疟疾成分，再到解决一系列工业化制药难题，谢毓元的每一步都烙印着对科学的执着追求与对国家医疗卫生事业的深切关怀。每一次转身都是对未知的勇敢探索，每一次跨越都是对国家需求的积极响应。他用实际行动证明，真正的科学家不仅在于攀登科学高峰，更在于那份"召之即来、来之能战、战之必胜"的忠诚与担当。谢毓元的一生，是对科学无尽热爱的赞歌，是对国家和人民深沉承诺的践行。他的故事，激励着每一位科研工作者，无论时代如何变迁，科研的道路如何曲折，都要怀揣梦想，勇往直前，为人类的健康福祉贡献智慧和力量。

1. 药研先锋：抗疟克星，锑剂问世

谢毓元于 1951 年进入中国科学院有机化学研究所药物研究室（1953 年独立为中国科学院药物研究所，1970 年更名为上海药物研究所）。入所初期，谢毓元主要负责中草药的提取以及简单化合物的合成工作。在所长赵承嘏先生的指导下，谢毓元于 1951 年采用了更为简便的方法，成功完成了从常山叶中提取抗疟疾成分并测定其含量的工作。1952 年，他与同事朱应麒合作，成功利用曼陀罗及其类似物制备出了医疗上必不可少的药品阿托品和后马托品。作为主力成员，谢毓元于 1953 年参与完成了硝基苯甲酸和二乙胺的合成，解决了普鲁卡因的国产化工业制造以及青霉素普鲁卡因盐生产所需原料问题。这项工作在 1965 年荣获中国科学院推广奖，对提升我国药物自主生产能力具有重要意义。

新中国成立前，我国南方十二个省市深受血吸虫病之苦。这种病俗称为"大肚子病"，血吸虫通过皮肤侵入人体，导致患者腹部严重积水，丧失劳动能力，死亡率极高。1953 年，中国科学院药物研究所肩负起血吸虫病治疗药物研究项目中的化学药物合成及各类药物的实验治疗与药理研究任务。作为药物合成组的主要成员，谢毓元在艰苦的科研条件下，通过大量文献调研，设计并成功合成了对血吸虫病具有较好疗效的二巯基丁二酸锑钠。该药物随后被药厂投入生产，成为当时治疗血吸虫病的主要药物——锑剂。然而，锑剂具有一定毒性，患者容易发生锑中毒，因此研究人员急需寻找有效的锑剂解毒药物。

自 1954 年起，药物研究所对多种解毒药进行合成与动物试验，最终发现二巯基丁二酸钠具有较强的解毒效力，且其自身毒性极低，疗效优于当时国际上已有的解毒药物。值得一提的是，二巯基丁二酸钠正是谢毓元在合成抗血吸虫药物二巯基丁二酸锑钠过程中产生的一个中间体。尽管二巯基丁二酸锑钠未能成为理想的血吸虫病治疗药物，但其衍生物二巯基丁二酸钠及其游离酸二巯基丁二酸却被相继开发为广受赞誉的广谱重金属中毒解毒促排特效药，不仅能解锑毒，还能有效解除砷（砒霜）、汞、铅和铜等金属中毒。1991 年，二巯基丁二酸荣获中国科学院科技进步二等奖。同年 2 月，该药被美国仿制并用于儿童铅中毒的治疗，成为中国自主研发的首个被国外仿制的新药。直至今日，二巯基丁二酸仍然是全球范围内口服治疗金属中毒的理想药物，多次成功挽救患者生命。1992 年夏天，河南省郑州市河南财政税务高等专科学校（今河南财政金融学院）700 多名学生因食用被恶意投放剧毒砒霜（三氧化二砷）的面食，生命垂危。在紧急情况下，通过空运送达的二巯基丁二酸发挥了关键作用，所有中毒者在服药后全部转危为安，这是一次极为罕见且成功的临床抢救案例，震撼全国，充分展示了二巯基丁二酸在应对突发公共卫生事件中的重要作用。

2. 科研转向：国之所需，我之所向

谢毓元在药物研究所的优异表现使其于 1957 年 11 月获得机会赴苏联科学院天然有机化学研究所深造，师从施米亚京，专攻四环素类化合物的合成研究，攻读副博士学位。1961年学成归国后，他回到中国科学院药物研究所，被分配至抗生素室担任副主任，并建立起自己的课题组，致力于天然产物全合成研究。1963 年，他完成了灰黄霉素的化学合成，合成得到消旋灰黄霉素，为我国灰黄霉素生产提供了新的技术路径。1964 年，他又成功完成了抗高血压药物莲心碱的绝对构型确定及全合成工作，这是我国科学家首次独立完成生物碱的化学结构确定与全合成。此后，他完成了甘草查尔酮的全合成。1982 年 7 月，莲心碱与甘草查尔酮的研究成果，连同研究所其他 11 项中草药研究成果，共同荣获国家自然科学奖二等奖。尽管天然产物全合成工作难度极高，但谢毓元乐于接受每一个挑战，以此推动我国药物化学研究的进步。

正当谢毓元准备在天然产物合成领域深入耕耘之际，研究所接到上级任务，要求研发男性避孕药，填补我国在该领域的空白。尽管谢毓元对此领域并无涉猎，面对这一重大挑战，他毫不犹豫地接下任务，将其作为主要工作。接受任务后，他全身心投入，废寝忘食地在图书馆进行文献调研，经过大约半年的努力，课题逐渐明朗。然而，此时他的科研方向又面临重大调整。

随着我国第一颗原子弹的成功爆炸，氢弹研发工作紧锣密鼓地展开，其中放射性元素钚-239 的安全处理成为关键问题。二机部（现核工业部）对核素促排抢救药物立项，研究所接到上级下达的军工任务后，再次将重任交给了谢毓元，首先要求他研制针对钚-239 的促排抢救药。不久，他又接到了研制钍-234 促排药的任务，随后又接到研制锆-95 促排药的任务。短时间内，谢毓元肩挑三项关乎国家安全的重大军工任务，内心承受着巨大压力。

面对重重压力，谢毓元通过对三种放射性元素性质的深入分析，他发现它们在外层电子排布、化合价以及与络合剂配位时的性质上有诸多相似之处。据此，他提出了"一石三鸟"的研究策略，即寻找一种化合物，能够同时促排三种核素。这一策略的提出使谢毓元心中的焦虑得以缓解，对完成任务充满信心。

遵循这一思路，谢毓元历经十多年的艰苦探索与无数次试验，成功设计合成了我国原创的高效核素促排药物——喹胺酸，能够有效促排钚-239、钍-234、锆-95。这一成果在 1980年荣获国防技术重大成果三等奖。在承担军工任务期间，谢毓元还从藜豆中提取有效成分，实现了震颤麻痹症药物左旋多巴的国产化，挽救了一个濒临破产的药企。此外，他还成功解决了世界性科研难题，设计合成了锶-90 促排药酰膦钙钠，该成果于 1983 年获得卫生部一等奖（甲级成果奖）。

20 世纪 80 年代，国际形势趋于缓和，国内开始重视经济发展，国家停止了对放射性核素促排研究的资金支持。谢毓元凭借多年在医用螯合剂研究领域的深厚积淀，开始思考将相关成果应用于民用领域。他开展了羟基乙叉二膦酸水处理剂的合成工艺改进及成果转化、抗骨质疏松药物研究、抗肿瘤药物研究，并成功地大规模低成本合成植物生长调节剂（混表油菜素内酯），对提升农作物免疫力和产量具有重要意义，实现产值 1000 万元，为"科技兴农"作出突出贡献。1995 年，混表油菜素内酯的合成成果荣获上海科学技术博览会金奖。

在 2012 年的一次访谈中，谢毓元表示："领域变化很多，对于一个人也是一个锻炼。所谓召之即来、来之能战、战之必胜。反正组织上叫我做啥我做啥，我都能圆满地完成任务，

这点我还是蛮欣慰的。"这段话充分体现了谢毓元作为一名科研工作者的忠诚担当与无私奉献精神，他始终以国家需求为导向，不断适应科研领域的变化，勇攀科学高峰，为我国科技进步和人民健康做出了杰出贡献。

3. 科研秘籍：坚韧求索，热爱无疆

谢毓元先生在求学和科研工作中始终秉持着坚持不懈的精神。1940年，他考入迁至上海的私立东吴大学，就读于理学院化学工程系。然而，仅一年后，随着太平洋战争爆发，上海沦陷，谢先生的学业被迫中断长达四年。在这四年间，他并未就此放弃学习，而是大量阅读英文小说和中国传统文化典籍，如《二十四史》《资治通鉴》等，为自己的中英文能力打下了坚实基础，为日后从事科研工作时，尤其是在查阅文献、撰写论文等方面，提供了极大便利。1945年8月抗日战争胜利后，内迁的学校开始陆续恢复办学。同年10月，谢毓元先生来到南京，参加南京临时大学补习班，期望借此机会考入国立大学。他全情投入，夜以继日地刻苦学习，最终于1946年10月以插班生身份考入清华大学化学系二年级。

在20世纪50年代合成二巯基丁二酸钠时，谢先生面对实验室通风条件极差、实验产生的臭气又不允许外泄的困境，毅然决定在四楼楼顶阳台搭建实验架，不顾日晒风吹，坚持进行实验。同时，他还面临原料短缺、器材不足、合成化合物无人分析等诸多困难。然而，即便如此，他依然凭借坚定的决心与毅力，圆满完成了任务。

谢先生在科研工作中始终保持独立思考的习惯。在苏联留学期间，有一次导师施米亚京给他提供了一个中间体原料的合成方法。谢先生回去后仔细查阅资料，发现存在更简便的合成途径。第二天，他向导师提出自己的看法，却遭到了导师的严肃反对。尽管如此，谢先生对导师表示尊重和理解，但并不盲目服从。当天晚上，他按照自己的思路成功制备出中间体并进行了重结晶。第二天，他将样品交给导师，导师看到结果后惊讶不已，立即安排进行分析检测，证实了谢先生的创新方法切实可行。自此，导师对谢先生的独立思考和创新能力给予高度赞扬，并以中国成语"成则为王"鼓励他。

谢先生对待科研工作和生活始终充满热情。在南京临时大学学习期间，他初次接触到有机化学，在老师的引导下逐渐对化学产生了兴趣。进入清华大学后，他深深地爱上了这所学校，三年的学习成绩始终保持领先。在药物研究所工作期间，为了科研需要连续实验24小时对他而言是常态。他认为，如果没有对工作的热爱与激情，很难保持拼搏向上的精神，也难以取得成功。然而，谢先生也主张科研工作并非必须以苦行僧般的心无旁骛为代价，适当休息、张弛有度反而有助于提高工作效率。他在工作之余，会陪伴家人，参与篮球、乒乓球、桥牌、象棋、80分等娱乐活动。他曾在全国药物研究所乒乓球联赛中进入前三名，每年课题组师生联欢时，清唱京剧更是他的保留节目。谢毓元先生曾感慨道："回顾这些年来，从对化学毫无认识到逐渐了解，最后深深爱上这门学科，让我感觉到，任何工作，只要认真去做，兴趣是可以培养出来的。"

任务四　走进一家企业——国药集团

在中国医药产业的璀璨星图中，中国医药集团有限公司（国药集团）犹如一艘引领健

康产业航向的旗舰，屹立于生命科学与健康的前沿阵地。作为医药科技"四梁八柱"战略的践行者，国药集团绘就了一幅创新驱动的宏图，从单一商贸流通的旧貌，蜕变至生物医药、医疗康养多元并举的新颜。本任务我们将走进这家民族企业的心脏地带，领悟它如何在"十四五"蓝图下，以科技研发为翼，筑起生命健康的铜墙铁壁。从抗体药物的突破到中药创新的传承，从智能化工厂的脉动到 5G 医疗的曙光，每一环节都是对"健康中国"愿景的生动诠释。我们将共同探讨国药集团如何依托大数据、AI 技术革新医疗服务模式，在细微处彰显人文关怀，让每一次就医体验都成为温暖的记忆。通过"一链三云"战略，窥见信息自由流淌于医联体的每一个角落，感受穿戴设备如何编织起个人健康监测的智能网络，体会每一位患者在智慧医疗的浪潮中获得的个性化、精准化关怀。国药集团的每一步发展，都是对人类健康事业的深情奉献，书写着新时代下医药企业服务全球、造福人类的辉煌篇章。

1. 四梁八柱绘蓝图，筑梦健康新生态

在"十四五"期间，国药集团精心绘制了以"四梁八柱、百强万亿"为核心的战略蓝图，旨在构建一个创新驱动的全生命周期、全产业链及全生态圈发展模式。这一战略转型标志着企业从依赖"商贸流通"的单一引擎，迈向了"生物医药、医疗器械、生命健康、医疗康养"四位一体的多元化增长新模式。同时，经营架构亦实现了从单一层面向"科技研发、工业制造、商贸流通、医疗卫生"多维度立体构造的质变，显著增强了企业的创新驱动力与竞争力。

自 2013 年首度荣登《财富》世界 500 强榜单以来，至 2022 年成功跻身百强之列（位列第 80 位），位居全球医药企业第 1 位，国药集团在过去十年间排名逐年攀升，展现了强劲的发展势头。据统计，集团营收规模从 2013 年的 2046 亿元迅猛增长至 2021 年的 7017 亿元，资产总值亦同步扩张，由 1683 亿元跃升至 5640 亿元。2021 年，其利润总额更是突破千亿大关，稳居行业龙头地位。展望未来，国药集团将持续强化科研投入，全面涉足生物创新药、高端化学制剂、现代中药、高品质医疗器械、新型医用材料、智能化工厂及智能制造等多个前沿领域，旨在构筑一个智能化医药服务体系与全方位大健康生态网络，矢志成为全球领先企业的领航者和先行军。

2. 新药研发浪潮涌，前沿科技赋健康

当前，我国正积极推动医药创新以驱动生产力跃升，紧贴国家战略需求，深度融入国家创新体系，全力推进原创技术发源地建构，聚焦行业关键技术、共性技术及前沿探索，加速科技成果向实际应用转化。国药集团积极响应此号召，将科技创新置于高质量发展的核心位置，不断汇聚国内优质资源，深化科技研究与开发。2016 ～ 2021 年，集团研发投入年均增长率达 27.05%，高居行业前茅，收获药品生产许可 98 项、临床试验许可 183 项、专利授权2176 件，主导国家标准 187 条，荣获国家级科技奖项 3 项。集团旗下拥有 18 个国家级研发机构、82 个省部级研发平台，包括新型疫苗国家工程研究中心等，及 13 个 CNAS 认证实验室等先进设施，还设有 6 个研究生培养点、13 个博士后工作站、4 个院士工作站，科研实力雄厚。

作为国内疫苗生产的领军者，国药集团供应超 85% 国家免疫规划所需疫苗，掌握 700余种中药配方颗粒的生产技术，建立了从头孢类抗生素中间体 7-ACA 到成品的完整产业链，

并运营着全国最大的克拉维酸钾生产线。一系列创新产品如肠道病毒 71 型灭活疫苗、脊髓灰质炎灭活疫苗等已成功上市，而宫颈癌疫苗等新药项目也在积极推进中，其中一类创新药物项目近 30 个。集团在全国布局 20 余个中医药产业园区，建立超 200 个 GAP 药材基地，形成世界级现代中医药产业集群。同时，集团积极拓展高端医疗器械制造，如医学影像设备、微创器械和体外诊断领域，力推智能制造升级。

近年来，临床用药前 20 位品种经历显著变革，抗体药物等创新产品崭露头角。国药集团正加速在多价多联疫苗、新型佐剂疫苗、抗体药物及小分子创新药物、中药创新领域取得原创成果，预示着医药行业将迎来深刻变革。未来，化学制药与生物制药的创新速度有望超越行业平均水平。集团将聚焦疫苗、血液制品、医美、诊断试剂、高端医疗器械及治疗心脑血管疾病、肿瘤、代谢内分泌失调、麻醉精神类药物等关键领域，通过资源整合、机制创新和平台建设，加速创新产品和技术的开发与突破，引领生物医药产业的原创技术研发与现代化产业链发展。

3. 现代医药流通网，服务健康零距离

医药流通业在织密城乡医药健康网、构筑便捷生活服务圈、供给专业药学服务、调度平急物资、确保冷链物流安全及扩大社会就业等多个维度，发挥着不可小觑的作用。国药集团旗下国药控股，凭借 1200 余家子公司力量，横跨 11 种业务形态，构建起包含 5 大物流枢纽、38 个省级物流节点、逾 600 个地市级物流中心及近 15000 家零售药店的庞大网络。

一方面，致力于构建资源共享、高效协同的现代医药流通生态系统，激励各类流通主体借力科技创新，增强服务效能，快速构成一个"通道 - 枢纽 - 网络"三位一体的物流体系。响应全国统一大市场构建，综合人口布局、经济状况及地理特点等，科学规划，高标准建设医药物流基础设施，旨在完善城市配送体系和农村医药物流网络，无缝链接基层药物器械供应与专业药事服务。

另一方面，充分利用零售药店的社会服务潜能，融入社区便利服务网络，提供个性化用药指导、日常健康管理等一站式服务，适应老龄化社会趋势及城乡一体化医疗服务需求；推动线上线下融合，探索新兴业态与模式，全面激活现代医药流通系统的协同整合效应，加速医药研发、制造、流通与应用全链条的高效互动，为医药行业注入新活力。

4. 智慧医疗启新章，健康生活谱未来

国药集团新设数字科技分支，致力于推动数字化转型进程，加速企业运营与互联网、大数据、人工智能技术的深度融合，尤其是在医药研发领域引入 AI 技术，孕育智慧医疗示范场景，为医疗保健机构的数字化转型增添动力；同时，积极投身智能工厂建设，实现"5G+工业互联网"创新融合。科技进步如"云、大、物、移、智"等，正以互联网为桥梁，构建一个实时、智能、自动化的全新医疗生态体系。

以国药新乡中心医院为例，其影像云平台为周边近百所中小型医疗机构提供了远程阅片、报告生成及大数据分析服务，实现影像资源共享，促成了跨地区医疗合作、远程专家会诊及培训。这一平台不仅拓宽了影像诊断的渠道，扩大了服务覆盖面，还使得基层患者无须远行即可享受三甲医院级别的诊断服务，同时促进了基层医生技能的提升，有助于缓解医疗资源分布不均的现状。此外，全院普及的移动护理系统，依靠移动设备的便携性与智能腕带

的精准识别功能，确保了患者身份与给药过程的准确无误，实现了护理工作的精细化管理，使得护士能及时获取患者信息、准确执行医嘱，形成医嘱执行的闭环，确保每位患者在最佳时机获得正确治疗，同时增进了护患沟通，提升了护理效率与服务质量。

国药东风总医院通过"一链三云"策略升级医联体信息化，围绕个人"健康链"，运用医院信息系统（hospital information system，HIS）串联三级至社区级医疗机构，确保信息在医疗体系内自由流通，构建覆盖全生命阶段健康管理的"三云"平台（医疗云、公共卫生云、个人健康云）。针对企业员工群体特性，借助穿戴设备与物联网技术，实施长期健康监测与生命历程管理研究，为慢性病研究、预防及早期预警提供科学数据支撑。国药集团通过"健康系列"项目，强化央企员工健康保障，建立应急救援体系，关注退休职工健康，并加强对职业病的预防管理。

在智慧医疗探索的坚实基础上，国药集团将持续深化智慧医院构建，为患者、医护人员及管理层分别提供智能化服务、诊疗与管理方案。通过云计算、大数据、物联网等前沿技术，特别是在 5G 支持下的急救响应、远程医疗服务等方面的探索，实现从预诊到康复的无缝服务对接，加强医患沟通，促进跨机构信息共享，确保患者信息在不同场景下即时互联，为每个人带来个性化、全链条、高效率的智慧健康体验。医疗健康大数据作为国家战略资源，正深刻影响医疗行业。国药集团将合法合规地挖掘与应用这些数据，不仅促进医工交叉创新、提升 AI 辅助诊断精度，还能加速医药产品研发，辅助保险业精准定位，指导医疗机构高效运营。结合医药健康产业链的综合优势，国药集团致力于推动智慧医疗向更广范围拓展，激发产业活力，构建健康稳定的医疗生态体系，让数据智能真正惠及每个人的健康生活。

任务五　发起一轮讨论——推进健康中国建设

在推进健康中国建设的宏伟蓝图中，青蒿素的发现无疑是东方智慧与现代医学融合的璀璨典范。屠呦呦教授从古籍中汲取灵感，历经艰辛提炼出这一高效抗疟疾药物，不仅挽救了全球数百万人的生命，也标志着中国药物自主研发实现了重要突破。同期，中国在维生素 C 工业的发展史上书写了自力更生的辉煌篇章。面对技术封锁，科研人员研发出两步发酵法，打破了国际垄断，不仅实现了维生素 C 的自主供应，还促进了全球健康产业链的优化，彰显了科研创新的力量。谢毓元等老一辈科学家以身许国，他们的科研精神和对新药的不懈追求，为控制血吸虫病等重大疾病做出了巨大贡献，为医药研究树立了道德与科学并重的标杆。国药集团作为医药行业的领头羊，依托科技创新，不仅在新药研发、智慧医疗领域取得显著成就，更在全球健康供应链中发挥关键作用，守护人类健康，展示了中国医药企业的责任与担当。这一系列成就，共同织就了健康中国之网，展现了从传统智慧向现代科技转型的坚实步伐，以及中国对全球公共卫生的积极贡献。

讨论主题一：请从青蒿素发现的故事来分析药物创新应具备的专业素养和精神内核以及药物创新对于国家与人类的意义。

讨论主题二：请从维生素 C 的工业化生产史来分析生产工艺创新对于化学制药工业及国家发展的意义。

讨论主题三：请从谢毓元先生的科研故事来分析如何处理个人理想追求与党和国家事业的关系。

讨论主题四：请从国药集团的企业故事来分析新发展阶段国有企业的核心使命与重大任务。

任务六　完成一项测试

1. 以（　　）类药物为核心的联合疗法是当前全球治疗疟疾最有效的方法。

A. 氯喹　　　　　　B. 青蒿素　　　　　　C. 奎宁　　　　　　D. 乙胺嘧啶

2. 下列不属于维生素 C 性质的选项是（　　）。

A. 脂溶性　　　　　B. 白色结晶　　　　　C. 无特殊气味　　　D. 味酸

3. （　　）是谢毓元先生研制的首个被国外仿制的新药。

A. 喹胺酸　　　　　B. 二巯基丁二酸锑钠　C. 二巯基丁二酸　　D. 硝基苯甲酸

4. 2022 年国药集团跃居《财富》世界 500 强榜单第（　　）位，在全球医药企业中位列第（　　）。

A. 80, 1　　　　　　B. 109, 1　　　　　　C. 145, 3　　　　　　D. 169, 5

项目四　环境健康——环保材料

膜分离材料，作为净化技术的瑰宝，对保障环境健康发挥着重要作用。通过高精度过滤，有效去除灌溉用水中的污染物，确保作物根系获得纯净营养液，同时回收再利用水资源，促进环境可持续改善。回顾历史，绿色清洁生产理念的兴起，见证了人类对生态环境治理认知的飞跃。科学家汤鸿霄，以他在环境水质学上的卓越贡献，引领了水污染治理的技术革新，其严谨治学与谦逊态度激励着后来者不断探索科学未知，为生产生活创造更加绿色的水源条件。中国石化镇海炼化公司，则以实际行动展现国企担当，其"生态绿"发展理念不仅体现在高效的石化生产中，更在于通过技术创新实现废弃物循环利用，保护周边生态环境，间接保障了生态环境不受污染，从而维护了生态环境的根基。这些努力共同织就了一张保障环境健康的绿色网络，书写着人与自然和谐共生的新篇章。

任务一　认识一种产品——膜分离材料

膜分离技术，犹如一座架设于古典智慧与现代科技间的桥梁，其历史轨迹宛如一部活水清源的探索史诗。从 18 世纪让 - 安托万·诺莱特（Jean-Antoine Nollet）的偶然启迪，到亨利·杜特罗谢与托马斯·格雷姆（Thomas Graham）的科学接力，再到莫里茨·特劳贝（Moritz Traube）人工半透膜的创新突破，每一步都闪耀着人类对清澈之水的恒久渴望。时间的车轮滚滚向前，20 世纪中叶，非对称膜的横空出世，不仅改写了净水技术的篇章，更为全球水资源的再生利用绘制了蓝图，彰显了科技与自然和谐共生的高光时刻。膜分离材料作为净化领域的璀璨明星，其分类与性能的多样性，恰似自然界与人工智慧的精妙融合。高分子聚合物膜的柔韧与高效，无机膜的坚毅与耐用，以及有机 - 无机复合膜的创新智慧，共同绘制了一幅水处理技术的多彩画卷。透过性能与分离性能的双重优化，不仅确保了水质的纯净，也促进了环保与经济效益的双赢局面。聚焦净水领域的最新进展，我们将见证膜分离技术在城市污水、饮用水净化及工业废水处理中的革新应用。有机 - 无机复合膜的广泛应用、生物活性膜的智能净化、智能响应膜的自适应清洁，每一项技术突破都是人类对健康生活环境不懈追求的生动体现。这些民族创新产品的涌现，不仅是中国对全球公共卫生贡献的亮丽证明，也是化学工业服务于人类福祉的深刻实践。

1. 膜分离材料的发现

随着社会进步与科技力量跃升，人们对于生活质量的关注度空前高涨，其中食品安全尤显重要，而饮水安全更是关乎民生之本。对于饮用水中诸如微量氯离子、潜在致病微生物、悬浮微粒等可能对健康产生不利影响的成分，公众期待能予以有效清除。在此背景下，净水器应运而生，并逐渐普及至寻常百姓家，成为守护家庭饮水安全的重要防线。

水体净化的核心技术即为膜分离技术，这是一种以具备选择性透过功能的膜为分离介质，通过在膜两侧施加特定推动力，使得原液中特定组分得以有选择性地穿越膜面，实现混合物的高效分离、浓缩、纯化与净化。作为一种新兴的高科技手段，膜分离技术近年来发展势头强劲，其应用领域已广泛涵盖了化工、生物工程、医药制造、食品加工、环保治理等多个行业。表 2-8 是膜分离技术的类型及工业应用汇总表。

表 2-8　膜分离技术的类型及工业应用

类型	缩写	工业应用
反渗透	RO	海水或盐水脱盐；地表或地下水的处理；食品浓缩等
渗透	D	从废硫酸中分离硫酸镍；血液透析等
电渗透	ED	电化学工厂的废水处理；半导体工业用超纯水的制备等
微滤	MF	药物灭菌；饮料的澄清；抗生素的纯化；从液体中分离动物细菌等
超滤	UF	果汁的澄清；发酵液中疫苗和抗生素的回收等
纳滤	NF	超纯水制备、果汁高度浓缩、抗生素浓缩与纯化、乳清蛋白浓缩
渗透汽化	PVAP	乙醇 - 水共沸物的脱水；有机溶剂脱水；从水中除去有机物
气体分离	GS	从烃类物中分离 CO_2 或 H_2；合成气 H_2/CO 比的调节；从空气中分离 N_2 和 O_2
液膜分离	LM	从电化学工厂废液中回收镍；废水处理等
膜萃取	ME	金属萃取；有机农药的萃取分离
膜蒸馏	MD	海水淡化；超纯水制备；废水处理
蒸汽渗透	VP	石化化工、医药、食品、环保等领域中的物料分离

膜分离过程中，驱动分离的外力类型多样，包括但不限于膜两侧的压力差、浓度差、电位差以及温度差等。依据所施加推动力的不同，膜分离技术可细分为多种具体工艺。无论是反渗透、纳滤、超滤还是微滤，这些压力驱动的膜分离技术均以膜孔径的精确控制为基础，依据不同的分离需求，选择性地让水及小分子物质通过，同时严格阻截各类有害或不需要的成分，确保净化后水质的安全与纯净。这些技术的进步与应用，不仅满足了人们对高品质饮用水的需求，更在保障公众健康、提升生活质量方面发挥了不可替代的作用。表 2-9 是主要的膜分离技术的基本特性。

表 2-9　主要的膜分离技术的基本特性

类型	分离目的	推动力	传递机理	透过组分	截留组分	膜类型
电渗透	溶液脱小离子、小离子溶质的浓缩、小离子的分级	电位差	反性离子经离子交换膜的迁移	小离子组分	同性离子、大离子和水	离子交换膜
反渗透	溶剂脱溶质、含小分子溶质溶液浓缩	压力差	溶剂和溶质的选择性扩散渗透	水、溶剂	溶质、盐（悬浮物、大分子、离子）	非对称性膜和复合膜
气体分离	气体混合物分离、富集或特殊组分脱除	压力差浓度差	气体的选择性扩散渗透	易渗透的气体	难渗透的气体	均质膜、多孔膜、非对称性膜
超滤	溶液脱大分子、大分子溶液脱小分子、大分子的分级	压力差	微粒及大分子尺寸、形状的筛分	水、溶剂、小分子溶解物	胶体大分子、细菌等	非对称性膜
微滤	溶液脱粒子、气体脱粒子	压力差	颗粒尺寸的筛分	水、溶剂溶解物	悬浮物颗粒	多孔膜
渗透汽化	挥发性液体混合物分离	分压差浓度差	溶解 - 扩散	溶液中易透过组分	溶液中难透过组分（液体）	均质膜多孔膜非对称性膜

水体净化的过程依托于净水器内部的滤芯，通过该选择性透过膜材料，有效地滤除水中的有害成分，最终产出洁净的饮用水。滤芯作为净化系统的核心组件，其功能在于允许小分子物质顺利通过，同时对大分子杂质进行有效拦截。

追溯至 1748 年，法国物理学家让 - 安托万·诺莱特在一次实验中意外发现：猪膀胱能够在保持完整性的同时，允许水分子穿过其组织进入充满乙醇的容器，直至膀胱被内部压力胀破，如图 2-8 所示。这一现象揭示了水能透过猪膀胱，而乙醇则无法通过的事实，从而首次提出了"半透膜"这一概念，即具有选择性透过某些特定物质的膜材料。

时光流转至 1830 年，法国植物学家亨利·杜特罗谢设计了一套精巧的膜内外渗透压试验装置（图 2-9）。他使用羊皮纸密封的钟罩形玻璃容器，并在其上方插入数根长玻璃管，管内分别装入等体积但浓度与种类各异的溶液，再将整套装置浸入水槽中。实验结果显示，玻璃管内的液面出现了不同程度的上升，且液位升高值与对应溶液的浓度呈正比例关系。据此，亨利·杜特罗谢正式提出了"渗透压"这一概念，即由于水槽中的水分子通过羊皮纸向溶液方向自发扩散所产生的压力。

图 2-8　猪膀胱渗透示意图

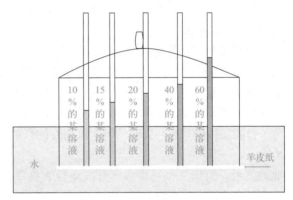

图 2-9　膜内外渗透压试验示意图

1854 年，英国科学家托马斯·格雷姆在实验中观察到，置于半透膜一侧的晶体物质相较于胶体，能更快地扩散至另一侧。这一发现被他巧妙地应用于超纯水机的设计中，同时奠定了"透析"这一概念的基础。

1864 年，德国生物化学家莫里茨·特劳贝成功制造出人类历史上首片人造半透膜——亚铁氰化铜膜。这一创举引发了人们对半透膜材料的浓厚兴趣，也开启了对膜材料制备技术的系统性研究。

1960 年，美国科研人员研发出全球首张非对称醋酸纤维素反渗透膜（图 2-10）。相比传统均质醋酸纤维素反渗透膜，该新型膜在保持高脱盐率的同时，使水的渗透量提升了近十倍，大幅度增强了膜分离系统的处理效能。这一反渗透膜技术的突破，标志着反渗透过程从实验室研究阶段跨越至工业化应用层面。同时，采用相转化法制备非对称分离膜的新工艺，因其显著的技术优势与广阔的应用前景，引起了学术界、工业界的广泛关注。这个工艺不仅是膜科学技术发展史上的一座里程碑，更是人类实现从苦咸水中提取淡水这一梦想的关键一步，对于改善水资源短缺、提升人类生活质量具有划时代的意义。

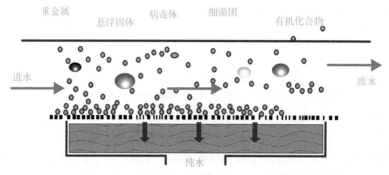

重金属　　悬浮固体　　病毒体　　细菌团　　有机化合物

进水　　　　　　　　　　　　　　　　　　　废水

纯水

图 2-10　非对称醋酸纤维素反渗透膜分离示意图

2. 膜分离材料的分类

高分子聚合物膜凭借其良好的柔韧性、成本效益及丰富的化学性质，被广泛用于诸多分离场景，常用的材料包括纤维素衍生物、聚砜家族、聚酰胺类、聚酯以及含氟高分子等。当前，固体分离膜的主流类型以高分子聚合物膜为主，但随着科技的进步，无机材料分离膜的研发与应用也日益活跃。

无机分离膜以其独特的刚性结构、耐高温、耐化学腐蚀及优异的机械强度等特性，展现出与高分子膜互补的优势。这类膜主要包括陶瓷膜、玻璃膜、金属膜以及分子筛炭膜等。陶瓷膜如氧化铝、氧化锆等，具有化学稳定性强、耐高温高压的特点，在严苛环境下表现出色；玻璃膜和金属膜如不锈钢膜、镍膜等，则适用于高温、高压及强腐蚀条件下的分离任务；分子筛炭膜则因其孔径分布均匀、吸附性能强的特点在气体分离、空气净化等领域占有一席之地。

除此之外，科研人员还致力于开发融合有机聚合物与无机材料优点的有机 - 无机复合膜。此类复合膜结合了有机材料的柔韧性和无机材料的稳定性，展现出卓越的分离性能、机械强度、热稳定性和抗污染性，因此在膜分离技术领域备受瞩目。通过物理或化学方法，研究人员成功将二氧化硅、二氧化钛、沸石等无机粒子嵌入聚砜、聚醚酮等有机聚合物基体中，构建出具有复杂三维网络结构的高性能复合膜。

以近期的一项研究成果为例，通过精细调控二氧化硅纳米粒子在聚丙烯腈基体中的分散状态与排列方式，所制备的复合膜水通量提升了约 30%，同时对微生物及重金属离子的截留效率均高达 95% 以上，显示出极佳的净化效能。此外，将无机纳米材料如碳纳米管、石墨烯等与有机聚合物共混，可以得到兼具卓越分离特性和良好导电性的复合膜。最近的一项研究就采用了氧化石墨烯与聚乙烯醇复合制膜，不仅在处理含有重金属离子的废水中展现出出色的离子截留性能，而且由于其导电性有助于减少膜表面的积垢，有效提升了膜的使用寿命和运行效率。

3. 膜分离材料的性能

分离膜作为膜分离技术的核心组件，其性能优劣直接决定了分离效果的优劣、运行能耗的高低以及所需设备规模的大小。分离膜的性能主要涵盖两个关键维度：透过性能与分离性能。

（1）透过性能　透过性能是分离膜最基础的功能属性，它决定了膜能否允许被分离混合物中的特定组分有选择性地通过。衡量透过性能的主要参数是透过速率，即在单位时间内、单位膜面积上通过膜的组分流量。在水溶液体系中，这一参数也被称为透水率或水通量。透过性能的优劣与膜材料自身的化学性质密切相关，包括其亲水性、电荷性、孔隙率等，同时也受到分离膜微观结构（如孔径分布、孔隙形状、膜厚等）的显著影响。在实际操作过程中，透过速率通常随推动力（如压力差、浓度差、电位差等）的增大而加快。透过速率的高低直接影响着分离设备的规模设计，速率越大，同等处理量下所需膜面积或设备体积越小，从而有利于减少设备投资与占地面积。

（2）分离性能 分离膜的另一个核心性能指标是其对混合物中各组分的分离能力，即能否有效地将目标组分与其他组分区分开来。分离性能的表征方法因具体的膜分离过程而异，常见的参数包括截留率、截留分子量、分离因子等。截留率反映的是被膜截留的特定组分占原混合物中该组分总量的比例；截留分子量则是指膜能够有效截留的最大分子量界限；分离因子则描述了膜对两种不同组分透过速率的相对比值，反映了膜对这两种组分的分离效率。分离性能的优劣既取决于膜材料的化学性质（如化学稳定性、表面特性等），也与膜的微观结构设计（如表面粗糙度、孔隙形态等）以及操作条件（如温度、压力、流速等）紧密相关。优秀的分离性能不仅能确保获得理想的分离效果，即目标产物纯度或浓缩度达到预期标准，还能有效降低能耗，提高整个膜分离过程的经济性和环保性。

4. 膜分离材料在净水领域的应用

（1）城市污水处理 有机-无机复合膜在城市污水处理领域的应用日益普遍，特别是在应对含有复杂污染物成分的废水时，其卓越的分离性能展现出了无可替代的价值。以某大型化工园区的再生水处理项目为例，通过采用聚砜-二氧化钛复合膜进行深度处理，废水中的化学需氧量（chemical oxygen demand，COD）成功降低至 50mg/L 以下，这不仅达到了国家一级 A 类排放标准的要求，也充分证明了复合膜在处理高难度工业废水时的高效净化能力。

生物活性膜作为融合生物过程与膜分离技术的创新膜材料，特别适用于生物性污水的处理。最新研究揭示，通过对生物活性膜表面性质进行优化，使其更利于微生物的附着与生长，能够显著提升污水中氮、磷等营养物质的去除效率。在某农村生活污水处理项目实践中，采用生物活性膜工艺后，氨氮和总磷的去除率显著提升，从传统处理方法的约 60% 跃升至超过 90%，并且伴随着运行能耗的显著下降，体现了生物活性膜技术在资源节约型污水处理上的巨大潜力。

科研人员还研发了一种结合超疏水特性和智能响应功能的新型膜材料。当膜表面因吸附污染物导致阻力增大时，只需施加特定的外部刺激（如温度变化），膜表面便会触发自清洁机制，使污染物自动脱落，从而实现膜的自我净化。这项技术在某大型市政污水处理厂的膜生物反应器（membrane bio-reactor，MBR）系统中进行了实地应用验证，结果显著减少了膜清洗的频次，大幅度降低了运行维护成本，有力证明了智能响应型膜材料在提高污水处理系统长期稳定性和经济性方面的显著优势。

（2）饮用水净化 在家用净水器领域，有机-无机复合膜凭借其卓越的抗菌、抗病毒性能以及稳定的分离性能，已经成为饮用水净化环节的首选技术。许多高端家用净水器产品采用了多层复合膜设计，将活性炭、有机聚合物膜以及无机纳米复合膜有机结合，形成多层次、多功能的过滤体系。这样的组合能够高效拦截水中的悬浮颗粒物、病原微生物（如细菌、病毒），并有效去除部分有机污染物，确保为用户提供安全、洁净的饮用水。

离子交换膜在水处理的软化处理、电渗析脱盐等应用场景中扮演着重要角色。近年来，科研人员通过在膜材料中引入特定的功能基团或纳米粒子，进一步提升了离子交换膜的离子交换容量和选择性，使其在处理复杂水质问题时表现出更优异的性能。例如，某科研团队研发的一种磺化聚醚酮基离子交换膜，在实验室硬水软化试验中展现出卓越的钙、镁离子去除能力，其对钙离子和镁离子的去除率分别高达98%和97%，明显优于传统的离子交换树脂，不仅提高了软化效率，还降低了运行成本和再生频率。

（3）工业废水处理　吸附性膜凭借其对有机污染物的强大吸附能力，在水体净化中发挥着重要作用。而催化膜则通过催化反应机制，能够有效降解水中的有害物质。近期，科研人员创新性地将纳米零价铁、活性炭等高效吸附剂或催化剂与膜材料相结合，成功研制出集分离与净化功能于一体的复合膜产品。

以负载纳米零价铁的功能性膜为例，在处理含酚废水的过程中，该膜不仅能够高效截留酚类化合物，更能在其表面催化氧化分解这些有害物质，达到彻底去除的目的。这种复合膜技术显著提升了污染物处理效率，简化了处理流程，展示了其在工业废水处理领域的巨大应用潜力。

温敏型智能膜材料则通过在特定温度下改变自身孔径大小或表面性质，实现对特定污染物的精准选择性去除。例如，某科研团队研发的嵌入相变材料的温度响应性聚合物膜，在温度低于相变点时，膜孔道会自动关闭，有效阻止污染物通过；当温度升高至相变点以上时，膜孔道重新打开，恢复正常的水通量。该技术在工业废水处理中已取得显著成效，针对特定污染物如重金属离子，其去除率随温度变化可提升至90%以上，展现出良好的温度调控性能。

pH响应性智能膜则能根据周围环境pH值的变化，动态调节其孔径大小和表面电荷，实现对不同性质污染物的有效控制。例如，科研人员合成的一种含有酸碱指示剂的智能膜，在酸性环境下呈现出疏水状态，有效阻挡酸性污染物通过；在碱性环境下转为亲水态，显著增加水通量。在某化工厂废水处理试验中，这种pH响应性智能膜对酸性染料的去除率在不同pH条件下表现出显著差异，充分展示了其智能调控性能。

另一种含有硫脲功能团的智能膜材料在处理含重金属离子废水时，能在特定pH下与重金属离子形成配合物，实现高效吸附与去除。当环境pH发生变化时，膜材料又能释放所吸附的重金属离子，有利于重金属资源的回收再利用。在实际工业废水处理中，该智能膜对镉、铅等重金属的去除率超过95%，且具有良好的重复利用性能，为重金属污染治理提供了高效且环保的解决方案。

光响应性智能膜则通过光照引发化学结构变化，进而调整其分离性能。最新研究表明，掺杂光敏剂的二氧化钛纳米颗粒修饰的膜材料，在紫外线照射下，能实现对有机污染物的光催化降解，同时优化膜的透水性能。在实际应用中，这类光响应性智能膜在处理含有难降解有机物的废水时表现优异，其污染物去除率在光照条件下显著提高，为解决复杂废水处理难题提供了新的技术途径。

综上所述，吸附性膜、催化膜以及各种智能响应膜材料在水处理领域的应用，极大地丰富了膜分离技术的内涵，实现了对水体中不同类型污染物的高效去除，为保障水环境安全、推动水资源循环利用提供了强大技术支持。随着科研工作的深入，未来这些创新膜材料有望在更多细分领域中发挥关键作用，助力实现水处理技术的智能化、精细化发展。

任务二 铭记一段历史——中国绿色清洁生产和生态环境治理发展史

在中国化工的浩瀚征途中，绿色清洁生产与生态环境治理如同一股清流，滋养着时代的脉络。本任务将引领大家深入探索这段非凡旅程：从"绿色脉动与时代印记"中，我们追溯化工行业如何在挑战中觉醒，踏上清洁生产的转型之路；"绿色赋能"篇章展示了化工如何成为变革的催化剂，助推多产业升级，织就产业生态的绿色网络；在"生态修护"的篇章中，化工企业化身为环境治理的先锋，重塑山河，守护蓝天碧水净土。同学们，让我们一同铭记这段历史，见证科技与责任如何在化工的舞台上共舞，绘制出一幅幅人与自然和谐共生的美好图景。这不仅是对过往智慧的回顾，更是激励我们参与构建未来可持续发展世界的一堂必修课。

1. 清洁生产：绿色脉动与时代印记

中国，作为全球化工产业的翘楚，在过去的数十年间，化工行业经历了迅猛的发展与规模的飞跃。然而，与之相伴而来的是环境污染与资源消耗问题的日益凸显。面对这一现状，中国化工企业积极响应国家生态文明建设的号召，紧跟全球可持续发展步伐，矢志不渝地探索并实践清洁化生产，力图从过度依赖资源消耗的旧模式转向以技术创新为引擎的绿色发展道路。

（1）启航清洁之路：理论探索与实践萌芽　自改革开放之始，我国化工行业即已将目光投向清洁生产技术的研究与引进。20世纪80年代末，我国政府博采国际先进经验之长，正式启动清洁生产审核制度，并率先在化工行业内付诸实践。这一阶段，国内化工企业积极求变，一方面引入新型催化剂，另一方面对生产工艺进行优化升级，旨在有效降低能耗、减轻环境污染。以中国石化研究院为代表的科研机构，聚焦乙烯裂解这一关键化工环节，开展了一系列节能降耗技术的研发，成功改善了化工生产过程中资源利用率偏低的状况，为行业绿色发展奠定坚实基础。

（2）跨越发展高峰：创新科技与政策并驱　迈入21世纪，我国化工企业对清洁化生产的投入显著增加。尤其是在"十一五"与"十二五"规划阶段，国家层面启动了多个科技项目，聚焦化工清洁生产关键技术，涵盖废水处理、废气脱硫脱硝、固废资源化利用等领域，致力于技术研发与推广应用。以江苏扬农化工集团有限公司为例，企业引入先进的连续化、自动化设备，大幅提升草甘膦等农药产品的清洁生产等级，单位能耗下降约20%，同时有效减少了废水、废气排放。中石油辽阳石化分公司通过优化炼油与化工一体化生产流程，成功实现能量的梯级利用，显著提高了整体能效。沧州大化集团有限公司则构建了氯碱化工与盐化工深度融合的循环经济模式，通过物料闭路循环与废弃物再利用，大幅降低环境影响，经济效益同步提升。随着新能源技术的兴起，中国化工企业积极使用清洁能源。如万华化学集团股份有限公司在其烟台基地部署了大规模太阳能光伏系统，并同步推进余热回收项目，显著优化了工厂能源结构。

（3）政策蓝图绘未来：法规导向与绿色愿景　在国家层面，一系列法规政策的出台，为化工清洁化生产提供了强大的政策推动力。2021年10月，国家发展和改革委员会等部委联合发布《"十四五"全国清洁生产推行方案》，明确指出清洁生产是践行节约资源和保护环境基本国策的关键行动。2022年3月，工业和信息化部等相关部门又发布了《关于"十四五"推动石化化工行业高质量发展的指导意见》。这份指导意见突出创新驱动、绿色安全，强调加快传统石化产业改造升级，以助力实现"双碳"目标。国家发展和改革委员会进一步指出，推行清洁生产是实现减污降碳协同增效的关键抓手，是推动绿色生产方式形成、促进经济社会发展全面绿色转型的有效途径。在《石油和化学工业"十四五"发展指南》（2021～2025）中，着重强调了绿色发展理念与设计、生产、建设、管理全链条的深度融合，提出全行业要实现能源利用效率大幅提升，资源利用效率明显改善，清洁生产和安全管理等方面的重大进步。这些政策文件与行业指南共同彰显了中国政府在推动化工企业迈向清洁化生产道路上的决心与行动，旨在通过科技创新、绿色设计、资源节约与环境保护等多元手段，推动经济社会全面绿色转型。

（4）成就与展望：绿色化工新篇章　近年来，中国化工企业在推进清洁化生产方面已取得显著成果。截至2021年，全国重点化工园区内企业清洁生产审核覆盖率已超过80%（引用官方统计数据），部分行业领头羊企业的单位产值能耗及污染物排放强度均呈现出显著下降态势。然而，面对复杂有机废物处理、微塑料污染防控等深层次技术挑战与管理难题，仍需持续攻坚克难。

未来，中国化工企业将在碳达峰、碳中和国家战略的指引下，继续加大清洁生产技术研发与应用力度，深化绿色设计理念与智能制造技术的深度融合，推动生态工业园区的广泛布局，构建完整的绿色供应链体系。此外，还将积极投身全球气候治理行动，倡导并参与制定更严格的环保标准，引领化工行业踏上更高质量、更具可持续性的未来发展之路。

2. 绿色赋能：跨界合作与生态转型

在我国产业结构升级与生态文明建设的双重驱动下，化工企业作为制造业核心板块，不仅在企业内部践行清洁生产、节能降耗，更在对外合作中，积极助力其他行业实现绿色转型。

（1）绿色创新：助剂材料新生态　持续创新研发环保型助剂与新型绿色材料，赋能下游产业绿色化进程。例如，中国石化集团旗下燕山石化研制的生物基增塑剂，成功替代了石油基产品，广泛应用于电线电缆、皮革制造等领域，大幅削减了相关行业对化石资源的依赖，同步减少环境污染。

（2）清洁能源：跨界合作新篇章　作为清洁能源技术的关键推动者，化工企业为电力、交通等行业绿色化转型提供技术支撑。比如，中海油集团在氢能产业链全面布局，既生产氢燃料电池所必需的高纯度氢气，又携手汽车厂商推动氢能汽车走向市场。截至2022年，中海油已在境内建设多座加氢站，有力支撑了绿色出行体系构建。

（3）环保方案：定制化解决新策略　凭借技术优势，化工企业为其他企业量身定制全面环保解决方案。如中国造纸业从巴斯夫公司引入先进废水处理技术，通过优化纸浆漂白流程，显著降低造纸废水中有机物与毒性物质含量，确保废水达标排放并实现资源循环利用。

（4）循环经济：产业融合新生态　化工企业大力倡导构建循环经济网络并实现与其他产业资源共享与协同共生。如中国化工集团与钢铁企业深度协作，巧妙利用钢厂产生的副产品煤气作为化工原料，既有效缓解钢铁企业的废气排放问题，又为化工生产获取了经济的能源供给，树立起产业共生典范。

面对我国提出的"双碳"目标，化工企业将持续发挥创新动能与跨领域合作优势，为各行业绿色升级开拓更多路径。展望未来，化工企业将进一步丰富和完善绿色产品与服务体系，深化与其他产业的协同创新，共同勾勒一幅资源高效利用、环境友好、可持续发展的绿色产业图景。同时，化工企业将肩负更大社会责任，推动全球经济向绿色低碳模式转变，为构建人类命运共同体做出实质贡献。

3. 生态修复：理念先行与技术引领

随着中国生态环境保护事业的战略地位日益凸显，化工企业凭借雄厚的技术研发实力与创新活力，在水体、空气和土壤环境治理及生态修复领域扮演着至关重要的角色。

（1）碧水保卫战：技术引领治理新高度　化工企业致力于研发高效、节能的污水处理技术和装备，如中节能水务发展有限公司推出的高级氧化技术，能有效降解工业废水中的难降解有机污染物，确保废水达到高标准排放要求，甚至实现水资源的再生利用。此外，诸如浙江龙盛集团股份有限公司等化工巨头也积极参与工业园区废水集中处理设施的建设，显著提升了区域水环境的整体质量。

面对水体富营养化挑战，化工企业研制了一系列生态修复剂，如生物活性磷去除剂、藻类抑制剂等，广泛应用于湖泊、河流的生态修复工程。以某地蓝藻大规模暴发为例，应用江苏某化工企业研发的专业修复剂后，水体生态系统得到显著改善，氮磷浓度下降，水域生态平衡得以恢复。

（2）蓝天保卫战：空气质量大提升　在燃煤电厂、钢铁厂等行业的烟气脱硫脱硝技术改造中，化工企业发挥了关键作用。如大唐国际发电股份有限公司运用中国化学工程集团提供的先进湿法脱硫技术，显著减少了二氧化硫排放，有力提升了空气质量。

针对化工园区及周边挥发性有机物（volatile organic compounds，VOCs）污染问题，化工企业不仅强化自身源头管控，更在VOCs收集与治理技术上取得突破。如上海华谊集团推出的低温等离子体技术，能够高效处理多种VOCs，有效改善了区域空气质量。

（3）净土保卫战：土壤修复生态梦　化工企业在土壤重金属污染治理、农药残留净化等方面积累了大量的技术经验和成果。例如，中化环境控股有限公司采用自主研发的土壤重金属稳定化/固化技术，成功完成了多个农田、矿区土壤修复项目，显著降低了土壤中重金属的迁移性和生物有效性。

中国化工企业在水、空气、土壤环境治理及生态修复工作中，通过持续科技创新，已从单纯的污染源转变为生态环境保护的重要参与者和贡献者。面向未来，化工企业将继续肩负社会责任，加强与科研机构、政府部门的协作，推动更多前沿环保技术的研发与应用，以更为全面、系统的方式融入中国的生态文明建设，为践行"绿水青山就是金山银山"的理念注入智慧与力量。随着政策法规的日益严苛和公众环保意识的不断提升，化工企业在绿色转型和环境治理的道路上必将行稳致远，书写崭新的辉煌篇章。

任务三 讲述一个人物——汤鸿霄

汤鸿霄（1931—2022），中国环境水质学学科的奠基人，中国工程院院士，享誉国际的环境工程学泰斗。我们将跟随汤鸿霄院士的脚步，穿越光阴，见证一位科学家的成长轨迹与卓越贡献。从"负梦前行"的动荡岁月中科学梦想的萌芽，到"留校任教"时期科研之路的启程与坚持；从"兢兢业业"的科研项目中显赫成就的取得，再到"99分试卷"背后那份对探索精神的传承与寄望。汤鸿霄的故事，是化工领域追求健康生活与环境保护的生动写照，激励着每一位化工学子在环境水质学的广袤天地里，勇于担当、不懈探索，共同绘就化工与美好生活的宏伟画卷。

1. 负梦前行：科学萌芽落地生根

1931年，汤鸿霄生于河北省徐水县（今徐水区），他的童年与少年时期正是在这段动荡不安、民族苦难深重的历史背景下度过。目睹国家尊严被践踏、民众生活困顿，加之自己家境由小康滑向贫困，这一切都深深烙印在他幼小的心灵上，孕育出一颗为国家强盛、民族振兴而奋力拼搏的种子。

1949年新中国成立，百业待兴，急需大批高级人才投入到国家建设的洪流中。北京市委发出号召，鼓励有志青年进入大学深造，为祖国的未来贡献力量。汤鸿霄回忆道："彼时正值苏联援建中国两所高等学府——中国人民大学（文科）和哈尔滨工业大学（工科）。在为祖国经济建设贡献力量的热情感召下，我和一群同学报考了哈工大，奔赴正处于建设热潮中的东北工业重镇哈尔滨，从此开启了以科技为终身事业的人生旅程。"

怀抱科技报国的理想，1950年，汤鸿霄离开北京，踏上了前往黑龙江省哈尔滨市的求学之路，进入哈尔滨工业大学就读，并于同年1月光荣加入中国共产党，正式开始接受系统的自然科学与工程技术教育。据他回忆，当时的苏联教学体系规模宏大，课程设置既涵盖了给水排水工程、基础化学、微生物学等专业核心课程，又囊括了材料力学、结构力学、机械零件、建筑施工等土木工程的各个分支，甚至还安排了多次工厂工地实习，让学生有机会亲身体验实际工程运作。而他早年学习的地质矿冶知识，更是为他全面理解现代工程技术提供了多元视角。汤鸿霄院士感慨道："回望大学那段通识教育与专业教育紧密结合的学习经历，至今仍深感获益良多。这段教育为我日后从事广泛而综合的环境科学研究奠定了坚实基础，可以说是我在分析与综合科技思维道路上的启蒙阶段。"他对母校的悉心栽培充满了感激之情。

2. 留校任教：科研道路漫漫起行

1958年，汤鸿霄完成本科学业后选择留校任教，根据教学需求，他接任了"水化学及水微生物学"课程主讲职务，并系统进修了各类化学化工课程及实验操作技术。这段经历为汤鸿霄院士日后在多学科交叉的"环境工程"与"环境水质学"领域开疆拓土奠定了坚实的理论基石。

职业生涯初期，他带领学生团队承包了一个工业厂房的水暖管道系统安装工程，其间掌握了丰富的钳工技艺。此外，他还曾在城市水处理厂参与数月的运行值班工作，亲身体验了水处理工艺的实际运营。汤鸿霄始终坚守在专业教学与水质处理研究的第一线，尤其在聚合氯化铝混凝工艺的研究上投入大量精力。

19世纪70年代初，他联合几位水化学领域的同仁，组建了聚合氯化铝混凝剂实验小组，开始专注于利用废盐酸、废碱液与废铝灰等废弃物为原料，研发制备聚合氯化铝的创新工艺。在指导建立大小不一的聚合氯化铝生产线过程中，汤鸿霄院士在生产实践的磨砺中逐渐找到了科研的感觉，更加坚定了将毕生精力献给环境水质学事业的决心。

3. 兢兢业业：项目研究成效显著

1977年，汤鸿霄被调入中国科学院环境化学研究所（现生态环境研究中心），专职从事科研工作，他的研究重心转向自然环境中水体重金属的污染评价与防治。此时，中国正全身心投入经济建设，环保问题逐渐引起重视。对于长期专注于水化学研究与教学的汤鸿霄而言，面对这个全新课题，他选择了直面挑战，正如他自己所说："我开启了再次拓宽知识边界的旅程。"

在接下来的十五年间，汤鸿霄与众多同仁一道，持续参与或主持了天津蓟运河汞污染、湖南湘江镉污染、江西鄱阳湖铜污染等一系列重大科研项目。其中，对江西德兴铜矿对鄱阳湖污染及其生态效应的研究尤为引人注目，该项目是对中国最大露天铜矿对最大淡水湖环境污染进行评价的联合国教科文组织与德国合作的国际科研项目。汤鸿霄表示："直至科研任务顺利完成并通过国际验收，我才深刻感受到大规模环境生态评价这一系统工程的科技分量。"

经过十多年的刻苦钻研与实践经验积累，汤鸿霄成功开辟了重金属污染水化学这一研究领域，对水体颗粒物吸附界面化学有了深入理解，同时也催生了将自然环境与工艺过程化学原理整合为统一框架的"环境水质学"理念。1989年，汤鸿霄引领建立了环境模拟与污染控制国家重点联合实验室下属的环境水质学国家重点实验室，将化学、地质学、生态学、信息计算科学和工程技术紧密融合，充分体现了将天然水体与水处理工艺中的环境水质学融为一体的学术思想。这一创新的多学科交叉研究方案多次在中国科学院和原国家计委组织的专家评审中获得高度赞誉，对学术界产生了深远影响。1995年5月，汤鸿霄因其卓越贡献当选为中国工程院院士。

4. 99分试卷：探索精神代代传承

汤鸿霄院士不仅是学术界的泰斗，更是一位诲人不倦的师者，先后培养了60余名研究生和博士后，他们如今已活跃在环境管理、科研、教学、生产等领域的前沿，成为推动美丽中国建设的中坚力量。

他的学生深情回忆道："1991年，我选择报考汤老师的博士研究生。当我看到无机化学考试卷时，心中便有了底，迅速完成并提前交卷。"然而，当他自信满满地认为自己提交了一份满分答卷时，却得知成绩为99分。汤鸿霄院士语重心长地解释："扣掉的那一分，是提醒你要时刻保持谦逊，不要满足于现有成就，科学的精神就在于不断探索未知，永不止步。"毕业之际，尽管汤鸿霄院士希望她能留在科研岗位，但她却选择投身生态环境系统的管理工作，她坦言："当时的中国并不缺乏先进技术，真正稀缺的是环境管理。那时，我们的污水处理设施几乎是一片空白。"

面对学生的抉择，汤鸿霄院士给予了全力支持。每当学生在工作中遇到困难，无论是电话咨询还是现场请教，他总是耐心解答，提出宝贵的建议，倾力提供帮助。有一次，当学生询问国家首次将水中氮指标纳入监管时，应以总氮还是氨氮为主时，汤鸿霄院士结合我国经济发展实际，建议先以氨氮为管控重点，因为建设污水处理厂是降低氨氮最直接有效的手段。

如今，尽管汤鸿霄老师已仙逝，但他的学生们已然接过科学探索的接力棒，在各自岗位上熠熠生辉。在《汤鸿霄自传：环境水质学求索60年》一书中，汤鸿霄院士回顾了自己的一生。他将自己的人生划分为少年、青年、壮年至老年三个阶段，分别以文化人、政治人、科技人为主题，尽管每个阶段都有个人的愿望和选择，但更多是由时代的洪流所塑造，仿佛身不由己，宿命使然。然而，无论身处何种境遇，他始终坚信唯有持续学习、实践、探索和积累知识，方能坚韧成长，成就一番事业。在环境水质科学与技术这一多学科交融的广阔天地里，他始终坚守在知识的边缘交汇处，执着求索，乐此不疲，让艰辛与乐趣交织，伴他一路前行。

任务四　走进一家企业——中国石化镇海炼化公司

在中国石化的璀璨星空中，镇海炼化犹如一颗耀眼的星辰，以其独有的色彩，绘就化工与美好生活的新篇章。在本次课程中，我们将见证该公司如何以"赤诚红"书写奋进自强的传奇，以"生态绿"描绘持续发展的蓝图，以"发展蓝"勾勒创新未来的愿景。始于微末，镇海炼化在困境中破茧成蝶，它以赤诚之红，诠释了自强不息的企业精神。从250万吨的小炼厂，到跨越千万吨级的华丽蜕变，每一次飞跃都是对机遇的精准把握与不懈探索的结晶。特别是乙烯项目的自主突破，不仅填补了国内空白，更为全球石化舞台增添了中国制造的响亮音符。在生态绿意盎然的征途中，镇海炼化是绿色发展的先行者。它以科技为翼，构建绿色产业架构，实现了经济效益与环境保护的双赢。从无废无异味的绿色基地，到鹭鸟翩跹的白鹭园，镇海炼化用行动证明，工业发展与自然和谐共生并非遥不可及的梦想。展望未来，一抹发展之蓝正引领镇海炼化驶向创新的深海。新材料研究院的成立，高端产品的研发与国际化步伐，无不彰显其在化工新材料领域的雄心壮志。从聚丁烯-1的突破到"东海"牌F1沥青的国际认可，每一项成果都是对"边建设、边科研、边出成果"理念的生动实践。图2-11为镇海炼化的企业鸟瞰视角图。

图2-11　镇海炼化企业鸟瞰视角图

1. 以"赤诚红"诠释奋进自强

中国石化镇海炼化公司，作为浙江省内规模最大的央企，其发展历程见证了中国石油化工行业的快速崛起和壮大。自1975年浙江炼油厂的创立之初，公司便肩负着推动地方经济发展和保障国家能源安全的重要使命。时间退回到40多年前，那时投产于计划经济时期的镇海炼化，只是一个仅有250万吨产能，在行业内名不见经传的"小字辈"。作为一家调剂型小炼厂，国家分配的原油只占产能的三分之一，"嗷嗷待哺"的镇海炼化因为原料缺口导致一年要停工两次。生产装置只能低负荷运行，几乎无发展出路。1983年国家决定对原油价格实行"双轨制"，即在计划外，油田企业可将超产原油高价卖出，价格足足高于计划内4倍。镇海炼化抓住机遇在国内率先走上了利用国内外两种资源、开拓国内外两个市场的经营之路，北上杭嘉湖，南下闽粤琼，四处奔波，打躬作揖当起了"卖油郎"。此后，镇海炼化紧紧抓住国家发展沿海炼油企业的大好机遇，依托华东地区经济发达的市场条件，大胆开拓、改革创新，保持了跨越式发展的好势头。1994年，利用在香港上市筹集的资金完成了炼油700万吨/年改造。随后在2000年成为国内首家跨入千万吨级的炼厂。2010年建成100万吨/年乙烯装置，同步进行了2300万吨/年炼油改造，成为国内最大的炼化一体化企业。图2-12是镇海炼化不同时期的原油加工装置图。

(a) 250万吨/年试车   (b) 700万吨/年改造   (c) 2300万吨/年改造

图 2-12   镇海炼化原油加工装置

乙烯是石化产业的基础原料，没有乙烯，大到飞机上用的塑料材料，小到一个塑料包装纸，都无法生产。曾几何时，我国的乙烯只能大量依赖国外进口。2006年，习近平总书记在浙江工作时对镇海炼化提出了"世界级、高科技、一体化"的殷切期望，就此拉开了镇海炼化从"单一炼油"向"炼化一体化"转型升级的序幕。2010年4月20日，镇海炼化100万吨/年乙烯工程龙头装置——乙烯裂解装置，产出了合格乙烯，自此，浙江省结束了没有乙烯工业的历史。2021年，镇海炼化参与完成的"复杂原料百万吨级乙烯成套技术研发及工业应用"获国家科技进步奖一等奖。这意味着镇海炼化乙烯技术发展的"大跨步"，从"一个螺丝钉都是引进的"跃升到百万吨乙烯成套技术100%实现国产化。乙烯装置高效平稳运行，使得镇海炼化连续6次在所罗门全球乙烯绩效评价中，位列世界第一群组。作为我国百万吨级乙烯成套技术工业应用装置中，运行最平稳、最有效益的装置，镇海炼化首套乙烯装置代表了我国乙烯创新的最高水平，图2-13是镇海炼化百万吨乙烯装置开工奠基的实景图。

图 2-13　镇海炼化百万吨乙烯装置开工奠基

2. 以"生态绿"彰显持续发展

在当今世界，可持续发展已经成为全球共识，企业在追求经济效益的同时，也必须承担起保护生态环境的责任。镇海炼化公司正是这一理念的积极践行者，他们不仅关注生产效益，更将生态环境保护作为企业发展的重要一环。镇海炼化以"打造世界领先洁净能源化工公司"为愿景，积极构建以能源资源为基础，以洁净油品和现代化工为两大支柱，以新能源、新材料、新经济为三大新兴增长点的"一基两翼三新"产业架构，持续推动高质量发展，力争成为全球领先的洁净能源和高端化工材料供应商，同时致力于成为绿色洁净、可持续发展的行业典范。公司致力于推进化石能源的清洁化利用，扩大清洁能源规模，实现生产过程的低碳化，加速迈向净零排放，以实际行动促进人与自然和谐共生，为全球能源治理和应对气候变化做出积极贡献。

镇海炼化公司通过实施"无废无异味绿色示范基地"建设，展现了其对环境保护的承诺和决心。这一战略的实施，不仅提升了企业的环保标准，也为地区乃至全国的绿色发展树立了典范。通过"能减则减、可用尽用、应分尽分、应烧尽烧、长治长效"的五项措施，镇海炼化公司确保了废气、固废和废水得到有效管理和处理，实现了"废气不上天、固废不落地、废水不出厂"的环保目标。在具体实施过程中，镇海炼化公司建立了 68 套在线监控系统（图 2-14），这些系统与地方生态环境主管部门联网，实现了对排放物的全方位 24 小时在线监控。这种高度的透明度不仅增强了公众对企业环保工作的信任，也为及时发现和解决环境问题提供了技术支持。此外，公司还实施了重油制氢装置炭黑进电站锅炉回用的创新举措，内部处置率达到了惊人的 98.99%，这一成就在行业内堪称领先。

随着环保技术的不断进步，镇海炼化公司也在不断攻克新的环境难题。新技术的诞生不仅提高了处理效率，还降低了对环境的影响。这种持续的技术创新和应用，使得镇海炼化公司园区的生态环境得到了显著改善，为企业的可持续发展奠定了坚实的基础。成群的鹭鸟每年会向白鹭园（图 2-15）迁徙，这里成为了它们的理想栖息地。新栖息地的诞生，不仅象征着自然的复苏，也反映了镇海炼化公司在生态保护方面的努力成果。这种将经济效益与生态环保相结合的发展模式，值得更多企业学习和借鉴。随着镇海炼化白鹭园的知名度与日俱增，公众开放日活动吸引了越来越多公众参与，人们对生物多样性保护及绿色石化环保理念有了更深的认识，公众环保意识显著提升。数据显示，2022年镇海区生态环境质量公众满意度达85.72%，相较于五年前，满意度提高了7.6个百分点，全省排名跃升26位。

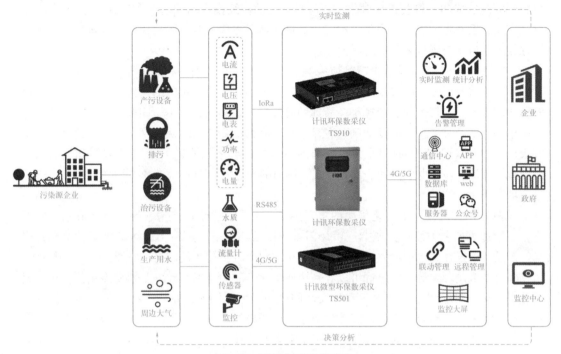

图 2-14 污染源在线监控系统

图 2-15 镇海炼化白鹭园栖息地

3.以"发展蓝"谋划创新未来

创新已成为推动企业发展的核心动力。中石化宁波新材料研究院的成立，正是中石化集团在新材料领域寻求创新突破的重要举措。该研究院的成立和发展，不仅体现了中石化对科技创新的重视，也展示了中国石化产业转型升级的决心。中石化宁波新材料研究院自2020

年成立以来，便迅速投入到高端合成新材料的研发工作中。短短一年半时间，研究院便取得了令人瞩目的成果——年产 3000 吨高等规聚丁烯 -1 工业示范装置的顺利开车并产出合格产品。聚丁烯 -1 因其优异的性能和广泛的应用前景，被誉为"塑料黄金"。这一成就不仅填补了国内在该领域的技术空白，也为中石化在国际新材料领域中赢得了话语权。中石化宁波新材料研究院的成功，得益于其对化工新材料研发的持续投入和创新。研究院孵化的 33 个新材料产品，已经走出国门，服务全球客户。这些产品不仅提升了中石化的国际竞争力，也为全球化工新材料市场带来了新的活力。

"东海"牌 F1 沥青凭借卓越品质脱颖而出，不仅在上海国际赛车场赛道建设项目中成功中标，更跻身国际汽联选用沥青名录，展现了公司在专业领域内的强大竞争力。此外，镇海炼化的汽油、喷气燃料、芳烃等产品远销海外，打入美国、日本、印度、韩国、新加坡等国际市场，以及香港、台湾等地区，彰显了其产品在国际市场的认可度。镇海炼化成功研制并投放了符合欧Ⅲ排放标准及奥运会标准的高品质 98# 清洁汽油，以及满足特殊市场需求的澳洲规格汽油、城市低硫柴油、增效尿素、国ⅥB 汽油等创新产品，不断引领行业技术进步与市场升级。

镇海炼化公司作为中石化集团的重要成员，秉承"边建设、边科研、边出成果"的理念，不断加大研发力度，快速响应市场需求。以乙烯为基础原料，镇海炼化研发生产的聚烯烃产品，已经在多个前沿领域得到广泛应用。汽车轻量化改性、5G 通信材料、医用卫生、生物降解及低碳环保等领域，都可以看到镇海炼化产品的身影。此外，镇海炼化公司还紧跟石化产业的前沿趋势，不断探索和开发新的应用领域。例如，在新能源汽车、环保包装材料、高性能复合材料等方面，镇海炼化都在进行积极的研究和开发。这些创新不仅有助于提升产品附加值，也为企业的长远发展奠定了坚实的基础。

任务五　发起一轮讨论——坚持"绿水青山就是金山银山"理念

在时代发展的脉络中，"绿水青山就是金山银山"的绿色发展理念深入人心，成为指引中国迈向生态文明新时代的鲜明旗帜。从膜分离材料的创新应用，到中国绿色清洁生产的积极探索，再到汤鸿霄院士对环境水质学的毕生贡献，以及中国石化镇海炼化公司的绿色转型，每一个故事都是这一理念的生动注脚。膜分离技术，作为净水领域的革命性突破，以其高效的分离性能，为水资源的净化和循环利用提供了科技支撑，是绿水青山守护者的得力工具。与此同时，中国在绿色清洁生产上的努力，见证了从被动治理到主动创新的转变，化工企业如镇海炼化公司，不仅在乙烯技术上实现国产化飞跃，更在环保领域树立了无废无异味的绿色标杆，成为生态友好型企业的代表。汤鸿霄院士六十年的科研生涯，是对环境水质学的深度求索，他不仅在重金属污染治理上取得重大突破，更培养了一批环保领域的中坚力量，他的科学精神与环保理念如同清澈水源，滋养着后来者的探索之旅。镇海炼化公司作为国企巨擘，从单一炼油到炼化一体化的转型升级，不仅在经济效益上实现了跨越，更在生态环境治理上展示了企业的责任与担当，白鹭园的生态美景成为企业与自然和谐共生的最好证明。这些案例汇聚成一幅幅动人的绿色发展画卷，讲述着中国如何在追求经济增长的同时，坚持生态优先，用实际行动践行"绿水青山就是金山银山"，向着人与自然和谐共生的美好未来迈进。

讨论主题一：请从膜材料的性质来分析膜分离工艺的设计、设备选型，并谈论膜分离技术的发展对环境保护、生命健康的意义。

讨论主题二：如果你的居住地常有异味，试分析其原因并谈论有效的治理办法、实施方案。

讨论主题三：请从汤鸿霄先生的科研成长之路来分析如何坚定信念、持之以恒地实现自己的人生目标。

讨论主题四：请从镇海炼化白鹭园的环保案例来讨论智能化背景下的绿色石化环保措施及环保宣传的意义。

任务六　完成一项测试

1. RO 反渗透不能截留的物质是（　　　）。

A. 蛋白质　　　　　　B. 水中的钙、镁离子　C. 细菌、鞭毛虫　　　　D. 水

2. 膜材料是膜过程的核心，其主要性能除了分离性能以外还有（　　　）。

A. 透过性能　　　　　B. 耐温性能　　　　　C. 耐压性能　　　　　D. 有效面积

3. 下列不属于汤鸿霄先生的研究成果的是（　　　）。

A. 牵头建设国家重点实验室　　　　　　B. 国家自然科学一等奖

C. 美国 SCI 经典论文奖　　　　　　　　D. 出版《环境水化学纲要》等专著

4. 白鹭被称作大自然的"生态检验师"，它们的栖息地要满足三大要求，除了（　　　）。

A. 茂密的植物　　　　B. 稳定的水源　　　　C. 充足的食物　　　　D. 足够的阳光

模块三
化工与美丽生活

　　在化工的织锦中，生活之美如同万花筒般绚烂多姿，它不仅映射出人类对美的不懈追求，更是化学工业与文化传承的交响曲。从服饰的绚烂多彩到居住空间的个性化艺术，从饮食文化的丰富层次到妆容的精致点缀，化工行业以科技创新为笔，绘就了生活之美，同时，它也是一场穿越时空的旅行，连接着古老的智慧与未来的梦想，激发我们对民族、行业、职业及专业的深厚认同。

　　服饰之美，是化工织就的时尚篇章。我们探索纤维的奥秘，从天然蚕丝到合成纤维，化工技术让服饰既保留了自然的温柔触感，又增添了科技的灵动与耐用。每一件衣裳，都是化工与时尚的对话，让穿着成为一种文化表达，唤醒了我们对民族服饰文化的认同和传承的责任。

　　饮食之美，是化工守护的味蕾盛宴。化工的贡献在于让食物保存更长久、营养更均衡、口感更丰富。从食品添加剂的安全使用到包装材料的创新，化学工业保障了食品安全，同时也满足了人们对色、香、味的多元追求，让我们在品尝美食的同时，感受到科技进步带来的幸福滋味，加深了对食品行业的敬意。

　　居住之美，是化工构建的梦幻殿堂。艺术涂料的魔力在墙面跳跃，它不仅装饰了我们的居住空间，更以其环保、多功能的特性，成为居住品质升级的推手。从陈调甫的永明漆到立邦的环保涂料，化工行业的发展历程，是中国化工人自强不息精神的写照，激发了我们对民族涂料品牌的自豪与投身化工行业的热情。

　　妆饰之美，是化工点画的个性肖像。变色唇膏的奇幻、透明质酸的神奇，是化工与美妆的完美融合，它们让美妆更加个性化、科学化。凌沛学与百雀羚的故事，展示了化工科研人员的智慧与坚持，他们以匠心独运的产品，让传统与现代交汇，让美丽不再是遥不可及的梦想，而是触手可及的日常，激发了我们对化工专业创新与贡献的认同。

　　化工与美丽生活的交织，不仅让我们的世界变得更加丰富多彩，更在潜移默化中培育了我们对民族文化的认同、对化工行业的自豪、对职业角色的尊重，以及对化工专业知识的深刻理解和追求。作为化工领域的未来之星，我们要肩负起推动行业进步、创造美好生活的重任。让我们在化工的广阔天地里，共同书写美丽生活的华章，让生活因化工而更加精彩。

项目一　服饰之美——染料

服装色彩的呈现，离不开染料。染料是一种能够赋予纤维或其他基质特定颜色的有机化合物。它们多数可溶于水，或经特定化学品处理后转化为可溶状态，以供染色使用。染料主要应用于纺织品的染色与印花，可通过直接或间接方式与纤维发生物理或化学结合，从而牢固附着于纤维上。部分不溶于水而溶于醇、油等介质的染料，则适用于油蜡、塑料等非水性材料的着色。分散染料，以其独特的魅力，为服饰之美添上了浓墨重彩的一笔。从 20 世纪 20 年代初的偶然诞生，到 70 年代在涤纶纤维上的广泛应用，分散染料见证了染料工业的飞速发展，成为现代染料产业的中流砥柱。染料工业发展史是一部交织着科技与艺术的壮丽史诗。中国染料工业，从新中国成立初期的依赖进口，到"一五"计划期间的自立自强，再到改革开放后全球领先的华丽转身，每一步都镌刻着创新与变革的印记。这段历程不仅是中国工业化的缩影，也是化学工业与衣着美学深度融合的见证。在这段辉煌历史中，侯毓汾教授是一位不可忽视的杰出人物。她被誉为"中国染料界的女杰"，在染料合成与应用领域做出了开创性贡献，不仅填补了多项国内空白，更为中国染料工业的自主创新发展奠定了坚实基础，其学术成就与教育情怀照亮了无数学子的科研道路。浙江龙盛集团股份有限公司（简称"龙盛集团"）作为染料行业的领军企业，不仅是分散染料技术创新的先锋，更是绿色染料生产的典范。从推出高耐碱分散染料，到研发环保型、功能性分散染料，龙盛集团以实际行动响应节能减排号召，推动行业向可持续发展方向迈进，其产品广泛应用于国际知名品牌，展现了中国企业在全球染料舞台上的影响力与责任感。染料不仅是服饰之美的幕后英雄，其发展历程与背后的人与企业的故事，更是中国染料工业乃至化学工业进步的生动注脚。

任务一　认识一种产品——分散染料

分散染料，宛若架设在往昔智慧与当代创新之间的彩虹桥，其发展历程犹如一部色彩斑斓的探索编年史。19 世纪中叶，随着合成染料的问世，一场色彩的变革悄然兴起，它们以绚烂的姿态，逐步取代自然馈赠的天然染料，织就现代纺织业的辉煌篇章。中国，在改革开放的浪潮下，成为了这场色彩盛宴的引领者，分散染料的生产雄踞全球，以其卓越性能装点着万千织物。本次分散染料认知之旅，恰似一卷缓缓展开的历史长卷，带你穿梭于时光隧道，从分散染料的起源讲起，漫步至当今各类染料的细致分类。随着社会对绿色、健康、高效的需求日益增长，分散染料的研究亦步亦趋，不断创新。耐碱分散染料的诞生，简化了工艺流程，减轻了环境负担；液体分散染料的推行，引领了清洁生产的潮流；高性能与环保型分散染料的问世，更是将色彩的魔力与自然的和谐推向了新的高度。这些科技突破，不仅守护了地球的蔚蓝，也为时尚与运动品牌插上了可持续发展的翅膀。

1. 分散染料的应用历史

我国古代染色所用的染料，多源于天然矿物或植物，属于天然染料范畴。古代色彩体系以青、赤、黄、白、黑五种原色为核心，通过不同原色的混合，可生成多种"间色（多次色)"。19世纪中叶以后，合成染料以其色彩丰富、色谱齐全、耐洗耐晒等优势崭露头角，逐渐取代天然染料，成为纺织品染色的主流选择。

染料行业作为国民经济的传统支柱产业，其发展对整个经济社会具有重要影响。自改革开放以来，伴随全球服装、印染、纺织产业链向我国转移的趋势，我国染料工业迅速崛起，现已成为全球染料生产大国。2022年，我国染料行业总产量达到81.2万吨，总产值高达764.8亿元。图3-1是2016～2022年中国染料行业总产值情况。

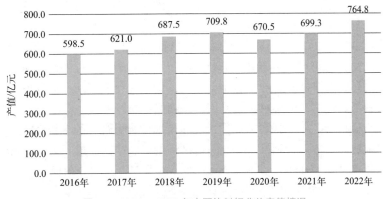

图 3-1　2016～2022年中国染料行业总产值情况

染料按应用性能分类，则侧重于染料在实际染色过程中的行为表现及适用对象，主要包括分散染料、活性染料、硫化染料、还原染料、酸性染料、直接染料、阳离子染料等。这种分类方法反映了染料在特定染浴条件下对不同纤维类型的亲和力、上染效率、固色机制以及最终染制品的色牢度、手感等各项性能指标。各类染料特点及应用性能见表3-1。

表 3-1　各类染料特点及应用性能

类别	特点及应用性能
分散染料	分散染料属于非离子型染料，染液中呈现分散状态，颗粒很细，溶解度很低，主要用于涤纶及其混纺织物的印染，也可用于醋酯纤维、锦纶、丙纶、氯纶、腈纶等合成纤维的印染
活性染料	活性染料分子结构中含有活性基团，在适当条件下，能够与纤维发生化学反应，形成共价键结合，主要用于棉为主的纤维素纤维及其各类混纺织物的染色和印花
硫化染料	该类染料大部分不溶于水和有机溶剂，但能溶解在硫化碱溶液中。因其染液碱性太强，不适宜于染蛋白质纤维，主要用于纤维素纤维的染色。硫化染料色谱较齐，价格低廉，色牢度好，但色光不鲜艳
还原染料	该类染料不溶于水，强碱溶液中借助还原剂还原溶解进行染色，染后氧化重新转变为不溶性的染料而牢固地附着在纤维上。由于其碱性较强，一般不适宜于羊毛、蚕丝等蛋白质纤维的染色。还原染料颜色鲜艳，色牢度好，但价格较高，色谱不全，不易均匀染色。主要用于棉、涤棉混纺织物染色
酸性染料	含有硫酸基等水溶性基团，可在酸性、弱酸性或中性介质中直接上染蛋白质纤维，湿处理牢度相对较差，主要应用于羊毛、蚕丝、尼龙纤维及其各种纺织品的染色和印花，也可用于皮革、纸张、墨水、化妆品等着色
直接染料	直接染料不需依赖其他药剂就可直接于棉、麻、丝、毛等各种纤维上染色，染色方法简单，色谱齐全，成本低廉，但耐洗和耐晒牢度较差，广泛应用于针织、丝绸、棉纺、皮革、毛麻、造纸等行业
阳离子染料	因其在水中溶解后带阳离子，故称阳离子染料。该类染料色泽鲜艳，色谱齐全，染色牢度较高，但不易匀染，主要用于腈纶纤维染色

分散染料是一种以细微颗粒悬浮于水中进行染色作业的非离子型染料。其染色过程中必须借助分散剂，以确保染料颗粒在染液中均匀分布，从而对合成纤维进行有效染色，尤其适用于涤纶（聚酯纤维）、锦纶（聚酰胺纤维）等合成纤维及其混纺织物的染色处理。分散染料的优点包括色彩鲜艳、匀染效果佳、色谱齐全、染色牢度高等，且因其无需电解质参与即可染色，大大减少了对水质的潜在污染风险。

分散染料的起源可追溯至 20 世纪 20 年代初，最初主要应用于醋酯纤维的染色，故又被称作醋纤染料。随着合成纤维尤其是聚酯纤维产业的快速崛起，分散染料逐渐发展成为现代染料中用量增长最为迅速的一员，其主要应用于聚酯纤维的染色与印花工序，同时亦适用于醋酯纤维及聚酰胺纤维的染色。采用分散染料进行印染加工的化纤纺织品，不仅色泽鲜亮，而且具有优秀的耐洗色牢度。由于分散染料不溶于水，对天然纤维如棉、麻、毛、丝等不具备染色能力，对黏胶纤维的着色效果也十分有限，因此在化纤混纺产品的染色过程中，通常需要将分散染料与其他适宜的染料配合使用，以确保各类纤维成分都能得到恰当染色。

分散染料自 20 世纪 70 年代以来，凭借其在聚酯纤维染色中的卓越性能，逐渐成为染料家族中的重要成员，并随着聚酯纤维在全球范围内的广泛应用，成长为产销量最大的染料类别。据最新数据，2021 年我国染料总产量达到 85.6 万吨，其中分散染料产量占比较大，占比高达 45.57%，实际产量为 39.02 万吨，如图 3-2 所示。

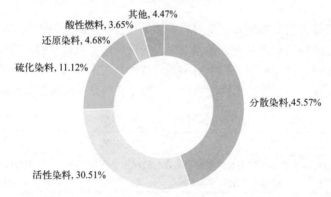

其他, 4.47%
酸性燃料, 3.65%
还原染料, 4.68%
硫化染料, 11.12%
分散染料, 45.57%
活性染料, 30.51%

图 3-2　2021 年中国染料行业细分产品结构分布情况

2. 分散染料的分类

分散染料根据其化学结构特点，主要划分为偶氮类、蒽醌类和杂环类。其中，偶氮类占据主导地位，约占总量的 75%，蒽醌类占比约为 20%，而杂环类则相对较少，约为 5%。从色谱角度看，偶氮类染料涵盖了黄、红、蓝以及棕色等多种色调，而蒽醌类染料则以红、紫、蓝色品种为主。杂环结构的分散染料以其鲜艳的色泽著称，代表性类别包括苯并咪唑类、苯乙烯类等。分散染料分类及特点见表 3-2。

表 3-2　分散染料分类及特点

种类	特点
偶氮类（单偶氮）	分子量一般为 350～500，制造工艺简单，成本相对较低，色谱齐全，匀染性优良，提升力高，色牢度因结构不同差异较大。浅、中、深色系列都有。如分散蓝 H-GL(C. I. disperse blue 79)，分散红玉 S-2GFL(C. I. disperse red 167)，分散红玉 SE-GL(C. I. disperse red 73)

种类	特点
偶氮类 （双偶氮）	以中、深色为主，色谱以橙、黄、深蓝为主，制造工艺较复杂，成本相对较高，染色性能一般，色牢度一般。如分散黄 E-RGFL(C. I. disperse yellow 23)，分散橙 SE-GL(C. I. disperse orange 29)
蒽醌类	色光鲜艳，色谱主要有红、紫、蓝等，匀染性能良好，日晒牢度优良。但合成工艺路线较长，成本昂贵。染色性能优良，但一般提升力不佳，色牢度整体上优良，结构不同，色牢度差异也较大。如分散红 E-3B(C. I. disperse red 60)，分散蓝 2BLN(C. I. disperse blue 56)，分散翠兰 S-GL(C. I. disperse blue 60)
杂环类	色谱较全，色光较鲜艳，有些品种有荧光，发色强度高，制造工艺复杂，成本较高，染色性能良好，色牢度性能较佳。如分散黄 E-3G (C. I. disperse yellow 54)，分散红 CBN(C. I. disperse red 356)

依据分散染料在应用时的耐热性能差异，可将其进一步细分为高温型（S 型）、中温型（SE 型）和低温型（E 型）。E 型染料的升华牢度较低，但其移染性能优良；相比之下，S 型染料具有较高的升华牢度，但移染性相对较差；而 SE 型染料则兼具两者特点，其耐热性能及移染性均介于 E 型与 S 型之间。分散染料不同类型及特性见表 3-3。

表 3-3 分散染料不同类型及特性

特性	高温型	中温型	低温型
分子大小	大	中	小
升华牢度	高	中	中或低
移染性	较差	中	好
热熔染色	200～220 ℃	190～205 ℃	180～195 ℃
高温染色	130 ℃	120～130 ℃	120～125 ℃
载体染色（100 ℃）	一般不用	可用	适用
印花	部分适宜	部分适宜	不适宜

3. 分散染料的染色特性

分散染料主要由低分子量的偶氮、蒽醌及二苯胺等化合物衍生而成，属于非离子型染料。尽管如此，其分子中所含有的羟基、偶氮基、氨基、芳香氨基、甲氧基等极性基团赋予了染料一定的极性，从而使染料能够有效地对涤纶进行染色。dispersol fast scarlet B（C.I. 分散红 1）是最早实现工业化的分散染料之一，于 1953 年投入生产。只有尺寸为 1～2 nm 的溶解态染料分子才具备穿透涤纶微孔并在纤维内部扩散并染色的能力。在染色过程中，通常会添加分散剂以提高分散染料在水中的溶解度，但需要注意的是，染料在水中的溶解度不宜过高，否则可能导致其对涤纶的染色效果不佳。

分散染料对涤纶的染色过程可概括为以下步骤。首先，分散染料在水中主要以微小颗粒的形式分散存在，染料微小晶体、染料聚集体、分散剂胶束中的染料以及染浴中的染料分子处于动态平衡状态；其次，染料分子吸附于纤维表面；最后，染料分子进入纤维内部并扩散。染色效果的关键因素包括染料对纤维的相对亲和力、扩散性能以及结合能力。由于涤纶内部对分散染料的扩散阻力较大，染色过程通常需要在高温条件下进行。

分散染料具有分子结构简单且不含电离性基团的特点，因此具有一定的蒸气压，表现出升华现象，且升华速率与温度成正比。正是由于这种特性，分散染料被广泛应用于气相染色、热熔染色、转移印花和转移染色等领域。在分散染料体系中，分子量较小、极性基团较少的偶氮类染料以及分子量较小的蒽醌类染料通常具有较高的升华性。一般来说，高温型染料虽然升华牢度好，但其移染性较差，染色时不易在涤纶上获得均匀效果；相反，低温型染料虽然升华牢度稍逊，但其移染性良好，能够在涤纶上实现较好的匀染效果。因此，在实际染色操作中，应根据染色方法选择性质相近的染料进行搭配，以确保获得理想的染色效果。

4. 分散染料的发展现状

（1）耐碱分散染料　传统的分散染料染色工艺通常在酸性环境中进行，因为分散染料与涤纶大分子在酸性条件下稳定性更高。然而，涤纶织物在染色前的退浆、碱减量等预处理步骤以及染色后的还原清洗、皂洗等后处理步骤均需在碱性环境下进行，这就意味着在染色前后需要对 pH 值进行调整，并消耗相应的化学药品和水资源。如果 pH 值调控不当，可能导致油剂、浆料、聚酯低聚物、杂质等影响染色质量，引发缸差、染色不匀、色光偏差等问题。若能在碱性条件下对涤纶织物进行染色，则有望带来诸多优势，如：提高前处理效果、防止低聚物污染、省去还原清洗步骤、简化工艺流程、减少酸和水的消耗等。为此，用于碱性染色的分散染料分子结构中需含有具有较强耐碱水解稳定性的基团。

耐碱分散染料主要为杂环类结构，包括噻唑、噻吩、咪唑、吡啶酮、喹啉、咪唑吡啶酮、苯乙烯、苯并二呋喃酮等类型。比如龙盛集团推出的龙盛高耐碱分散 ALKN-2 系列产品中，包含了龙盛分散橙 ALKN-2 200%、龙盛分散艳红 ALKN-2 200%、龙盛分散蓝 ALKN-2 200% 等具体品种。

（2）液体分散染料　长期以来，分散染料产品以粉状形态为主。由于分散染料在水中的溶解性能不佳，必须借助分散剂来确保其在水中的稳定分散状态。然而，使用传统的小分子分散剂（如壬基酚聚氧乙烯醚、甲基丙烯酸甲酯）易导致染料分散稳定性欠佳且用量较大，此类分散剂在商业分散染料产品中的含量往往高达 50% ～ 75%。过量分散剂的存在不仅削弱了纤维对染料的吸附性能，降低了染料的上染率，还增加了废水处理的成本。

相比之下，液体分散染料采用特殊结构的聚合物表面活性剂吸附染料，并通过物理研磨将染料粒子细化至纳米级别，使其稳定分散于水中。这种染料的生产工艺无需喷雾干燥，具有良好的储存性及高染料利用率等优点，能够有效减少粉尘污染和 COD 排放，因此被视为分散染料制备的发展方向。液体分散染料的最大亮点在于，它以大量水替代了粉状染料中的分散剂成分，在保证染料应用性能的前提下，有显著的节能减排效果。

随着"微量印花"理念的提出，2017 年多家染料制造企业和印染企业开展了中试示范操作，标志着基于液体分散染料的涤纶印染技术将成为一种全新的清洁生态工艺，对实现印染过程的碳中和、降低碳排放至关重要。龙盛、吉华、闰土、万丰和安诺其等业内企业相继研发并推出了低污染、低能耗的标准化系列液体染料产品，有力推动了液体分散染料在节能减排印染技术领域的应用。

（3）高性能分散染料　科研工作者通过改进分散染料的分子结构，旨在增强其与纤维之间的结合强度，从而提升染色产品的耐水洗、耐摩擦及耐日晒等性能。以新型高性能分散染料为例，其在耐洗牢度方面可达到 ISO 标准的 5 级，远超传统产品。国际知名运动品牌如耐克、阿迪达斯等在其运动服饰及运动鞋类产品中广泛应用分散染料，特别是在涤纶材质的运动服装上，选择使用高性能分散染料，确保产品即使在反复洗涤和激烈运动情境下仍能保持鲜艳色彩，从而提升消费者的穿着体验。

（4）环保型分散染料　随着环保法规的日益严格，研发低毒性、易生物降解、无有害残留的环保型分散染料已成为行业研发的重中之重。比如，某科研团队成功研制出一系列不含禁用芳香胺的环保型分散染料，其生物降解率超过 90%，显著降低了对环境的负面影响。国际快时尚品牌如 Zara 等，在大量使用分散染料染制涤纶混纺面料以满足时尚界对丰富色彩与多样款式需求的同时，通过选用环保型分散染料，有效减少了生产过程中的环境污染。位于中国绍兴的一家绿色印染工厂，通过引进高效节能的分散染料染色技术和设备，不仅提升了染色效率和产品质量，还在实际运营中实现了废水循环利用，大幅度削减了污水排放量。

（5）功能性分散染料　功能性分散染料不仅具备常规染料的染色性能，还具备诸如抗菌、抗紫外线、防霉、阻燃等实用功能。例如，某品牌推出的抗紫外线功能性分散染料，成功增强了户外运动服装对紫外线的防护能力，为穿着者提供了更全面的保护。不同类型分散染料特性及其应用见表 3-4。

表 3-4　不同类型分散染料特性及其应用

染料类型	染料特性	应用案例
耐碱分散染料	适用于碱性条件下染色，减少工艺步骤，节水节酸，分子结构含耐碱稳定基团，包括噻唑、噻吩、咪唑等杂环类结构	龙盛集团 ALKN-2 系列：分散橙、分散艳红、分散蓝等
液体分散染料	使用聚合物表面活性剂，纳米级分散，无需喷雾干燥，减少分散剂用量，降低粉尘污染和 COD 排放，适用于"微量印花"和清洁生态工艺	龙盛、吉华、闰土、万丰、安诺其等企业的低污染、低能耗液体染料
高性能分散染料	改进分子结构，增强结合强度，提升耐水洗、耐磨、耐日晒性能，耐洗牢度达 ISO 5 级	运动服饰及鞋类产品
环保型分散染料	低毒性，易生物降解，无有害残留，生物降解率 >90%，符合严格的环保法规的要求	Zara 等快时尚品牌用的涤纶混纺面料，绍兴绿色印染工厂的高效节能染色技术
功能性分散染料	具备特殊功能如抗菌、抗紫外线、防霉、阻燃，增强纺织品实用性	抗紫外线功能性分散染料应用于户外运动服装

任务二　铭记一段历史——中国染料工业发展史

历经百年风雨洗礼，中国染料工业实现了从无到有、从小到大、由弱变强、由内而外的全方位蜕变。我们将踏入染料工业的斑斓画卷，一段融合了技术创新、产业升级与文化传承的辉煌旅程。从古代的植物染色智慧，到 20 世纪化学合成染料的兴起，中国染料工业在挑战与机遇中砥砺前行，不仅见证了国家工业化的铿锵步伐，也深刻影响着我们的衣着美学与生活品质。本任务旨在引导同学们穿越时空隧道，探索中国从依赖进口的落后状态，到成为世界染料产业领军者的蜕变之路。从奠基时期的艰辛探索，到产业蜕变的技术飞跃，再到改革开放后市场的蓬勃发展与绿色未来的前瞻布局，每一步都凝聚着科研人员的智慧与汗水，体现了化学工业对美好生活的不懈追求。我们将一同领略染料工业如何在历史变迁中实现自我革新，从单一品种到千余种染料的华丽转身，从传统工艺到现代化、智能化生产的跨越，以及在绿色环保理念下，功能性与生物基染料的兴起，为地球生态平衡与人类福祉贡献力量。

1. 染料新生：奠基时期的发展与转型

新中国成立之初，我国染料年总产量仅为 5200 吨，品种仅有 18 种，其中硫化染料类别中仅能生产硫化蓝、硫化黑等少数品种，年产量约 2500 吨。当时，我国纺织印染行业对染料的需求主要依赖进口，染料工业发展滞后，严重制约了国内纺织业的发展。

为改变这一局面，染料工业作为新中国化学工业不可或缺的部分，得到了国家的高度重视与大力扶持。政府将染料工业纳入"一五"计划（1953 ～ 1957 年），有序恢复和新建染料生产设施，同时，国家对染料科研工作给予高度重视，逐步建立了专业的科研机构，以创新驱动产业发展。通过有计划的科学管理和系统的推进，短短几年间，我国染料工业成功摆脱了过去产业分散、规模小、技术薄弱的落后状况，迎来崭新的发展机遇。

1949 ～ 1957 年，我国构建起完整的染料工业体系，染料产量较 1949 年增长了 4 倍，新增染料品种 71 种，不仅基本满足了国内市场需求，而且自 1957 年起开始实现染料出口，打破了旧中国对外国"洋染料"的过度依赖，实现了从依赖进口到自主供应的历史性转变，标志着我国染料工业迈向独立自主、繁荣发展的新阶段。

2. 产业蜕变：升级技术与结构的双重飞跃

在国民经济"二五"计划期间，中国染料工业取得了飞跃式进展，成功掌握了硫化、直接、酸性、阳离子（碱性）、冰染等五大类染料及颜料的生产技术，年产能提升至 4 万吨，足以满足国内 80% 的染料需求。"三五""四五"两个五年计划的顺利执行，进一步稳固了上海、天津、吉林三大染料生产基地的地位。

在此基础上，我国染料工业积极进行产品升级换代。自 1958 年起，还原染料及活性染料两大品类被纳入生产体系，同时引入了冰染等高级棉用染料，标志着我国染料工业正式步入高档染料发展阶段。20 世纪 60 ～ 70 年代，随着合成纤维工业的崛起和印染、纺织工业需求的变革，活性染料、分散染料、阳离子染料等众多新型染料陆续研发成功，极大地丰富了我国染料工业的产品结构，推动行业步入崭新发展阶段。

染料生产过程中，种类繁多的染料中间体不可或缺。这些中间体种类多达数百种，随着化学工业的不断发展，许多原本专用于染料生产的中间体产品，逐渐在农药、医药、助剂、香料等精细化工领域找到了更广阔的应用空间。同时，为了提升纺织品染色效果，印染助剂这一辅助化学品应运而生，其市场需求随染料工业发展而持续增长，有力推动了染料中间体及印染助剂行业的快速发展。

在产量与品种双增的黄金时代，我国染料工业敏锐认识到资源综合利用与环境保护的重要性，开始在工艺优化、原料循环利用、节能减排等方面积极探索实践，并取得了一定成效。

3. 改革春风：创新引领的染料工业跃进

1978年，中国共产党十一届三中全会的召开，标志着中国开启了改革开放的伟大征程。中国染料工业自此告别高度集中的计划经济体制，向充满活力的社会主义市场经济体制转变。与此同时，全球染料工业也在经历一场深刻变革，世界染料产业格局悄然生变。这一变革为亚洲，尤其是中国染料工业带来了前所未有的发展机遇：一是全球染料消费重心从欧美转向亚洲，有力驱动亚洲染料工业崛起；二是亚洲相对低廉的劳动力成本与欧美形成鲜明对比；三是随着环保意识提升，欧美绿色环保要求和环保成本提高，进入90年代，亚洲染料工业在生产、贸易、消费等各方面全面活跃起来。

1978年至2000年，中国染料工业步入高速发展阶段，表现为产量快速增长，产品更新迭代加速，产业格局焕然一新。1978年，中国染料年产量仅为8.29万吨。2000年，产量飙升至25.7万吨，占全球染料总产量的45%～50%，其中约三分之二参与国际贸易，基本满足国内90%的市场需求；产品种类超过1000种，可满足国内印染行业约60%的品种需求。

产品结构在此期间也发生了显著变化，更新换代节奏明显加快。染料消费重心集中在纺织工业，与合成纤维的发展紧密相连。纺织品结构从以棉为主转向化纤、混纺、仿毛及毛织品，织物厚度由厚重转向轻薄，色彩风格由深色转向浅色。20世纪80年代初，化纤在纺织品中的比例显著提升，化纤染料在染料总产量中的比重也随之大幅增长。1999年，中国新增染料品种达73种，其中分散、活性、酸性等高档染料新增品种较多。至此，中国已能生产逾1200种染料，常产品种在600～700种之间。分散、活性、酸性染料的生产品种均超过100种。此外，所有已知染料类别在国内均已实现工业化生产。中国产量超过万吨的五类染料情况（2000年）见表3-5。

表3-5　中国产量超过万吨的五类染料情况（2000年）

类别	产量/万吨	占比/%	出口/万吨	占比/%
分散染料	17.69	56.05	8.92	49.67
硫化染料	6.51	20.63	2.54	14.14
活性染料	1.94	6.15	0.66	3.67
酸性染料	1.59	5.04	2.28	12.69
还原染料	1.20	3.80	1.30	7.24

20世纪80年代中后期，我国染料工业在新设备、新技术的应用方面展开了大规模推进，旨在实现产品质量升级与技术革新。一是染料商品化拼混设备革新，大力推广采用锥形双螺旋混合设备替换原有设备，实现拼混设备的现代化升级。此类大型化设备的投入使用，显著改善了生产环境，缩短了拼混时间，确保了产品质量，并在降低能耗方面发挥了积极作用。二是喷雾干燥器的广泛应用，淘汰了传统的箱式、滚筒式及部分耙式干燥设备。喷雾干燥器以其占地少、全封闭操作、生产能力大、能耗低、产品质量优良、适用剂型多样等优点，受到了业界的广泛认可和青睐。三是计算机控制系统引入生产环节，在生产还原蓝RS的碱熔锅反应装置上，开始推广使用计算机综合控制系统，用新型单板机自控程序取代人工操作。这一变革显著提升了产品质量的稳定性和产品收率，标志着染料生产向自动化、智

能化方向迈进。四是计算机技术融入企业管理，被广泛应用到计划制订、财务管理以及生产指挥等系统，有效提升了管理效率与决策精准度，为染料工业的现代化管理奠定了坚实基础。

4. 强国之路：染料世界的中国制造崛起

"十五"计划时期，中国染料工业发展步入快车道，主要经济指标呈现全面增长态势，利税总额年均增速达到38.4%，产品销售收入年均增长37.6%。2005年，中国染料年产量达到64.1万吨，跃居全球第一，占世界染料总产量的半壁江山。其中，浙江龙盛集团股份有限公司、浙江闰土股份有限公司、天津宏发集团公司、山西临汾染化（集团）有限责任公司、辽宁大连立成染料化工有限公司、江苏常州北美颜料化学有限公司等万吨级以上产量的重点企业，其增长速度显著高于行业平均水平。

进入"十一五"计划阶段，虽然染料工业遭遇了国际金融危机、国家环保政策趋严、出口退税取消、产业结构调整等多重挑战，但是全行业团结一心，积极应对，使得重点染料生产企业及主要染料品种的生产仍保持了较高的增长势头。"十一五"计划期间，中国染料年产量稳定在68万～76万吨之间，占世界总产量的70%左右，进一步巩固了全球最大染料生产国的地位。

"十二五"计划期间，染料工业产量增速有所放缓，由"十五"计划时期的15%～20%下降至不足5%，但价格和利润却实现了显著提升，达到了历史最高水平。特别是"十二五"计划后期，中国染料产品质量、档次及工业制造技术水平均有显著提升，进一步凸显了中国在全球染料产业中的主导地位。

"十三五"计划期间，中国染料工业经济运行整体保持平稳向好态势。尽管面临国民经济增长缓中趋稳、部分上游原材料价格持续上涨等外部压力，但染料工业仍展现出相对于整个化学工业更为稳健的增长势头。

截至2022年，我国染料年产量达到81.2万吨，染料中间体产量为48.05万吨，出口量高达32.47万吨，占总产量的40%，充分展现了中国在全球染料市场的领导地位。目前，我国染料工业生产能力已覆盖1200多个染料品种，其中常产种类超过600种。尤其是在分散染料、活性染料、酸性染料这三大类别中，单品产量过百吨的染料品种比比皆是。同时，我国科研力量持续发力，已成功研发近500种新型环保染料，此类产品已占全部染料产品的三分之二以上，有力推动了国民经济特别是纺织印染行业的绿色转型，对社会文明进步产生了深远影响。

5. 绿色未来：功能与可持续的染料新纪元

功能性染料，即具备特定功能的染料，除了基本的染色功能外，还能赋予纺织品特殊性能。通过化学改性或复合技术，这些染料与纤维紧密结合，全面提升纺织品性能。其中抗菌功能染料通过将具有杀菌、抑菌活性基团引入染料分子，使纺织品具有抵抗细菌、真菌的功能。例如，采用季铵盐改性的活性染料，既能染色棉、涤纶等纤维，又能有效抑制金黄色葡萄球菌、大肠杆菌等常见细菌，应用于医疗口罩、手术服等产品，有助于防止交叉感染，提升医疗环境安全性。抗紫外功能染料能吸收或反射紫外线，减轻其对人体皮肤的伤害。如瑞士Clariant公司的Texanox系列抗紫外染料，能有效阻挡紫外线UVA和UVB，显著提升纺织品的紫外线防护系数（Ultraviolet Protection Factor, UPF）。美国军方采用的 advanced combat uniform（ACU）制服，利用抗紫外、抗菌和抗红外侦测的染料，增强士兵战场生存能力。吸湿排汗与透气功能染料通过亲水或疏水改性，使染料赋予纺织品优异的吸湿排汗性能。如 Nike Dri-FIT 和 Adidas Techfit 技术使用的染料配方，能使面料快速吸收并蒸发人体汗液，保持肌肤干爽舒适。

生物基染料源自植物、微生物、动物等生物资源，通过提取、改性等技术应用于纤维素纤维、蛋白质纤维等织物染色。相较于传统合成染料，生物基染料具有可持续性、环保性和安全性等优点。科研人员不断从自然界中发现并改良适合染色的生物资源，开发新型生物基染料。例如，近期科研团队成功从紫草科植物中提取并改性得到的新型紫色生物基染料，色泽鲜艳且染色牢度优良。为弥补生物基染料在牢度等方面的不足，科研人员正努力提高其与纤维的结合力，优化染色工艺，如添加交联剂或改性剂增强分子间作用力，提高染色牢度。生物基染料也为地方特色产业升级提供了机遇，如我国云南、贵州等地依托丰富的植物资源如板蓝根、蓝靛，传承发展手工染布技艺，打造生态染坊，实现传统文化遗产与现代环保理念的融合。

高性能染料包括高固色率染料、高耐晒染料、高耐洗染料、高耐摩擦染料等，它们在色泽鲜艳度、染色牢度、环保性等方面表现出色。通过先进的化学合成技术和精细的分子设计，这些染料能更有效地与纤维结合，实现优异的染色效果和耐用性能。例如高固色率染料可以最大限度地与纤维结合，确保染色后纺织品颜色饱满、持久。最新的活性染料通过优化活性基团结构，固色率可达 90% 以上。高耐晒染料适用于户外用品，能有效抵抗紫外线侵蚀，保持色泽持久鲜艳。某国际知名品牌采用耐晒指数高达 50+ 的染料，即使长期暴露于强烈阳光下，仍能保持色彩稳定。高耐洗、耐摩擦染料适用于日常频繁洗涤和穿着的纺织品，如儿童衣物和床上用品。通过特殊改性技术如引入抗泳移和耐摩擦添加剂，确保染色纺织品多次洗涤和穿着后仍保持良好色泽。如 Nike Pro 系列部分产品采用耐汗渍、耐洗的高性能染料，确保服装在高强度运动后仍亮丽如新。在军队、医疗、航天等领域，高性能染料同样发挥着重要作用，如军用迷彩服采用耐晒、耐磨损、耐洗涤的高性能染料，可保持伪装效果，抵御恶劣环境侵蚀。

任务三　讲述一个人物——侯毓汾

在中国染料科学的浩瀚星河中，侯毓汾教授犹如一颗璀璨的启明星，照亮了这一学科从蹒跚起步到繁星点点的辉煌历程。作为奠基者与耕耘者，她以科学家的敏锐与教育家的深情，织就了中国染料学科的斑斓画卷。新中国成立之初，侯教授毅然投身东北，与同仁们共同播下了染料学科的种子，创建了首个染料专业，为染料教育铺就了坚固基石。科研征途上，她带领团队攻坚克难，不仅在活性基团研究上取得了突破性进展，更在实践中研发出"C.I. 活性黑 5"等一系列高性能染料。侯毓汾教授的一生，是与中国染料工业同频共振的辉煌篇章，她的名字与成就，已深深镌刻在中国乃至世界染料科学的里程碑上。她不仅是学科的奠基人，更是科研精神与教育情怀的传承者，激励着后人继续在化学工业的广袤天地里，勇于探索，不懈追求，为人类的美好生活增添更加绚烂的色彩。

1. 奠基之路：染料学科启明星

侯毓汾教授，中国染料学科的奠基人之一，集科学家与教育家身份于一身。早年她毕业于大同大学理学院化学系，随后于 1937 年在南京金陵大学化学研究所取得研究生学历。紧接着，侯教授赴美留学深造，1939 年在美国密歇根大学获得化学硕士学位。归国后，她先后在浙江大学、唐山交通大学（今西南交通大学）担任教授职务，以严谨的学术态度和丰富的教学经验培养了一大批化学人才。新中国成立之初，她即投身东北工学院（今东北大学），与同仁们携手创建了中国首个染料专业。1952 年，随院系调整转至大连工学院（今大连理工大学），侯教授组建了有机染料及中间体教研室并担任主任。在其主持下，全国染料专业教材编写小组为我国染料专业精心编撰了《染料化学》等一系列全国统一教材，为我国染料教育事业奠定了坚实基础。侯教授还留下了《染料化学》《活性染料》两部学术专著，至今仍作为全国广泛应用的教材及参考书籍，对染料学界产生了深远影响。侯毓汾教授对染料专业的专注与执着，使得大连理工大学有机染料及中间体教研室逐渐发展成为精细化工系，并成为全国首批设立博士点的单位之一。1995 年，更是见证了我国首个染料及表面活性剂精细化工合成国家重点实验室在大连理工大学的成功建立，为我国染料科学研究及人才培养搭建了高端平台。

2. 科研征程：活性染料破晓时

20 世纪 50 年代末，我国活性染料的研发与生产尚处萌芽阶段，众多品种开发及基础研究难题亟待破解。侯毓汾教授引领教研室全员全力投入活性染料的研究与创新工作。

在活性基团探索上，1958 年，侯教授带领的团队重点攻克了二氯均三嗪、一氯均三嗪及 β- 羟乙基砜硫酸酯这三大已有国外商品染料品种的开发与结构优化难题，同时成功研制出磺酰氟基与氯乙酰氨基两种新型活性染料。

针对二氯均三嗪活性染料，尽管国内已有个别品种投产，但项目着重于拓宽品种谱系，聚焦提升染料的牢度、溶解度、上色率及固色率等关键性能指标。对于 β- 羟乙基砜硫酸酯活性染料，虽国内已有研究基础，但普遍认为其活性基团为乙烯砜。研究揭示，实际上，国外同类商品染料所含活性基确为 β- 羟乙基砜硫酸酯，其独特之处在于在碱性条件下迅速脱酯形成能与纤维反应的乙烯砜。此外，因含有硫酸酯基团，此类染料的溶解性能显著优于单纯的乙烯砜染料。这些发现为我国后续研发 KN 型活性染料奠定了重要基石。其中，作为标志性成果的 "C.I. 活性黑 5" 至今仍保持着大规模生产。鉴于在活性染料研究领域的突出贡献，侯毓汾教授于 1958 年荣获 "全国三八红旗手" 与 "全国劳动模范" 荣誉称号。

在品种开发硕果累累之际，侯教授前瞻性地提出深化活性染料化学基础研究的战略思想。她指导的研究生团队专注于活性染料与纤维间的化学反应机制及染料——纤维键的稳定性研究，深入剖析活性染料母体结构、活性基、桥基连接方式等因素对高性能活性染料分子设计的关键影响。经过长期研究，他们揭示了卤代均三嗪活性基与纤维素纤维间形成的化学键在强酸碱环境下均不稳定的特性，而乙烯砜基活性基与纤维素纤维形成的醚键对酸稳定却对碱敏感，原因是该类醚键在碱性作用下易发生 β- 消去反应再生成乙烯砜，并进一步水解生成 β- 羟乙基砜。这些理论洞察对我国后续开发具有多活性基的 M 型活性染料有重大指导价值。

3. 项目探索：丝绸染色艺术境

丝绸，作为我国引以为傲的特产，产量稳居全球之首。然而，长久以来，丝绸染色工艺多遵循传统路径，依赖酸性染料进行着色，但此类染色方法往往难以达到理想的湿处理牢度标准。

1981年，侯毓汾教授应国家科委之邀，带领学术团队与学生投身于丝绸染料技术的攻坚研究。在扎实的前期基础研究中，课题组明确了丝绸与活性染料发生反应的关键官能团，即丝绸肽链末端的氨基，以及赖氨酸残基上的氨基和组氨酸残基上的亚氨基。这些官能团与活性染料结合后，形成的共价键具有极高的键能，从而赋予丝绸出色的湿处理牢度。

在品种创新层面，研究涵盖了活性、酸性、直接、活性分散等多种类型的染料，历经严格筛选，最终提炼出29种色泽艳丽、匀染效果优良、上色效率高且各项牢度指标优异的染料品种。此项研究的重大突破与丰硕成果，于1986年荣获原国家教委科技进步二等奖，有力推动了我国丝绸染色技术的进步与产业升级。

任务四　走进一家企业——浙江龙盛集团股份有限公司

在化学工业的浩瀚画卷中，浙江龙盛集团股份有限公司以其非凡的发展历程和辉煌成就，勾勒出一幅龙腾盛世的壮丽图景。自1970年扬帆起航，龙盛集团已逐步成为全球特种化学品行业的领头雁，不仅巩固了其在全球染料市场的王者地位，更开启了国际化征程的新篇章。龙盛集团的每一步探索，都是对化工行业未来发展路径的深刻思考与前瞻布局。本任务将带领我们走进龙盛集团的精彩世界，从染料生产的神秘工艺到研发创新的宏伟蓝图，每一篇章都是对化工之美与智慧的赞歌。在这里，我们将见证龙头企业的核心优势如何筑就行业基石，领略匠心工艺如何织就生活中的彩虹，感受创新驱动下绘制的未来宏图。这不仅是一段关于龙盛集团成长轨迹的叙述，更是对中国化工企业在全球化时代砥砺前行、不断超越的生动注解。

1. 龙腾盛世绘化工：染料巨擘的成长轨迹

浙江龙盛集团股份有限公司始建于1970年，作为全球领先的特种化学品制造商和行业领军企业，已发展成为涵盖制造业等多个核心业务板块的综合性跨国企业集团。在全球各大染料市场，龙盛集团拥有超过30个销售分支机构，服务于全球7000余家客户，占据全球约21%的市场份额，销售网络遍布关键市场，并在50个国家设立代理机构，于12个国家运营18家工厂。秉持科技创新与可持续发展理念，龙盛集团矢志成为全球专用化学品领域的标杆企业。

2. 核心优势筑基石：品牌竞争力深度解析

（1）龙头地位固若磐石：产业整合显神威　2010年，龙盛集团通过债转股战略成功控股德司达全球公司，自此在染料行业的话语权显著提升。目前，公司拥有年产 30 万吨染料和 10 万吨助剂的生产能力，全球市场份额稳居第一。同时，龙盛集团还具备年产 11.45 万吨中间体的产能，中间体苯二胺和间苯二酚产量均位列全球前茅。历经近 20 年的技术创新与突破，公司中间体业务在未来几年将继续保持全球行业领先地位。

（2）科研创新铸辉煌：技术前沿领风骚　公司拥有涵盖产品开发、工艺开发、颜色应用服务（color service international，CSI）及可持续发展解决方案在内的全球完备技术研发体系。公司现持有近 1900 项境内外专利，强大的研发实力为公司在高端市场的产品开发提供了强有力的技术支撑。通过实施分散染料全流程升级改造项目、开发系列高盐高 COD 废水处理关键技术以及染料配套中间体项目绿色清洁新技术，公司既消除了环保隐患，大幅降低成本，又有效提升了分散染料业务的核心竞争力。

（3）产业链条延展阔：战略布局赢未来　公司已从单一染料产品拓展至其他特殊化学品领域，以产业链一体化为核心，向间苯二酚、间苯二胺、间氨基苯酚等关键中间体生产延伸，扩大产能与市场份额；同时配套生产还原物等有机生态融合的系列中间体品种，整合并向上游染料供应链延伸，强化对战略性中间体原料的控制力，进一步提升公司染料产品的主导权。未来，公司将继续通过内部研发与外部并购，丰富产品线，力争成为跨多个领域的全球顶级特殊化学品生产服务商。

（4）安全生产智控防患：杜邦模式筑屏障　引入杜邦可持续解决方案（DSS 项目），推动公司安全生产管理从"严格监管"向"自我管理"模式转变。从行为安全和工艺安全两方面进行管理提升，通过加强安全文化建设、有效控制风险源，防止事故发生，最终实现"控制高危风险、夯实安全基础、强化执行能力、深化安全变革，形成先进安全文化、构建长效机制"的安全管控目标，构建"生产装置自动化、安全过程定量化、安全控制精准化"的安全数字化透明工厂。

（5）绿色减排先锋行：循环经济树典范　作为行业领军者，公司在节能减排方面起步早、投入大，经过长期积累与创新，在浙江上虞基地打造了"染料 - 中间体 - 硫酸 - 减水剂"循环经济一体化产业园，提出"零排放"管理理念，全面开展减污降碳工作，形成规模效应与协同效应，并持续研发创新，保持行业领先优势。

3. 匠心工艺织彩虹：分散活性染料生产揭秘

公司主营业务涵盖了以染料、助剂为核心的纺织用化学品业务以及以间苯二胺、间苯二酚为特色的中间体业务。染料与助剂主要用于各类纺织物的印染加工，赋予织物丰富的色彩与必要的性能，如柔软性、防水性、抗皱性等，满足消费者对美观、舒适及功能性的多元化需求。例如，我们日常穿着的彩色衣物、家居装饰用的多彩窗帘，都离不开染料与助剂的"魔法"。

（1）分散染料魔术变：色彩斑斓工艺精　大多数分散染料的生产工艺类似，通常先经重氮化、偶合反应得到粗品，再经转晶、压滤、洗涤得到滤饼半成品；然后在助剂作用下经预分散、研磨得到浆料半成品；最后经拼混、喷雾干燥、标准化得到成品染料。其中，压滤所得母液可进一步经中和、净化、分离、浓缩、结晶得到硫酸铵副产物。生产过程中，还涉及污水处理和废气治理等。分散染料生产工艺流程见图 3-3。

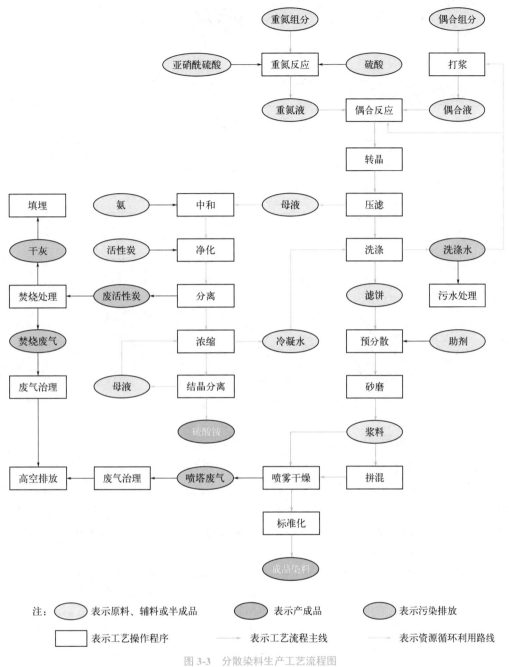

注: ⬭ 表示原料、辅料或半成品　　⬬ 表示产成品　　⬬ 表示污染排放

⬜ 表示工艺操作程序　　——▶ 表示工艺流程主线　　——▶ 表示资源循环利用路线

图 3-3　分散染料生产工艺流程图

　　（2）活性染料绘生活：红艳纷飞工艺巧　以生产"活性红 195"为例。三聚氯氰与对位酯缩合得到一次缩合液，再加入 H 酸进行二次缩合反应，得到的二次缩合物溶液经 pH 调节后，再与预先制备好的重氮液进行碱偶反应，然后经调浆、喷雾干燥、标准化得到成品染料。活性染料生产工艺流程见图 3-4。

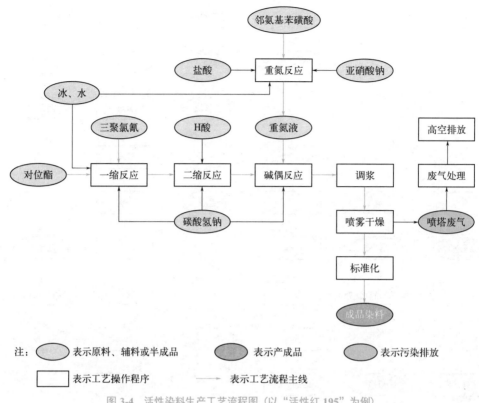

图 3-4   活性染料生产工艺流程图（以"活性红 195"为例）

4. 创新驱动绘蓝图：研发创新引领未来

历经多年深耕与创新，公司在浙江上虞打造了"染料 - 中间体 - 硫酸 - 减水剂"循环经济一体化产业园，拥有全球范围内完整的产品开发、工艺开发、颜色应用服务及可持续发展解决方案技术研发体系。公司以创新技术的高度集成、上下游产业链的高度协同、产业链生态圈的高度一体化，以及领先技术的同步推出，成功塑造了规模效应与协同效应，并持续通过研发创新保持行业领先地位。

在全球化工行业迅猛发展、国内产业布局向中西部及东北地区转移的大背景下，面对全国日益严峻的安全环保压力，公司坚守底线思维，不忘初心，以创新驱动为核心，制定高起点战略规划。公司已构建了一个开放共享的创新技术平台，并正加速建设新产业专业研究院，旨在提升新业务板块的发展速度，强化产业体系协同机制，提升创新技术实力与示范推广影响力。同时，公司积极与外部研究团队展开交流与合作，有效拓展研发体系边界，有力推动外部创新平台建设。公司已制定了清晰的创新发展蓝图，正稳步实施创新孵化培育，并承诺确保配套资金的硬性投入，为可持续发展构筑坚实基石。

在建设创新平台的同时，公司高度重视创新人才的引进与培养，启动人才战略，加大对高端产业人才的引进力度。龙盛研究院秉承绿色、安全、低碳的理念，深入践行创新驱动、绿色发展与智慧赋能，持续提升产业发展支撑力、绿色安全保障力，积极推动管理模式、生产模式与增长模式的革新，致力于打造更智能、更低碳的新化工高质量发展典范。2022 年，龙盛研究院在国内已累计完成项目 40 个，成功试车 35 个项目，移交项目 40 个，在建项目

30个。公司凭借其卓越的知识产权管理与创新表现，荣膺浙江省知识产权示范企业及国家知识产权优势企业称号。

任务五　发起一轮讨论——坚持深化改革开放

改革开放的春风吹遍华夏大地，中国染料工业乘风破浪，以分散染料为笔，绘就了一幅绚丽多彩的转型与发展长卷。从起步之初的蹒跚学步，依赖进口，到浙江龙盛集团股份有限公司等民族企业异军突起，成为行业领航者，这一路见证了侯毓汾等先驱者以开放心态拥抱世界先进技术，深化改革的决心与行动。他们不仅推动了染料生产从低效向高效、绿色环保的跃迁，更在国际舞台上树立了中国品牌的旗帜，彰显了深化改革开放下产业竞争力的重塑与增强。分散染料的每一次技术革新，都是中国化工领域改革开放成果的璀璨注脚，记录着一个行业从封闭到开放，从跟随到引领的华丽转身，为中国制造注入了强劲的动力与自信。

讨论主题一：请从应用性能方面对比分析分散染料与其他类型染料的优缺点。

讨论主题二：请结合我国染料工业的发展历史，分析当前我国染料行业的发展趋势。

讨论主题三：请从侯毓汾教授的科研经历，谈谈如何在平凡岗位上将个人专长同产业需求相结合。

讨论主题四：请从龙盛集团收购德国德司达案例分析企业跨国并购的利弊。

任务六　完成一项测试

1. 当前我国产量最大的染料类别是（　　）。

A. 分散染料　　　　B. 活性染料　　　　C. 还原染料　　　　D. 直接染料

2. 我国最早的合成染料产品是（　　）。

A. 硫化染料　　　　B. 活性染料　　　　C. 还原染料　　　　D. 分散染料

3. 下列不属于侯毓汾教授的研究领域的是（　　）。

A. 酸性染料　　　　B. 活性染料　　　　C. 丝绸染料　　　　D. 减水剂

4. 下列不属于龙盛集团主营纺织用化学产品的是（　　）。

A. 分散染料　　　　B. 活性染料　　　　C. 酸性染料　　　　D. 涂料

本项目
数字资源

项目二　饮食之美——食品添加剂

　　食品添加剂，这一旨在提升食品品质、丰富色香味及满足防腐与加工需求的化学合成或天然成分，在现代食品工业中扮演着不可或缺的角色。在我国的商品分类体系中，食品添加剂被细分为35大类别，如增味剂、消泡剂、膨松剂、着色剂、防腐剂等，广泛应用于上万种食品之中。值得关注的是，《食品添加剂使用标准》及卫生部公告已明确批准的添加剂类别共计23类，包含2400余种具体品种，其中有364种更是拥有了国家或行业认可的质量标准。

　　在饮食的艺术殿堂里，甜味剂作为调和味觉的魔术师，演绎着从古至今人们对甜蜜的不懈追求。从自然界的蜂蜜、糖蜜，到工业革命中糖的大规模应用，再到现代合成甜味剂的革新与天然甜味剂的兴起，如甜菊糖苷与罗汉果甜苷，甜味剂的发展历程不仅是科技进步的缩影，也是对健康饮食的深刻响应。在这一演变中，甜味剂正向着更健康、更天然、更个性化的方向迈进，满足现代消费者对低糖、无糖、天然成分的渴望。柠檬酸，是自然界中的酸甜精灵，从果实中提取到现代生物发酵技术的飞跃，书写了化学与自然和谐共生的篇章。中国柠檬酸工业从浅盘发酵到深层发酵的突破，不仅成就了我国全球生产大国的地位，更以绿色转型响应了健康中国愿景，引领化工行业的可持续发展之路。提及吴蕴初，这位自学成才的化学巨匠，以味精奇迹改写了中国食品工业的历史，被誉为"味精大王"。他不仅突破国际垄断，创立了"天厨味精"，更以"天"字号企业群的构建，展示了化工帝国的辉煌，其投身公益、助学报国的精神，为后人树立了科技兴国、实业报国的典范。久大精盐公司，由范旭东先生于1913年创立，不仅打破了传统制盐方式，还开启了中国精盐工业的新纪元。从餐桌到健康的每一步，久大精盐不仅保障了国民的基本需求，更在循环经济与技术创新中，展现了盐化工产业的蓬勃生命力，成为国家经济的坚实支柱。无论是甜味剂的甜蜜革命，柠檬酸工业的绿色转型，吴蕴初的化工传奇，还是久大精盐的百年历程，它们共同绘就了饮食之美背后，科技与人文交织的绚丽画卷。

任务一　认识一种产品——甜味剂

　　甜味剂作为舌尖上的精灵，穿梭于日常生活每个甜蜜瞬间，成为科技进步与健康追求的甜蜜使者。从古代文明对自然界甜蜜恩赐的最初探索，到工业革命洪流中糖分大规模生产的辉煌篇章，甜味剂的历史沿革宛如一部甜蜜编年史，记录着人类对美好生活的不懈追求与科技进步的紧密交织。步入现代，甜味剂的进化步入了一个全新的纪元：从合成甜味剂的革命性突破，挑战传统糖分的统治地位，到天然高倍甜味剂的璀璨登场，回应了现代社会对健康、天然的深切渴望。这些源自自然的甜蜜奇迹，如甜菊糖苷与罗汉果甜苷，不仅保留了纯粹的甜味享受，更以近乎零热量的特质，为健康饮食理念筑起坚实的桥梁。我们正处于科技创新的浪尖，甜味剂研究的每一次飞跃，都是对健康与美味平衡的重新定义。新型甜味剂的研发，不仅着眼于甜度与口感的极致追求，更融入了对人体健康的关怀与促进。通过结构设计的精妙改良与生物技术的创新应用，科研人员正努力打造既满足味蕾又益于身心的未来甜味剂，它们将是智能化、定制化食品时代的先锋。此番探索，将从甜味剂的悠久传承启航，航行至科研创新的最前沿，揭秘那些藏于日常甜品背后的高科技秘密，体验智能科技如何让每一丝甜意都充满智慧与关爱。

1. 甜味剂的应用历史

甜味剂的应用史，恰似一部镌刻着人类对甜蜜的向往与科技智慧交融的绵长篇章。它始于古代先民对天然甜味资源的初步发掘与利用，历经工业革命后糖类制品的大规模工业化生产与广泛渗透，直至 20 世纪合成甜味剂的异军突起与新一代天然甜味剂的崭露头角。这一历史进程不仅映射出人类饮食习惯的变迁轨迹，生动诠释了科技进步如何深刻重塑食品工业格局，更见证了社会公众对健康饮食理念的持续深化与适时调整。

（1）古代文明中的甜味剂应用　甜味剂的运用，其历史渊源可追溯至远古文明时代，彼时人类在探索自然的过程中，陆续发现了诸如蜂蜜、甘蔗汁等富含甜美滋味的自然资源，并将之广泛应用于烹饪技艺、宗教仪式、医药治疗等多个领域。尤为值得一提的是，蜂蜜，作为人类早期发现并使用的天然甜味剂典范，其历史印记可远溯至公元前 3000 年古埃及的壁画艺术中，那些生动再现采蜜场景的画面，足见蜂蜜在当时社会生活中的重要地位。古希腊人与古罗马人同样对蜂蜜珍视有加，视其为美食佳肴与疗愈良药的双重象征。糖蜜——源于甘蔗榨汁过程中的副产品，凭借其适宜的甜度与良好的保存性能，逐渐成为中世纪欧洲不可或缺的甜味供应源。与此同时，在东方文化腹地如中国、印度等地，对于甘蔗、甜菜等富含糖分植物的开发利用亦展现出极高的成熟度，例如中国的唐代文献中已有明确关于甘蔗榨糖工艺的翔实记录。

（2）工业革命与糖的大规模应用　工业革命的浪潮，尤其是在其高潮期——19 世纪中叶，蒸汽动力技术对甘蔗制糖业的革新产生了深远影响。当时，蒸汽驱动的甘蔗压榨机与精炼设施横空出世，大幅提升了糖的生产效能与产品质量，一改糖以往奢侈品的形象，使之成为寻常百姓家的日常消费品。这种转变不仅广泛渗透至各类食品的制作中，极大地拓展了人们的味觉体验，更孕育了丰富多彩的甜食世界。甜点、糖果等产业因糖的普及而迅速崛起，构建起一个琳琅满目的甜蜜王国。与此同时，一种独特的"糖文化"应运而生，糖在节日庆典、社交聚会乃至激励孩童的行为管理中扮演起举足轻重的角色，成为传递喜悦、营造氛围、寄托情感的载体。

然而，糖的过度消费如同一把双刃剑。随着糖摄入量在全球范围内呈爆炸式增长，其对人类健康的潜在威胁开始浮出水面。这一警钟早在 1797 年便由英国医师约翰·罗洛（John Rollo）敲响，他在研究中首度揭示了高糖饮食与糖尿病之间存在的因果关联，开启了对糖摄入与慢性疾病关系的科学探索之旅。自此，糖的甜蜜诱惑与健康隐忧并存的现象，引发了医学界、营养学界乃至全社会对合理膳食结构与生活方式的深度反思。

（3）合成甜味剂的诞生与争议　面对糖摄入过量所引发的健康危机，科研人员踏上了探寻糖替代品的征途。这一探索在 1879 年迎来重大突破，俄国化学家康斯坦丁·法尔伯格（Constantin Fahlberg）在一次偶然的实验中发现了世界上第一种合成甜味剂——糖精，并为其命名。糖精的诞生，犹如划破糖业传统的一道闪电，标志着甜味剂化学合成时代的开启。其甜度约为蔗糖的 300 倍，且热量微乎其微，这些特性使其迅速在食品工业中崭露头角，成为减糖配方的热门选择。

然而，糖精的安全性问题犹如悬在头顶的达摩克利斯之剑，始终引发科学界与公众的激烈争论。这一争议在 1977 年达到高潮，美国食品药品监督管理局（FDA）基于对糖精潜在风险的考量，提议禁止其在食品中的应用。尽管这一禁令最终未能在国会层面通过，但事件本身无疑敲响了警钟，昭示着社会对甜味剂安全性问题的高度关切与谨慎态度。

（4）新型合成甜味剂的发展与市场化　糖精事件并未阻碍甜味剂科研的步伐，反而激发了对更安全、口感更佳新型合成甜味剂的积极探索。1965 年，科学家发现阿斯巴甜的甜度约为蔗糖的 200 倍，且在人体内可快速分解为无害物质，1981 年获 FDA 批准使用。之后，三氯蔗糖（1998 年获批）、纽甜（2002 年获批）等新一代合成甜味剂接踵上市，它们具有更高甜度、更优口感和更强热稳定性，大大拓宽了甜味剂的应用范围。

（5）天然高倍甜味剂的兴起　迈入 21 世纪，随着公众对健康、天然食品成分需求的激增，源自植物的天然高倍甜味剂开始在市场中崭露头角。甜菊糖苷，提取自南美洲甜叶菊，其甜度相当于蔗糖的 200 ～ 300 倍，且热量微乎其微，于 1999 年被美国 FDA 认定为公认安全（generally recognized as safe，GRAS）物质，受到广泛接纳。另一款明星产品罗汉果甜苷，源自我国广西特产罗汉果，其甜度可高达蔗糖的 300 倍，并带有独特的清凉感，近年来在国际市场上的应用规模稳步扩大。此外，莫奈林、索马甜等其他天然高倍甜味剂在科研创新与市场需求的双重驱动下，正逐步走向商业化，展现出广阔前景。

2. 甜味剂的分类

甜味剂在食品工业中占据举足轻重的地位，其多元化的品类精准迎合了各类消费者群体的个性化需求，为食品配方设计师们提供了宽广的选择空间。深入掌握各类甜味剂的独特性能及其应用场景，对于化工专业学子在将来涉足食品研发、品质管控等相关职业领域时，能够作出兼具科学性与合理性的甜味剂选用决策，具有不可忽视的价值。

（1）天然甜味剂　天然甜味剂源自大自然的馈赠，如蜜蜂辛勤采撷花蜜酿成的蜂蜜、枫树汁液经熬煮提炼出的枫糖浆，以及从甘草根部精心提取的甘草酸及其衍生物等。这些源于动植物的甜味剂，不仅因其独特的口感备受推崇，更因其蕴含丰富多元的营养元素，深受崇尚天然、原生态生活方式的消费者青睐。尽管相较于合成甜味剂，天然甜味剂的甜度普遍较低，但其热量表现各有差异，以蜂蜜为例，每克蜂蜜提供约 3 卡路里[①]的能量。

（2）人工合成甜味剂　人工合成甜味剂是通过精密的化学工艺创制而成，如阿斯巴甜（天冬氨酰苯丙氨酸甲酯）、三氯蔗糖（蔗糖的氯化衍生物）以及甜蜜素（环己基氨基磺酸钠）。这类甜味剂具有极高甜度、近乎零热量或极微热量，在饮料、糖果、烘焙产品等多种食品中扮演重要角色。它们的安全性已经过包括美国食品药品监督管理局及欧洲食品安全局（European Food Safety Authority，EFSA）在内的多国权威机构的严格审查与认可，被允许作为食品添加剂使用。然而，部分公众对人工甜味剂可能带来的潜在健康隐患仍存有担忧。

（3）新型甜味剂　科研领域的最新成果不断催生出一类新兴的高倍天然甜味剂，诸如甜菊糖苷（取材于甜叶菊叶片）和罗汉果甜苷（源自罗汉果果实）等，已成功迈入商业应用阶段。这类新型甜味剂凭借其显著优势——甜度可高达蔗糖的数百乃至数千倍、几乎无热量或热量极低、出色的热稳定性能以及优良的口感体验——迅速赢得市场关注。尤为重要的是，

---

① 卡路里，简称卡，热量单位，符号 cal，1cal=4.184J。

由于它们源自天然植物资源，且不含转基因成分，被广大消费者视为更为健康、绿色的甜味剂之选。伴随着公众对天然、非转基因食品成分日益增长的偏好，新型甜味剂的市场需求呈现出强劲的增长态势。

（4）混合甜味剂　混合甜味剂，即通过精心调配，将两种或多种甜味剂以特定比例融合，旨在优化食品口感、降低成本或避免单一甜味剂可能产生的不利影响。研究表明，将不同甜味剂巧妙搭配，可产生协同增效作用，显著提升甜味剂的整体品质，巧妙遮蔽不良风味，甚至创造出新颖的感官特质。例如，将高倍甜味剂与低倍甜味剂、增味剂或填充剂等巧妙配伍，既可满足减糖的营养需求，又能确保产品保持理想的口感吸引力。以阿斯巴甜与安赛蜜的组合为例，不仅能够增强甜味的表现力，还能有效缓解阿斯巴甜在高温加工条件下易发生分解的问题。不仅如此，一些混合甜味剂的设计还充分考虑了不同甜味剂在刺激味蕾时的时间差异性，旨在营造出更为持久或柔和的甜味享受。表 3-6 为不同类型甜味剂及其特性情况汇总表。

表 3-6　不同类型甜味剂及其特性

类型	特性
天然甜味剂	来源于自然界（蜂蜜、枫糖浆、甘草等），口感独特，营养丰富，甜度相对较低，热量各异（蜂蜜约 3 cal/g），符合追求天然生活方式的消费者需求
人工合成甜味剂	通过化学合成获得（阿斯巴甜、三氯蔗糖、甜蜜素），高甜度、低热量或无热量，广泛应用于饮料、糖果等多种食品，经权威机构（如 FDA，EFSA）安全性审查认可
新型甜味剂	新兴高倍天然甜味剂（甜菊糖苷、罗汉果甜苷），甜度极高（可达蔗糖数百至数千倍），几乎无热量，热稳定性能好，口感佳，天然植物来源，非转基因，符合健康绿色趋势
混合甜味剂	精心调配的甜味剂组合（如阿斯巴甜＋安赛蜜），优化食品口感，降低成本，协同增效，提升甜味品质，遮蔽不良风味，考虑甜味剂时间差异性，创造持久或柔和甜味体验，解决单一甜味剂加工难题（如阿斯巴甜的高温分解）

3. 甜味剂的研究进展

甜味剂作为食品工业的核心要素，其科研活动涵盖了新型甜味剂的创新研发、既有品种的优化改进，以及对人体健康影响的深度剖析等诸多维度。时至今日，科研人员在甜味剂的基础理论、技术创新与健康效益评估等方面已取得一系列重大突破，为甜味剂的科学应用与产业升级奠定了坚实基础。

（1）新型甜味剂的研发　科研工作者矢志不渝地在新合成路径与分子设计策略的探索之路上前行，目标直指开发出甜度更出众、口感更宜人、安全性更上乘的合成甜味剂。以二肽基肽酶Ⅳ（DPP-Ⅳ）抑制剂原理为灵感源泉设计的新型甜味剂，不仅满足人们对甜味的期待，更有可能具备调节血糖的额外保健功效。此外，为适应特定应用场景（如高温烘焙、酸性饮料）而研发的高耐受性甜味剂，正逐步丰富合成甜味剂的产品谱系。

全球范围内，科研团队持续挖掘潜藏于南非茶树、热带奇异果等天然宝库中的甜味植物资源，从这些珍稀物种中分离并鉴定了众多具备商业价值的甜味化合物。同时，借助基因工程技术、植物育种等先进手段，对现有甜味植物进行改良，旨在提升其甜味成分含量，优化生长习性，从而实现高效、规模化的种植与生产。

无论是天然还是合成甜味剂，科研人员皆运用化学或生物技术对其进行结构改造，旨在改善其溶解性、稳定性、甜味表现，乃至消除不良风味。以甜菊糖苷为例，通过糖基化、酰化等化学反应，有效提升了其在水中的溶解度与热稳定性，使其口感更细腻。

（2）甜味剂的健康效应研究　大量科学研究证实，不同类型的甜味剂对血糖水平及胰岛素反应的影响存在显著差异。无热量或低热量甜味剂通常不会引起血糖升高，有助于维持血糖稳定，尤其适合糖尿病患者和追求减重的人群。然而，需要注意的是，像糖醇类甜味剂可能会导致部分人出现肠胃不适，故在使用时需适度控制。

对于甜味剂与肥胖、心血管疾病、癌症等慢性疾病之间关联性的探讨，目前学术界的共识并不明确。尽管一些观察性研究提示长期大量摄取特定人工甜味剂可能与体重增加、2型糖尿病风险上升存在关联，但这些研究未能确立明确的因果关系，有待更深入的研究予以确认。近期的动物实验和临床试验揭示了甜味剂对肠道微生物、食欲调节、脂肪代谢等生理过程的复杂交互作用，为全面揭示甜味剂对长期健康影响的深层机制提供了崭新的研究视角。

任务二　铭记一段历史——中国柠檬酸工业发展史

柠檬酸，不仅是自然界赐予的酸甜精灵与调味大师，更是美好生活品质的守护者。从古老果实的自然馈赠到现代生物发酵技术的革命，柠檬酸的演变历程，是对人类智慧与自然和谐共生哲学的深刻体现。这段旅程，我们将追溯柠檬酸从天然果实到餐桌艺术的奇妙转化，探讨其在食品工业中扮演的多重角色，从增添风味到护色保鲜，每一个细节都是化学工业与生活美学的完美融合。中国柠檬酸工业的故事，是科研人员不懈探索与创新的见证，从最初的浅盘发酵到深层发酵技术的飞跃，再到今天环保高效的生产模式，每一次产业升级都彰显了对美好生活的不懈追求和对环境责任的担当。在这个任务中，我们将穿越时光，见证小小柠檬酸如何在中国这片土地上，从实验室的微小发现，成长为支撑全球市场的重要力量，中国是如何赢得"世界柠檬酸生产强国"的美誉。它不仅促进了食品工业的蓬勃发展，更以其绿色转型响应了新时代的"健康中国"愿景，引领化工行业向可持续的未来迈进。

1. 柠檬酸：自然界的酸甜精灵与生活品质的调味大师

柠檬酸，又称枸橼酸，其英文名称为 citric acid，源自拉丁词根 "citrus"，意指这种有机酸广泛存在于柠檬等柑橘类水果之中。其化学名称为 3-羟基-3-羧基戊二酸，是一种无色晶体，通常含有一个结晶水分子，无特殊气味，却具有强烈的酸味，极易溶于水。柠檬酸的钙盐在冷水中的溶解性优于热水，这一特性常被用于柠檬酸的鉴定与分离。在室温条件下，柠檬酸是无色半透明晶体、白色颗粒或白色结晶性粉末状，无臭，味道极酸，稍有吸湿性。柠檬酸作为生物体内的主要代谢产物，广泛分布于自然界，尤其富集于柠檬、柑橘、菠萝等多种水果，尤其是未成熟果实的含量更高。植物叶片，如烟叶等，亦含有一定量的柠檬酸。在植物体内，柠檬酸常常与苹果酸、草酸及酒石酸等共同发挥作用。在动物体内，柠檬酸则存在于骨骼、肌肉、血液中，或是以游离状态或金属盐形式存在。

柠檬酸在工业与食品领域具有多重用途，主要作为酸味剂、增溶剂等发挥作用。此外，它还能抑制细菌生长、保护色泽、改善风味、促进蔗糖转化等。柠檬酸还展现出优异的螯合作用，能够有效清除某些有害金属离子；凭借其抗氧化能力，柠檬酸能够防止酶催化的氧化反应以及金属催化的氧化过程，从而有效防止冷冻水果发生变色变质，确保食品品质。

2. 生产艺术：柠檬酸提炼技术的变迁与生物发酵的崛起

柠檬酸的生产主要有水果提取法、化学合成法和生物发酵法三种途径。然而，由于化学合成法工序繁琐、成本高昂且存在安全隐患，而水果提取法则因原料成本过高且易受市场价格波动影响，不利于大规模工业化生产，故当前业界普遍选择生物发酵法来制备柠檬酸。

中国对发酵法制柠檬酸的研究可追溯至 1942 年，当时汤腾汉等首次对此进行了报道。1952 年，陈声等开始采用黑曲霉进行浅盘发酵，以此提取柠檬酸。此过程中，黑曲霉在富含蔗糖或葡萄糖的培养基中进行培养，通过代谢产生柠檬酸。糖源可选用玉米浸液、糖蜜等经济型含糖溶液。发酵结束后，过滤掉菌体，用氢氧化钙沉淀柠檬酸，形成柠檬酸钙盐，随后用硫酸处理，还原为纯柠檬酸，其原理与直接从柑橘果汁中提取柠檬酸相似。1959 年，轻工业部发酵工业科学研究所成功完成了 200 升规模的深层发酵制柠檬酸试验。1965 年，进一步进行了以 100 吨甜菜糖蜜为原料的浅盘发酵中试，并在 1968 年实现工业化生产。20 世纪 60 年代末，天津工业微生物研究所、上海工业微生物研究所等机构的先驱科研人员创新性地采用薯干作为发酵原料，同时筛选并培养出了能耐受高糖、高柠檬酸浓度且抗金属离子的高效柠檬酸生产黑曲霉菌株。在天津、上海等地工厂的共同努力下，成功研制出"争气酸——中国柠檬酸"，标志着我国柠檬酸产业化的重大突破。尽管 1972 年前我国柠檬酸总产量仅为 1030 吨，但这完全依赖自主研发的菌种与生产工艺，标志着中国柠檬酸工业的诞生，为我国有机酸产业的整体发展奠定了坚实基础。

中国对石油发酵柠檬酸的研究启动较早。自 1970 年起，天津、上海等地的研究机构便开始尝试利用解脂假丝酵母（candida lipolytica）进行石蜡油（正构烷烃）发酵以生成柠檬酸。1979 年，徐子渊等科研人员筛选出了一株对氟乙酸敏感的解脂假丝酵母变异株，该菌株乌头酸水合酶活性极低，使得柠檬酸的生成比例由原本的 50% 大幅提升至 80%，从而显著提高了石油发酵柠檬酸的生产效率。图 3-5 是发酵法制备柠檬酸的主要原料。

图 3-5　发酵法制取柠檬酸的主要原料

3. 产业升级：中国柠檬酸工业的创新之路与全球影响力

天津工业微生物研究所和上海工业微生物研究所持续推出针对不同原料的高效菌株与新配方，推动了浓醪高发酵指数深层发酵工艺的不断成熟。整个行业积极引进国内外先进技术及设备，通过自主创新，逐步形成了具有中国特色的高效浓醪高发酵指数深层发酵新工艺。

这一革新使得中国在 20 世纪末迅速崛起为全球柠檬酸生产大国，并确立了这一关键生产工艺的地位。其中，薯干粉深层发酵生产柠檬酸工艺尤为独特，凭借原料丰富、工艺简洁、无需额外添加营养盐、率率高等优势，成为中国领先的先进工艺代表。

进入 21 世纪，尤其是自 2004 年以来，中国柠檬酸工业经历了深度整合与快速发展，如今中国已跃居世界柠檬酸生产强国之列。截至 2018 年，全球柠檬酸产量超过 200 万吨，中国则贡献了其中超过半数的产量。优良的柠檬酸生产菌株特性确保了我国柠檬酸发酵工艺的先进性，各项技术指标均达到国际领先水平。2021 年，中国柠檬酸产量和国内需求量分别达到了 150 万吨和 43.4 万吨，市场平均价格为 6616 元 / 吨，市场规模达到 28.71 亿元。产品结构中，柠檬酸钠占比为 23.34%，柠檬酸钙占 15.12%，柠檬酸钾占 19.51%。

面对"双碳"目标，中国对环境保护的重视程度显著提升，各地区纷纷加快环保战略部署。在此背景下，国家政策有力引导了中国柠檬酸产业结构的优化调整，技术创新步伐加快，行业呈现出规模化、环保化、集约化、集团化的发展趋势。近年来，得益于市场需求的增长以及生产工艺的持续优化，中国柠檬酸产业规模持续扩大。加之柠檬酸作为一种广泛应用的有机酸，其在食品、医药、化工等多个领域的需求不断拓展，加上海外市场对柠檬酸新应用的持续开发，未来柠檬酸需求预计将持续攀升。综上所述，柠檬酸产业正处于黄金发展阶段，发展前景持续向好。

任务三　讲述一个人物——吴蕴初

在中国化学工业的星空中，有这样一位传奇人物，他以贫寒之躯，怀揣报国之志，用智慧与坚韧书写了民族化工的辉煌篇章。吴蕴初，一个从江苏嘉定走出的自学成才者，不仅在化学领域留下了深刻的烙印，更以他的味精奇迹，改写了中国食品工业的历史，是名副其实的"味精大王"。在那个味精尚需舶来、技术封锁严密的年代，吴蕴初以一己之力，挑战国际垄断，通过无数次实验与不懈努力，最终突破重围，成功自主研发出国产味精，填补了国内空白。他的天厨味精，如同一股清新之风，席卷全国乃至海外市场，不仅打破了日货的长期统治，更为中国品牌赢得了世界的尊重。吴蕴初的故事，远不止于此。他以味精的成功为契机，构建起一个"天"字号化工帝国，天原电化厂、天利氮气厂等企业的相继成立，不仅彰显了他的远见卓识，更填补了国内多项化工技术的空白，为中国近代化学工业的崛起打下了坚实基础。他坚持技术创新，倡导自主生产，引进国外先进设备与技术的同时，亦不忘自主研发，为民族化工的自立自强开辟了道路。更难能可贵的是，吴蕴初在事业有成之后，不忘初心，热心公益，设立教育基金，资助贫困学子，特别是在民族危亡之际，他倾尽所能支援抗战，展现出了一位企业家深厚的家国情怀与社会责任感。他的一生，是对"科技兴国、实业报国"最生动的诠释。吴蕴初的传奇，是中国化工史上的一曲壮歌，是科技创新与民族精神交响的华章。他的名字，将永远镌刻在中国化学工业的丰碑之上，激励着后来者在科学探索与国家建设的道路上不断前行，矢志不渝。

1. 自主研味精，贫寒学子逆袭成宗师

吴蕴初，祖籍江苏嘉定（今属上海市）。家境贫寒的他，年少时被迫辍学，辗转回到家

乡嘉定第一小学担任英文教师以维生。15 岁时，他考入陆军部上海兵工学堂，半工半读专攻化学，凭借勤奋好学的品质，深得德籍教师杜博赏识，成为其得意门生。1911 年，吴蕴初以优异成绩毕业，留校任教，并在杜博主持的"上海化学试验室"展开化学研究工作。这段宝贵的经历，为他日后投身化学事业构筑了坚实基础。

20 世纪 20 年代初期，中国尚无自主生产的味精工厂，相关技术也是一片空白，市面上充斥着日本"味の素"的广告。吴蕴初购得一瓶"味の素"，通过化验分析，揭示其主要成分为从蛋白质中提取的谷氨酸钠，遂萌生自制味精的想法。面对缺乏参考资料的困境，他多方搜集信息，并委托海外友人搜寻文献资料；面对实验设备匮乏，他毅然拿出炽昌新牛皮胶厂支付给其厂长职位的薪水，购买了一批简易化学实验装置。凭借在兵工学堂积累的化学知识和试制耐火砖、火柴等产品的实践经验，吴蕴初意识到从蛋白质中提炼谷氨酸钠的关键在于水解工艺。他白天工作，夜晚专心实验，人手不足时，甚至动员夫人吴戴仪充当助手，夫妻二人常常夜以继日地钻研。经过一年有余的艰苦攻关，他终于成功研制出品质优良、成本低廉的国产味精。

1923 年，吴蕴初以技术入股，联手酱园老板张逸云以资本出资，共同创办并获批中国首家国产味精厂——天厨味精厂。产品选用佛手商标，寓意其产品与日本"味の素"从鱼类等动物原料中提取不同，完全采用植物蛋白，素食者及佛教信徒均可安心食用。天厨味精一经上市，即热销全国，并远销南洋各地，引发国内外强烈反响，一举打破日货味精长期垄断中国调味品、鲜味剂市场的局面。1926～1927 年，吴蕴初的味精制造技术相继在美国、英国、法国等国获得专利，成为中国化工产品在国际上取得专利权的先例。由此，吴蕴初声名鹊起，被誉为"味精大王"。

2. 延伸产业链，"天"字企业星罗棋布

天厨味精的成功热销，促使吴蕴初进一步思考产业链的整合与延伸。他洞察到味精生产所需的化工原材料需求，于是在上海相继创立了天原电化厂、天利氮气厂等一系列"天"字号化工企业，填补了中国近代氯碱、化学陶瓷工业的空白。为了实现盐酸的自产，吴蕴初独具慧眼，收购了位于越南海防、因经营不善而停产的法国人所办盐酸厂（即法国远东化学公司）。设备运回上海后，原本负责安装调试的法国工程师因技术水平欠佳无法胜任工作，幸而吴蕴初凭借自身深厚的技术底蕴，亲自领导装机出货的工程技术工作，最终顺利完成天原电化厂的建设与投产任务。此举不仅使天厨味精实现了原料的全面国产化，大幅降低了生产成本，而且为中国食盐电解工业的发展揭开了新篇章。

"天原"二字寓意天厨之原料。吴蕴初从电化学的阴阳两极联想到"太极生两仪"之哲理，进而选取"太极"图案作为天原产品（主要包括烧碱、盐酸、漂白粉等）的商标。天原电化厂作为中国首家电解化学工厂，被誉为食盐电解工业的先驱。其生产的盐酸投放市场后，迅速击退了日本同类产品的竞争；对于烧碱，吴蕴初巧妙地将英商卜内门洋行主打的固体碱改制成液体碱，并着力降低液碱中盐分含量，此举不仅降低了成本，更便于本地工厂使用，赢得了用户的广泛好评。

面对当时国内电解食盐工业的空白，吴蕴初深知自身对该领域生产技术的认识仍有局限，故于 1932 年赴美实地考察学习。归国后，他对天原电化厂内部分生产工艺进行了适时的优化改进。为进一步提升技术水平，吴蕴初还委派厂内一名技术员赴美实习，以培养专业

技术人才，持续推进工艺改良。同时，他广泛收集国内外电解工业的相关资料，于 1934 年成功自主研发电解槽，此事在国内化工界一时传为佳话。这使得天原电化厂成为国内首家设备基本实现国产化的化工原料企业，为民族化工企业自力更生、自主创新的道路树立了榜样。随后，天原电化厂进行了一次规模扩增，将电解槽数量由最初的 1 列增至 6 列，并逐步升级机器设备。

吴蕴初始终坚信质量是企业的生命线，积极引入国外先进技术。例如，天利氮气厂建立之初的设备，便是他在 1932 年考察杜邦公司时斥资 18 万美元购得。1934 年春季，吴蕴初亲赴德国、法国等地实地考察机器设备，最终从法国购入全套硝酸生产设备。为了全面掌握硝酸生产技术，他在法国进行了长时间的学习观摩，回国后亲自指挥试车并顺利实现投产。抗日战争期间，吴蕴初仍不忘汲取国外先进的生产技术和现代化企业管理理念，持续推动企业进步。

3. 饮水而思源，公益助学报国心切

吴蕴初一生生活简朴、待人谦逊，始终铭记少年时求学艰辛的岁月。他深信企业盈余应用于回馈社会，开展公益事业。首先，他对味精发明权收益的分配提出独到见解。他在致公司的信函中写道："味精虽由我吴蕴初开创先河，但今日之繁荣，实乃全体同仁之辛勤努力和社会各界之鼎力支持所致。因此，自公司成立以来，我决定仅保留发明权，而自愿放弃应得之利益。"他建议将发明权收益的 25% 分配给员工，25% 作为社会公益基金，剩余 50% 作为公司特别公积金，此方案一直沿用至抗日战争胜利后。其次，他决定设立慈善基金。1931 年，他发起创立清寒教育基金协会，专门资助家境贫寒但立志攻读化学专业的学子。此后，他聘请专业人士共同管理个人资产，成立蕴初公益基金委员会，抗日战争胜利后，更将味精发明权所得悉数并入该基金会。

1937 年上海淞沪会战爆发，吴蕴初为支持抗战，大量收购核桃壳，烧制活性炭，用于制造防毒面具，计划无偿赠予英勇抗击敌寇的十九路军（后因十九路军撤出上海而未能实现）。1938 年，他以天厨味精厂名义购买一架战斗机支援抗战，成为当时广为人知的"献机爱国"楷模。

抗日战争期间，天厨味精厂迁至重庆，吴蕴初在重庆大公职业学校及中华职业学校设立"天厨"奖学金，以培养化工技术人才。他教导后代要秉持"蕴志兴华，家与国永"的信念，强调："身为中国人，必当对得起自己的国家。"他始终坚守"致富不忘报国"的宗旨，即便在战火纷飞的艰难岁月里，仍竭力恢复生产，先后在重庆、宜宾建成天原渝厂和天原叙厂，全力支援抗战。同时，他的企业还向香港拓展业务，成功打开美国味精市场。

抗战胜利后，吴蕴初返回上海，积极筹备企业复产。中华人民共和国成立后，在国家的关怀与支持下，他的化工企业步入崭新的发展阶段。正当吴蕴初满怀激情准备投身新中国的化工事业之际，他不幸于 1953 年 10 月病逝，享年 62 岁。

任务四　走进一家企业——久大精盐公司

盐，这一平凡而又神奇的晶粒，自古穿梭于人类文明的脉络，不仅是生活的调味剂，更

是健康的守护者。我们将踏上一段跨越时空的旅程，探索回到1913年的塘沽，范旭东先生以一腔热血和科学精神，于荒芜中点亮了中国精盐工业的曙光，创办久大精盐公司。在传统与现代的交锋中，久大不仅突破技术瓶颈，实现了食盐品质的飞跃，更开启了资源循环与技术创新的广阔天地，为中国盐业史书写了辉煌篇章。穿越百年光阴，盐化工产业已茁壮成长为支撑国家经济的巍峨大厦，其绿色转型与创新发展正引领新一轮的产业革命。在循环经济的号角下，盐，这一古老而又年轻的元素，正焕发新生，续写着与人类共生共荣的新篇章。

1. 百味之源：从餐桌到健康的神奇旅程

盐，自古以来便是人类社会不可或缺之物，被誉为"百味之源"。食盐主要成分是氯化钠（化学式$NaCl$），含量约为97%。在饮食中，食盐不仅是赋予菜肴咸味的核心元素，更具备提鲜增香、强化食材本味的功效。它还兼具防腐抑菌、调理食材口感之功，如增强原料脆嫩度；在烹饪面点或制作馅料时，适量添加食盐有助于提升面团韧性、促使馅心充分吸水并凝练黏性。食盐在工业领域同样扮演着重要角色，是制备氯气、氢气、盐酸、氢氧化钠、氯酸盐、次氯酸盐、漂白粉乃至金属钠等多种化工产品的基础原料。高度纯化的氯化钠则可用于制造生理盐水，广泛应用于医学临床治疗与生理实验，尤其对于维持失钠、失水、失血等状况下的电解质平衡至关重要。

人体内钠离子总量约为60克，其中约80%存在于细胞外液，包括血浆和细胞间隙液中，氯离子亦主要分布于细胞外液。Na^+与氯离子共同构成细胞外液渗透压的主要决定因素，对体内水分动态平衡起到关键调控作用。钠离子还在体内参与形成碳酸氢钠缓冲体系，对维持血液酸碱平衡有所贡献，而氯离子则参与胃酸生成过程。此外，食盐对保持神经与肌肉的正常兴奋性具有重要作用。一旦因出血、过度排汗或膳食中食盐摄入不足导致体内钠离子含量骤减，钾离子会由细胞内移出至血液中，引发血液浓缩、尿量减少、皮肤黄染等症状。世界卫生组织（WHO）建议，每人每日食盐摄入量控制在6克以下，有助于预防冠状动脉心脏病和高血压等慢性疾病。据统计，我国每年食盐消费总量稳定在700万吨左右。

2. 久大诞生：民族精盐工业的曙光初现

1913年的金秋时节，自日本深造归来的化学家与实业家范旭东，孤身踏上了探访渤海之滨盐业重镇——塘沽的征途。面对眼前荒芜的渔村与广袤的海滩，他凭借深厚的化学素养与过人胆识，敏锐洞察到塘沽蕴藏着丰富的盐矿资源与得天独厚的水陆交通优势，断定此地乃兴办民族化工产业的风水宝地。范旭东积极筹集资金，收购了一家由通州盐商经营的小型熬盐工坊，以此为基础筹备创立精盐企业。

他与当时担任盐务署顾问、《盐政杂志》主笔的景韬白先生深入探讨，得到其兄、时任教育总长范源廉以及师友梁启超等社会各界贤达的鼎力支持。1914年7月20日，他们正式提交企业注册申请，短短两个月后，即9月22日，获得政府批准，并于塘沽设立了"久大精盐厂"，标志着中国现代精盐工业的雏形——久大精盐公司由此蹒跚起步。

"盐"字的原始含义，乃指"以器皿煮熬卤水"。《说文解字》记载，天然析出者谓之卤，经人工煮炼而成者称为盐。相传在黄帝时代，有一诸侯名夙沙氏，开以海水煮卤制盐之先河，所产盐晶色泽各异，有青、黄、白、黑、紫五种。我国人民自神农（炎帝）与黄帝时代起，便开始了煮盐的实践活动。然而进入 20 世纪，西方各国已明确规定，供牲畜食用的盐中氯化钠含量需超过 85%，而作为食用盐则需达到 95% 以上。相比之下，彼时中国的传统土法制盐工艺落后，食盐中氯化钠含量往往不足 50%，以致国人被嘲讽为"食土民族"。对此现状，范旭东痛心疾首，决心亲力亲为，夜以继日地在简陋的实验室中反复试验，最终攻克难关，将原本黝黑粗糙的海盐成功转化为洁白细腻、氯化钠含量高达 90% 以上的精盐产品，一举打破了国际对中国食盐品质低劣的偏见。

3. 技术跃升：精盐提纯的艺术与科学实践

久大精盐公司在初创阶段，便积极引进日本较为先进的制盐技术与设备。在当时的中国，拥有如此完备设施的工厂实属凤毛麟角。公司采用新式的科学制盐工艺，首先将采集的粗盐运至厂内，储存于粗盐仓库，再将其倾倒入混凝土池中，溶解成饱和盐卤。卤水经过沙板过滤去除泥渣后，进入澄清池，通过添加化学试剂使铁类等杂质沉淀于池底。澄清后的卤水随后被抽水机引入高塔上的卤箱，卤箱内置两只长方形平底大锅，以煤炭加热熬煮至约 109 ℃，盐晶便自然析出，形成晶莹剔透的精盐。这种精盐不仅纯净卫生，品质上乘，而且生产原料——粗盐，就近取材于公司自营或租赁的盐田，距离工厂极近，且备有盐坑以方便储存和取用。1915 年底，历经艰辛努力，久大精盐公司终于迎来了第一批国产精盐的大规模投产，宣告中国精盐制造业的历史新篇章就此开启。

精盐产品深受广大民众喜爱，市场需求日益旺盛，为满足生产扩大的需要，久大精盐公司增设煮盐设备，扩建了东西两厂。西厂原料主要来自塘沽、汉沽地区，东厂则倚仗于家后菜畦、小高跳、小夹道等四滩。同时，公司对盐池进行统一规划与整修，将东西两厂盐滩相邻排列，对各滩结晶池重新划分，缩小面积，底部采用砂石及特种黏结剂硬化处理，有效防止池底浮泥滋生，确保工人作业时无需入池踩踏，保持洁净卫生。此外，公司积极改良制盐工艺，将每日输入的盐料经过特制装置进行精细化加工，利用纯碱溶液去除杂质，再送入沸卤锅，通过化学方法除去微量有机物，最后进入烤盐机进行充分烘晒。如此生产出的精盐，色泽洁白、颗粒均匀，氯化钠含量稳定在 95% 以上，其品质远胜于旧法所制，开启了中国盐业发展的新篇章。

4. 扩产增效：资源循环与拓展创新之路

面对盐商垄断原料、资金紧张、技术薄弱等重重困难，久大精盐公司坚持工商并举、科研并举、锱铢必较、分秒必争的经营策略。在大力推广精盐产品之余，公司还设立了副产部，利用精盐生产废料及永利制碱剩余原料，开发牙粉、牙膏、漱口水、雪花精等副产品，与外资品牌在市场上展开竞争，以弥补利润缺口，收回民族盐业主权。公司在全国范围内广泛构建分销网络，丰富了产品种类，增加了收入来源。

1930 年，为扩大精盐产能，范旭东在江苏省淮阴区新浦创建了久大大浦分厂。该厂利用当地海水制盐，规模宏大，不仅设有制盐车间，还自建了发电厂。所产精盐通过海运分发至久大各分支机构销售。当时连云港尚在建设中，陇海铁路也未延伸至此，大浦分厂犹如一颗璀璨明珠，屹立于苏北海滨荒原，备受赞誉。大浦分厂落成后，久大精盐公司成长为跨越中国南北的大型企业，盐田面积从塘沽沿海延伸至黄海之滨，总计达到十万亩。1936 年，公司盐产量由初创时的每年 3 万担（约 1500 吨）猛增至 300 万吨。同年末，范旭东在天津举行的最后一次股东大会上宣布："鉴于公司业务九成五集中于长江流域，故拟申请盐务署批准，将久大精盐公司更名为久大盐业公司，并将总部从天津迁至上海。"自此，久大精盐公司南迁更名，总部移至上海，公司加强了管理体系，拓展了南方业务，便利了精盐销售。

盐作为化学工业的关键原料，支撑起庞大的盐化工产业，主要用于生产纯碱、氯碱及其衍生产品。随着我国经济的迅猛发展，盐化工产业亦迅猛崛起，我国已成为全球盐化工产业的重要大国。盐化工产业不仅提供了"三酸两碱"中的烧碱、纯碱和盐酸，还能向下延伸生产聚氯乙烯、甲烷氯化物、环氧丙烷、甲苯二异氰酸酯（二苯基甲烷二异氰酸酯）等多种基础化工原料，以及众多精细专用化学品，是推动其他行业发展的基石。当前，我国盐化工产业链正迎来新的调整与发展机遇期，行业面临新的挑战与机遇。在国家大力倡导低碳经济的背景下，盐化工产业紧握循环经济与绿色发展的主线，将为其插上展翅翱翔的双翼。

任务五　发起一轮讨论——贯彻新发展理念

在贯彻新发展理念的指引下，中国食品工业与化工产业的高质量发展路径清晰展现。从食品添加剂领域的甜味剂革新，我们见证了科技进步与健康理念的深度融合，新型甜味剂的开发不仅追求极致口感，更注重健康效益与环境友好，响应了消费者对天然、低糖、可持续产品的诉求。中国柠檬酸工业的崛起，以科技创新为驱动，通过生物发酵技术的突破，实现产业升级，不仅确立了全球领先地位，更展现了绿色转型的决心，为食品工业提供了重要支撑。吴蕴初先生作为味精国产化的先驱，不仅展示了个人的科研才华与创业精神，更体现了从技术创新到企业责任的全面发展，其对教育与社会公益的贡献，是高质量发展以人为本的生动写照。久大精盐公司的历史，则是盐业现代化的里程碑，从落后手工制盐到科学提纯，范旭东先生引领的技术跃升与资源循环利用策略，不仅打破了传统束缚，也为盐化工产业的可持续发展奠定了基础。这些案例，共同勾勒出中国在高质量发展道路上，如何在传统产业中注入新活力，以创新引领未来，实现经济、社会、生态的和谐共生。

讨论主题一：如何辩证地看待食品添加剂？

讨论主题二：请从柠檬酸制备工艺的发展历史来分析我国能源产业的发展趋势和理念。

讨论主题三：请从吴蕴初先生的成长故事来分析如何将个人理想与人民需要相结合。

讨论主题四：请从久大精盐公司的发展历史来分析精盐提纯技术创新的意义。

任务六　完成一项测试

1. 在甜味剂的健康效应研究中，无热量或低热量甜味剂对（　　　）特别有益。

A. 糖尿病患者　　　　B. 运动员　　　　　　C. 儿童　　　　　　D. 孕妇

2. 目前主要的柠檬酸生产方法为（　　　）。

A. 水果提取法　　　B. 化学合成法　　　C. 生物发酵法　　　D. 以上都是

3.（　　）在中国创办了第一个味精厂。

A. 吴志超　　　　　　B. 吴蕴初　　　　　　C. 荣宗敬　　　　　　D. 荣德生

4.（　　　）年底，第一批量产的国产精盐终于问世。

A. 1925　　　　　　　B. 1915　　　　　　　C. 1920　　　　　　　D. 1965

项目三　居住之美——涂料

艺术涂料，作为墙面装饰的高级艺术形式，以丰富色彩、多样质感和个性化图案，赋予空间独特的艺术魅力，从古埃及壁画到现代都市生活，它见证了人类对居住美学的不懈追求。随着科技的进步，艺术涂料正向环保、多功能、简便施工与高度定制化发展，成为提升生活品质的时尚之选。回顾建筑涂料工业的历程，从古代天然漆艺的辉煌，到 19 世纪化学工业的兴起，再到现代科技的全面融合，每一次飞跃都是人类文明与科技智慧的结晶。中国漆艺的悠久历史，与合成树脂涂料的现代化生产，共同构建了涂料工业多彩的编年史，见证了从自然馈赠到科技创造的转变。陈调甫，这位化学工业的先驱，以一腔热血和科技智慧，创办永明漆厂，打破了国外技术封锁，树立了民族涂料品牌，其管理哲学与社会责任感，至今激励着业界同仁，展现了科研创新与民族工业自强不息的精神风貌。立邦涂料，作为行业的领军者，自 1992 年进入中国以来，不仅引领了中国家庭色彩革命，更以"刷新为你"的品牌理念，转型为全方位涂装服务商，其魔术漆、抗病毒涂料等创新产品，不仅满足了市场对健康、美观的双重需求，更在数字化转型与绿色环保方面走在行业前沿，为居住环境的智能化、个性化发展做出了表率。居住之美，涂料为笔，从历史深处走来，绘就了现代居住空间的斑斓画卷，展现了科技进步与文化传承的完美结合，而陈调甫与立邦涂料的贡献，正是这段美丽旅程中不可或缺的亮丽篇章。

任务一　认识一种产品——艺术涂料

艺术涂料，这一墙面装饰艺术的瑰宝，源自古老壁画与岩画的灵感，是建筑美学与材料科学的精妙结合。它不仅是一种涂料，更是艺术与文化的载体，从古埃及的象形文字壁画，到欧洲文艺复兴时期的绚丽教堂壁画，直至今日，艺术涂料已演变出丰富多样的现代形态。与传统涂料相比，艺术涂料以其独特的魅力脱颖而出。它超越了乳胶漆的单一色调，消除了壁纸接缝与易损的弊端，以其色彩斑斓、肌理丰富、个性化定制等特性，满足了现代人对居住环境的美学追求和情感寄托。艺术涂料不仅能够模仿自然界的石材、木材纹理，还能创造出梦幻般的视觉效果，如丝绸般光滑的马来漆、立体质感的浮雕漆，乃至能随光线变化的幻彩涂料，极大地拓宽了装饰设计的边界，为个性化空间打造提供了无限可能。

1. 艺术涂料的特点与分类

艺术涂料最吸引人的特质，在于它那丰富的色彩表现力，从柔和的哑光到鲜艳的高光，色彩的饱和与和谐，满足了个性化和审美的多元化需求。质感表现力是其另一大亮点，从细腻如丝的绸缎漆到粗犷自然的砂岩效果，每一种肌理都能赋予墙面独特的触感与视觉享受。图案多样性更是艺术涂料的灵魂，无论是细腻的花卉、抽象的几何，还是仿古的石纹，都能在墙面自由演绎，满足不同装饰风格的需求。环保性是现代消费者关注的重点，高质量的艺术涂料多采用水性配方，低 VOC 排放，对人体友好，同时，其耐久性保证了墙面效果历久弥新，经年累月依然光彩照人。

常见的艺术涂料包括肌理漆、金属金箔漆、马来漆、砂岩漆、裂纹漆等，它们不仅丰富了室内设计的语言，也对施工技术提出了更高要求。随着施工工具与工艺的不断革新，艺术涂料的应用更加广泛，成为创造个性化居住环境不可或缺的元素。肌理漆，以其丰富的肌理和自然效果著称，如威尼斯灰泥，能够营造出细腻或粗犷的墙面质感，适用于电视背景墙、吧台装饰，为室内空间增添一抹自然与艺术的韵味。金属金箔漆以其金碧辉煌的视觉效果，赋予空间高贵典雅的气息，适用于豪华酒店、别墅等高档场所的内外墙装饰，营造奢华而现代的氛围。马来漆，以其独特的光滑石质效果和若隐若现的花纹，为墙面带来朦胧的艺术美感。随着风格的创新，从朦胧到清晰的纹理变化，让马来漆成为追求现代简约与个性空间的理想选择。砂岩漆模拟天然砂岩的质感，耐候性强，适用于室内外墙面，不仅质感逼真，而且施工灵活，可适应多种造型需求，满足亲近自然的设计理念。裂纹漆通过独特的裂变效果，赋予墙面独一无二的艺术效果，裂纹的错落有致，为建筑增添了一种古典与现代交织的格调，适用于追求个性装饰效果的空间。表 3-7 为不同类型艺术涂料功能特性及其适用场景汇总表。

表 3-7　不同类型艺术涂料功能特性及其适用场景

涂料类型	功能特性	适用场景
肌理漆	丰富的肌理和自然效果，细腻或粗犷质感	电视背景墙，吧台装饰，室内空间自然艺术氛围营造
金属金箔漆	金碧辉煌的视觉效果，高贵典雅	豪华酒店内外墙，别墅装饰，现代奢华氛围
马来漆	光滑石质效果，若隐若现的花纹，从朦胧到清晰的纹理变化	追求现代简约与个性空间，客厅、卧室墙面装饰，现代艺术感空间
砂岩漆	模拟天然砂岩质感，耐候性强，施工灵活，适应多种造型需求	室内外墙面装饰，接近自然设计风格，园林景观、外墙装饰
裂纹漆	独特的裂变效果，个性化艺术效果，古典与现代交织格调	个性装饰需求空间，艺术展览馆，创意工作室墙面装饰

2. 艺术涂料的原料与配方

作为艺术涂料的成膜物质，乳液是涂料的基础骨架。例如，ECO 7090 乳液因其优越的性价比和综合性能，被优先选用于艺术涂料体系。乳液的质量直接影响着涂膜的耐久性、耐水性和光泽度。颜填料赋予涂料丰富的色彩和质感。5019 与 C180 的组合，巧妙平衡了艺术效果与物理性能，如斑驳感、手感及抗刮擦能力，是塑造艺术涂料独特风格的关键。成膜助剂如尼龙酸酯混合物，帮助涂料在墙面形成均匀、连续的膜层。流变助剂（增稠剂）确保涂料在存储时稳定，施工时易于操作。疏水剂 6840 的加入，则提升了涂料的抗水性和耐污性。

随着环保意识的提升，水性体系和低 VOC 材料成为了艺术涂料领域的主流。水性艺术涂料不仅减少了有害物质的排放，还改善了室内空气质量。配方设计在提升涂料性能方面发挥着核心作用。通过精确计算和试验，科研人员能够调控颜料体积浓度（pigment volume concentration，PVC）来优化涂膜的耐擦洗性与外观，同时，通过添加特定比例的环保助剂，不仅保证了施工的简易性，还提升了涂料的环保性能。例如，艺术涂料企业通过不断测试和调整，实现了产品在不同温度、湿度下的稳定施工，确保了施工效果的均一性，满足了不同地域、不同气候条件下的使用需求。

3. 艺术涂料的施工技术与工艺

艺术涂料的施工，不仅是科学的实践，更是艺术的创作。艺术涂料的施工工具种类繁多，每一种工具都对最终的装饰效果有着决定性影响。常见的工具包括滚筒、艺术刷、批刀、海绵工具等，它们各自承担着不同的艺术使命。滚筒主要用于肌理漆、幻彩漆等的施工，通过选择不同纹理的滚筒，如肌理滚筒、海藻滚筒，可以创造出丰富多变的纹理效果。艺术刷如猪鬃刷、羊毛刷，它们在艺术涂料施工中用于制造特殊纹理，如直纹、拉丝、土伦效果，每一笔都承载着工匠的情感与技艺。在施工仿石漆、浮雕漆时，批刀是塑造立体质感的得力助手，通过不同的手法，如刮、抹、压，可以模拟出石材、砖墙等自然肌理。海绵工具用于创造特殊斑驳、自然过渡的效果，如云彩、洞石质感，其灵活性使装饰效果更添一份自然韵味。

艺术涂料的施工是一个系统工程，从墙面处理到最终效果的呈现，每一步都需谨慎对待。施工前的墙面处理尤为关键，要求墙面干净、平整无尘，必要时需进行墙面找平与防碱处理，因为艺术涂料的特殊质感和色彩效果对基层要求更高。此外，需根据设计需求预先规划好艺术效果的布局，包括图案、颜色搭配等，以确保施工时有条不紊。艺术涂料的配方与色彩调配是一项技术活，不仅涉及基础涂料的选取，还需考虑各种添加剂、色浆的合理搭配，以达到预期的艺术效果。例如，使用特殊效果的艺术漆，如金属漆、浮雕漆等，其调配需精确控制比例，以确保色彩的饱和度与质感的逼真度。底漆层确保附着力，中涂层构建基础质感，而造型层则通过特殊工具与技法展现艺术效果，如肌理漆的滚涂、刮涂或喷涂等，每一步都需要细致的操作与精准的时间控制。阴阳角的处理、线条的勾勒、纹理的衔接等，这些细微之处往往决定了最终效果的成败。施工时需特别留意这些部位，确保整体效果的和谐统一。

4. 艺术涂料的现状与挑战

在过去的几年里，随着消费者对居住环境个性化和审美需求的日益增长，艺术涂料市场经历了前所未有的井喷式发展。尤其在中国，自 2015 年起，艺术涂料以黑马之姿闯入涂料行业，市场规模迅速扩张，从最初依赖进口，到如今民族品牌与国际品牌同台竞技，其发展速度令人瞩目。

市场数据显示，2015 年以来，中国艺术涂料市场保持着年均两位数的增长率，尽管整体基数较小，但其高端定位和个性化服务使其在涂料市场中独树一帜。艺术涂料的兴起，部分归因于传统乳胶漆市场同质化竞争激烈，消费者渴望寻求更具艺术性和独特性的墙面装饰解决方案。根据中国涂料工业协会发布的 2023 年度中国涂料行业经济运行数据，2023 年度中国涂料工业总产量 3577.2 万吨，同比增长 4.5%。其中艺术涂料虽然占比较小，但其增长速度和利润率远超传统涂料，预示着广阔的发展前景。

然而，艺术涂料市场在蓬勃发展的同时，也面临着一系列挑战。首先，高昂的价格是艺术涂料普及的一大障碍。相较于传统涂料，艺术涂料的生产工艺复杂，原料成本高，加之施工专业性强，导致最终售价偏高，限制了其市场占有率的快速增长。其次，标准化问题凸显，艺术涂料种类繁多，每种产品都有其独特性，缺乏统一的国家标准或行业规范，这不仅影响了消费者的选购判断，也阻碍了行业的规范化发展。再者，专业施工人员的匮乏制约了艺术涂料市场的发展，由于施工工艺复杂，需要经过专门培训，而目前市场上具备艺术涂料施工技能的工人数量远远不能满足市场需求。此外，尽管艺术涂料多为水性产品，符合环保趋势，但为达到特殊艺术效果而添加的化学物质仍需进一步评估其环保性能，以符合日益严格的环保法规要求。

5. 艺术涂料的未来展望

艺术涂料，作为装饰界的一股清流，正以其独特的魅力引领着墙面装饰的新风尚。面对未来，艺术涂料的创新与发展势不可挡，尤其是在环保性能提升、功能化拓展、施工简便化以及个性化与定制化方面，展现出无限的潜力与可能性。

在环保意识日益增强的今天，艺术涂料的环保性能提升是行业发展的必然趋势。研发低污染、高净化能力的产品，如采用更安全的水性体系，减少甚至消除 VOC 的排放，是未来的重要方向。例如，某些艺术涂料品牌已成功开发出能够吸收分解室内甲醛、苯等有害气体的环保型产品，通过添加特殊纳米材料，不仅美化了空间，还有效净化了室内空气，为居住者营造出更加健康的生活环境。

随着科技的进步，艺术涂料不再局限于装饰性，而是向着多功能方向迈进。抗菌、抗病毒、防霉、除湿等功能性艺术涂料正逐步进入市场。例如，含有银离子、光催化剂等成分的涂料，能在保持美观的同时，有效抑制细菌和病毒的生长，尤其适合医院、学校、养老院等对卫生条件要求较高的场所。此外，开发能调节室内温湿度的智能涂料，也将是未来的一大创新点。

施工简便化是艺术涂料普及的关键。随着施工技术的革新，简易施工型艺术涂料逐渐成为市场的新宠。通过优化配方设计，如采用自流平技术、一涂成型的配方，减少施工步骤，使得普通施工人员也能轻松上手，缩短施工周期，降低人工成本。只需一次涂抹，即可在墙面上形成丰富多样的艺术效果，大大提高了施工效率。在追求个性化和定制化的时代，艺术涂料的定制服务成为满足消费者多样化需求的法宝。借助数字打印技术，设计师可以将任意图案、照片甚至个人作品直接印制到墙面上，实现真正的个性化定制。此外，通过在线设计平台，消费者可参与到设计过程中，选择自己喜欢的色彩、图案，甚至参与纹理设计，让居住空间真正成为个人品味的展现。

任务二　铭记一段历史——中国建筑涂料工业发展史

建筑涂料，这个看似寻常的名词，实则是现代社会建筑肌理的魔术师，赋予建筑物生命力与魅力，承载着从古至今的智慧与美学。这是一段从古至今的旅程，它不仅记录了涂料如何从自然馈赠的色彩艺术演变为现代科技的化工奇迹，更映射出人类文明对美好生活的不懈追求与化工技术的辉煌成就。回溯历史长河，中国漆艺犹如一位时光旅者，以其璀璨夺目的光泽诉说着古代涂料的智慧与美学。从秦砖汉瓦到唐宫宋阁，天然生漆不仅赋予建筑不朽的生命力，也雕刻了民族文化独特的烙印。时至 19 世纪，随着化学工业的曙光初现，合成树脂的诞生标志着涂料工业翻开了崭新篇章，科技的力量开始重塑居住环境的色彩与质感。步入近代，涂料工业经历了从手工艺术到科技化工的华丽蜕变，环保与功能性的双重飞跃，让每一面墙、每一寸空间都蕴含了科技的温度与绿色的承诺。中国涂料工业的发展，虽历经曲折，却始终坚韧向前，从简陋的手工作坊到现代化的生产线，见证了一个国家工业化进程的壮丽诗篇。如今，站在智能与环保的交汇点，涂料已不仅仅是居住空间的装饰者，更是智慧生活的创造者。自清洁、保温隔热、自修复、智能感应涂料，这些昔日科幻电影中的构想，已成为现实生活中提升居住品质、守护地球家园的利器。涂料工业的每一次革新，都在重新定义"美好生活"的边界，让我们的居住空间更加安全、健康、舒适。

1. 古代涂料艺术：自然韵彩与时间见证的技艺传奇

建筑涂料的滥觞，可追溯到遥远的古代，那时的人们已开始巧妙利用自然资源，赋予建筑物色彩与保护。追溯至公元前，中国便以其独特的漆艺技术，书写着涂料历史的最初篇章。生漆，这种来自漆树的天然树脂，自古便是东方建筑与工艺品的必备。生漆源自漆树，其树液干燥后形成的漆膜坚韧、防水、耐腐蚀，既美化木质结构，又保护其免受风雨侵蚀。古代宫殿、庙宇、家具等，常以生漆涂饰，如秦始皇陵兵马俑、唐代佛塔等遗迹，至今仍可见生漆的熠熠光泽，体现了其卓越的耐久性。

古代建筑色彩与涂料的关系尤为密切。中国北方"红墙黄瓦"、南方"白墙黑瓦"的典型色彩搭配，反映了古人对色彩美学的深刻理解。例如，故宫红墙采用丹砂、雌黄等矿物颜料，象征皇权尊贵；而江南民居的白墙，则是石灰水刷涂，既简洁素雅，又经济实用。这些早期应用案例，无不彰显涂料在塑造建筑风格与文化符号中的重要作用。

19 世纪之前，尽管世界各地的涂料技术各有特色，但大多依赖于自然界的馈赠，如动物油脂、植物提取物和矿物质，这些天然材料构成了涂料的原始配方。例如，罗马人使用火山灰和石灰水混合物涂抹建筑，形成了历史上著名的罗马水泥，既坚固又耐久。直到 19 世纪中叶，随着化学工业的兴起，涂料工业才真正迎来了转折点。合成树脂的发明，特别是醇酸树脂的商业化生产，标志着涂料工业步入了现代化的门槛，开启了涂料技术的新纪元。

2. 涂料工业的近代飞跃：从手工艺术到科技化工的蜕变

20 世纪初由化学家尤金·吉拉德（Eugene General）首次商业化生产出醇酸树脂涂料，拉开了现代合成树脂涂料的序幕，标志着建筑涂料迈入了科技驱动的新纪元。合成树脂如醇酸树脂、丙烯酸树脂等，以其优异的成膜性能、耐候性及丰富的配方灵活性，逐渐取代了传统天然树脂，成为涂料主体，推动了涂料从天然向合成材料的转型，这标志着涂料工业正式迈入了工业化、规模化生产的新阶段。乳液技术的成熟，推动了水性涂料的广泛应用，大大减少了涂料中有害物质排放，推动了环保涂料的发展。进入 20 世纪，涂料工业在全球范围内蓬勃发展，种类和生产工艺不断拓展。欧洲和北美地区成为涂料技术革新的前沿阵地，各种新型涂料如丙烯酸树脂、环氧树脂等相继问世，极大地丰富了涂料的性能和应用场景。与此同时，涂料的生产技术也在不断进步，从原始的手工作坊到半自动化、全自动化的生产线，生产效率与涂料品质得到了显著提升。

在中国，20 世纪上半叶，尤其是新中国成立初期，涂料工业面临着重重挑战。1948 年，中国仅有约 50 家油漆厂，年产量不足万吨，产品种类单一且技术落后。但中华人民共和国成立后，百废待兴，涂料工业也迎来了新生。1949～1958 年，涂料产量每年以约 200% 的速度递增，显示了迅猛的发展势头。建筑涂料种类繁多，依据使用部位、成膜物质、成膜状态以及功能的不同，形成了丰富多元的产品体系。从使用部位来说，建筑涂料包括内墙涂料、外墙涂料、地面涂料和屋面涂料。内墙涂料主要用于室内墙面装饰，要求具备良好的遮盖力、耐擦洗性、透气性以及低 VOC 排放。例如，三棵树"鲜呼吸"系列内墙漆，强调净味环保、抗菌防霉，营造健康舒适的室内环境。外墙涂料需承受风吹日晒、雨水冲刷，需具备优良的耐候性、耐水性、耐沾污性及保色性。如立邦"外墙乳胶漆"，采用优质乳液配方，确保长期保持亮丽外观，抵抗恶劣气候影响。地面涂料适用于各类地板表面，如环氧地坪涂料，具有耐磨、抗压、防滑、易清洁等特性，广泛应用于停车场、工厂车间等场所。防水隔热涂料等屋面涂料，如嘉宝莉"热反射隔热涂料"，能有效反射太阳辐射，降低屋面温度，节能降耗，同时兼具防水功能，保护建筑结构。

3. 涂料世界的多元绽放：技术革新引领环保与功能并进

20 世纪 50 年代，荷兰 DSM 公司推出首款商业化丙烯酸乳液，为水性涂料的普及铺平道路。乳胶漆，作为水性涂料的代表，因其环保性、易施工和低 VOC 排放等优点，逐渐成为涂料市场的新宠。20 世纪 60 年代，中国的涂料工业艰难前行，国民经济的波动使涂料产业面临严峻考验。即便如此，但随着城市化进程的推进，简易楼、竹筋楼等经济适用型住宅的大量建设，也催生了对涂料的迫切需求。这一时期，尽管资源有限，技术相对落后，但涂料工业依然在困境中寻找出路，为后续的快速发展奠定了基础。

20 世纪 70 年代初，乳胶漆的推广和应用尚处于初级阶段，中国涂料工业开始尝试技术革新，上海、北京、天津等地的研究机构和企业，如上海市建筑科学研究所，开始研发苯乙烯 - 丙烯酸酯乳胶漆、醋酸乙烯 - 丙烯酸酯乳胶漆等新型涂料。这些研究的初步成果，虽然在初期面临诸如耐水性、施工性等技术难题，但它们为后续乳胶漆的广泛应用奠定了基础。1979 年，北京红狮涂料成功攻克了弹性体建筑涂料的抗裂问题，进一步推动了建筑涂料技术的进步。

进入 80 年代，随着环保意识的觉醒和全球环保运动的兴起，中国涂料工业积极响应，开始研发更加环保、高效的涂料技术。聚乙烯醇（106 涂料）及其改性的聚乙烯醇缩甲醛（107 涂料）水溶性涂料因其良好的环保性能和较低的成本，迅速在市场上风靡，成为内墙涂料的主流选择。这些水性涂料不仅减少了有害溶剂的使用，还提升了涂料的环保属性，符合了时代的需求。与此同时，功能性涂料开始兴起，如江苏省建筑材料工业研究所研制的多彩涂料，浙江工学院郑佳宝发明的 JB-240 耐擦洗内墙涂料，这些创新不仅丰富了涂料的装饰效果，更强化了涂料的实用性，如防火、防水、防霉等功能，极大地拓展了涂料的应用领域。多彩涂料的出现，以其独特的装饰效果，一度引领市场潮流，尽管后来因合成树脂涂料的兴起而逐渐淡出，但这一时期的创新探索为后续涂料技术的多元化发展奠定了基础。

建筑涂料的生产过程包括原材料准备、调漆、配色、过滤与包装四个基本步骤。其中，原材料准备包括树脂合成和颜填料的研磨分散，以丙烯酸乳液为例，选用丙烯酸酯单体、引发剂等原料，在严格控制温度、压力和 pH 条件下进行乳液聚合。如巴斯夫公司的 Acronal® 系列乳液，通过精密调控聚合工艺，使乳液粒径分布均匀（D90 < 200 nm），即 90% 的粒子粒

径小于 200 nm，确保涂料具有出色的耐候性、附着力及低 VOC 排放（VOC 含量 ≤ 50 g/L，符合中国 GB 18582—2020 标准）。采用湿法研磨设备，如砂磨机，将颜料与填料研磨至细度 ≤ 25 μm，以保证良好的遮盖力与着色力。如立邦涂料公司采用高效分散技术，将钛白粉（TiO_2）研磨至平均粒径 < 0.2 μm，显著提升涂料的白度与遮盖力。

其次，借助专业软件如 Color iMatch®，结合客户需求、气候条件等因素，精准计算各组分比例，确保涂料性能达标。如阿克苏诺贝尔的 Interpon D 系列粉末涂料，通过精准配方设计，实现高达 95% 的涂装利用率，远高于传统液体涂料的 50% ～ 60%。在高剪切力搅拌设备中，按照特定顺序投放物料，确保基料、颜填料浆、溶剂（或水）及助剂充分混合均匀。如 PPG Industries 采用高速分散机，可在短时间内将物料混合至细度差异小于 3%，提升涂料稳定性和施工性能。

第三，遵循色彩理论和色卡标准，依托数字化配色系统，如 X-Rite eXact™，实现精准、快速配色，满足客户个性化需求。运用色差仪、黏度计、涂膜性能测试仪等设备，对每批次产品进行严格的质量检测。如立邦涂料厂内实验室执行 ISO/IEC 17025 标准，对涂料的耐洗刷性、耐沾污性、耐人工老化性等指标进行检测，确保出厂产品质量符合国际 ISO 12944 标准。

第四，采用多级自动过滤系统，如自清洁式袋式过滤器，去除微小颗粒，确保涂料细腻度。如嘉宝莉涂料厂采用该系统，涂料过滤精度可达 5 μm，显著提升涂膜平整度。使用自动化灌装线，如 Sidel Aseptic Combi Predis™，确保灌装精确、无污染。贴上清晰的产品标签，包括品名、规格、批号、生产日期、保质期、使用说明等信息，确保涂料在运输、储存和使用过程中的安全。包装材料优选可回收或生物降解材质，如立邦推出的 GreenSteps 环保桶，采用消费后可回收塑料（PCR）制成，减少塑料废弃物。

4. 智能涂料的未来展望：科技赋能，让生活空间灵动智慧

20 世纪 90 年代，丙烯酸系高分子乳胶漆因其环保性、易施工性以及良好的耐候性能，逐渐成为市场主流。这类涂料以水为溶剂，显著降低了 VOC 排放，减少了对环境和人体健康的危害。例如，丙烯酸乳胶漆的广泛应用，不仅推动了涂料行业的绿色转型，还因其优异的附着力、耐水性和耐候性，被广泛用于内外墙的涂装，成为许多家庭和公共建筑的首选。进入 21 世纪，随着环保法规的日益严苛，环境友好型涂料如雨后春笋般涌现，如 2011 年立邦推出的无 APEO、零 VOC 的"绿卓"系列，引领行业绿色潮流。

在技术融合与创新的推动下，现代涂料的分类与特性更加多元化。内墙涂料在保持环保、低 VOC 的基础上，更加注重耐擦洗性和抗菌防霉功能，如三棵树"鲜呼吸"系列，强调净味环保，满足了人们对健康家居环境的追求。外墙涂料则在耐候性与装饰性上做足文章，如阿克苏诺贝尔的"纯境"系列，通过硅丙复合技术，提供了优异的耐候性和耐沾污性，满足了现代建筑对美观与耐用的双重需求。此外，新型复合材料的开发，如有机 - 无机复合涂料，集成了有机涂料的柔韧性与无机涂料的耐候性，拓宽了涂料的应用领域，满足了不同场景下的特殊需求。

保温隔热涂料通过物理与化学手段，如反射隔热、辐射隔热等方式，实现对建筑物的节能保护。这类涂料含有高反射率的颜填料，如空心玻璃微珠或铝粉，能够反射大部分太阳辐射，减少建筑物对热量的吸收。例如，杜邦公司的 Cool Roof Coatings，其太阳能反射率

（Solar Reflectance Index, SRI）高达 90%，显著降低屋顶表面温度，减少热量传递至室内。而基于辐射隔热的涂料中含有能高效辐射热量的材料，如陶瓷微球，能够在夜间将建筑物内部积累的热量以远红外辐射形式释放到大气中，实现散热降温。陶氏公司的 Radiant Barrier Coating，发射率高达 0.9，有助于建筑内部热量逸散，降低空调负荷。应用保温隔热涂料的建筑可显著降低空调制冷负荷，节省能源消耗，减轻对环境的影响。美国能源部研究显示，使用反射隔热涂料的商业建筑夏季能耗可降低约 20%，温室气体排放减少约 15%。在中国，北京某商场使用此类涂料后，夏季室内温度下降约 5 ℃，空调能耗降低 10%。面对全球对节能减排的日益重视，保温隔热涂料市场需求持续攀升。预计到 2025 年，全球市场规模将达到 20 亿美元。

自清洁涂料通过超疏水、光催化、自分解等机制，赋予涂层自我清洁的能力。涂料表面模仿荷叶效应，形成微纳结构，使得水滴在其上形成球形，带走表面尘埃。如 BASF 的 Lotusan® 涂料，接触角超过 160°，雨水冲刷即可保持墙体清洁。涂料中含有光催化剂（如二氧化钛），在光照下激活，分解附着在表面的有机污染物。日本东芝的光催化涂料能有效降解空气中的甲醛、苯等有害气体，净化环境。涂料中含有能分解污渍的特殊成分，如生物酶，能自然降解鸟粪、苔藓等生物污渍。自清洁涂料可显著降低建筑物的清洁维护成本，延长涂层使用寿命，提升建筑美观度。同时，光催化涂料的空气净化功能有助于改善城市空气质量。如新加坡政府在多座公共建筑上广泛应用光催化涂料，有效改善了空气质量，提升了居民生活质量。全球多地标志性建筑如阿联酋阿布扎比的马斯达尔学院、中国上海世博会中国馆等已成功应用自清洁涂料。未来研发方向将聚焦于提高光催化效率、拓宽光谱响应范围、开发复合型自清洁涂料，以应对复杂环境下的清洁需求。

自修复建筑涂料通过微胶囊技术、微裂纹自封闭等机制实现损伤的自我修复。基于微胶囊技术的涂料中含有封装修复剂的微胶囊，当涂层受损时，微胶囊破裂并释放修复剂填充裂缝。如 AkzoNobel 公司的 Crylcoat® RE 自修复涂料，其中的微胶囊内含二硫化钼，可有效修复细微划痕。基于微裂纹自封闭的涂料在应力作用下产生微裂纹时，内部的热塑性树脂受热流动，自动填补裂缝。如 Autonomic Materials 公司的 AMPro™ 自修复涂料，适用于桥梁、风电塔筒等大型钢结构防腐。自修复涂料可显著延长涂层使用寿命，减少维修次数，降低维护成本。Crylcoat® RE 涂料能使涂层寿命延长 2～3 倍。在风电行业，AMPro™ 自修复涂料的应用可将维护周期从 2～3 年延长至 5 年以上，大幅节省运维成本。自修复涂料在实验室取得显著成果，并逐渐应用于实际工程。如西班牙巴塞罗那大学研发的光诱导自修复涂料，成功应用于当地历史建筑修复项目。随着技术成熟与成本降低，自修复涂料有望在更多领域实现商业化应用。

智能建筑涂料具备环境响应、传感功能、自适应性等特点，赋予建筑物动态调节性能、实时监测环境及人机交互能力。具有环境响应功能的智能涂料可根据环境变化（如温度、湿度、光照）改变颜色、透光率、导电性等，如美国 MIT 研发的"可编程"热致变色涂料，随温度变化呈现不同颜色，兼具节能与装饰功能。具有传感功能的智能涂料可感知并传递环境信息，如湿度、压力、污染物浓度等，如美国 UCF 开发的压力敏感涂料，用于监测建筑物结构健康状况。具有自适应性的智能涂料能根据环境条件调整自身性能，如自愈合、抗微生物、抗污染等，如澳大利亚 RMIT 研发的抗菌智能涂料，能感知并抑制细菌生长，保持表面清洁卫生。智能建筑涂料广泛应用于节能建筑、健康建筑、智慧城市等领域。例如，用于节能窗户的热致变色涂料减少空调能耗；用于医院、学校等公共场所的抗菌涂料抑制病菌传播；用于桥梁、隧道等基础设施的结构健康监测涂料，提前预警结构隐患。

任务三 走进一个人物——陈调甫

在建筑涂料的斑斓世界里，每一个涂覆在墙面的色彩背后，都承载着无数科研工作者的智慧与汗水。陈调甫，这位化学工业的先驱，用他传奇的一生，为中国的涂料工业铺就了坚实基石。作为永明漆厂的创始人，陈调甫早年便对桐油与大漆这些本土资源抱有浓厚兴趣，并将其研究成果汇集成《国宝大漆》一书。在目睹洋货充斥市场，民族工业举步维艰的境况下，他毅然投身实业，1928 年在天津创办永明漆厂，以技术创新为核心，克服重重困难，成功研发出"永明漆"，这一举动不仅打破了外国漆的垄断，更让中国制造的油漆品牌在国内市场脱颖而出，成为首个超越英美技术标准的名牌产品。陈调甫的故事，不仅是个人奋斗的传奇，更是中国化学工业自强不息的缩影，激励着每一位化工与材料专业的学生，以科技创新为翼，为中国涂料行业的明天添上更加绚丽的一笔。

1. 童年志向·化工启航：早年岁月与学术启蒙

陈调甫，名德元，字调甫，江苏苏州人，生于清光绪年间，成长在一个小税务官的家庭。童年时期，目睹列强入侵，父亲与租界当局的冲突，以及母亲的教诲，从小就在他心里就种下了痛恨侵略、热爱读书的种子。这份对知识的渴望和对国家命运的忧虑，激发他树立了"实业救国"的宏大志向。在青年时期，陈调甫考入复旦公学，后转入由革命党人马君武主持的中国公学，与胡适等同窗，接受近代科学与民主革命思想的洗礼，萌生了"科学救国""教育救国"的理想。这种早期的启蒙，为他日后投身化学工业奠定了坚实的信念基础。

陈调甫在东吴大学化学系深造期间，成绩斐然，毕业后留校任教并从事科研，专注于铜类合金分析及纯碱的试制工作，显示出他在化学领域的深厚学识与研究能力。1916 年，他获得硕士学位，同年，他成功地在实验室采用索尔维法制得纯碱，这不仅标志着他个人科研成就的初步显现，也为他日后创办永利碱厂、永明漆厂奠定了坚实的技术基础。

陈调甫对中国的特产桐油和大漆有着深厚的情感，他深知这些天然资源的价值所在。撰写《国宝大漆》一书，不仅体现了他对传统资源的深度挖掘和尊重，更是对民族工业自立自强的深情呼唤。书中，他详细介绍了桐油和大漆的特性，分析了它们在国际市场上被低价收购、加工后高价返销的不公平现象，这种现状深深触动了他，激发了他要改变这一格局的决心，为后来创办永明漆厂、自主研发高品质油漆埋下了伏笔。

2. 碱业先锋·漆海弄潮：由碱至漆的工业转型

陈调甫的化工事业始于与范旭东等人的携手，共同打造了亚洲首座纯碱工厂——永利碱厂。20 世纪初，英国卜内门公司的洋碱垄断中国市场，陈调甫深感痛心，他与团队在天津塘沽，面对技术封锁的重重难关，以索尔维法制碱技术为基础，通过不懈努力，突破了国外的技术壁垒。1918 年，成功制得合格的纯碱，打破了外国对我国化工原料的垄断，为中国化学工业的自立自强迈出了坚实一步。永利碱厂的建成，不仅填补了国内空白，还在1926年的万国博览会上荣获金质奖章，为民族工业赢得了国际声誉。

在民族工业蹒跚起步的背景下，陈调甫敏锐地意识到，中国油漆工业同样面临着被洋货充斥的困境。桐油、大漆，这些中国特有的资源被外国低价收购，加工后高价返销，这让他痛心疾首。1928年，陈调甫在范旭东的支持下，决定在天津创办永明漆厂，旨在改变这一现状，实现"实业救国"的理想。初期的永明漆厂条件简陋，只能生产低档油漆，连年亏损，但陈调甫并未气馁，他坚信技术革新是唯一的出路。

面对困境，陈调甫采取了技术创新的策略，他深入研究国际先进的酚醛清漆，通过改良配方，用国产桐油作为改性剂，解决了其耐水性差的问题，成功研发出了"永明漆"。这款漆不仅色泽鲜亮、硬度大，而且价格低于洋漆，一上市便受到热烈追捧，成为我国油漆工业的第一个名牌产品。1933年，"永明漆"荣获南京国民政府颁发的优质奖章，陈调甫和他的永明漆厂声名鹊起，实现了从亏损到盈利的华丽转身。

紧接着，陈调甫并未止步，他继续在科研道路上深耕，根据杜邦公司的喷漆进行研究，开发出国产喷漆——硝酸纤维漆，进一步巩固了永明漆厂在行业内的领先地位。抗日战争结束后，他又研制成功了醇酸树脂漆"三宝漆"，因其独特的性能（喷、刷、烤皆宜）迅速占领市场，被誉为"灯塔油漆"，畅销国内外，为国家的建设事业和对外贸易做出了重要贡献。

3. 育才沃土·管理新篇：人才策略与创新管理

陈调甫深谙"事业之兴，人才为本"的道理，他坚持"为事择人"，而非"为人择事"的选人之道，这意味着在永明漆厂，岗位的设定是为了事业的发展，而非个人的偏好。在选才上，他有着一套严谨而科学的体系，比如，他会给应聘的大学生布置化学实验任务，要求他们独立设计实验方案并撰写英文报告，以此来综合评估他们的专业素养、创新能力及语言能力。通过这种高标准的筛选，陈调甫成功汇聚了一批学识渊博、技术精湛的青年才俊，如王绍先、梁兆熊等人，他们成为了永明漆厂的中流砥柱，为技术创新和企业发展注入了持久动力。

陈调甫在永明漆厂内营造了一种浓郁的学术与学习氛围，他深知，只有不断学习，才能在竞争激烈的行业中立于不败之地。他设立了教育基金，从工厂利润中提取一定比例，专门用于提升员工的文化和技术水平，这在当时的私营企业中是极为罕见的。工厂内部不仅开设了工人业余补习班，还邀请专业教师进行技术与外语教学，甚至对到厂外学习的员工也提供资助，这种全方位的人才培养机制，极大地提升了职工的整体素质。

4. 智慧舵手·社会责任：管理哲学与家国情怀

陈调甫在创办永明漆厂时，面对资金紧张、股东干预等问题，创造性地选择了两合公司模式。这种模式允许他作为无限责任股东，全权负责管理，而其他股东则承担有限责任，从而有效避免了外部干扰，保证了管理决策的高效执行。通过这种结构，陈调甫能够集中精力于技术创新和人才培养，为永明漆厂构建了一个稳定而充满活力的技术团队。他亲力亲为，不仅在企业内部设立教育基金，提升职工技能，还定期举办业务讨论会和读书会，营造了浓厚的学习氛围，这些措施极大地激发了团队的创新潜力，为企业长期发展奠定了坚实基础。

在抗日战争期间，陈调甫展现出了崇高的民族气节。面对日寇的威胁，他坚决不为侵略者生产一滴油漆，而是避居上海，继续潜心科研。他的这种选择，是对民族尊严的坚守，是对国家利益高于一切的生动诠释。战后，陈调甫迅速重建永明漆厂，不仅研发出"三宝漆"等高质量产品，还积极响应国家号召，全力支持抗美援朝和"一五"计划的重点建设项目，用实际行动践行了他的"实业救国"理想。

任务四　走进一家企业——立邦涂料（中国）有限公司

立邦，作为涂料行业的佼佼者，自 1992 年进入中国市场以来，已深深扎根并见证了中国涂料市场的沧桑巨变。30 载春秋，立邦不仅以"立邦漆，处处放光彩"开启了中国家庭的色彩革命，更在"刷新为你"的品牌升级中，实现了从单一涂料制造商向全方位涂装服务商的华丽转身。立邦魔术漆的问世，便是其对市场需求敏锐洞察与科技创新的力证，不仅丰富了墙面的视觉与触感表达，更在机场、体育场馆等国家级重大工程中，展现了其"黑科技"涂装体系的实力，如抗病毒涂料、隔音涂料等，为建筑空间的安全、环保、美观提供了全方位解决方案。在立邦的成长轨迹中，我们看到了一个企业如何在挑战中不断革新，以科技为翼，以环保为责，刷新着人们对美好生活的定义。

1. 共舞市场潮头，彩绘中国梦想

立邦，自 1992 年踏足中国市场以来，便与中国这片热土结下了不解之缘，共同绘就了一幅色彩斑斓的发展画卷。立邦初入中国市场正值中国改革开放的关键时期，彼时的中国正逐步开放市场，房地产行业方兴未艾，消费者对家居环境的个性化需求日益增长。立邦凭借其先进的涂料技术和色彩理念，适时推出"立邦漆，处处放光彩"的品牌主张，迅速成为市场瞩目的焦点，为当时单调的家居空间注入了缤纷色彩，奠定了在中国涂料市场的基石。伴随中国城镇化进程的加速和居民生活水平的提升，立邦敏锐捕捉到市场脉搏，从满足基本的居住需求，转向提供更高品质、更多样化的涂装解决方案。2011 年，立邦提出"为你刷新生活"的品牌升级，从单一的涂料销售转向提供包括涂装服务在内的整体解决方案，这一战略转型不仅贴近了消费者对美好生活的向往，也成功扩大了市场份额，工程业务增长近 30%，在"超级工程"如北京大兴国际机场、杭州亚运会设施等项目中留下了立邦的身影，展示了其在工程涂料领域的强大实力。在民用涂料领域，立邦持续创新，推出了如魔术漆等创新产品，满足年轻一代对家居空间美学和环保健康的需求。同时，立邦在工程涂料板块不断深化布局，通过"黑科技"涂装体系，如超耐污硅丙真石漆等，不仅为公共建筑、地标项目提供了安全环保的涂装解决方案，还积极参与城市更新项目，如雄安新区建设，展现了其在技术创新与社会责任上的双重担当。

2. 色彩科技结合，护航健康安全

立邦深知色彩对空间情绪与审美的重要性，因此持续追踪全球色彩趋势，每年发布《中国流行色彩趋势》，如 2024 年的"绮想"主题，引领家居与公共空间的色彩潮流。其中，"立邦魔术漆"便是色彩与科技结合的典范，它利用创新涂料技术，模拟石材、丝绸、皮革等多种材质的视觉与触感效果，实现了墙面装饰的革命性变化。这款产品不仅丰富了消费者对家居空间个性化表达的需求，更以"所见即所得"的施工效果赢得了市场青睐，成为涂料行业中的一抹亮色，推动了墙面美学的全新升级。

面对全球健康意识的觉醒，立邦积极响应，投入研发抗菌、抗病毒涂料。以"立邦抗病毒儿童漆"为例，该产品采用了康宁公司的 Corning Guardiant 铜离子抗微生物技术，能在短短两小时内有效杀灭漆膜表面 99.9% 的 SARS-CoV-2 冠状病毒，同时抗菌性能高达 99.9%，确保了儿童居住环境的安全与健康。此创新之举不仅满足了新时代对健康生活空间的迫切需求，也标志着立邦在涂料科技领域的一大突破。

在工程涂料领域，立邦持续探索"黑科技"涂装体系，其中包含无机物含量高达 95% 的耐燃 A 级无机内墙涂料，不仅环保净味，而且具有优异的防霉抗菌性能，为公共建筑提供更安全的防火与健康屏障。此外，立邦创新的隔音涂料技术，解决了建筑空间中噪声污染的问题，尤其适用于对声音环境要求严格的场所，如学校、医院，既不占用额外层高，又能有效降噪，提升了建筑空间的舒适度与实用性。

3. 数字重塑业态，智能领航未来

2020 年，立邦成功入驻 B 站，利用直播这一新兴营销方式，与年轻消费者群体建立了深度互动。通过与头部 UP 主合作，立邦不仅提升了品牌在年轻群体中的影响力，更在"38 女王节"等活动中实现了销量的显著增长。这一系列数字化渠道的创新举措，不仅帮助立邦在特殊时期保持了销售活力，还为其品牌年轻化战略的实施奠定了坚实基础。作为中国率先建立 CCM 色彩管理系统的品牌，立邦 10000 多台调色机遍布全国专卖店，每天能收集超 3 万条来自消费者的真实调色数据，以确保能够灵敏地感受和捕捉中国家庭对于色彩偏好的变化。

在生产端，立邦投资建设的新一代智能制造工厂，是其智能化转型的重要里程碑。这些工厂集自动化、信息化、智能化于一体，不仅提高了生产效率，降低了运营成本，还显著减少了环境污染。例如，通过智能供应链管理，立邦能够实现从原材料采购到产品出厂的全过程监控，确保每一批涂料的品质稳定。企业正不断加大研发投入，比如在立邦亚太研发中心，通过与国内外顶尖科研机构合作，不断突破涂料技术边界，如耐燃、抗菌、抗病毒涂料的创新，以及环保净味技术的提升，这些不仅响应了消费者对健康生活的追求，也促进了产业链上下游的技术协同创新。智能化工厂的建设，不仅体现了立邦对生产效率的极致追求，也是其对环境保护的积极承诺，展现了企业对可持续发展目标的坚定支持。

立邦供应链大数据平台是其数字化转型的另一张王牌。该平台通过集成供应商管理、物流调度、库存控制等关键环节的数据，实现了对供应链的全程可视化管理。这一系统能够实时分析市场需求，优化资源配置，缩短产品从生产线到消费者手中的时间，有效提升了供应链的整体响应速度和灵活性。在"黑科技"产品如立邦魔术漆的快速市场推广中，供应链大数据平台发挥了至关重要的作用，确保了立邦能够迅速响应市场需求，将创新产品及时送达消费者。

4. 绿色制造新篇，共筑美好家园

立邦深知环保责任之重，其在环保涂料研发上的不懈努力，正是这一承诺的生动体现。

公司推出了一系列低 VOC（挥发性有机化合物）涂料和环保净味产品，如耐燃 A 级无机内墙涂料，为公共空间提供了安全可靠的涂装方案。此外，立邦的超耐污硅丙真石漆，采用创新水包砂配方，不仅减少了对环境的影响，还大大提升了施工效率与美观性。

在绿色工厂布局上，立邦走在了前列。为了响应国家"双碳"目标，立邦已在国内建立了 70 余家遵循工业 4.0 标准的智能制造工厂，实现了自动化、智能化、信息化的深度融合。这些工厂不仅大幅提高了生产效率，还降低了能耗。2021 年，立邦干粉砂浆工厂全面推行空压机站智能控制系统，预计平均每个工厂的年用电量可减少 3.8 万千瓦时。为进一步减少工厂排放，立邦自主研发粉尘自动回收系统，经过改造，工厂包装口周围粉尘浓度预计下降54%，排放口粉尘浓度则预计下降 10%。还通过优化供应链管理，减少了物流环节的碳足迹。立邦还积极采用太阳能等可再生能源，部分工厂已实现清洁能源的自给自足，展示了其在绿色转型中的坚定决心。

立邦在绿色建筑项目与超级工程中的贡献也不容忽视。比如，参与了 2022 北京冬奥会配套项目、雄安新区建设等国家级重点工程，立邦提供的不仅仅是涂料产品，更是一整套环保高效的涂装解决方案。在雄安新区，立邦涂料广泛应用于基础设施建设，包括使用了创新隔音涂料和耐燃涂料，不仅确保了建筑物的安全性与舒适性，还为绿色新城的构建贡献了力量。在城市旧改项目中，立邦通过全面升级保温、墙面、地面等系统，助力城市空间的绿色升级，体现了其在推动建筑领域可持续发展方面的深远影响。

任务五　发起一轮讨论——坚持人民至上

在新时代的背景下，"以人民为中心的发展思想"成为各行各业转型升级的核心导向，建筑涂料行业亦不例外。艺术涂料以其丰富多彩的个性化定制，不仅满足了大众对居住环境美学的追求，更体现了对消费者情感与健康的尊重，如采用环保水性配方，减少 VOC 排放，确保居住环境安全无害。中国建筑涂料工业的发展史，从古代漆艺的辉煌到现代科技的飞跃，见证了人民对美好生活的不懈追求与化工技术的持续革新。陈调甫先生作为中国涂料工业的先驱，以"实业救国"的情怀，不仅创立了永明漆厂，更注重技术研发与人才培养，其对社会的责任感和对员工的关怀，展现了以人为本的管理哲学。立邦涂料 (中国) 有限公司，作为外资企业的典范，深入中国市场三十载，紧贴民众需求，从单一产品提供商转变为全方位涂装服务商，其"刷新为你"的品牌理念，正是对人民生活品质提升的积极响应。无论是艺术涂料的个性化创新，还是行业历史的积淀，或是企业的社会责任感，都体现了涂料行业在"以人民为中心的发展思想"指导下，不断进步，为构建和谐宜居环境，提升人民幸福感贡献力量。

讨论主题一：探讨艺术涂料在未来家居装饰中的发展趋势及对设计师和施工者提出的新要求。

讨论主题二：讨论现代涂料工业如何在环保与经济效益之间找到平衡点，以及对未来发展的影响。

讨论主题三：分析陈调甫的个人奋斗史如何体现了中国化工行业发展中的自强不息精神，并探讨其对现代化工人才培养的启示。

讨论主题四：讨论立邦涂料如何通过其"黑科技"涂装体系（如抗病毒涂料、隔音涂料）保障建筑空间的环保与健康，并分析这些技术对涂料行业未来发展方向的启示。

任务六　完成一项测试

1. 艺术涂料中，通过模仿自然界纹理，如石材、木材，属于（　　　）。

A. 肌理漆　　　　　　B. 金属金箔漆　　　　　C. 马来漆　　　　　　D. 裂纹漆

2. （　　　）在中国涂料工业发展中起到了推动作用，并且在 20 世纪 80 年代成为内墙涂料主流。

A. 丙烯酸乳胶漆　　　B. 100% 纯天然漆　　　C. 硅酸盐涂料　　　　D. 矿物颜料涂料

3. 陈调甫研发的"永明漆"之所以能成为市场名牌产品，主要是因为它（　　　）。

A. 价格远低于同类洋漆产品　　　　　　B. 仅依靠民族情感进行营销

C. 兼具美观与实用，且性价比高　　　　D. 仅在国内市场销售，避免国际竞争

4. 立邦涂料在数字化转型中，通过与头部 UP 主合作，首先成功入驻（　　　）平台，与年轻消费者建立了深度互动。

A. 抖音　　　　　　　B. B 站　　　　　　　C. 小红书　　　　　　D. 微博

本项目
数字资源

项目四　妆饰之美——化妆品

变色唇膏，这抹妆容上的灵动精灵，以独特的 pH 值感应技术，让每个人都能享有专属的唇色魅力，是个性化美妆的科技杰作。它不仅满足了现代人对美的多元化追求，更以生物科技的创新，成就了化工与美学的完美融合，引领了一场从单一色彩到千人千色的美妆革命。透明质酸，是自然与科技的结晶，自古埃及贵妇的美容秘方到现代科研的突破，其产业化历程是中国化工智慧的见证。凌沛学，一位农家子弟，以坚毅与智慧，从实验室到生产线，不仅打破了国际垄断，更让这一昔日的贵族专享变得触手可及，成就了中国玻尿酸产业的辉煌，书写了一段科研报国的壮丽篇章。上海百雀羚，一个承载着东方之美的品牌传奇，从民国风华到国潮新章，它以"草本护肤"为核心，经历了从困境到重生的华丽转身。在历史的洪流中，百雀羚始终坚守品质，不断创新，不仅在国际舞台绽放光彩，更以"天然不刺激"的理念，赢得了万千消费者的青睐，成为中国化妆品行业的一面旗帜。从变色唇膏的魔幻变奏，到透明质酸的科研奇迹，再到凌沛学的科研报国之路，以及百雀羚的民族品牌崛起，每一笔都描绘着化妆品行业对美的不懈追求与科技的持续创新，共同编织了妆饰之美的绚烂篇章，让化学工业与美好生活紧密相连。

任务一　认识一种产品——变色唇膏

"浓朱衍丹唇，黄吻澜漫赤""花袍白马不归来，浓蛾叠柳香唇醉"等佳句将唇部之美描绘得浪漫而生动，无不诉说着古人对唇色魅力的赞美。变色唇膏不仅是妆点面容的点睛之笔，更是化工智慧与生活美学的精妙融合。自古埃及贵妇的神秘妆奁，到现代社会个性飞扬的美妆潮流，唇膏演变的每一笔，都蘸满了科技进步与审美的醇厚墨香。通过本次任务，我们将穿梭于时光隧道，从唇膏的古典韵味漫步至变色唇膏的未来前沿，见证一份对美的不懈追求与化学工业的浪漫邂逅。在个性化与安全并重的今日，变色唇膏以其独特的"千人千色"魅力，成为了现代美妆科技的缩影。从 pH 值感应的微妙变化到温度响应的巧妙设计，每一抹色彩的诞生，都是对个体差异尊重的致敬，也是对自然与科学完美协作的赞歌。我们不仅揭示"变色"背后的秘密，更深入探讨那些滋养与保护唇部的油脂、蜡质与生物活性成分，如何在保证美丽的同时，守护着这份柔软与娇嫩。步入未来视域，变色唇膏的创新蓝图正徐徐展开，智能化定制依托大数据与 AI 算法，让每一支唇膏都能讲述一个独一无二的故事；环保与可持续性成为新时尚，天然与纯净的成分，在呵护双唇的同时，也温柔地关怀着地球。3D 打印技术与新型材料的探索，预示着将有更加环保、高效的生产方式，让美妆产业的绿色发展之路愈发明晰。

1. 变色唇膏的应用历史

（1）变色唇膏的起源　追溯历史，在 1986 年莫斯科国际博览会上，"变色唇膏"首度亮相，开始试销。随着化学工业的初步发展，人们开始尝试将变色原理融入化妆品中。早期的变色唇膏产品主要依赖于简单物理变色原理，如温度变化引发色泽变化，或产品在唇部溶解显色。然而，此类产品变色效果欠佳且稳定性差，未能在市场上普及。

（2）科学原理的突破与中期发展　20 世纪中后期，随着对 pH 值敏感染料深入研究，变色唇膏迎来创新转折点。20 世纪 70 年代，首款基于 pH 值变色原理的唇膏在美国市场崭露头角，其可根据唇部皮肤 pH 值变化产生变色效果，赋予每位使用者独一无二的唇色体验。这一阶段，变色唇膏的研发焦点在于实现更自然、稳定的变色效果，同时兼顾提升唇膏的保湿、滋养等额外功能。

（3）现代变色唇膏的科技创新　步入 21 世纪，随着生物科技、材料科学的飞速进步，变色唇膏的科学原理与技术手段的研究取得了前所未有的突破。现代变色唇膏普遍采用更为复杂的变色体系，如 pH 值、温度、湿度三重感应变色技术，以及微胶囊技术，通过在唇膏中封装不同颜色的颜料粒子，使其在接触嘴唇时释放对应颜色，催生出个性化定制变色唇膏和功能性变色唇膏。

随着大数据与 AI 技术的崛起，部分品牌开始运用算法分析消费者肤色、唇色偏好、肤质等数据，为其定制专属的个性化变色唇膏配方。这类产品具有独特的变色机制与高度个性化的妆效。其中，个性化定制变色唇膏的核心技术在于其智能感应与适应能力，通常包含 pH 敏感染料、温度敏感染料以及生物活性成分，能根据每位使用者嘴唇特性和环境条件进行颜色个性化定制。

功能性变色唇膏在提供独特变色特性和美化唇色之余，还融入功效性原料，具备额外保健功能，如保湿、防晒、修复等。在医学美容领域，功能性变色唇膏可根据术后唇部愈合阶段自动调整颜色，并富含修复成分，辅助伤口愈合，降低疤痕形成风险。

2. 变色唇膏的"变色"原理

个性化定制变色唇膏的核心竞争力在于其独特的智能感应与个性化适配能力。这类唇膏通常蕴含 pH 敏感染料、温度敏感染料以及生物活性成分等多元复合配方，能够依据每位使用者唇部特有的生理特性和所处环境精准调制颜色。人体唇部皮肤 pH 值存在个体差异，变色唇膏中的 pH 敏感染料会在遭遇不同 pH 值的唇部微环境中发生化学结构的转换，从而展现出不同的色彩。温度敏感染料则会随唇部体温波动而相应变色，使得唇膏在涂抹后随体温升高呈现出细腻的渐变效果。

以 pH 敏感变色唇膏为例，唇膏中常用的着色剂是溴酸染料，如四溴荧光素，也称为"曙酸红"。这种染料在不同 pH 值的环境下会呈现不同的颜色。当这种染料制成的唇膏涂抹在嘴唇上时，由于唇部的 pH 值与唇膏初始状态的 pH 值不同，会引起染料分子结构的变化，从而导致颜色的改变。通常，这种染料在唇膏中最初呈现为橙色，但一旦接触到唇部的 pH 环境，就会逐渐变为鲜红色。

此外，由于每个人的唇部 pH 值、温度、底色和涂抹唇膏的量都有所不同，因此同一款变色唇膏在不同人使用时会呈现出不同的颜色效果，这种现象常被称为"千人千色"。变色唇膏中的其他成分，如油脂、蜡和填充剂等，也会影响最终的显色效果。一些产品还可能添加特殊成分来控制变色效果，确保在使用前不发生变色，或者提高涂抹性和成膜性。

3. 变色唇膏的主要成分

变色唇膏的配方主要包括油脂、蜡质、着色剂三大核心组成部分。

常见的油脂类成分有矿物油、植物油（如橄榄油、角鲨烷、霍霍巴油）、羊毛脂、石蜡油（如凡士林）。这些油性成分既可作为溶剂，帮助溶解其他成分，如羊毛脂能有效溶解色素，提升其分散度，又可作为增稠剂，如蓖麻油可赋予唇膏适当的黏度，增强其对唇部的着色性能。

蜡质成分包括石蜡、地蜡、蜂蜡、巴西棕榈酸蜡、小烛树蜡、木蜡（合成蜡、植物蜡）、棕榈蜡、蜜蜡等。其中，棕榈蜡因其相对不易熔化的特性而备受青睐。蜡质因其良好的可塑性，通常作为乳化剂和硬度调节剂使用，影响唇膏的成型及触感。

着色剂包括颜料和染料，用于赋予唇膏特定颜色。为确保颜色均匀且持久附着于唇部，所使用的颜料颗粒需足够细腻。部分口红还添加云母、氧化铁、二氧化钛等成分以营造闪烁效果。在变色唇膏中，溴酸红担当了酸碱指示剂的角色，是其变色原理的关键成分。

除上述基本成分外，消费者对唇膏的期待远不止于颜色，还包括润泽度、安全性与健康性等多方面需求。唇纹被视为岁月的痕迹，随着年龄增长、真皮层胶原蛋白流失以及外界环境因素（如缺水、寒冷干燥、过度表情等）的影响，唇部组织变薄，唇纹逐渐显现，同时可能出现干燥、脱皮现象。鉴于唇部肌肤结构独特——薄且无汗腺、皮脂腺，对外界刺激敏感，故保湿滋润至关重要。富含维生素 E 等滋养成分的润唇膏能有效满足这一需求。此外，消费者对唇部产品的安全性愈发重视，尤其是对重金属（如铅、汞）含量的严格控制，因为唇部产品易被误食。为此，许多品牌推出"纯素配方"的唇膏，宣称不含动物源成分，而添加鳄梨油、芦荟提取物、维生素 E 等天然滋养元素，以迎合消费者对健康美妆产品的需求。

近年来，植物唇膏市场迅速增长，尤其是含有紫草素的产品，因其兼具抗菌消炎、解毒淡疤、抗氧化等多重功效及鲜明色泽，备受关注。然而，植物唇膏的研发亦面临挑战，如天然色素的上色效果欠佳、稳定性差，可能需要借助金属（如铝）来增强显色性。值得注意的是，并非所有天然色素都绝对安全，例如指甲花作为一种已知的皮肤过敏原，具有刺激性，使用时需谨慎。表 3-8 为变色唇膏主要成分及功效汇总表。

表 3-8　变色唇膏主要成分及功效

成分分类	具体成分	功效
油脂类	矿物油、植物油（橄榄油、角鲨烷、霍霍巴油）、羊毛脂、石蜡油（凡士林）、蓖麻油	溶剂作用，帮助溶解其他成分，提升着色剂分散度，增稠，改善唇膏黏度及着色性能
蜡质类	石蜡、地蜡、蜂蜡、巴西棕榈酸蜡、小烛树蜡、木蜡（合成蜡、植物蜡）、棕榈蜡、蜜蜡	乳化剂与硬度调节剂，影响唇膏成型和触感
着色剂	颜料、染料、溴酸红、云母、氧化铁、二氧化钛	赋予唇膏颜色，溴酸红作为变色关键成分，响应酸碱变化，添加特殊成分营造闪烁效果
润泽保湿	维生素 E、鳄梨油、芦荟提取物	深层滋养，改善唇部干燥，抗氧化，减缓衰老迹象
植物成分	紫草素	抗菌消炎、解毒淡疤、抗氧化，提供鲜明色泽

4. 变色唇膏的未来展望

随着消费者环保意识的提升与消费需求的多元化发展，彩妆产品日益趋向健康、安全、便捷的设计理念。通过减少浪费、抑制碳排放，彩妆品牌在绿色创新领域大有可为，诸如竹子、椰子壳、米糠等环保材料替代传统的塑料与玻璃包装，已蔚然成风，成为包装行业的新风尚。这类生态友好的包装不仅迎合了环保消费者的诉求，更在琳琅满目的货架上以其别致的材质与设计独树一帜。聚焦于变色唇膏这一代表性化妆品，其形态与功能正经历由单一至多元、由标准化迈向个性化定制的深刻变革，几乎将精细化、个性化美学推向极致。针对线上购物无法现场试色的痛点，现代科技给出了颇具实效的解决方案。通过集成人脸识别与AR技术，诸多美妆 APP 内置的"美妆相机"功能实现了虚拟口红试色，让消费者在线即可预览不同色号的实际效果，线下购物体验亦在同步优化，融入科技元素，力求提供沉浸式、互动化的试妆环境。

中国彩妆市场正处在一个蓬勃发展的阶段，面对广阔前景，国内民族彩妆品牌当秉持品质为本、创新驱动的原则，不断提升核心竞争力。深掘本土文化内涵、原料资源与技术优势，以富有创意的营销策略、独具特色的色彩研发，并借力新媒体平台与新零售模式，有望在中国彩妆市场的洪流中破浪前行，打造属于中国的世界级彩妆品牌。让承载中国魅力与精神的"中国红"，不仅在国内熠熠生辉，更在世界舞台广泛传播，实现真正的"红遍全球"。如此，中国彩妆不仅在商业层面取得成功，更在文化传播与国际影响力的塑造上扮演重要角色，成为展示中国软实力的一张亮丽名片。

任务二　铭记一段历史——中国透明质酸工业发展史

透明质酸，凭借其优越的保水性、润滑性、黏弹性、可生物降解性和优异的生物相容性，被公认为最理想的保湿剂之一，它的多重特性如同自然界对美的精心设计，既是肌肤的保湿圣品，也是科技进步的见证。从卡尔·迈耶（Karl Meyer）在 1934 年的开创性发现，到中国科学家张天民、凌沛学、郭学平及顾其胜等人的不懈探索，透明质酸的产业化历程是化工智慧与创新精神的生动写照。中国科学家克服重重困难，从鸡冠提取到微生物发酵的跨越，不仅打破了技术壁垒，更将中国推向了全球透明质酸生产的前列。这段历史不仅是化工技术的演变史，更是美好生活理念的传承。透明质酸的应用从医药到美容，再到日常生活的各个角落，它不仅重塑了肌肤的青春活力，更重新定义了我们对品质生活的追求。未来，透明质酸的跨界应用更预示着一个更加细腻、健康、舒适的生活方式来临。

1. 透明质酸功效：锁水艺术与护肤圣品

透明质酸（hyaluronic acid，HA）分子上的羟基所展现出的强烈亲水性，加之其螺旋结构内部的疏水性设计，使得 HA 在旋转状态下能稳固保持形态，不易流失水分，具备极高的保湿能力。此外，HA 还具有独特的流体力学属性，兼具良好的弹性和黏性。在不同环境条件下，HA 可呈现出不同形态：在低浓度下表现出显著的黏性，而在较高浓度下则更多地体现出弹性特征。透明质酸在与细胞相互作用的过程中，承担了维持组织间水合作用的关键角色，这也是其保湿作用的重要体现。具体来说，HA 所含的细胞外基质成分能够从皮肤真皮层汲取大量水分，形成一道屏障，减缓水分向表皮的蒸发速度，从而保持皮肤水分的稳定状态。因此，透明质酸被公认为理想的保湿剂，广泛应用于化妆品中。科研人员持续研发不同环境与肌肤类型适用的 HA 产品，尤其适用于在干燥环境中工作或生活的人群。在众多美容产品如美容液、粉底、口红以及乳液中，透明质酸含量丰富，已成为日常护肤不可或缺的保湿成分，有效提升肌肤含水量，保持肌肤水润状态。

2. 透明质酸初探：从牛眼发现到全球认知

目前学术界普遍认可的透明质酸发现者为卡尔·迈耶。1934 年，迈耶从牛眼玻璃体（bovine vitreous body）中成功分离出一种包含糖醛酸（uronic acid）和氨基糖（aminosaccharide）的大型多糖分子，并将其命名为 "hyaluronic acid"，中文译名为透明质酸或玻璃酸，中国台湾地区则将其译为玻尿酸。在此后的数年间，迈耶及其所在实验室的研究人员继续在牛关节滑液、人脐带以及牛角膜组织中提取到了 HA。同时，其他研究也陆续报道了在微生物、人类和动物的各种组织、器官乃至肿瘤中存在 HA 的现象。1937 年，肯德尔（Kendall）首次从 A 群溶血性链球菌的三种培养液中分离出了 HA，这是 HA 在微生物领域的最早发现记录。

3. 透明质酸产业崛起：中国科研人的创新征途与产业化飞跃

我国在透明质酸（HA）研究领域的起步相对较晚。初期，我国主要采取鸡冠提取法来生产透明质酸，这种方法不仅产量较低，产品的质量也无法与发达国家相媲美。然而，我国科研工作者并未因此而却步，他们矢志不渝地对透明质酸的生产技术与应用进行深入探究，在艰苦条件下顽强拼搏，最终实现了我国 HA 产业的跨越式发展，使我国成为全球重要的透明质酸生产大国。

我国 HA 研究的先驱者当属山东医科大学的张天民教授，他同时也是我国早期生化药物领域的奠基人之一。早在 20 世纪 80 年代初，一位眼科专家携带从国外带回的眼科黏弹剂 Healon® 找到张天民教授，希望在国内能够研发出同类产品以解决临床需求。当时，进口产品的售价高达每支两百多美元，对普通患者而言无疑是沉重的经济负担。面对这一现状，张天民教授毅然投身于 HA 的制备研究工作。

在他的悉心指导下，学生沈渤江、凌沛学先后成功从人脐带和公鸡冠中提取出 HA，其理化性质与国外产品相近，并且制成的无菌制剂在兔子眼部试验中未观察到不良反应。1985 年，基于前期研究成果，张天民教授团队成功研制出了我国首款适用于眼科手术的 HA 注射液（黏弹剂），标志着我国在 HA 制剂研发领域迈出了关键一步。

凌沛学毕业后，在张天民教授的引领下，着手筹建生化药物研究室，正式开启"透明质酸的研究"之旅，并进而创建了山东福瑞达制药有限公司，自此拉开了中国 HA 产业化的序幕。在张天民教授的持续指导下，研究团队不仅成功实现了从鸡冠中提取 HA，还相继开发了一系列 HA 制剂，涵盖眼科黏弹剂、骨科注射液、滴眼液、防黏剂等多种产品，并涉足 HA 在化妆品领域的应用。其中，玻璃酸钠注射液（眼科黏弹剂）于 1993 年荣获卫生部颁发的二类新药证书，成为我国 HA 产业化进程中的一大里程碑。

1987 年，张天民教授的另一名学生郭学平也加入了由凌沛学领导的 HA 研制课题组，共同投身于 HA 产业化的探索。随着产业发展的推进，HA 原料生产遭遇瓶颈：鸡冠作为主要原料资源有限，导致产量低、成本高且产品纯度不高，迫切需要寻求新的生产来源与方法以破解困局。郭学平留意到日本资生堂已开始采用细菌发酵法生产 HA，意识到若能成功运用微生物发酵技术，将大幅降低 HA 生产成本，摆脱对鸡冠等动物组织器官原料的依赖，实现产量的大幅提升。

经过课题组成员的不懈努力与反复试验，1992 年他们成功筛选出一株高效 HA 生产菌株，并运用发酵法成功制备出 HA。这一突破性成果得到了国家"八五""九五"科技攻关计划的认同。1998 年，山东福瑞达生物工程有限公司应运而生，专注于 HA 原料的规模化生产，标志着我国首次采用微生物发酵技术实现 HA 的工业化生产，彻底改写了我国长期以来仅依赖鸡冠等动物组织器官提取法生产 HA 的历史篇章。

山东福瑞达生物化工有限公司（2000 年合资成立）历经发展，现已成为今日的华熙生物科技股份有限公司。在其推动下，我国 HA 发酵技术水平逐年提升，产品品质持续优化，中国已跃升为全球最大的 HA 生产国。2012 年，华熙生物自主研发的首个国产交联 HA 真皮填充剂产品获准上市，填补了国内空白，打破了长期以来国外产品对该领域的垄断局面。

在国内 HA 研发与生产领域，上海同样是一个较为集中的区域，这一研究热潮的源头可以追溯至卫生部上海生物制品研究所的顾其胜研究员。20 世纪 80 年代中期，顾其胜便开始专注于从脐带中提取 HA 并研发用于眼科手术的 HA 黏弹剂，旨在服务于白内障摘除及人工晶状体植入术、青光眼手术、角膜穿孔修复术等多种眼科治疗操作。

1992 年，顾其胜将科研成果转化至产业领域，先后创建了上海建华生物制品公司、上海其胜生物材料技术研究所和上海其胜生物制品有限公司，这些企业专注于以透明质酸、几丁质等生物大分子为基础的新型生物医用材料的研发、生产与销售。1994 年，顾其胜主导研发的"医用透明质酸钠凝胶"产品成功获得国家药品监督管理局批准，成为中国首个获批的透明质酸Ⅲ类医疗器械。

2007 年，上海地区的三大 HA 产品生产企业——上海建华、上海其胜与上海华源，通过并购整合，共同构成了昊海生物科技有限公司，进一步壮大了上海在 HA 产业链中的影响力。

4. 透明质酸未来展望：跨界应用新领域与生活品质的重塑

历经一个多世纪的研究与创新，HA 已在医药（眼科、骨科）、医疗美容（真皮填充剂）、化妆品和健康食品四大传统领域取得了显著进展，但对 HA 的应用探索并未止步于此，众多新兴应用领域正展现出勃勃生机。例如，在口腔护理领域，含有 HA 的牙膏已成功投放市场，为牙齿健康提供额外呵护；HA 作为润滑剂应用于安全套产品中，显著提升使用体验；在日常生活用品方面，HA 被添加于纸巾制造中，赋予其更为柔软舒适的触感；而在纺织工业中，HA 被应用于内衣面料，不仅提升穿着舒适度，还为衣物增添了时尚元素。这一神奇的生物大分子，正以多维度、全方位的姿态融入大众生活的方方面面。

任务三　讲述一个人物——凌沛学

在科研的浩瀚星海中，凌沛学犹如一颗璀璨星辰，以农家子弟之姿，凭借不屈不挠的意志，从山东沂蒙山区升起，照亮了中国玻尿酸研究的天空。1983 年，年仅 20 岁的他，在导师张天民的引领下，毅然踏入玻尿酸这一未知领域，开启了科研征程。面对资源稀缺与技术封锁，凌沛学从零起步，从医院妇产科的脐带收集到肉联厂的牛眼提取，他亲力亲为，以实验室为家，克服重重困难，终在鸡冠中提取出玻尿酸，实现了科研突破。凌沛学的贡献远不止于此。他不仅研发出独特的生物提取技术，更将玻尿酸生产成本大幅降低，打破了国际垄断，让这一昔日奢侈成分普及于民。他创立的品牌"凌博士"，将科研成果转化成护肤精品，以实际行动践行科技惠民梦想。在产业化道路上，凌沛学既是科学家又是企业家，他领导的企业成为全球玻尿酸原料的领军者，让"中国成分"闪耀世界舞台。凌沛学的故事，是科研精神与创新实践的完美融合，是中国从追赶到领跑的生动例证。他以四十年科研生涯，诠释了科研报国的深情与担当，证明了在科研道路上，持之以恒地探索与不懈努力，能够跨越一切障碍，引领一个产业的崛起，让科技成果惠及大众，深刻改变了人们的生活。

1. 科研启明星：与玻尿酸的不解之缘

凌沛学，这位来自山东沂蒙山区的农家子弟，自幼便在艰辛的环境中磨砺成长。六岁时，他已能独立完成割猪草的重任，放学后还需忙于放牛、喂猪、做饭等家务。然而，生活的困苦并未消减他对知识的渴望，反而激发了他更强烈的求知欲。1983年，年仅20岁的凌沛学凭借坚韧毅力与出色才华，成功考入山东医科大学，成为著名生化药学专家、中国生化药学创始人之一张天民教授门下的研究生。

张教授为其弟子提供了三个研究方向，分别涉及肝素、胸腺素与玻尿酸。其他两位同学分别选择了前两者，而凌沛学则接手了相对陌生的玻尿酸课题。彼时，他仅在文献中知晓玻尿酸这一学名，对其实际形态、性质以及获取途径均一无所知。事实上，早在1937年，透明质酸（即玻尿酸）就被视为皇室贵族专享的奢侈品，由美国哥伦比亚大学首次从动物玻璃体中分离出来，并长期被西方发达国家垄断应用于高端化妆品中，价格昂贵，普通人难以企及。

面对未知的挑战，凌沛学展现出执着探索的精神。他一头扎进图书馆，夜以继日地查阅资料，历经一个月的辛勤努力，终于发现动物体内玻尿酸含量最高的部位为结缔组织、眼球、脐带以及关节滑液。于是，他决定从这些组织入手，开始了艰难的实验之旅。凌沛学每周都会前往医院妇产科收集脐带，清洗、处理后放入装有丙酮的磨口瓶中积累，经过繁琐的操作流程，最终成功从脐带中提取出玻尿酸，实现了零的突破。然而，脐带中玻尿酸含量有限，难以满足我国庞大人口的需求。凌沛学并未就此止步，转而将目光投向动物眼球。

他亲赴内蒙古呼伦贝尔海拉尔肉联厂，亲手挖掘牛眼。又辗转至莱阳生物化学制药厂、济南肉类联合加工厂采集猪眼，将眼球冷冻后小心剪开，提取其中的玻璃体。凌沛学在此期间驻扎工厂，与工人们共同奋斗在屠宰生产线上，身着杀猪工作服，脚踏雨鞋，无论酷暑严寒，始终坚守岗位。透明质酸钠的提取制备过程要求严格的无菌操作，从原料到制剂耗时约一个月。在这期间，凌沛学带领团队成员每天清晨进入无菌实验室，直至深夜方能离开，其间无法进食饮水。炎炎夏日，实验室如蒸笼般闷热，他们不得不身穿尿不湿坚持工作一整天。凛冽寒冬，实验室则如同天然冰窖，使得他们的手脚布满冻疮。此外，为确保无菌环境，他们在高强度紫外线灯下长时间工作，时常忍受剧烈不适，痛苦难耐。尽管条件艰苦，凌沛学内心却充满坚定信念："一定要让中国人用上我们自己的玻尿酸。"

在张天民教授的悉心指导下，凌沛学团队历经千辛万苦，最终攻克难关，研发出独特的玻尿酸生物提取技术，并成功从鸡冠中提炼出适用于化妆品的透明质酸。这一系列艰辛历程，不仅彰显了凌沛学及其团队的科研精神与创新实力，更为我国玻尿酸产业的发展奠定了坚实基础，使得这一昔日的皇家珍品逐渐走入寻常百姓家，成为提升国人生活品质、塑造美丽容颜的重要元素。

1983年，被誉为中国透明质酸研究领军人物的凌沛学先生，凭借十年矢志不渝的科研攻坚，率先在国际舞台上开创性地运用生物技术提取透明质酸，一举将玻尿酸的生产成本大幅降低近90%，成功打破国外技术壁垒，解决了困扰我国玻尿酸产业发展的"卡脖子"难题，有力地驱动了中国玻尿酸产业的自主化进程与规模化崛起。

这一科研壮举在1986年新年的第一天，迎来了省级科技成果鉴定的圆满落幕，权威认证了凌沛学团队在透明质酸研究领域的重大突破与卓越贡献。这一重要节点，不仅是对凌沛学先生及其团队科研毅力与创新能力的肯定，更标志着中国玻尿酸产业自此迈入全新的发展阶段，为广泛应用于医疗、美容、食品等关乎民生的诸多领域，提升国民生活品质奠定了坚实基石。

2. 科研攻坚路：玻尿酸产业的自主突破

凌沛学先生矢志不渝地致力于让透明质酸这一神奇物质走进千家万户，实现中国民众的"玻尿酸自由"，这是他长久以来心怀的梦想。随着年龄的增长，人体内玻尿酸含量逐渐减少，这揭示了玻尿酸在美容保健领域广阔的应用前景。1988年，凌沛学的技术首次应用于化妆品行业，催生了"永芳高级润肤露"，使中国爱美女性首次亲密接触玻尿酸，开启了玻尿酸护肤产品走向大众消费市场的时代。随着科研工作的深入推进，玻尿酸在眼科、骨科、皮肤科等医疗领域得到了广泛应用。尤为值得一提的是，1993年，凌沛学研制的"爱维"注射液极大地简化了白内障治疗流程，只需短短四五分钟即可完成手术，每年帮助上百万白内障患者重见光明，标志着我国在该领域的研究达到国际领先水平。凌沛学先生主持开发的50余种系列产品，每年惠及50万白内障、青光眼患者，助其重获视力，同时令近30万骨关节炎患者恢复劳动能力。

硕士阶段，凌沛学即专注于透明质酸的研究。在他的引领下，博士伦福瑞达发展成为国内最大的眼科用药生产基地，山东福瑞达生物化工有限公司则成长为全球最大的透明质酸原料供应基地。在他的经营下，一度沉寂的趵突泉啤酒重现生机。身为济南市第八批专业技术拔尖人才，凌沛学不仅是一位术业有专攻的科学家，更是一位业绩斐然的实业家。

硕士毕业后，凌沛学选择加入山东省商业科技研究所（现山东省生物药物研究院）。他积极奔走，筹建了生化药物研究室。尽管实验室工作单调而漫长，但凌沛学乐此不疲。在经历无数次失败后，他与团队终于找到突破口，在国际上首次将透明质酸作为滴眼液给药系统的媒介，并创新采用生物技术手段实现透明质酸的工业化生产，为其实现产业化奠定了基础。

然而，将透明质酸产业化并非易事。面对重重困难，凌沛学与同事决心亲手将科研成果转化为生产力，由此催生了正大福瑞达，即博士伦福瑞达的前身。为了实现科研与产业化的无缝对接，2007年，他牵头创建了山东省药学科学院，这是全国首个省级药学科研机构。不同于许多地方科研机构受销售驱动，福瑞达坚持以市场需求为导向，秉持"市场需要什么，我们就研发什么"的理念，使得山东省药学科学院的科技成果转化率高达惊人的100%。如今，福瑞达生产的透明质酸原料已跻身全球行业前三甲，年出口额超过1000万美元，被国际知名化妆品品牌雅诗兰黛、欧莱雅、资生堂等广泛采用，真正实现了科研成果的华丽转身，服务于大众，提升了民众生活质量，生动诠释了化学工业如何与美好生活紧密相连。

3. 科技惠民梦："中国成分"融入美好生活

为了充分发挥玻尿酸的独特优势，2021年，凌沛学院士果断创立了护肤品牌"凌博士"，该品牌全面围绕玻尿酸的应用展开，致力于将科研成果转化为实实在在的护肤解决方案。同年，凌沛学团队研发的全分子量玻尿酸技术荣获国家发明专利认证，并荣耀入选"了不起的中国成分"榜单。凌沛学以四十年科研生涯，勇闯无人问津的科研前沿，生动诠释了中国科研人无畏探索的勇气与肩负使命的担当精神。即便功成名就，凌沛学对于科研探索的热情始终不减。2022年，他又带领团队开发出一种革新性的微囊技术，将玻尿酸包裹其中，显著提升其在肌肤中的吸收效率。这一技术在新产品开发中逐步得到应用，再次印证了凌沛学团队持续创新的实力。

任务四　走进一家企业——上海百雀羚日用化学有限公司

在民国的斑斓画卷中，百雀羚以一缕东方之魅，绘就了美妆的缘起篇章。始于南京路的欧式风情，创始人顾植民于繁华间窥见梦想的萌芽，从一名普通营业员蜕变为中国护肤品牌的奠基人。1931年，"小蓝罐"的诞生不仅是对美的颂歌，更是本土化妆品行业的觉醒，揭开了百雀羚辉煌传奇的序幕。岁月流转，战争与和平交织，百雀羚在时代的风云中独领风骚，以其独特的民族风情和卓越品质，获得名媛红星的宠爱，更以一份家国情怀，温暖了前线将士的心房。步入改革开放时代，品牌洞悉时势，牵手国际，不仅重塑自我，更引领了跨界合作的潮流，科研创新与草本智慧的融合，让古老配方在现代科技的洗礼下重焕生机。21世纪的曙光中，百雀羚以"草本护肤"为旗，再启征程，于市场红海中精准定位，不仅重塑品牌形象，更借助现代传媒的力量，让化学工业与传统草本碰撞出新的火花，点亮了"天然不刺激"的护肤理念，成就了一场生活艺术与科技的盛宴。从国礼的荣耀到电商的辉煌，从创意广告到跨界文创，百雀羚不断编织着国潮新梦，每一步皆是化工与美好生活交响的华章。如今，站在科技与传统的交汇点，百雀羚正以"科技新草本"的姿态，向世界展示中国品牌的自信与力量，续写着跨越时空的美丽传奇，让东方之美闪耀全球。图3-6为百雀羚的经典产品图和海报图。

图 3-6　百雀羚的经典产品图和海报图

1. 民国风华，美妆缘起

百雀羚品牌深植于经典传承之中，同时极具创新精神，矢志为消费者打造兼具天然与温和特质的高品质护肤品，生动诠释"中国传奇，东方之美"的品牌内涵。时光回溯至1920年的繁华南京路，这里屹立着一座占地宽广、风格典雅的欧式建筑，它便是由国人筹资设立的国内首座环球百货商店。此时，百雀羚的创始人顾植民还是一名穿梭于顾客与柜台之间忙碌的营业员。

经过十年勤勉敬业的销售历练，顾植民对化妆品行业的销售渠道、市场规则已了如指掌，时代的浪潮推动着他不甘于现状，决心创业。1931年，历史的转折点到来，百雀羚标志性的"小蓝罐"产品在上海贵妇群体中引发了一场期待已久的时尚风暴。以此为契机，顾植民创建了富贝康化妆品有限公司，中国第一代本土护肤品由此诞生，开启了百雀羚品牌传奇的篇章。

2. 百家争鸣，独领风骚

1940年，顾植民匠心独运，成功研发出一款具备防冻防裂、深层滋润功效的护肤香脂，并将其命名为"百雀羚冷霜"（Peh-ChaoLin CREAM）。这款产品凭借其源于自然的护肤理念，在当时硝烟弥漫、舶来品充斥的化妆品市场脱颖而出，为浮华的十里洋场注入了一股清新脱俗的民族风尚。此后，"百雀羚"品牌旗下香水、花露水、香粉、胭脂、口红等各类美妆产品亦深受消费者喜爱，不仅在国内热销，更远销海外，风靡一时。

"百雀羚"独特的香气引领了当时化妆品界的潮流，成为社会名媛、贵妇及电影明星们的挚爱之选，甚至连沪上宋氏三姐妹及英、德、法等国驻华使节夫人也对其赞誉有加。1949年夏，全国上下涌动着爱国护国的热血情怀，上海市人民政府与上海市工商界协会发起爱国公约签署活动，顾植民作为商界精英代表，率先在合约上签字承诺。1950年冬，朝鲜战争烽火燃至鸭绿江畔，顾植民心系援朝前线将士，毅然决定将百雀羚冷霜无偿捐赠，为志愿军提供抵御严寒、保护肌肤的必备物资。这一慷慨壮举使得百雀羚品牌再次声名大噪，不仅在内地备受瞩目，更引来港澳地区及东南亚各国的热烈关注，纷纷预订百雀羚各类产品。

20世纪90年代，百雀羚积极参与国际合作，先后成功引进英国联合利华与德国巴尔斯多夫两大国际巨头，携手在中国建立合资企业，共同生产"旁氏"及"妮维雅"品牌产品。进入21世纪，上海百雀羚日用化学有限公司应运而生。公司秉持"一流的产品源于一流的经营管理"理念，顺利通过ISO9000国际质量体系认证，赢得了英国UKAS及GLOBAL国际认证机构的高度赞誉。与此同时，公司在研发与科研技术领域持续深化与国际集团的合作，斥巨资与德国ACEPLIC集团联手共建ACEPLIC（亚洲）研究中心，专注于高科技研究及天然护肤技术的开发与应用，为品牌发展注入源源不断的创新动力。

3. 赋能草本，重获新生

2007年，百雀羚获"中国驰名商标"称号。2008年，美妆产品界"百家争鸣"，百雀羚开启了艰难的品牌转型之路。上海市政府出面牵头，投入500万元，从香港购回百雀羚的商标权，因为十年浩劫而被迫转手给外商经营的国民老字号得以回归故里。

2000年之后，国内美妆行业的发展可谓是一日千里。合流为民营公司的百雀羚仿佛被岁月的尘埃掩盖了往日的光辉，那个曾经让无数上海佳人争相购买的蓝色小铁罐，在改革开放后的中国市场失去了优势竞争力，2009年，百雀羚的总体销量不到两亿。

正当百雀羚深陷困境之际，广州成美公司的介入为品牌带来了破局的曙光。经过审慎而深入的探讨，专注于战略定位服务的广州成美公司与百雀羚达成共识：下一阶段的新品推广必须以"百雀羚草本"为鲜明旗帜，抢占市场定位先机，明确树立品牌主打概念。在东方护肤哲学中，安全至上始终是根本法则。百雀羚自创立之初便坚守这一信念，长期致力于研发安全无刺激的草本护肤配方。品牌从《本草纲目》《神农本草经》等中医经典著作中汲取灵感，结合现代科技，探索出一套适用于当代肌肤护理的草本应用之道。这一系列举措旨在让抽象的化工知识与草本智慧紧密结合，以更具生活化的方式融入日常护肤场景，直观展现化学工业如何助力实现安全、高效的草本护肤，从而提升消费者的生活品质，生动诠释化工与美好生活的紧密联系。

2013年，百雀羚更是以"国礼"之姿亮相坦桑尼亚，这一荣耀时刻不仅体现了其作为民族品牌的骄傲，更传递出"民族骄傲、国货自强"的精神内核，为百雀羚的复兴之路注入了强大的动力，使其成功实现了品牌的华丽转身与市场地位的显著提升。这一系列举措生动展现了化工与美好生活的关联，借助现代传媒的力量，将化学工业研发的优质护肤品推广至千家万户，为提升大众生活品质做出了贡献。

4. 时空交响，国潮新章

重获公众关注的百雀羚仿佛打开了全新的发展通道。2016年，百雀羚线上旗舰店在天猫双十一购物节上以1.45亿元的骄人战绩蝉联化妆品类销售冠军。2017年，品牌凭借创意广告短片《百雀羚1931》在网络平台上引发热议，成就品牌传播史上的"高光时刻"。同年秋天，百雀羚抓住机遇，携手故宫珠宝文化首席设计顾问钟华，适时推出了"燕来百宝奁美妆礼盒"，该产品一经上线，仅35秒便迅速售罄。2019年，百雀羚携手在敦煌非遗彩塑技艺领域卓有建树的工美大师杜勇卫，对护肤产品线进行焕新升级，并同步推出敦煌悦色岩彩系列彩妆。当年双十一，凭借这套精心打造的"战斗装备"，百雀羚新品在短时间内即实现销售额破千万的佳绩，开售仅十分钟，总销售额即突破亿元大关。

步入2020年，百雀羚以"科技新草本"的全新品牌定位，启动战略升级，与德国默克公司展开深度合作，共同探索"高效科技＋东方草本"的完美结合，力图打造东方草本护肤的典范之作。在科技创新的驱动下，百雀羚成功提升了国际市场对东方草本护肤的认知，建立起独特的品牌竞争优势。在全球最有价值品牌榜单中，百雀羚位列前十五强，成为唯一上榜的中国品牌，与OLAY、SKⅡ等国际轻奢品牌比肩。这一斐然成就有力证明了中国品牌完全具备走向世界、赢得全球赞誉的实力，即使面临突如其来的挑战导致发展步伐受阻，其间所进行的反思与决策也将转化为推动未来长远发展的宝贵跳板。

任务五　发起一轮讨论——推进文化自信自强

在新时代的文化自信自强征途中，中国的美妆与生物科技领域正以独有的创新精神，书写着文化新篇章。以变色唇膏为例，这份化工智慧与生活美学的结晶，不仅展现了个性化色彩的魅力，更通过智能化、环保化的科技革新，呼应着消费者对健康与美的双重追求，成就了彩妆行业的个性化定制传奇。而中国透明质酸工业的发展，则是以凌沛学等科学家为代表的科研人，从实验室到市场的伟大跨越，透明质酸的广泛应用，不仅重塑了美容标准，更成为生物科技力量的象征，彰显了中国在世界舞台上的创新引领。上海百雀羚日用化学有限公司，作为民族美妆的典范，从民国风华中走来，历经时代变迁，秉持着草本护肤的理念，融合现代科技，不仅重塑品牌辉煌，更以"国礼"之姿向世界展示了东方美学的魅力。这一系列成就，不仅是品牌转型的胜利，更是文化自信的体现，证明了中国品牌在传承与创新中铸就文化新辉煌的能力。无论是美妆科技的个性化探索，生物科技的自主突破，还是民族品牌的国际绽放，都在推进文化自信自强的实践中，共同铸就着民族文化的新辉煌，让世界看见了一个充满活力、创新、自信的中国。

讨论主题一：请从民主、法治、公平、正义、安全、环境等方面来分析变色唇膏在高科技背景下如何寻求新的创新点。

讨论主题二：请从玻尿酸的工业发展历史来分析我国玻尿酸达到世界领先水平的关键是什么，对你有什么启发。

讨论主题三：请从凌沛学先生的成长故事分析，面对生活中艰难的挫折，我们应当如何面对，对你的职业发展有何启迪。

讨论主题四：请从百雀羚的企业故事来分析我国化妆品企业应当如何充分利用特色植物资源来推动品牌发展。

任务六　完成一项测试

1. 我国最初是采用（　　　）生产透明质酸。

A. 牛眼提取法　　　　B. 鸡冠提取法　　　　C. 脐带提取法　　　　D. 植物提取法

2. 下列不属于常用的变色唇膏的蜡质原料的是（　　　）。

A. 石蜡　　　　　　　B. 蜂蜡　　　　　　　C. 蓖麻油　　　　　　D. 小烛树蜡

3. 在（　　　）中提取的玻尿酸含量非常有限，将来就算研制成功，也很难覆盖我国庞大的人口基数。

A. 脐带　　　　　　　B. 牛眼　　　　　　　C. 鸡冠　　　　　　　D. 结缔组织

4. 百雀羚诞生于（　　　）年。

A. 1920　　　　　　　B. 1931　　　　　　　C. 1941　　　　　　　D. 1938

模块四
化工与绿色生活

在浩瀚的科技海洋中，化工以其独特的魅力与深远的影响，塑造着我们生活的每一个角落，支撑起现代社会的循环与可持续发展的蓝图。化工与绿色生活这一主题，不仅关乎衣食住行的日常所需，更触及能源的绿色革命、化学反应的加速艺术，以及材料的绿色可降解性，是连接民族自豪、行业自信、职业尊荣与专业热爱的桥梁。

生活可保障，是化工融入纤维材料的坚韧誓言。当我们身着轻盈坚韧的服装，享受运动的自由与安全，背后是超高分子量聚乙烯（ultrahigh molecular weight polyethylene，UHMWPE）纤维这一材料科学的奇迹。它从实验室的微光中脱颖而出，以超凡的强度与轻盈，织就了现代生活的坚韧防护网。蒋士成、中复神鹰等的故事，不仅是中国化纤产业自立自强的见证，更是每一位化工人对专业追求与民族认同的深情告白。

能源可持续，是化工储于电池材料的绿色愿景。乙醇，这一看似平凡的液体，却承载着从古代酿造技术到现代生物发酵技术的智慧火花。余祖熙先生在硝烟弥漫的岁月中，以科研报国的赤子之心，突破技术封锁，研发出关键催化剂，不仅解决了硫酸、合成氨生产的难题，更为中国化工催化剂的自主生产奠定了基石。他的故事，是化工行业对高效、清洁、可持续能源不懈追求的缩影，激发着后来者对行业的热爱与奉献。

反应可加速，是化工植入催化材料的高效诺言。从贝采里乌斯的催化理论，到余祖熙先生的 O4 型加氢催化剂，再到中国石化催化剂有限公司的专业化整合与技术创新，每一次催化技术的突破，都是对自然规律的深入理解和精准应用，推动着工业文明向着更加绿色、高效的未来跃进。

绿色可降解，是化工赐予生物材料的自然契约。聚乳酸（polylactic acid，PLA）等生物基塑料的广泛应用，不仅减轻了"白色污染"，更展现了化工行业对环境保护的责任与担当。从生物降解塑料的标识规范，到可降解地膜、包装材料的广泛应用，化学工业在绿色转型中发挥着不可替代的作用，为实现人与自然和谐共生的美好愿景提供了可能。

深入理解化工在保障生活、促进能源可持续、加速化学反应以及推进材料绿色可降解等方面的贡献，让我们以科技为笔，以创新为墨，共同书写属于新时代化工人的辉煌篇章，绘制出一幅幅绿色、可持续的生活画卷。

项目一　生活可保障——衣用纤维

本项目
数字资源

　　衣食住行，衣居首位，穿衣问题的核心在于纺织原料——纺织纤维。新中国成立前，衣用纤维主要来自棉花，辅以蚕丝或羊毛。然而，我国人口基数庞大，粮食与棉花产量低，难以满足全国人民的衣着需求。1949 年，全国棉布产量仅为 18.9 亿米，人均仅 3.5 米，"新三年，旧三年，缝缝补补又三年"的现象，正是当时纺织原料匮乏的真实写照。拥有一件新衣，曾是无数国人内心深处的期盼。在纺织品的世界里，超高分子量聚乙烯纤维犹如隐形的守护者，以其超凡的强度与轻质，为现代生活织入坚韧与安全的经纬。从实验室的微光到工业化生产，UHMWPE 纤维的每一步进化，都是对材料极限的探索与超越，它不仅在防护装备中大放异彩，更在运动、医疗等领域展现其独特的价值，成为材料科学的奇迹。回望合成纤维的历程，从新中国成立初期的纺织原料短缺，到化学纤维工业的萌芽，每一步都记录着国家的科技进步与人民生活的变迁。蒋士成，这位化纤领域的巨匠，以卓越的智慧和坚韧的意志，引领我国化纤产业实现了从依赖进口到自给自足，再到全球领先的跨越，他的故事是科研报国的真实写照，激励着一代又一代的科研工作者。中复神鹰碳纤维股份有限公司，作为中国碳纤维行业的佼佼者，它的成长史是一首挑战与创新的赞歌。面对国际封锁，中复神鹰以自主研发的干喷湿纺技术，打破了高性能纤维的垄断，让"中国碳纤维"闪耀世界舞台，为国家的航空航天、国防及新能源领域提供了坚实的材料支撑，其发展历程是民族工业自立自强的生动例证。从纤维的微小世界到产业的广阔天地，这些故事不仅见证了材料科学的进步，更映照出中国从"衣被天下"的朴素愿望到"材料强国"的宏伟蓝图，每一个细节都饱含着对美好生活的不懈追求与对科技兴国的坚定信念。

任务一　认识一种产品——超高分子量聚乙烯纤维

　　超高分子量聚乙烯纤维，犹如一根无形的丝线，紧密串联起安全、性能与创新的多重维度。从 20 世纪科研先驱的智慧火花，到当今中国作为全球领先产能持有者的辉煌成就，UHMWPE 纤维的发展轨迹，是人类对材料极限不断超越的壮丽史诗。在这趟旅程中，我们将深入了解 UHMWPE 这一神奇纤维的起源，感受它如何从实验室的微妙构思，成长为守护现代生活各个角落的坚强护盾。不论是运动赛场上的轻盈飞跃，还是极端环境下的坚韧守护，UHMWPE 纤维以其超乎想象的强度与轻质，重新定义了防护与装备。穿越至技术的最前沿，我们将揭示这种高性能纤维背后的科学秘密：从分子层面的精妙设计到先进纺丝技术的精密操控，每一环节都凝聚着对力学优化与材料科学的深刻理解。而其在耐磨性、能量吸收以及耐环境性能上的卓越表现，正是对未来生活品质与安全标准的承诺。从生物基原料的探索到循环利用技术的突破，我们在追求材料极致性能的同时，亦不忘与自然环境的和谐共处。智能科技与信息技术的融合，更让生产过程趋向高效、低碳，铺就了一条通往可持续未来的绿色大道。

1. 超高分子量聚乙烯纤维的应用历史

UHMWPE 纤维是由分子量超过 150 万的聚乙烯树脂精制而成的高性能纤维材料。其外观呈现纯净的白色，并带有光泽。在微观结构上，UHMWPE 纤维为高度线性取向的伸直链分子结构，取向度近乎 100%，结晶度高达 85%～95%。这种特殊的分子排列赋予其在工业化高性能纤维中无可比拟的比强度和比模量，与碳纤维、芳纶纤维并列为世界公认的三大顶级高性能纤维（如图 4-1 所示）。

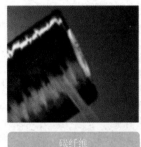

芳纶纤维　　　　　　碳纤维　　　　　超高分子量聚乙烯纤维

图 4-1　三大顶级高性能纤维

关于 UHMWPE 纤维的理论研究，早在 20 世纪 30 年代已有先驱者涉足。进入 70 年代，英国利兹大学的 Ward 和 Cspaccio 教授率先采用拉伸法制备出分子量为 10 万的高分子量聚乙烯纤维。1975 年，荷兰国家矿业公司（DSM）的 Simth 和 Lemstra 教授以十氢萘为溶剂，创新性地采用凝胶纺丝法成功研制出 UHMWPE 纤维，1985 年正式实现商业化生产，商品名为"Dyneema"。美国联合信号公司（后被 Honeywell 公司收购）通过购买 DSM 公司专利并加以改进（使用矿物油作为溶剂），于 1989 年开始大规模商业化生产，商品名为"Spectra"。1983 年，日本三井石化公司（Mitsui）紧随其后，采用石蜡为溶剂，运用凝胶 - 挤压 - 超倍拉伸工艺成功制造出商品名为"Tekmilon"的超高分子量聚乙烯纤维。1984 年，荷兰 DSM 公司与日本东洋纺株式会社（Toyobo）合资建立中试工厂，于 1989 年实现商业化生产，产品名为"Dyneema SK-60"。目前，全球 UHMWPE 纤维的主要生产商有荷兰 DSM 公司、美国 Honeywell 公司和日本 Toyobo 公司。

我国对 UHMWPE 纤维的研究始于 20 世纪 80 年代，东华大学 (原中国纺织大学)、盐城超强高分子材料工程技术研究所等机构先后投身研发，取得一系列重大理论突破。1999 年，我国成功攻克关键性生产技术，成为继荷兰、美国、日本之后，全球第四个具备自主生产 UHMWPE 纤维能力的国家。中国石化仪征化纤股份有限公司与中国纺织科学研究院于 2008 年联合建成国内首条 300 吨 / 年 UHMWPE 纤维干法纺丝生产线，打破了荷兰 DSM 公司在干法纺丝领域的垄断，填补了国内空白，后续于 2011 年建成 1000 吨 / 年产业化生产线。表 4-1 是对 UHMWPE 纤维应用历史的梳理。

表 4-1　UHMWPE 纤维的应用历史

时间	关键事件
1930	UHMWPE 纤维的理论研究起步
1970	英国利兹大学首次制备分子量为 10 万的高分子量聚乙烯纤维

时间	关键事件
1975	DSM 公司采用凝胶纺丝法制备出 UHMWPE 纤维
1983	日本三井石化公司成功制造"Tekmilon"高强高模聚乙烯纤维
1980	中国开始 UHMWPE 纤维的研究
1985	DSM 公司实现 UHMWPE 纤维商业化生产，商品名为"Dyneema"
1999	中国成为全球第四个自主生产 UHMWPE 纤维的国家
2008	中国建成首条 300 吨/年 UHMWPE 纤维干法纺丝生产线
2011	中国建成 1000 吨/年 UHMWPE 纤维产业化生产线

经过数十年的发展，国内已形成包含 20 多家企业的 UHMWPE 纤维产业群，如浙江海利得新材料股份有限公司、江苏九九久科技有限公司等。2022 年，我国 UHMWPE 纤维产能已增至约 42000 吨，产量增至 31000 吨，占全球产能比例超过 67%，如图 4-2 所示。整体而言，我国 UHMWPE 纤维的产量和质量已位居世界前列。面对环保与可持续发展的要求，中国科研机构与企业正积极探索生物基 UHMWPE 纤维的研发以及废弃物回收再利用技术，以期减轻对环境的影响。例如，中国科学院宁波材料技术与工程研究所成功研发出基于生物基原料的 UHMWPE 纤维，标志着我国在该领域绿色化进程中迈出重要一步。

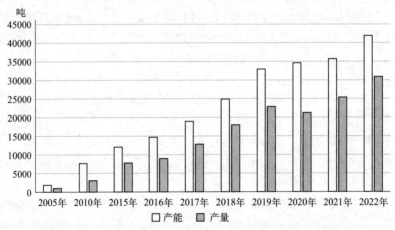

图 4-2　2005 ～ 2022 年我国 UHMWPE 纤维产能、产量情况

2. 超高分子量聚乙烯纤维的性能

（1）优异的力学性能　得益于 UHMWPE 纤维在成型过程中所经历的萃取与超高倍热拉伸工艺，纤维内部呈现出高结晶度和取向度，原本折叠的大分子链结构被改造成伸直链形态，从而赋予其极高的比强度与比模量。对比 UHMWPE 纤维与其他常见高性能纤维的各项性能指标可见，UHMWPE 纤维的比强度约为 3.1 N/tex，显著高于碳纤维（约为其 2.5 倍）和芳纶纤维（约为其 1.6 倍）。此外，其模量约为 172 GPa，较芳纶纤维和碳纤维分别高出约 50% 和 40%。值得一提的是，UHMWPE 纤维是所有工业化纤维中密度最低的一种，其密度仅为 0.97 g/cm³，约为碳纤维的 1/2 和芳纶纤维的 2/3。相较于钢、尼龙、玻璃纤维、硼纤维

以及碳纤维等材料，UHMWPE 纤维在保持轻量化的同时，兼具最高的比强度和比模量，展现出卓越的力学性能。UHMWPE 纤维与其他常见高性能纤维的性能比较见表 4-2。

表 4-2　UHMWPE 纤维与其他常见高性能纤维的性能比较

性能种类	UHMWPE 纤维	碳纤维	芳纶纤维	聚酰胺纤维	玻璃纤维
密度 /g·cm^{-3}	0.97	1.78	1.45	1.14	2.55
抗张强度 /GPa	3.0	2.3	2.7	0.9	2.0
比强度 /(N/tex)	3.1	1.2	1.9	0.8	0.8
模量 /GPa	172	390	120	6	73
比模量 /m	177	210	85	5	28
断裂伸长率 /%	2.7	0.5	1.9	20	2.0

（2）良好的耐磨性能　通常情况下，纤维的模量与其耐磨性能成反比，即模量越高，耐磨性能越低。然而，UHMWPE 纤维由于其极低的摩擦系数，呈现出模量增大反而耐磨性能增强的特殊现象。与采用碳纤维或芳纶纤维增强的塑料相比，UHMWPE 纤维增强塑料的摩擦系数更低，这意味着其耐磨性和抗弯曲疲劳性能更为优越。UHMWPE 纤维的耐磨性能甚至可与聚四氟乙烯（polytetrafluoroethylene，PTFE）这类以耐磨著称的材料相媲美，这使得其非常适合用于制作承受高磨损环境的材料，如船舶绳索等。作为复合材料的增强组分，UHMWPE 纤维增强聚合物复合材料在耐磨损性方面，明显优于其他纤维增强的复合材料。表 4-3 为不同类型纤维的摩擦系数对比情况。

表 4-3　不同类型纤维的摩擦系数对比情况

材料	摩擦系数
超高分子量聚乙烯	0.07～0.11
丙烯腈 - 丁二烯 - 苯乙烯共聚物	0.38
聚酰胺 66	0.37
聚碳酸酯	0.36
聚四氟乙烯	0.04～0.1

（3）优异的能量吸收特性　UHMWPE 纤维凭借其极高的模量和断裂能，加之作为热塑性纤维的特性，其玻璃化转变温度相对较低，被赋予了良好的韧性。当受到外力冲击或形变时，UHMWPE 纤维能够有效地吸收并分散冲击能量，从而使采用其增强的复合材料表现出卓越的抗冲击性和抗切割性。在军事领域，如复合装甲和防弹衣制造中，UHMWPE 纤维具有不可替代的重要性。相较于其他高性能纤维，UHMWPE 纤维的比冲击吸收能量分别相当于芳纶纤维和碳纤维的 2.6 倍和 1.8 倍，防弹性能则是芳纶纤维的 2.5 倍。尤其值得注意的是，即使在低温环境或高应变条件下，UHMWPE 纤维的力学性能仍能保持在较高水平。随着纤维强度和模量的提升，其防弹性能随之增强。UHMWPE 纤维性能对其防弹性能的影响见表 4-4。

表 4-4　UHMWPE 纤维性能对其防弹性能的影响

UHMWPE 纤维			防弹性能
强度 /N·dtex^{-1}	模量 /N·dtex^{-1}	V_{50}[①]/m·s^{-1}	SEA[②]值 /J·m^{-2}·kg^{-1}
0.025	9.32	623	34.9
0.289	12.33	656	38.2
0.352	15.20	725	48.5

注：① V_{50} 值指有 50% 的弹丸击穿试样时的弹丸速度；
② SEA 值为比吸能性，即单位面密度吸收的能量。

（4）优秀的耐化学腐蚀性　UHMWPE 纤维的分子链结构主要由稳定的 C—C 单键构成，且不含任何侧链基团，这使得其不易与化学物质发生反应。高结晶度和高度取向的特点赋予了 UHMWPE 纤维极高的耐化学腐蚀性能。即使在强酸或强碱环境下长期暴露，其性能依然能保持稳定，几乎不受影响。对比两种高性能纤维在不同溶液中浸泡 6 个月后的强度保留率可以发现，UHMWPE 纤维在各类环境介质浸泡后，其力学性能基本保持不变，显示出极强的耐酸碱、抗腐蚀能力，明显优于芳纶纤维。表 4-5 是 UHMWPE 纤维和芳纶纤维在不同溶液中浸泡 6 个月后的强度保留率数据统计。

表 4-5　UHMWPE 纤维和芳纶纤维在不同溶液中浸泡 6 个月后的强度保留率

介质	UHMWPE 纤维	芳纶纤维	介质	UHMWPE 纤维	芳纶纤维
10% 洗涤剂	100	100	蒸馏水	100	100
NH$_4$OH 溶液	100	70	海水	100	100
次磷酸盐	100	79	水压流体	100	100
1 mol/L HCl	100	40	汽油	100	93
5 mol/L NaOH	100	42	煤油	100	100
NaClO 溶液	91	0	甲苯	100	72
全氯乙烯	100	75	冰醋酸	100	82

（5）良好的耐低温性能　相较于其他高性能纤维，UHMWPE 纤维在耐低温性能上尤为突出。即使在极端低温 -270 ℃时，UHMWPE 纤维仍能保持良好的延伸性；而在 -200 ℃时，其仍具备一定的抗冲击能力。相比之下，芳纶纤维在 -30 ℃时便会丧失弹性，失去实用价值。凭借出色的耐低温性能，UHMWPE 纤维在军事领域被广泛用于制造耐低温部件。

（6）良好的耐光性能和电性能　UHMWPE 纤维由于主链中氢原子含量高，其防辐射和耐光性能极其优异。经过持续两个月光照后进行力学性能检测，其机械强度仍能保持在 80%以上，耐光性能较普通化学纤维提升两倍以上。对比 UHMWPE 纤维与其他几种纤维的介电常数和介电损耗值可见，UHMWPE 纤维具有较低的介电常数和介电损耗值。这一特性使得UHMWPE 纤维增强的复合材料对雷达波的反射率极低，而对雷达波的吸收率却极高，因此在雷达罩材料制造中，UHMWPE 纤维成为首选。表 4-6 为 UHMWPE 纤维和其他不同纤维的介电常数和介电损耗数据统计表。

表 4-6　UHMWPE 纤维和其他不同纤维的介电常数和介电损耗数据统计表

纤维类别	介电常数	介电损耗值（×10⁻⁴）
UHMWPE	2.3	4
PET	3.0	90
有机硅树脂	3.0	30
PA66	3.0	128
酚醛	4.0	400
E-glass（E 玻璃）	6.0	60

然而，UHMWPE 纤维也存在一些局限性。其熔点较低，加工过程中温度不得超过 130 ℃，否则会出现蠕变现象，导致使用寿命缩短。此外，纤维上缺乏亲水基团，浸润性较差，染料分子无法渗透至纤维内部，造成染色性能不佳。上述问题限制了 UHMWPE 纤维在某些领域的应用。

3. 超高分子量聚乙烯纤维的应用

在民用领域，UHMWPE 纤维因其出色的性能，成为了制作各类体育器材、防护用具的理想选择，如钓竿、球拍、滑雪板等。比如，采用 UHMWPE 纤维制成的冲锋衣，不仅为户外运动者带来轻便舒适的穿着体验，还提供了极致的防护。再如，采用 UHMWPE 纤维强化的滑雪裤，其耐磨性较传统面料大幅提升约 200%，同时兼具优秀的保暖性和透气性。此外，由 UHMWPE 纤维制作的手套、围裙、防护服等劳保产品，显著降低了劳动者在作业过程中遭受意外伤害的风险。由于其柔韧、耐腐蚀、耐光照、耐磨耐湿等优点，UHMWPE 纤维在渔业中广泛应用于制作渔网、牵引绳和养殖箱等。

在医用材料领域，UHMWPE 凭借良好的生物相容性、化学稳定性、耐久性等特性，常被用于手术缝合线、人造关节、人造韧带等医疗器械与人工器官的制造。在高端领域，UHMWPE 纤维凭借高强、高模、轻质以及卓越的抗冲击性能，常被用于航天器结构、飞机翼尖结构的制造，同时也是飞船返回舱降落伞、飞机降落伞绳索的理想材料，在航空航天领域具有广泛应用。此外，因其良好的抗冲击性能及轻量化特点，UHMWPE 纤维在军用领域被广泛用于防护装备如防弹衣、防弹头盔、复合装甲等的制造。目前，中国是全球最大的防弹衣生产国，占据全球市场份额超过 70%。

UHMWPE 纤维还可与其他纤维混纺或复合，如与涤纶、锦纶、芳纶等混纺，或与碳纤维、陶瓷纤维等复合，生产出集防护、舒适、美观于一体的高性能面料。中纺院（浙江）技术研究院有限公司、中国纺织科学研究院有限公司、江苏九九久科技有限公司等联合开发出聚酯纤维包覆 UHMWPE 纤维的轻量化舒适性面料，应用于滑冰、高山滑雪、击剑等运动的防刺防割个人防护服装。当前，国内 UHMWPE 纤维的主要应用集中在绳缆网、手套和防弹三大领域，总用量占总量的 80% 以上。2018 年，世界上最长的跨海大桥——港珠澳大桥建成通车，支撑起这座大桥的高性能缆绳正是由 UHMWPE 纤维制造。表 4-7 为 UHMWPE 纤维在不同领域的产品举例和特性说明。

表 4-7　UHMWPE 纤维在不同领域的产品举例和特性说明

应用领域	产品举例	产品特性
民用领域	钓竿、球拍、滑雪板、冲锋衣、滑雪裤、手套、围裙、防护服、渔网、牵引绳、滑冰服装、高山滑雪服	轻便舒适、极致防护、耐磨性提升约 200%、优秀保暖性与透气性、降低劳动伤害风险、柔韧、耐腐蚀、耐光照、耐磨耐湿、防刺割
医用材料领域	手术缝合线、人造关节、人造韧带	良好的生物相容性、化学稳定性、耐久性
航空航天领域	航天器结构、飞机翼尖结构、返回舱降落伞、飞机降落伞绳索	高强、高模、轻质、卓越的抗冲击性能
军用领域	防弹衣、防弹头盔、复合装甲	抗冲击性能优异、轻量化
基础设施	跨海大桥缆绳（港珠澳大桥）	高性能承载能力

任务二　铭记一段历史——中国合成纤维工业发展史

纤维，作为一类不可或缺的高分子材料，在形态学上被定义为直径范围在数微米至数十微米之间，长径比（长度与截面直径的比例）显著高于 1000，兼具一定弹韧度与强度的细长结构。我们将走入合成纤维的变迁史，这段历史是我国科技进步与生活革新的一面镜子，映射出从依赖自然纤维到合成纤维工业兴起的辉煌征程。21 世纪以来，我国不仅成为合成纤维产量的全球领跑者，更在高性能纤维、生物基纤维及智能纤维领域取得了令人瞩目的成就，实现了从"中国制造"到"中国创造"的华丽转身。这段发展历程，不仅仅是合成纤维产业的壮丽史诗，更是化学工业与人民生活紧密相连、相互促进的真实写照。

1. 纤维初诞：原料转换启新程，衣被天下基业兴

新中国成立前，我国并未建立起合成纤维工业体系。抗日战争胜利后，以尼龙 66 为代表的合成纤维制品大量涌入国内市场。1953 年，面对国内棉花短缺及棉短绒资源丰富的实际情况，纺织工业部提出了发展黏胶纤维的设想，这是我国对化学纤维生产的初步探索。1954 年，沈阳化工研究院着手试制聚酰胺单体——己内酰胺，并在 1958 年成功实现工业化生产。由己内酰胺制成的纤维在锦州合成纤维厂经过纺丝工艺处理后取得成功，时任化工部副部长的侯德榜将其命名为"锦纶"，这标志着我国正式拉开了合成纤维生产的大幕。1965 年，吉林四平维纶实验厂建成了我国首个维纶生产装置并顺利投产，表明我国合成纤维原料的来源开始从依赖电石乙炔向利用石油资源转变。进入 70 年代，我国合成纤维产业产能迅速提升，形成了多条年产 10 万吨以上的生产线，对缓解棉布供应紧张局面起到了积极作用。至 70 年代末期，我国逐步构建起较为完整的合成纤维工业体系。

尽管如此，这一时期的合成纤维工业发展仍存在诸多局限性。例如产能增长速度相对较慢，企业数量稀少；产品以常规品种为主，种类较为单一。专业技术人才匮乏，生产运行稳定性差，大部分企业未达到经济规模。科研力量薄弱，主要依赖于引进设备和技术的消化吸收，自主研发能力几乎空白。这些挑战揭示了我国合成纤维工业在起步阶段面临的困境，也

为后续产业升级与技术创新指明了方向。

2. 织就华裳：衣橱变革助民生，纤维工业展宏图

1972 年，我国启动了大规模引进化纤、化肥成套技术的"四三方案"。1983 年，上海石化、辽阳石化、天津石化以及四川维纶厂的 4 套合成纤维装置全部投入运营，有力提升了我国合成纤维单体生产能力。1982 年，国务院决定大幅下调化纤纺织品价格，次年更是废除了实施近 30 年的布票制度，从根本上解决了困扰中国民众千百年的穿衣问题，成功破解了"粮棉争地"的困局。

1990 年，仪征化纤一期、二期工程全面竣工并实现 50 万吨 / 年的生产能力，相当于全国棉花总产量的八分之一，每年为每位国民提供约 5 米布料，添置一套的确良（涤纶）新衣，成为了国内最大的合成纤维和合成纤维原料生产基地。到了 1996 年，仪征化纤八单元顺利完成 30% 增容改造并一次性开车成功，开创了我国依靠自身技术和设备成功改造引进生产线的先例。1998 年，我国合成纤维产量一举超过 460 万吨，占全球总产量的比重上升至 20%，产量超越美国，跃居全球首位。2000 年 12 月，我国首套大型聚酯国产化装置——10 万吨 / 年聚酯装置在仪征化纤成功开车，日产量最高可达 400 吨，各项技术经济指标均达到国际先进水平，打破了聚酯工业长期以来依赖引进技术和成套设备的局面。尽管如此，原料发展滞后、高性能纤维未能实现产业化等问题依然存在，是我国合成纤维工业未来需要全力迎接的挑战。

3. 丝缕飞跃：产能问鼎全球冠，创新纤维织未来

2001 年 12 月，中国正式加入世界贸易组织（WTO），为合成纤维工业步入高速发展阶段注入了强大的推动力。与此同时，在国家政策的有力引导与支持下，高性能纤维的研发与产业化进程明显加速，关键技术实现国产化突破。自 1985 年起，我国便开始涉足超高分子量聚乙烯纤维的研究。1999 年，我国成为继荷兰、日本、美国之后，全球第四个掌握该纤维生产及应用技术的国家。2008 年底，仪征化纤成功建成国内首条 300 吨 / 年干法纺超高分子量聚乙烯纤维工业化生产线，实现了干法纺丝技术的国产化重大突破，填补了国内技术空白，使我国成为全球第三个拥有此项技术的国家。2009 年 6 月，我国首个百吨级碳纤维生产基地——吉化公司碳纤维厂建成并投入运营，其自主研发的聚丙烯腈基碳纤维产品性能已达到国际先进水平，打破了国外技术封锁，标志着我国高性能碳纤维产业化迈入崭新篇章。伴随着生产技术水平的不断提升、技术条件的持续优化、设备条件的显著改善，以及人民生活水平提高带来的市场需求增长，一系列差别化、功能化纤维品种如异形纤维、高收缩纤维、蓄热保暖纤维、防紫外线纤维、抗静电纤维、防臭抗菌纤维、导电纤维等相继研发成功。这些新型纤维为纺织面料、服装及家纺产品提供了丰富多样的优质原材料，开辟了全新的纤维资源领域。在此期间，我国合成纤维产量持续攀升。自 2007 年起，中国已成为合成纤维净出口国。2010 年，我国合成纤维产量达到 2852.42 万吨，占全球合成纤维总产量的 62%，遥遥领先其他国家。

4. 智能织物：科技融纺开新境，智织生活万物联

得益于国内自主知识产权技术和装备水平的不断提升，逐步由量的增长转向质的提升，

开启了从合成纤维生产大国向生产强国转变的进程。

在以仪征化纤、上海石化、辽阳化纤等中央企业为引领的合成纤维产业持续发展的同时，民营资本也积极涌入，尤其是在聚酯行业，恒逸、桐昆、三房巷、恒力、新凤鸣、盛虹等一大批规模宏大、竞争力强劲的民营企业迅速崛起。2015年，生产规模在20万吨/年及以上的企业产能占全行业的比例达到66.9%，较2010年提升了17.9个百分点。同时，行业注重产品差异化和功能化发展，实现了常规纤维的多功能化和高性能化。诸如细旦、超细旦、异型、阳离子可染、原液着色、高导湿等新一代聚酯仿棉及仿真纤维、易染纤维、免染纤维、聚对苯二甲酸丙二醇酯（polytrimethylene terephthalate，PTT）纤维、复合纤维等差别化纤维得到了迅速发展。高性能共聚酯生产技术也步入国际先进行列。2014年，由盛虹控股集团有限公司、北京服装学院等联合完成的PTT（聚对苯二甲酸1,3-丙二醇酯）和原位功能化PET聚合及其复合纤维制备关键技术与产业化项目，突破了改性PTT、大容量多功能原位聚合、大容量多功能熔体直纺及复合纺丝成形4项关键技术，使盛虹成为全球最大的熔体直纺多功能涤纶长丝生产商，成为继杜邦、壳牌之后全球第三个拥有PTT聚合专有技术的企业。2018年，辽阳石化在聚对苯二甲酸乙二醇酯-1,4-环己烷二甲醇酯（polyethylene terephthalate-1,4-cyclohexanedimeth yleneterephthalate，PETG）共聚酯领域实现重大突破，自主研发的成套技术首次在10万吨/年聚酯装置上成功应用，成为全球第三家PETG共聚酯生产企业。2011年，扬子石化采用中国石化对二甲苯吸附分离技术的3万吨/年工业试验装置顺利建成投产，产出合格产品，标志着中国石化全面掌握了全套芳烃生产技术。2013年12月，海南炼化60万吨/年对二甲苯装置成功产出99.80%的高纯度对二甲苯，标志着中国石化芳烃成套技术在大型工业化装置上的应用取得成功，中国石化成为全球第三个拥有完全自主知识产权的大型化芳烃生产技术专利商。

高新技术纤维产业化成果斐然，高性能纤维的研发与产业化取得了突破性进展。2018年，上海石化的聚丙烯腈基48K大丝束原丝及碳纤维技术及工艺包开发项目整体技术达到国际先进水平。碳纤维、间位芳纶、聚苯硫醚纤维及连续玄武岩纤维等快速发展，产能均突破万吨级别。中复神鹰作为国内首家实现千吨级碳纤维产业化生产的企业，同时研发出干喷湿纺技术制备高性能碳纤维。聚酰亚胺纤维、对位芳纶、聚四氟乙烯纤维等实现千吨级产业化生产，打破了国外垄断。其中，江苏奥神新材料股份有限公司作为全球最大的聚酰亚胺纤维生产商，成功攻克纤维着色等关键技术；河北硅谷化工有限公司则自主研发掌握了用于洲际导弹的凯夫拉49芳纶系列核心技术，与东华大学合作实现了高性能芳纶纤维的国产化，其产品质量与美国杜邦公司的产品相当，实现了对位芳纶技术和产业的跨越式发展。仪征化纤与中国纺织科学研究院等共同研发的超仿棉产品——仪纶，由苯二甲酸乙二醇酯与脂肪族聚酰胺共聚纺丝而成，集天然纤维与合成纤维优于一身，具有手感柔软、常压染色、抗起球、吸湿快干等特性，为全球首创。这一创新成果的大规模产业化与应用，标志着中国化纤行业正逐步摆脱低端定位，向化纤强国迈进。2018年5月，"仪纶"品牌入选中国石化优秀品牌潜力要素类品牌。

同时，国内生物基纤维及其原料核心技术取得重要进展，关键技术持续突破，生物基纤维产业进入快速发展阶段。莱赛尔纤维、竹浆纤维、麻浆纤维、聚乳酸纤维、壳聚糖纤维、蛋白复合纤维等生物基化学纤维实现产业化，海藻纤维、细菌纤维素纤维等主要品种突破产业化关键技术。截至2017年，生物基化学纤维总产能达到35万吨/年，其中生物基再生纤维 19.65 万吨 / 年，生物基合成纤维 15 万吨 / 年，海洋生物基纤维 0.35 万吨 / 年，初步构建起产业规模。生物基化学纤维标准体系建设取得重大突破，共发布实施标准 21 项，包括 13 项行业标准和 8 项化纤协会团体标准。应用领域从传统的服装、家纺、卫生材料等领域扩展至航空航天、军工、交通运输、医用敷料等多个前沿领域。

此外，国内外在智能纤维领域的研究与应用也取得了显著进展。科研团队相继开发出能感应温度、湿度、压力、应变等多种环境变量的传感纤维，如美国麻省理工学院研制的导电聚合物纤维，可实时监测人体生理信号，应用于医疗健康监测领域。中国苏州大学研究团队成功开发出具有光致变色功能的纤维材料，可用于制作智能防晒衣物和装饰面料。将电池技术与纤维材料相结合，诞生了储能纤维，如韩国三星 SDI 公司研发的纤维状锂离子电池，具有柔韧、可编织的特点，为可穿戴设备提供了高效、安全的能量源。光纤技术的进步推动了通信纤维的发展，英国剑桥大学科研团队成功将 LED 光源嵌入纤维中，实现数据传输和照明双重功能，为未来智慧城市和物联网建设提供基础设施支持。智能纤维在可穿戴设备领域应用广泛，如谷歌与李维斯合作推出的智能夹克，通过嵌入导电纤维实现触控操作和导航指示，开创了智能服装的新风尚。美国西北大学研究团队开发出一种植入式智能纤维传感器，能实时监测心脏病患者的心脏健康状况，并在必要时释放药物。智能纤维在家纺产品中的应用日益普及，如智能窗帘可根据光线强度自动调节透明度，或利用储能纤维制作的智能坐垫可为电子产品无线充电。智能纤维在军事与安防领域的应用潜力巨大，例如美国国防部资助项目中研发出能检测爆炸物和有毒化学物质的智能纺织品，极大提升了战场环境下的安全防护能力。

虽然我国已成为合成纤维大国，但与发达国家相比，合成纤维工业的总体发展水平仍存在一定差距。未来需着力锻长板、补短板，持续突破 48K 以上大丝束碳纤维、T1100 级、M65J 级碳纤维的制备技术，实现高强、高模对位芳纶系列产品的稳定化、规模化生产；同时加快绿色制造、智能制造技术的应用，推动合成纤维工业实现高质量发展。

任务三　讲述一个人物——蒋士成

在化纤织就的经纬里，蒋士成先生以智慧为梭，坚韧为线，书写了中国化纤工业从蹒跚学步到健步如飞的辉煌篇章。20 世纪 60 年代至今，从醋酸乙烯的国产化破冰，到仪征化纤的巍然屹立，他不仅是技术引进的桥梁，更是自主创新的灯塔。面对国际封锁与技术短板，蒋先生以过人的胆识和深厚的学识，引领国产聚酯技术突围，打破了"洋设备"的垄断，铺就了国产替代的坦途。他的每一次决策，每一项创新，都紧扣国家脉搏，回应时代所需，不仅解决了亿万民众的穿衣难题，更为中国石化纤维产业的腾飞插上了翅膀。在蒋士成先生的奋斗史上，可以看到一位科学家的求索不息，一位工程师的匠心独运，更见证了一位国之栋梁的拳拳赤子心。他的故事，是对"国家需要"最深刻的诠释，是对科研报国最生动的注脚。

1. 创建仪征化纤：破解穿衣难题

蒋士成先生自小便对化学世界的变化万千抱有浓厚兴趣，立下志向成为一名化学工程师。1953 年，他凭借优异成绩通过全国统考，顺利考入华东化工学院（今华东理工大学），主攻有机合成与染料中间体工学专业，为他日后投身化工、化纤工程设计与技术开发事业打下了坚实基础。1957 年，他以各科成绩全优的出色表现毕业于华东化工学院，此后在化工部有机化工设计院（北京）、化工部第四设计院（武汉）、化工部第九设计院（吉林）历练成长。

20 世纪 60～70 年代，中国面临着棉花资源极度短缺的严峻形势，传统的棉花种植已无法满足急剧增长的纺织原料需求，这一问题直接关乎全国人民的穿衣问题。蒋士成先生在中国首套万吨级醋酸乙烯和聚乙烯醇装置的工程设计中，巧妙地吸收并改良了日本引进的先进技术和设备，开辟了我国化工设备国产化的新纪元，并成功将这一模式推广至广西维尼纶厂等同类型设施。70 年代初，当国家在上海、天津、辽阳、四川启动四大化纤产业基地建设时，作为引进工程技术专家的蒋先生，积极参与了四大基地的整体规划、技术引进谈判及国内配套设施设计等各项工作。同时，他还担任辽阳石油化纤总厂乙烯及汽油加氢装置的中方首席谈判代表，与法国技术团队展开了深度交流。尽管当时中国工业在国际上遭受轻视，但蒋先生在对法方设计方案进行详细审查时，精准指出了数百处设计错误，这一举动赢得了外方专家的由衷敬佩，他们一致称赞他是"中国的杰出工程师"。

1976 年，国家决定在江苏建立全新的石油化工、化纤原料基地，蒋士成先生以项目设计总负责人的身份，全面启动了总体规划工作。在化纤领域资深专家李志方的悉心指导下，他做出了一项重大调整：舍弃传统的轻质油原料路线，转而采用重质油作为原料，这一决策既顺应了全球石油化工化纤产业的发展趋势，又充分考虑了我国石油资源相对匮乏的国情。实践证明，这一前瞻性的规划对推动我国石油化工化纤产业实现快速、健康、可持续发展起到了关键作用。

1978 年，蒋士成先生又投身于我国最大的化纤及化纤原料基地——仪征化纤工程的总体规划工作中，在这期间先后担任副总工程师及总工程师职务。作为项目设计总负责人，他全程参与了从整体规划、具体设计、技术谈判到商务洽谈，再到施工建设、投料试车、生产运营、技术管理与研发等各个环节。他主导规划了当时全球单厂规模最大的 50 万吨 / 年聚酯生产线，以及单线产能高达 200 吨 / 日的生产线，以及 24 万吨 / 年、单线产能 50 吨 / 日的涤纶短纤维生产线，为仪征化纤的长远发展奠定了坚实基础，这一壮举在业界引起巨大轰动，即使是化纤界的领军企业杜邦公司，其单个工厂产能也仅为 20 万吨。

1984 年，仪征化纤第一条聚酯生产线顺利投入运行；1990 年，随着仪征化纤一、二期工程的圆满竣工，年总产量跃升至 50 万吨，相当于 1000 万亩优质棉田的棉花产量，不仅有效缓解了"粮棉争地"的矛盾，更为中国石化实现"衣被天下"的宏愿贡献了历史性力量，极大地提升了民众生活质量。2005 年，仪征化纤的聚酯产能已增至 170 万吨 / 年，一跃成为全球第四大聚酯生产商。

2. 开创聚酯纤维：国产替代之路

早在 1998 年，中国已跃居全球聚酯产量榜首，然而，与这一迅猛增长态势形成鲜明对比的是，直至 2000 年前，我国聚酯产业仍高度依赖从海外成套引进技术和设备，导致国内聚酯市场几乎沦为"洋设备"展示场，这种受制于人的状态严重阻碍了我国聚酯工业的持续自主发展。蒋士成先生对此深感忧虑，并决意改变这一局面，他选择以聚酯八单元为突破口，实施 30% 国产化增容改造，以此向国际技术垄断发起挑战。

1992 年，蒋士成先生亲自挂帅，启动了仪征化纤聚酯八单元的增容改造工程，这是一项涵盖工艺、设备多层面创新的艰巨任务。他倡导并践行产学研深度融合的开发模式，联袂华东理工大学、纺织工业部设计院以及南化集团化机厂等多方力量，携手共克难关。在改造进程中，团队不仅要克服一系列技术瓶颈，还须应对来自国外厂商的知识产权诉讼压力。历经三年艰苦卓绝的努力，聚酯八单元增容改造项目终告成功，实际增容效果甚至达到了50%，远超预期目标。蒋士成先生因此成为中国聚酯工业国产化进程的引领者，他所领导开发的具有完全自主知识产权的大容量聚酯技术，成功打破了国际技术封锁，对我国聚酯及化纤工业的发展起到了强大的推动作用，为民族纺织工业的繁荣立下赫赫功勋。

立足于增容改造的成功基础，蒋士成先生进一步提出了研发当时全球规模最大、年产 10 万吨的聚酯技术和全套设备的宏伟构想，并得到国家相关部委的大力支持。他率领科研团队持续攻关，从基础理论探索到工程技术实践，从工艺流程精炼到软件系统开发，逐一破解了一系列关键技术难题。2000 年 12 月，我国首条完全国产化的聚酯生产线在仪征化纤顺利实现一次性投料开车成功，标志着我国成功建立起第一条完全自主研发的聚酯生产线。在此之后，团队进一步深化创新，开发出覆盖多种规模的系列化国产化聚酯装置，由此带动了整个行业的快速发展，为中国聚酯工业实现跨越式进步起到了决定性推动作用。

3. 研制性能纤维：紧扣国家需要

今日，中国化纤工业已成功实现了由小到大的跨越，并正坚定地行进在由大向强的高质量发展轨迹上。蒋先生指出："我们应在全面把握现状的基础上，针对重点领域及其尖端技术进行前瞻性规划与战略布局，集中力量攻克核心技术瓶颈，掌握关键与共性技术，策划重大工程项目，以提升行业的可持续发展能力与核心竞争力。"在他看来，未来行业发展的焦点应聚焦于纤维新材料的研发、绿色制造体系的构建以及智能制造技术的应用这三个维度。

身为环境与轻纺工程学部、工程管理学部双院士的蒋先生，始终紧扣国家战略目标与化纤行业未来趋势，深度参与中国工程院、集团科技委、仪征化纤等多个重要机构的科研工作。他主持并参与了一系列关乎行业命脉的战略咨询研究项目，如高性能纤维产业升级、生物高分子新纤维的工程化与产业化推进、我国纺织产业科技创新发展战略研究（2016—2030）、高性能纤维与汽车轻量化的技术创新融合、废旧化纤纺织品资源循环再生技术革新以及中空纤维膜技术的产业化推进等。他的足迹遍布全国各地，深入工厂车间、田间地头，为化纤产业的转型升级与高质量发展献策献力，擘画出一幅幅生动的"中国方案"。

蒋先生对党和国家培育之恩深深感激，他常挂在嘴边的四个字便是"国家需要"。这四个字看似朴素无华，却因他六十余载的辛勤耕耘而显得沉甸甸。秉持"国家需要"的信念，他胸怀报国热忱，坚守人生理想，辗转北京、武汉、吉林、贵州、广西等地，历经风霜雨雪，亲历多个国家级重点项目的建设历程，为解决我国人民的衣着需求，推动我国石油化纤工业由小至大、由大至强的发展贡献毕生精力。虽已年近九旬，他依然步履不停，在打造化纤科技强国的梦想道路上奋勇前行。他坚信："唯有自主创新，方能铸就强大；唯有自主创新，方可无可替代。"

任务四 走进一家企业——中复神鹰碳纤维股份有限公司

在新材料的浩瀚星海中，中复神鹰碳纤维股份有限公司犹如一颗璀璨新星，以其坚韧不拔的创新精神，照亮了中国碳纤维产业的崛起之路。作为国内碳纤维领域的领航者，中复神鹰不仅肩负着技术突破的使命，更承载着民族工业自立自强的梦想。从零开始的艰难探索，到如今万吨级产线的傲人成就，中复神鹰的每一步都镌刻着"中国创造"的深深烙印。面对国际技术封锁的铜墙铁壁，中复神鹰人以"干喷湿纺"这一关键技术为剑，披荆斩棘，不仅打破了高性能碳纤维生产的国际垄断，更在全球市场中赢得了属于中国的席位。中复神鹰的征途，是一个关于勇气、智慧与坚持的传奇。在绿色低碳的未来导向下，公司持续加码技术创新，推动产线的绿色化转型，致力于构建可持续发展的碳纤维产业生态。随着年产 3 万吨高性能碳纤维项目的启动，中复神鹰正朝着世界级碳纤维企业的目标大步迈进，为中国乃至全球的产业升级贡献着不可替代的力量。

1. 织梦未来：轻韧并济领航科技与时尚新纪元

碳纤维是一种含碳量超过 90% 的高强高模纤维，堪称目前所知最轻的无机材料之一。它既保留了碳材料固有的独特性质，又融合了纺织纤维的柔软可加工性，直径仅为 $5 \sim 8 \ \mu m$，七八根并排才相当于一根头发丝粗细，但其强度却高达钢材的 $7 \sim 9$ 倍。碳纤维还具有耐高温、耐腐蚀、低热膨胀系数、尺寸稳定性佳、良好的导电与导热性能等诸多优点，因此被誉为"21 世纪新材料之王"。图 4-3 是碳纤维及其复合材料产品图。

图 4-3 碳纤维及其复合材料产品图

在鞋服领域，碳纤维已成为制作高端服饰的理想材料。日本东丽公司推出的 Tenax 碳纤维已成功应用于户外运动装备、赛车服、航空服等产品中，不仅显著提升了产品的防护性能，还确保了穿着的舒适度。德国 ADIDAS 公司与硅谷 Carbon 公司联手，利用数字光合成技术生产碳纤维跑鞋，成功实现了轻量化与个性化定制的完美结合。在体育竞技领域，碳纤维材料被用于制造高性能运动装备，如碳纤维自行车服通过运用空气动力学设计和碳纤维材料，有效降低风阻，帮助运动员提升比赛成绩。此外，碳纤维也逐渐渗透至时尚界和奢侈品市场，意大利奢侈品牌 LV 推出的碳纤维旅行箱，以其超轻、超强特性，加之独特的纹理质感与现代感设计，深受消费者喜爱。

在工业生产中，碳纤维常作为增强材料与基体材料复合，形成碳纤维复合材料（carbon fiber reinforced polymer，CFRP）。碳纤维复合材料是以碳纤维为增强骨架，有机高分子材料如环氧树脂、聚酰胺等作为基体，通过各种复合工艺加工而成的一种新型高分子材料。由于其具备轻量化、高强度等优越性能，广泛应用于对材料性能有极高要求的航空航天、医疗器械等领域。

中复神鹰碳纤维股份有限公司由中国复合材料集团有限公司、连云港鹰游纺机集团和江苏奥神集团共同出资组建，从 2005 年开始深耕碳纤维研发制造，率先实现了干喷湿纺的关键技术和核心装备自主化，从百吨级、千吨级直至建成国内首条万吨级干喷湿纺碳纤维产业化生产线。目前国内碳纤维的市场占有率达到 60% 以上，并且产品具备了在航空航天及重点工业领域推广应用的条件。

2. 碳纤寻梦：国内千吨级 T300 级别产线稳定投产

追溯我国碳纤维研发之路，其起点可回溯至 20 世纪 60 年代初。然而，关键核心技术的瓶颈一度成为产业发展的桎梏，使得规模化生产成为镜花水月。中国材料科学泰斗师昌绪曾疾呼："中国欲图强，碳纤维必先破局。" 2010 年，随着《国务院关于加快培育和发展战略性新兴产业的决定》的出台，碳纤维产业被明确纳入新材料领域的重点发展对象，曙光初现。

中复神鹰，这家于 2005 年毅然踏上"九二九"工程征程的企业，面对国外技术封锁、装备限制以及产品价格操纵的三重困境，以"为民族争气，为祖国争光"的豪情，开启了充满挑战的创业之路。碳纤维制造，堪称一场跨学科、跨领域的技术攻坚战，涉及高分子科学、无机与有机化学、材料科学的深度交融，以及化学工程、纤维成型、自动化控制、机械工程等多技术领域的精密集成。据公开资料，碳纤维从原料到成品需历经数百道工序，逾300 项关键技术、3000 多个工艺参数的精微调控，以及十余个系统的高效协同。在那段时期，有企业投入数亿资金却仍未触及碳纤维原丝的门槛。

然而，困境并未阻挡中复神鹰的步伐。在无前人足迹可循、外部技术支持断绝的逆境中，他们逐一攻克高温牵伸机、湿法纺丝工艺、百吨级至千吨级原丝制备及碳化工艺等全套核心技术。凭借顽强的探索精神，一条年产 500 吨碳纤维原丝的生产线在摸索中崛起，并顺利启动试产。2007 年，中复神鹰首批产业化碳纤维产品荣耀诞生；2008 年，千吨级 SYT35（T300 级别）碳纤维生产线稳定投产。这条生产线，凝聚了我国科研人员自主研发、设计、制造、安装调试的心血，拥有完全自主知识产权，一举打破发达国家的技术封锁与市场垄断，为我国高性能复合材料产业翻开崭新篇章。2010 年 10 月，中复神鹰"千吨规模 T300级原丝及碳纤维国产化关键技术与装备项目"荣获中国纺织工业联合会科学技术进步奖一等奖，为其艰辛而辉煌的历程写下浓墨重彩的一笔。

3. 干喷湿纺：全球首款大丝束高性能碳纤维面世

当我国在湿法碳纤维技术领域取得显著进步的同时，国际碳纤维强国正集中力量推进干喷湿纺技术的发展。相较于湿法工艺，干喷湿纺以其显著提升的力学性能、生产效率与节能效益，被视为高性能碳纤维制造的新纪元。然而，这项技术一度被视为碳纤维行业的"圣杯"，仅被日本东丽（Toray）和美国赫克塞尔（Hexcel）两大巨头所掌握，其核心技术和装备长期处于严密的封锁之中。面对通用级 T300 碳纤维无法满足现代航空及新兴产业对高性能材料的迫切需求，尤其是国防领域对 T700 级以上碳纤维的倚重。2009 年，中复神鹰毅然踏上干喷湿纺碳纤维技术的国际攻关之路。然而，这场征途远比预期更为崎岖。干喷湿纺工艺对原液的高分子量、窄分布、高均质性有着极高要求，同时面临高黏度流体纺丝成型、干喷湿纺凝固聚集态控制、结构致密高倍牵伸、均质预氧化等技术难关。比如，将干喷湿纺工艺的纺丝速度从原有的 70～80 m/min 提升至 400 m/min，其难度之大，不言而喻。

历经三年多的砥砺前行与无数次实验探索，中复神鹰以自主创新为引擎，终破干喷湿纺碳纤维的核心技术壁垒，研发出原创大容量聚合与均质化原液制备技术，攻克高强 / 中模碳纤维原丝干喷湿纺等一系列重大科研成果。2012 年，中复神鹰第一条干喷湿纺千吨级 T700 生产线正式投产，标志着我国拥有了当时规模最大、技术水平最高的高端碳纤维生产线。通过工艺与装备的集成创新，中复神鹰实现了高性能碳纤维的高效生产，产品质量达到国际先进水平，成为我国首个、全球第三个攻克干喷湿纺工艺的企业，填补了我国高性能碳纤维生产技术的空白，打破了国外企业在华市场的长期垄断。2018 年，中复神鹰主导的"干喷湿纺千吨级高强 / 百吨级中模碳纤维产业化关键技术及应用"项目荣获国家科技进步奖一等奖，以世界领先的干喷湿纺技术，成功铸就"中国碳纤维"。

时光荏苒至 2023 年，法国 JEC 复合材料展上，中复神鹰携全球首款采用干喷湿纺技术制造的大丝束产品 SYT45S-48K 惊艳亮相，它巧妙融合小丝束的工艺优势与大丝束的成本优势，适用于风电叶片、CNG 储气瓶、汽车轻量化等多个领域。此刻，中复神鹰正矢志不渝地向 T1000 和 T1100 碳纤维技术的高峰攀登。

4. 星海征途：碳纤维生产规模和质量双重突破

随着国产碳纤维产业逐步迈入成熟期，"规模化"成为市场竞争中的制胜法宝。2021 年，中国碳纤维产能历史性超越美国，一跃成为全球碳纤维生产第一大国。2022 年，国产碳纤维用量首次超过进口量，书写了我国碳纤维产业发展史上浓墨重彩的一笔。当前，我国在全球碳纤维市场的份额已高达 55.1%，影响力举世瞩目。其中，中复神鹰产能达到 14500 吨 / 年，无论是产能规模还是产量，均在国内碳纤维生产企业中名列前茅。其产品广泛应用于航空航天、风能发电、光伏新能源等高端领域，有力满足了我国对高端碳纤维的旺盛需求。

面对国内重点行业对高性能碳纤维日益迫切的需求，以及推动碳纤维复合材料产业链健康发展的重任，2023 年 4 月，中复神鹰再度发力，于连云港开工建设年产 3 万吨高性能碳纤维项目。该项目将首度引入国内顶尖的 4.0 版碳纤维产业化技术，并充分借助当地丰富的核能蒸汽与光伏发电资源，实现碳纤维生产过程的绿色化、低碳化转型。待基地落成，将成为全球单一规模最大、产能最强的碳纤维生产基地，进一步巩固中复神鹰在 T700 级、T800 级乃至更高级别产品的市场领导地位；同时，也将大力推动公司高性能碳纤维在航空航天、新能源等领域的规模化应用，为打造世界一流碳纤维企业注入强劲动力。未来，中复神鹰将紧抓国产碳纤维及复合材料产业蓬勃发展的黄金机遇，以高端化、规模化、绿色化为战略导向，汇聚技术力量攻坚第四代碳纤维技术，致力于突破新一代高强高模碳纤维，让"更轻更强"的国产高性能碳纤维为创造美好生活赋能添彩。

任务五 发起一轮讨论——坚持自信自立

在中国合成纤维工业的壮阔发展历程中，自信自立不仅是时代的精神坐标，也是科技进步的内核。从昔日棉布短缺、衣着简朴，到化学纤维工业的自主兴起，再到今日的高性能纤维引领全球，每一步跨越都是对"自信自立"主题的生动诠释。以蒋士成为代表的老一辈科学家，他们以国家需要为己任，突破重重封锁，自主研发聚酯技术，奠定了中国合成纤维大国的地位，彰显出自力更生的坚韧意志。步入21世纪，中复神鹰碳纤维股份有限公司的崛起，更是自信自立精神的光辉篇章。面对国际技术壁垒，中复神鹰没有退缩，而是迎难而上，从零开始，自主研发干喷湿纺工艺，打破了高性能碳纤维的国际垄断，让"中国创造"的T300、T700级碳纤维闪耀世界舞台，为航天航空、国防工业强基固本，这不仅是技术的胜利，更是自信自立精神的胜利。而超高分子量聚乙烯纤维的发展，则是中国从追赶到领跑的又一明证。从依赖进口到自主生产，再到全球领先的产能持有，UHMWPE纤维的每一步创新，都是中国材料科学自信的注脚，它的广泛应用，从极端防护装备到智能生活，无不体现着中国科技自强的雄心与实力。纵观中国合成纤维工业的变迁，自信自立不仅是历史的积淀，更是未来的灯塔，它指引着中国纤维材料产业向更高更强的领域迈进，以创新为翼，以自立为骨，书写属于中国的辉煌篇章。

讨论主题一：请分析生物基UHMWPE纤维对能源利用、环境保护的意义。

讨论主题二：请结合我国合成纤维发展史，分析我国成为合成纤维大国的原因，以及合成纤维未来的发展趋势。

讨论主题三：分析蒋士成先生的成长经历，谈谈其能取得卓越成就的原因。

讨论主题四：2023年4月，中复神鹰启动了年产3万吨高性能碳纤维项目，请分析该工程对于企业发展的意义。

任务六 完成一项测试

1. 以下不属于三大高性能纤维的是（   ）。

A. 芳纶　　　　　　B. 锦纶　　　　　　C. UHMWPE纤维　　D. 碳纤维

2. 聚酯纤维简称（   ）。

A. 涤纶　　　　　　B. 锦纶　　　　　　C. 维纶　　　　　　D. 丙纶

3. 20世纪70年代初，国家启动建设四大化纤生产基地，蒋士成先生作为（   ）基地的总工程师。

A. 辽阳石油化纤　　B. 仪征化纤　　　　C. 上海石油　　　　D. 天津化纤

4. （   ）年，我国第一条完全国产化的聚酯生产线在仪征化纤一次投料开车成功，这标志着中国建成了第一条完全国产化的生产线。

A. 1992　　　　　　B. 1996　　　　　　C. 2000　　　　　　D. 2006

项目二　能源可持续——新型能源

电池材料，是交通出行的高效奇迹。探索三元锂电池的高能奥秘，感受麒麟电池高效组成（cell to pack，CTP）技术带来的革命性飞跃，见证凝聚态电池的颠覆性创新，电动车续航将迈进一个新纪元，安全与效能的双重飞跃，勾勒出 2030 年技术蓝图的轮廓。回溯石油炼制工业的辉煌历程，从最初的照明燃料到现代石化产品的多样化，石油炼制不仅见证了人类工业文明的飞跃，更在一次次技术革新中不断自我超越。面对环保与可持续发展的新要求，中国炼化工业从依赖进口到自给自足，再到"减油增化"的战略转型，展现了一幅从传统燃料生产到绿色化工产品创新的壮丽画卷。在这一历程中，科学家闵恩泽以其卓越的贡献，成为炼油催化领域的璀璨明星。从毅然回国投身科研，到突破性地研发国产炼油催化剂，闵恩泽以实际行动诠释了科技报国的深厚情怀。他不仅解决了国家急需，更在非晶态合金催化与绿色化学领域留下了不朽的足迹，为我国石油工业的自主创新发展奠定了坚实基础。谈及企业典范，比亚迪股份有限公司以创新引领的姿态，走在新能源汽车的前列。从氢燃料电池的前瞻探索，到电动车领域的精耕细作，比亚迪不仅推出了诸如刀片电池等革新性产品，更在推动全球汽车行业的绿色转型中扮演了关键角色。在智能科技与绿色理念的融合下，比亚迪正开启一个全新的出行时代，让每一次出行都充满智慧与责任。储能电池的兴起、石油炼制的转型、科学家的贡献与企业的创新，共同编织了一幅能源可持续发展的宏伟蓝图，指引着人类向更加清洁、高效、智能化的出行未来迈进。

任务一　认识一种产品——电池材料

在涌动的绿色能源洪流里，电池材料作为未来驱动力的璀璨宝石，正引领我们步入一片更为清澈、高效的生存境界。此番学习之旅首站定格于电池材料的璀璨星河——三元锂电池与革新先驱麒麟电池，外加超越想象的凝聚态电池，细述它们如何在能量密度的巅峰、安全特性的基石与成本效益的天平上寻找那微妙而完美的均衡，构筑新能源汽车澎湃动力的核心。电池材料，这一微小却蕴藏巨大潜能的能量魔盒，正是化工智慧与美好生活和谐交织的密钥。让我们携手启航，深入电池材料的奇幻境地，见证化学工业如何为绿色出行插上翱翔的羽翼。

1. 锂电之心：镍钴锰的三元交响

在中国，动力锂电池产能约占全球七成重镇，全球十大锂电池生产商中，中国力量占六席之地。新能源汽车的"心脏"——电池，种类繁多，锂电池、镍镉与镍氢电池、铅酸电池、燃料电池，乃至前沿的石墨烯电池，琳琅满目。锂电池以其高效、长效与环境友好的特质，成为新能源汽车的首选。按正极材料，分为三元锂电池与磷酸铁锂电池两类；按电解液状态，则细分为液态、聚合物及固态锂离子电池。三元锂电池，其正极材料由镍钴锰（nickel-cobalt-manganese，NCM）或镍钴铝（nickel-cobalt-aluminum，NCA）构成，三种元素各有神通，镍助力能量密度飞跃，钴保障性能稳定及长寿命，锰或铝添加安全保险。根据需求，三者配比可调，赋予电池多样性能。磷酸铁锂（lithium iron phosphate，LFP）电池，则以磷酸铁锂为正极，稳如磐石。在 2016 年之前，三元锂电池在中国新能源汽车市场占有率超五成。但随着行业飞速发展，技术迭代，三元锂电池面临成本压力——原材料价格上涨与回收难题，使其市场地位动摇。同期，磷酸铁锂电池因技术进步与成本优化，份额稳步上升。2024 年第一季度，磷酸铁锂电池国内市场占比 63%，较前年略降；三元锂电池则以36.7% 的占比，同比微增。

能量密度是评价电池性能的重要指标。一般来说，能量密度越高，电池单位重量或体积所能容纳的电量就越多，续航里程也就越远。LFP 由于其固有的化学特性，电荷低，能量密度约为 140 W·h/kg。NCM 电压高，能量密度基本在 240 W·h/kg。也就是说，同等重量下，NCM 的能量密度是 LFP 的 1.7 倍。目前 NCM 锂电池有 NCM523、NCM622 和 NCM811 三种。这三种锂电池都是根据正极材料中镍、钴、锰的比例来命名的，比如 811 电池，正极材料主要由 80% 的镍、10% 的钴和 10% 的锰组成。简单来说就是在之前 NCM 的基础上将电极材料改为 8：1：1。随着对电池能量密度的要求越来越高，高镍 NCM811 是电池发展的重点突破方向。选择它的主要原因是镍含量的增加会促进三元（镍钴锰）正极材料的比容量上升，可以进一步扩大电池的能量密度，以及电能储存能力会随着能量密度的增加而上升。

安全层面，LFP 以优异的热稳定性冠绝群雄，耐高温，化学稳定性强。电热峰值超过350 ℃，化学成分在 500～600 ℃之间开始分解。反之，NCM 材料则在 200 ℃左右易分解，电解液在高温下易燃，故搭载 NCM 电池的车辆需配备严密的温度监控与管理系统。低温环境下，LFP 表现逊色，温度下限为 −20 ℃，而 NCM 在同等低温下表现更优，LFP 容量保持率在 0 ℃时为 60%～70%，−10 ℃时为 40%～50%，−20 ℃时为 20%～30%。NCM 的低温极限为 −30 ℃，低温放电性能好。在与 LFP 同等低温条件下，NCM 电池冬季续航里程衰减小于 15%，明显高于 LFP。电池寿命关乎充放电循环次数，LFP 可承受超过 3500 次循环，理论上，每日一充可维持近 10 年。而 NCM 电池循环约 2000 次后出现显著衰减，约 6 年寿命，虽可通过管理策略延长，但增幅有限。成本方面，LFP 因不含贵重金属，成本更低，而高镍NCM 的生产则因工艺要求严格，成本偏高。

2. 麒麟之舞：CTP 技术的三次腾飞

2022 年 6 月 23 日，宁德时代宣布了其 CTP3.0 版本的麒麟电池，作为第三代无模组动力电池包技术的里程碑，麒麟电池以技术创新引领行业发展。同年，这项技术荣获《时代》杂志"年度最佳发明"称号。CTP 技术核心在于消除电池包内的非必要组件，优化内部空间，麒麟电池因此实现了 72% 的体积利用率和 255 W·h/kg 的能量密度，足以支持电动汽车续航 1000 公里。

追溯至 2019 年，宁德时代首推的 CTP 电池包，首次将电池体积利用率推向 50% 以上，不仅减轻了重量，还提升了组装效率与系统能量密度，为行业带来了革命性突破。此技术首度应用于北汽新能源 EU5 车型，据称体积利用率提高了 15%～20%，组件数量减少了40%，生产效率提升一半，能量密度突破 200 W·h/kg。

次年，宁德时代在"十三五"科技创新成就展上展示了第二代 CTP 技术，进一步优化设计，减少组件数量，增加能量密度和续航能力，得到特斯拉、小鹏、蔚来等知名品牌青睐。第二代 CTP 电池包的体积利用率提高了 30%，能量密度超过 250 W·h/kg，此时，宁德时代已拥有超过 600 项 CTP 技术专利。

第三代麒麟电池更进一步，取消模组设计，通过冷却系统革新，提升了电池安全性、使用寿命、快速充电能力和能量密度。具备 4C 快充速率，支持 5 分钟热启动及 10 分钟快速充电，能量密度高达 255 W·h/kg，体积利用率达到 72%，轻松满足 1000 公里续航需求。其结构创新在于多功能弹性夹层板的集成设计，取代传统横纵梁，优化空间利用并强化热管理。电芯大面积冷却技术的独创应用，使换热面积增加四倍，电芯温度控制时间减半，确保了电芯在极端条件下的快速降温与热传递隔绝。目前，麒麟电池已被吉利极氪、理想纯电车型以及问界（AITO）系列采用，展现出强大的市场潜力。

与特斯拉 4680 电芯系统相比，麒麟电池在集成效率、快充性能、散热能力及能量密度上均表现突出，同化学体系、同尺寸条件下电量增加 13%。宁德时代展望未来，预计 2025 年前后推出第四代 CTC 高度集成电池系统，2028 年前后将向智能化 CTC 电动底盘系统升级，持续推动电池技术与汽车行业的深度融合，为美好生活赋能。

3. 凝聚之美：能量密度的翻天巨变

在《中国制造 2025》宏伟蓝图中，工业和信息化部明确提出，我国到 2025 年和 2030 年，动力电池单体能量密度需分别攀升至 400 W·h/kg 及 500 W·h/kg 的高峰。2024 年春，上海车展上，宁德时代惊艳亮相的凝聚态电池，以其突破性的技术，宣告单体能量密度高达 500 W·h/kg，不仅实现了能量密度与安全性的双重飞跃，还悄然追上了美国宇航局同年公布的航空级固态电池的能量密度水平，提前达到 2030 年国家能源密度目标。这一成就，对比当下常见的三元锂电池约 240 W·h/kg 与磷酸铁锂电池约 140 W·h/kg 的能量密度，凝聚态电池的提升堪称翻天覆地，预示着未来电动汽车续航破千公里或成日常景象。

宁德时代的凝聚态电池独辟蹊径，采用高能仿生凝聚态电解质，精心编织微米级自适应网状架构，巧妙调控分子间作用力，稳固微观构造之余，显著加速锂离子的迁移效率，从而推动电池动力性能跃进。与全固态电池彻底革新材料体系（如去隔膜、采用锂金属负极）不同，凝聚态电池的灵活性在于能与现有高镍三元正极或石墨/硅基负极兼容，利于快速产业化。凝聚态电池的诞生，无疑在电池领域投下一枚震撼弹，正积极参与民用电动飞机项目，遵循航空级标准严苛测试，确保满足顶级安全与品质要求。

任务二　铭记一段历史——中国石油炼制工业发展史

石油炼制，这一过程巧妙地运用蒸馏、催化裂化、加氢裂化、催化重整等先进化工技术，犹如神奇的"魔术师"，将蕴藏丰富能量的原油转化为我们日常生活中不可或缺的各类产品。我们将踏入一场时光之旅，不仅是回顾一部技术与社会交织的编年史，更是见证化学工业如何提升我们的生活水平。在中国这片土地上，石油炼制的故事尤为曲折动人。在这一历程中，催化剂的作用不容忽视，它们加速了化学反应速率，也加速了美好生活的到来。正如炼油技术的迭代升级，不仅解决了能源短缺的问题，更促进了化工产品多样化，从日常用品到高科技材料，无处不渗透着化学工业的智慧与贡献。在本任务中，我们将穿越时空，从油海初澜到大国蝶变，从绿色转型到结构调整，深入理解每一次技术革新背后的逻辑与意义，感受那些看似冰冷的机器与化学反应背后，是如何温暖地服务于人民生活，提升着国家实力。

1. 油海初澜：初创艰辛与战时维艰

1907～1949年间，中国石油炼制工业在困厄中艰难启程，主要聚集于资源充沛的西北、东北两地。西北，依仗丰富的天然石油资源，成为开采与炼制的核心地带；东北，则借煤炭资源之利，主攻煤转油工业。抗日战争时期，沿海工业遭重创，西南变身战时工业后盾。彼时，为应对战时能源需求，西南短时建起一批以植物油裂解、煤低温干馏技术为基础的制油厂。这些厂在战时确有贡献，然因技术、规模局限，战后多无力维系，渐次停摆。

中华人民共和国成立前夕，石油炼制工业几近停滞。连年战火致炼油设施损毁严重，能正常运作者寥寥无几。据1949年数据，全国炼油厂处理原油仅11.6万吨，产油总量不过8万吨。其中，汽油、煤油、柴油、润滑油四大主力产品产量总计仅3.5万吨，石蜡与石油焦产量甚微，仅0.47万吨，至于润滑油脂，产量几乎可忽略，不足40吨。此阶段中国石油炼制工业，无论产量抑或技术设备，皆远不能满足国家所需，且落后于世界先进水平。石油产品严重短缺，严重掣肘经济发展与人民生活水平提升。在此背景下，中华人民共和国中央人民政府面临重建石油炼制工业的艰巨挑战。

2. 创业砥砺：应国之需的奋起直追

1949～1977年，中国石油炼制业进入艰苦创业期，力图满足国家经济发展之需。建国初期，石油产品无论数量、种类或质量，皆难以满足国内日益增长的需求。为此，国家将石油炼制工业发展重心置于西北、东北老厂的修复与扩建方面。

在国家鼎力支持与技术人员执着攻关下，1954年底，所有炼油厂悉数恢复生产，象征中国石油炼制工业自战后废墟中振作，步入复苏轨道。1959年，原油加工能力实现飞跃，由1949年的17万吨/年猛增至579万吨/年，产品自给率从不足10%提升至40.6%，此番增速既凸显中国石油工业飞速进步，又为国家经济独立奠定基石。表4-8为国内1949～1959年的石油炼制工业主要指标汇总表。

表4-8 国内1949～1959年的石油炼制工业主要指标

项目	1949年	1952年	1957年	1959年
原油加工能力/万吨	17	99	245	579
实际原油加工量/万吨	11.6	53.5	173.6	395.6
石油产品品种/个	12	38	140	309
汽油、煤油、柴油、润滑油产品总量/万吨	3.5	25.9	108.9	229.5
石油加工损失率/%	16.25	12.97	4.63	3.14
国内石油产品自给率/%	<10	29	38.9	40.6

随着大庆油田大会战告捷，以及胜利、大港、江汉等油田接踵开发，中国彻底摆脱石油炼制工业落后面貌。这些油田的涌现，大幅增补国内原油产量，为炼油业提供充足原料。其间，炼油部门积极研发先进技术，以催化裂化技术为核心的"五朵金花"成套技术，大幅提

升炼油效率与产品质量。1965年，原油加工能力再攀高峰，达1423万吨，产出汽油、煤油、柴油、润滑油四大类产品共632.3万吨。在当时供需状况下，中国石油产品实现军民全面自给，有力保障国家能源安全，强力推动国民经济高速发展。1978年，中国年原油加工能力跃至9291万吨，数字增长再次验证中国石油炼制工业之迅猛发展。此29年间，从老厂修复扩建，至技术革新、产能扩张，再至产品全面自给，中国石油炼制工业走过了非凡之路。这段历史不仅记录了中国石油炼制工业的拼搏与成就，更为未来工业发展与现代化建设铺就坚实基础。

3. 支柱成型：改革春风中的石化崛起

十一届三中全会揭开了改革开放序幕，石油炼制工业迅速响应，启动向市场经济体制转型。其间，石油炼制工业大力开发国内外两种资源、双市场，既加工国产原油，又大量进口原油，以满足国内石油产品需求激增。同时，炼油企业积极拓展海外业务，参与国际竞争，此举不仅提升中国石油产品国际影响力，亦为石油炼制工业长远发展积累宝贵经验。

1983年，中国政府为推进石化工业进程，组建中国石油化工总公司（简称"中国石化"），将原散落于石油部、化工部、纺织部及地方的38家炼油、化工、化纤、化肥企业及21家科研、设计单位集中管理。此改革大幅提升管理效能，优化资源配置，刺激技术创新，加速产业结构调整，为石化工业快速发展打下坚实根基。2000年底，中国石化原油一次加工能力达2.76亿吨/年，原油加工量2.11亿吨，数据增长标志着中国已成为全球主要炼油大国之一。1983～2000年，我国构建起镇海炼化、茂名石化、金陵石化、齐鲁石化等4座超千万吨级原油加工基地，这些基地的崛起既增强石油炼制工业整体实力，又为我国石油产品稳定供应提供保障。

4. 大国蝶变：石化劲旅屹立世界之林

步入21世纪，石化企业大刀阔斧推进炼化一体化项目，既优化资源配置，又促进产业结构调整。此类项目通过炼油与化工生产流程深度融合，有效提升能源利用率，降低成本，显著增强企业市场竞争力。同时，企业积极践行现代企业制度，提升管理水平，为可持续发展筑就稳固基石。

此间，中国石油、中国石化、中国海油三大国有油企通过改革，成功登陆国内外资本市场，不仅引来资金活水，更在全球市场声名鹊起，竞争力飙升。2010年，我国一次原油加工能力突破5亿吨大关，达5.12亿吨，昭示我国已稳居世界石化大国之列。2000～2010年，中国石化与中国石油在全球炼油行业排名显著攀升，前者由2005年世界第五跃居第二，后者则由第十晋升至第六。中国石化于环渤海、长三角、珠三角构三大炼厂集群，中国石油则打造八大千万吨级炼油基地。全国更孕育出20座千万吨级炼油重镇，这些基地的建设和运营，既确保国内石油产品供应稳定，又为中国石化产品国际贸易构筑坚实平台。此阶段的疾速前行，使我国石化行业不仅在规模上傲视群雄，更在技术和管理层面实现质的飞跃。石化企业凭借持续技术创新与管理优化，提升产品质量，降低成本，增强竞争力。同时，石化行业的发展有力推动国家经济增长、保障能源安全、促进国际贸易，贡献卓著。

5. 绿色转型：迈向高质量发展的低碳征途

自党的十八大以来，中国经济步入追求可持续发展的新常态。在此背景下，炼化工业作为国民经济要脉，积极响应国家战略，全力推进产业转型升级与新旧动能转换。此阶段，石油炼制工业发展目标锁定科学发展、绿色低碳发展与高质量发展，矢志实现由规模扩张向质量效益的华丽转身，即由大变强。

为达成此目标，石油炼制工业大力推动园区化、基地化、规模化与炼化一体化建设，既提升产业集中度，又促进资源集约利用与环境保护。其间，炼化企业持续优化生产流程，提升技术水平，力降能耗与污染排放，倾力构建绿色、循环、低碳的产业体系。在油品质量提升战线上，中国石油炼制工业成绩斐然。从 2000 年实施国一标准（相当于欧Ⅰ标准）至 2017 年升级至国六标准，我国仅用十余年时间，便完成发达国家数十年的油品质量升级之旅。这一跨越发展既提升国内油品市场竞争力，又显著净化空气，护航公众健康。

同时，石油炼制工业布局在发展中持续调优。全国矗立着多处大型炼化一体化设施，装置规模持续扩大，生产效率与技术水平节节攀升。产品流向与运输方式日趋合理，有效压低物流成本，提升市场响应速率。

长期以来，我国能源消费水平居高不下，炼厂产品结构以成品油为核心，化工原料产能相对有限。据中国石油和化学工业联合会数据，2022 年，我国炼油总产能跃升至 9.2 亿吨 / 年，首次问鼎全球。然而，面对碳中和、碳达峰等环保目标的压力，化石燃料整体需求步入下行通道已成为共识。与此相反，我国化工产品需求预期将持续攀升，尤其是基础石油化工原料及高端化工产品的自给能力尚存缺口，亟须提升相应产能。在此背景下，"减油增化"成为炼油产品结构转型升级的关键路径。历经 170 载岁月洗礼，石油炼制工业完成了从早期以照明与燃料供应为主，到如今聚焦化工产品生产的华丽转身。

任务三　讲述一个人物——闵恩泽

在科学的浩瀚星海中，闵恩泽先生犹如一颗璀璨星辰，不仅照亮了石油炼制催化的探索之路，更以非凡的智慧和不懈的努力，将科研硕果播撒进寻常百姓的生活。从汽油柴油的催化裂变，到塑料化纤的分子编织，他的每一步科研足迹，都是对"国家需要"最生动的回应。他的科研人生，是一部将个人梦想融入国家发展洪流的光辉篇章，展现了科学家的使命与情怀。闵恩泽先生，以卓越成就和高尚品格，谱写了中国从炼油催化弱国走向自主研发强国的辉煌乐章，他的名字，永远镌刻在共和国科技进步的史册上，激励着后来者在科学探索的道路上不断前行。

1. 石油炼制催化学科奠基人

闵恩泽先生的科研成就，仿佛一条无形的纽带，将看似遥不可及的炼油催化科学与每个人的日常生活紧密相连，实实在在地提升了民众的生活品质。1942 年，年仅 18 岁的闵恩泽选择进入重庆国立中央大学土木系求学。正值抗日战争烽火连天之际，农业大省四川对化肥的需求尤为迫切，但专业人才的匮乏成为其生产的瓶颈。闵恩泽在大学二年级时，毅然决然地转向化工专业，以此开启与化工的不解之缘。这一抉择，充分展示了他自青年时期便具备的社会责任感与对时代脉搏的精准把握。

1955 年，闵恩泽远赴美国深造，并最终取得化学博士学位。尽管海外有优厚待遇与舒适环境，但他始终魂牵祖国。当祖国的召唤传来，已在美国安家立业的闵恩泽，不顾友人劝阻与美国移民局的重重阻碍，与夫人陆婉珍毅然绕道香港，踏上归国之路，投身于新中国的建设洪流。此举，淋漓尽致地展现了他炽热的家国情怀与矢志报效祖国的坚定信念。

20 世纪 60 年代，新中国百废待兴，急需科技进步推动国家发展。此时，在石油炼制领域，我国面临严重的催化剂供应危机，直接威胁到喷气燃料的生产，形势严峻。在此背景下，时任石油工业部部长的余秋里将研制催化剂的重任托付给刚回国不久的闵恩泽。尽管这一任务与他过去十余年学习与工作的积累并不直接相关，但闵恩泽秉承"国家需要什么，我就做什么"的信念，毫不犹豫地接下了这副重担。

在设备简陋的实验室里，闵恩泽带领团队从零起步，不分昼夜地研读有限的国外文献资料，寻找催化剂研制的突破口。面对一次又一次的试验挫折，他们毫不气馁，持续优化实验条件，调整设计方案。经过数载的辛勤耕耘，闵恩泽先生及其团队终于成功开发出一系列关键催化剂，如小球硅铝裂化催化剂、微球硅铝裂化催化剂、磷酸硅藻土叠合催化剂、铂重整催化剂等。这些成果的取得，一举打破了我国在石油炼制领域对外国技术的依赖，使我国跻身全球少数能独立生产各类炼油催化剂的国家之列，显著提升了我国石油炼制行业的自主创新能力。

1964 年 5 月，由闵恩泽主导研发的催化剂工厂正式投产，标志着我国在炼油催化领域的自主研发能力迈入新纪元。这座工厂年产量高达 2400 吨，其产品无论在完整性、抗磨强度还是杂质含量等技术指标上，均超越苏联进口催化剂，且价格仅为后者的一半，大幅降低了移动床催化裂化装置的运行成本。尤为重要的是，工厂投产时，我国库存催化剂仅够维持两个月使用，而闵恩泽团队研发的国产催化剂及时投入生产，有效确保了国防与民用喷气燃料的供应，有力捍卫了国家能源安全。

2. 非晶态合金催化创新先行者

1976 年，在美国纽约州科学院举办的"固态无机物的催化化学"专题讨论会上，闵恩泽先生深受催化材料选择理论的启发。他系统剖析了催化材料的物质结构特征、对催化反应的影响力、组成变化区间以及耐热性、耐水蒸气性、抗氧化性等关键因素，构建起坚实的理论基石，为后续创新研究铺平道路。其间，闵恩泽敏锐捕捉到非晶态合金的独特性质——表面缺陷丰富、活性中心众多、原子配位不饱和、组成可调控性强等，断定其为新一代催化材料的潜力股。

1984 年，闵恩泽携手复旦大学化学系与原东北工学院材料系，共同开启了非晶态合金催化剂的研发之旅。他们采用冶金工业中的急冷法制备镍 - 硼、镍 - 磷等共熔点较低的非晶态合金。然而，初期产品存在比表面积小、活性欠佳的问题，挑战重重。面对困难，闵恩泽先生展现出不屈的科研精神，他借鉴雷尼镍的镍 - 铝体系，创造性地引入化学抽铝法以提升比表面积，这一关键创新策略使得非晶态合金催化剂的研发步入正轨。同时，他还巧妙利用化学抽铝过程中产生的副产物偏铝酸钠溶液合成分子筛，实现了零排放清洁生产，充分体现了他在科研实践中对环保意识与资源高效利用理念的坚守。

20 世纪 80 年代初，闵恩泽肩负起组建石化科学研究院基础研究部的重任，旨在强化我国炼油催化技术的基础研究实力。组建期间，他特意邀请美国美孚公司中心研究实验室主任来华交流，深度探究该公司在分子筛领域保持世界领先地位的秘诀。通过对话，闵恩泽深刻领悟到工业催化剂基础研究的核心在于新催化材料的精准选型，这一观念犹如一盏明灯，照亮了他继续深耕非晶态合金催化剂的道路。经过不懈努力与工艺优化，闵恩泽团队终于研制出具备工业化价值的非晶态合金催化剂。这一成果不仅显著解决了传统雷尼镍催化剂面临的环境污染、性能局限、反应效率低下等问题，更为我国炼油工业的转型升级提供了强有力的技术支撑。

步入新世纪，闵恩泽先生前瞻性地思考如何将非晶态合金催化剂与先进的反应器技术结合，以期进一步提升催化效能。2000年，磁稳定床冷模实验装置的建成，为闵恩泽提供了深入理解磁稳定床操作原理的平台，尤其是如何调控其达到理想的链式状态。他意识到，要设计一个具有均匀磁场的磁稳定床反应器，需精通优化线圈设计、精确设定线圈间距、合理布置设备磁格栅内部构件以及有效实施强制水冷等工程技术。这些专业知识的融会与应用，为后续的创新集成奠定了坚实的技术基础。

历经数载的理论探索与实验验证，闵恩泽先生成功将非晶态镍合金催化剂与磁稳定床反应器应用于己内酰胺加氢工艺，并在全球范围内率先实现工业化应用。这一重大创新成果——"非晶态合金催化剂和磁稳定床反应工艺的创新与集成"，以其卓越的原创性与显著的经济效益，荣获2005年度国家技术发明奖一等奖，树立了我国石油化工技术创新的典范。

3. 绿色加氢脱硫醇催化开拓者

喷气燃料中的硫醇不仅引发油品恶臭，还对飞机材料造成腐蚀，影响燃料稳定性。虽然传统的脱硫方法具有一定效果，但伴随产生的废碱排放严重破坏环境。针对这一难题，闵恩泽先生带领博士生团队于20世纪80年代末积极进行固体碱催化剂的研发，力求实现环保型脱硫。凭借其独到的见解，闵恩泽提出利用硫醇易于加氢脱除的特性，采用更为温和的加氢脱硫醇（removal of hydrogen sulfide and mercaptans by hydrogenation and sweetening，RHSS）工艺。这一创新思路犹如破晓之光，瞬间照亮了研发路径，团队短时间内便成功开发出高效、环保的RHSS新工艺。该工艺显著减少了废渣排放（降幅高达99.8%），大幅削减操作成本，实现了多种原料油向优质喷气燃料的绿色转化。如今，全国已建有7套大型工业装置，总处理能力达到420万吨/年，RHSS技术在我国新建或改造装置中占据约80%的市场份额，足见其广泛应用与显著成效。

1995年，闵恩泽先生敏锐把握科研前沿，率先在我国涉足绿色化学研究，成为这一新兴领域的先驱者。他巧妙地将石油化工催化专业优势与绿色化学理念相融合，从单一绿色工艺的研究逐步扩展到整体绿色石化技术的创新体系构建。在"绿色化学"概念引入国内的短短十余年中，闵恩泽先生亲自策划并指导了一系列旨在从源头防止环境污染的绿色新工艺，为我国绿色化工产业的发展夯基垒台。在他的指导下，诸如"钛硅分子筛环己酮氨肟化""己内酰胺加氢精制""喷气燃料临氢脱硫醇"等绿色新工艺应运而生，这些工艺在提升生产效率的同时，大幅度减少了废弃物产生，实现了资源的高效循环利用，标志着我国绿色化工事业翻开了崭新篇章。

跨入21世纪，尽管已届高龄，闵恩泽先生的科研热情依旧炽烈。他将目光转向了生物质能源开发这一前景广阔的领域，亲自指导研发出"近临界醇解"生物柴油清洁生产新工艺。这项工艺打破了传统生物柴油生产的诸多技术壁垒，使我国在生物质能源领域实现后来居上，为我国能源结构的绿色转型注入强劲动力。

任务四　走进一家企业——比亚迪股份有限公司

车用动力电池的进化轨迹犹如一部波澜壮阔的科技史诗，从奥尔斯特的原始电池到比亚迪的刀片电池，每一次技术创新都是人类对无限可能的勇敢探索。比亚迪，这个从手机电池起家的企业，凭借不懈的技术革新，跃升为新能源汽车领域的领跑者。其刀片电池的横空出世，不仅颠覆了行业对电池安全与能量密度的传统认知，更引领了一场电池结构设计的革命，使续航与安全并驾齐驱，成为新时代的标杆。而 CTB 技术的推陈出新，更是将电池与车身的融合推向新的高度，不仅赋予车辆前所未有的结构强度，更在轻量化与高续航的天平上找到了完美的平衡点。比亚迪并未止步，仿生六棱柱电池的构想如同一颗待发的种子，预示着电池技术即将迎来又一次飞跃，其对空间利用与能量密度的极致追求，再次展现了比亚迪对创新无尽的渴望与追求。

1. 电光石火：动力电池进化轨迹探秘

车用动力电池的历史可以追溯到 19 世纪初。1800 年，意大利科学家奥尔斯特发明了第一块原始电池，开创了电化学领域的研究。然而，直到 19 世纪末，车用动力电池才真正被人们所关注。1888 年，法国科学家加斯东·普朗克设计了第一块可充电铅酸蓄电池，为车用动力电池的发展奠定了基础。图 4-4 是铅酸蓄电池的内部结构图。

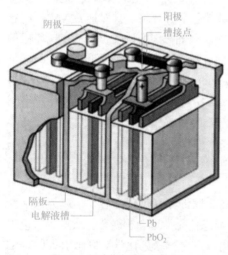

图 4-4　铅酸蓄电池内部结构

20 世纪 70 年代，美国斯坦福大学的约翰·古德纳和斯坦利·沃廉斯等人研发出了镍氢电池（Ni-MH 电池）。相比于铅酸蓄电池，镍氢电池具有更高的能量密度和更长的寿命，因此被广泛应用于混合动力汽车和便携式电子产品中。1995 年，比亚迪股份有限公司成立，起初专门从事手机电池研发，生产的电池就是镍电池。

20 世纪 90 年代，锂离子电池（Li-ion 电池）的问世彻底改变了车用动力电池的格局。锂离子电池具有更高的能量密度、更轻的重量和较小的体积，成为新能源汽车领域的首选。1997 年，日本索尼公司推出了第一款商用锂离子电池，随后，各大电子厂商纷纷加入锂离子电池的生产和研发。2009 年，日产公司推出了首款纯电动汽车 Leaf，锂离子动力电池的容量为 24 kW·h，能实现 160 公里续航。同年比亚迪首款电车 E6 正式交付，前期车型均为深圳地区出租车。

近年来，随着新能源汽车市场的快速增长，锂离子电池在能量密度、循环寿命和安全性等方面提出了更高的要求。因此，各大厂商纷纷推出了一系列新型电池技术，如磷酸铁锂电池、钴酸锂电池、固态电池等。例如，比亚迪 2002 年开始研发磷酸铁锂电池，2012 年开始研发三元锂电池，2021 年将车辆启动电池彻底更换为磷酸铁锂电池；特斯拉 Model 3 和 Model Y 所使用的 21700 圆柱电池，通过使用高镍三元正极材料和硅碳负极材料，能量密度已达到约 260 W·h/kg。图 4-5 是锂离子电池的内部结构图。

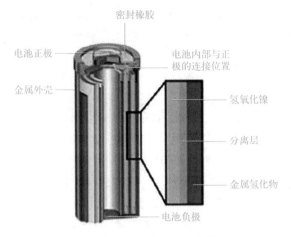

密封橡胶

电池正极

电池内部与正
极的连接位置

金属外壳

氢氧化镍

分离层

金属氢化物

电池负极

图 4-5 锂离子电池内部结构

2. 比亚迪引擎：刀片电池与一体化创新锋芒

2023 年比亚迪汽车销量达 3024417 辆，2024 年 3 月销量破 30 万辆大关，达到了 302459 辆，这些惊人数字背后的原因不仅仅是产品的品质和安全性能，更是得益于比亚迪始终坚持"技术为王，创新为本"的发展理念，不断增加研发投入，突破核心技术。比亚迪在新能源技术上的积累变得日渐深厚，比如刀片电池、CTB 电池车身一体化技术帮助比亚迪奠定了领先地位，打破了燃油车时代核心技术被外资品牌垄断的局面，实现了中国新能源汽车技术领先于世界的逆转。

比亚迪早在 2002 年便确认了磷酸铁锂电池技术路线，但在 18 年后，续航表现和安全性足够稳定的刀片电池才得以问世。比亚迪发明的刀片电池是指电芯像刀片一样扁平且长条，是基于方形铝壳来做的一种长电芯电池方案，正极材料采用磷酸铁锂，负极材料为人造石墨。虽然没有在材料上进行重大的创新，但刀片电池在结构和工程技术上是全球首创，在比亚迪原有的电芯的尺寸基础上，减薄电芯的厚度，增大电芯的长度，将电芯进行扁长化及减薄设计。同时刀片电池包将电池阵列作为骨架，通过高性能胶黏剂将上盖、底板与电池阵列黏合成一个整体，实现超高集成效率、超高强度和刚度。

刀片电池（图 4-6）将电芯进行扁平化设计，长度最长可以到 2500 mm，因此能在体积能量密度上提升 50%，电池寿命可达 8 年（里程 120 万公里以上），最重要的是新产品成本或可降 20% ～ 30%。比亚迪刀片电池就是比亚迪研发多年的超级磷酸铁锂电池。通过结构创新，在成组时可以跳过"模组"，大幅提高了体积利用率，最终达成在同样的空间内装入

图 4-6 比亚迪刀片电池

更多电芯的设计目标。相较传统电池包，刀片电池的体积利用率提升了 50% 以上，也就是说续航里程可提升 50% 以上，达到了高能量密度三元锂电池的同等水平。续航里程轻松突破 600 km，满足充放电 3000 次以上。刀片电池成功通过了行业内公认的对电池电芯安全性最为严苛的检测手段——"针刺穿透测试"，重新定义了新能源动力汽车的安全标准，引领全球动力电池安全标准迈上新台阶。

比亚迪第二个核心的电池技术就是 CTB 电池车身一体化技术，即电池与车身一体化技术（图 4-7），同步设计电池包和车身底板，将车身底板、集成电池上盖、黏结剂、电芯、黏结剂、托盘组成一个整体，也就是电池包与底板融于一体，电池包上盖替代了中地板的一部分结构，让电池包直接成为车身结构的一部分。CTB 技术融合了电池包壳体、车身结构和装配工艺设计的技术，是对新能源车身设计及总装工艺技术的一次颠覆性变革。

比亚迪 CTB 电池技术给新能源电动车"做减法"，将电池包与底盘融于一体，让电池包直接成为车身结构的一部分，动力电池既是能量体，又是结构体。CTB 电池技术取消模组以及电池包上盖的设计，可以在有限的空间内装载更多的电芯，从而提升电池容量，增加续航里程。以搭载 CTB 技术的比亚迪海豹为例，经过优化后的结构让动力电池系统利用率提升 66%，同时让系统能量密度提升 10%，从而实现 700 km 的续航里程。CTB 技术可以在降低车辆电池组件自重的同时，加强车辆的整体强度。另外，CTB 技术将刀片电池通过与托盘和上盖粘连，形成了类似蜂窝铝板的"三明治"结构，这样一来，本就具备高安全性的刀片电池，加上 CTB 技术形成的更坚固的三明治结构，整个电池包的架构强度大幅提升。三明治结构的电池包可以在经受重达 50 吨的卡车碾压后，不冒烟、不起火，电芯仍处于安全状态。

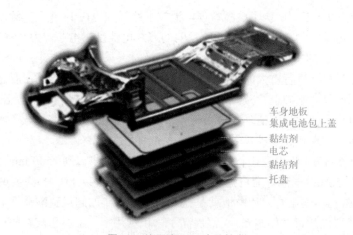

车身地板
集成电池包上盖
黏结剂
电芯
黏结剂
托盘

图 4-7　比亚迪 CTB 电池技术

3. 未来驱动：蜂巢结构仿生六棱柱电池

车用动力电池技术创新与材料创新，都是以安全性为基石，高能量密度、高倍率性能为主要发展方向。近年来，车用动力电池技术已经是百花齐放，当前，以宁德时代麒麟电池、比亚迪刀片电池、特斯拉 4680 电池为代表的创新产品各领风骚。未来，车用动力电池创新技术，快充、安全性、能量密度、减重是贯穿始终的关键词。当然比亚迪对于电池技术的发展显然也不仅仅局限于刀片电池，还有未投产的六棱柱电池。该电池的单体电芯呈现出六棱柱状，从蜂巢结构中获得了仿生学灵感，这样设计最大的好处就是更利于电池与电池之间的紧密贴合，提升电池包的空间利用率以及能量密度，采用六边棱柱体的"4090电池"能够容纳更多的电解液，以延长极芯的使用寿命，同时在将多个电池连接为电池模组时，也有效提高了外部空间利用率。图4-8是比亚迪六棱柱电池设计图。

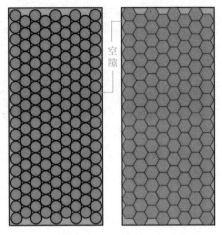

图4-8　比亚迪六棱柱电池设计图

比亚迪多年持续坚持创新的技术沉淀，在电池领域具备了100%自主研发、设计和生产能力，走出了自己的发展道路。目前，比亚迪的电池产品已经覆盖消费类3C电池、车用动力电池以及储能电池等领域，并形成了完整的电池产业链，在电池技术、品质、智能制造、生产效率等方面成为业界标杆。比亚迪的发展使得中国新能源汽车产业不再被"卡脖子"，助力中国成为了名副其实的新能源汽车强国。

任务五　发起一轮讨论——坚持守正创新

在能源转型的关键时期，"守正创新"不仅是口号，更是实践。电池材料领域的突破，如三元锂电池与麒麟电池CTP技术，展现了在守正中寻求效能与安全平衡的不懈探索，为电动车续航带来革命性飞跃。中国石油炼制工业的发展史，从依赖进口到自给自足，乃至"减油增化"战略，正是对守正创新精神的深刻践行，闵恩泽等科学家的贡献，更是这一进程中的璀璨星光。比亚迪股份有限公司，则以刀片电池等创新产品，引领新能源汽车行业绿色转型，其发展历程是在守正基础上持续创新的生动诠释。坚持守正，勇于创新，是驱动能源领域迈向更清洁、高效、智能化未来的根本动力。

讨论主题一：讨论麒麟电池技术在未来交通领域可能面临的挑战及其解决方案。

讨论主题二：讨论"减油增化"策略对中国石油炼制工业未来发展的潜在影响及其在实现"双碳"目标中的作用。

讨论主题三：结合闵恩泽院士对中国石化工业发展的贡献和长远影响，讨论分析如何将个人发展与国家需要相结合。

讨论主题四：讨论比亚迪新能源汽车打破了燃油车时代核心技术被外资品牌垄断的局面，实现了中国新能源汽车技术领先于世界的逆转，它的成功给我们带来了什么启示。

任务六　完成一项测试

1. 下列不属于三元锂电池相较于磷酸铁锂电池的优势的是（　　　）。

A. 安全性高　　　　B. 能量密度高　　　　C. 低温性能佳　　　　D. 放电效率高

2. 中国石油炼制工业的初建时期主要集中在（　　　）。

A. 东北和西北地区　　B. 华东和华南地区　　　C. 华北和华中地区　　　D. 西南和东南地区

3. 闵恩泽院士对我国科学技术发展的贡献主要体现在（　　　）方面。

A. 炼油催化剂技术　B. 造纸技术　　　　　C. 核武器技术　　　　　D. 石油勘探技术

4. （　　　）技术是比亚迪在电池领域的一项创新。

A. 镍氢电池　　　　B. 刀片电池　　　　　C. 锂离子电池　　　　　D. 铅酸蓄电池

项目三 反应可加速——催化剂

催化是自然界中普遍存在的改变化学反应速率的现象。催化剂，化学反应的幕后推手，以无形之手加速物质转换，支撑起现代工业的骨骼。在环保与能源转型的今天，高效、清洁的催化剂成为解锁可持续发展的金钥匙，如光催化分解污染物、电催化制氢等，它们为能源发展带来了新的希望，可有效促进低碳经济时代的到来。余祖熙，中国催化界的传奇人物，他的名字与祖国化工催化剂的发展紧密相连。从突破硫酸用钒催化剂的国际封锁，到推动合成氨、己内酰胺等关键催化剂的自主研发，余祖熙不仅在科研上屡破难关，更重视人才培养与科研组织管理，为中国催化事业播撒下希望的种子。中国石化催化剂有限公司，作为催化领域的佼佼者，自 2004 年成立以来，便扛起了国产催化剂产业升级的大旗。从分散经营到专业化整合，从国内市场领航到国际舞台展翅，公司以创新驱动为核心，不仅在炼油、环保催化剂等关键领域取得一系列突破，更在全球化市场中树立了"中国制造"的品牌形象。其绿色催化技术与环保理念的践行，为化工行业的可持续发展树立了典范。催化剂，不仅见证了工业文明的进步，更在余祖熙等科学家的智慧光芒下，成为推动中国乃至世界化工行业转型升级的关键力量。而中国石化催化剂有限公司，作为这一领域的重要参与者，正以科技创新为笔，书写着催化技术新篇章，引领行业向更高效、更环保的未来迈进。

任务一 认识一种产品——催化剂

催化剂，不仅是驱动化学反应的魔法石，更是链接生活便捷与环境友好的智慧钥匙。自贝采里乌斯于科学迷雾中点亮催化之光，至 21 世纪智能化、绿色化催化科技的璀璨绽放，催化剂的演变史犹如一部化学与文明交织的进步史诗。它不仅催化了石油时代的繁荣，催化了化肥支撑的绿色革命，更在清洁能源的蓝天下，催化出一片可持续发展的希望之地。本次任务之旅，我们将从催化剂的古老起源启航，穿越至当代科研的辉煌顶峰，探秘那些加速世界运转的分子秘密。了解如何在分子层面施展魔法，以最低的能量代价，实现化学反应的华丽变身；见识那些能识别与选择的智慧催化剂，如何在错综复杂的反应路径中精准导航，指向高效与纯净的产品。从纳米粒子的精妙设计到人工智能辅助的催化剂优化，每一次科技的飞跃都是向更加清洁、高效、定制化的化学工艺迈进的坚定步伐。我们还将一窥未来，那里的催化剂不仅仅是反应的加速器，更是环境问题的解决者与资源循环的促进者。在光催化分解污染物的晨光中，在电催化制氢的清新蓝海里，催化剂正编织着一个碳中和世界的梦想。而酶制剂的崛起，更是将自然界的催化智慧引入人类文明，开启生物制造与医药健康的崭新篇章。

1. 催化剂的应用历史

18 世纪末，瑞典化学家舍勒（Karl Wilhelm Scheele）发现二氧化锰能加速氧的释放，这是最早被认识到的催化现象。然而，直到 1835 年，瑞典化学家贝采利乌斯（Jöns Jacob Berzelius）首次提出"催化"一词，并系统阐述了催化作用原理，催化剂的研究才正式步入科学轨道。他指出物质间除了静电作用引起化学力之外，还有一种力——catalytic force，即催化力。这种作用可以把物质拆分成元素随后重新整合，但物质本身不变。他把这种作用称为"catalysis"，即催化作用。根据 IUPAC（国际纯粹与应用化学联合会）于 1981 年提出的定义，催化剂是一种能够加速化学反应的速率而不改变该反应的标准 Gibbs（吉布斯）自由焓变化的试剂。

进入 20 世纪，随着石油炼制、化肥合成等工业需求的增长，催化剂研究进入快速发展期。哈柏 - 博世法利用铁催化剂实现了氨的工业化合成，极大地推动了农业生产力的提升；费 - 托合成则利用铁基催化剂将煤炭转化为液体燃料。此外，石油化工中一系列催化裂化、重整、加氢等过程的开发与应用，奠定了现代石化工业的基础。进入 21 世纪，催化剂技术继续向精细化、绿色化、智能化方向发展。纳米催化、酶催化、光催化、电催化等领域取得突破，为能源转换、环境保护、医药制造等领域带来革新。同时，借助计算机模拟、机器学习等先进技术，催化剂的设计与筛选更加精准高效，预示着未来催化剂将在解决全球性挑战如碳中和、清洁能源、资源循环等方面发挥更大作用。

2. 催化剂的组成与分类

（1）催化剂的组成　催化剂通常不是一种单一的物质，而是由多种物质组成。绝大多数工业催化剂可分为三个组分，即活性组分、助催化剂、载体。活性组分（主催化剂）是催化剂的主要成分，是起催化作用的根本性物质。没有活性组分，就不存在催化作用。活性组分有时由一种物质组成，如乙烯氧化制环氧乙烷的银催化剂，活性组分就是银单质；有时则由多种物质组成，如丙烯氨氧化制丙烯腈用的钼铋催化剂，活性组分就是由氧化钼和氧化铋两种物质组合而成。一些本身对反应没有活性或活性很小，添加少量于催化剂之中（一般小于催化剂总量的 10%）却能使催化剂具有所期望的活性、选择性或稳定性的物质，称为助催化剂。常用一些高熔点、难还原的氧化物作为助催化剂，可以增加活性组分比表面积，提高活性组分的热稳定性。例如，用于脱水反应的 Al_2O_3 催化剂以 CaO、MgO、ZnO 为助催化剂。载体是固体催化剂所特有的组分。载体是催化活性组分的分散剂、黏合物或支撑体，是负载活性组分的骨架。它可以起到增大比表面积、提高耐热性和机械强度的作用，有时还能担当助催化剂的角色。载体与助催化剂的不同之处在于，它在催化剂中的含量远大于助催化剂。表 4-9 为催化剂成分及作用汇总表。

表 4-9　催化剂成分及作用

催化剂成分	举例	作用
主催化剂	银催化剂中的银单质，钼铋催化剂中的氧化钼和氧化铋组合等	提供催化作用的核心，直接参与加快化学反应速率，是催化活性的关键来源
助催化剂	Al_2O_3 催化剂中的 CaO、MgO、ZnO 等	显著提升催化剂的活性、选择性或稳定性，同时可能改善活性组分的热稳定性和增大比表面积
载体	Al_2O_3 等	提供大的比表面积，增强催化剂的机械强度和耐热性，有助于活性组分的均匀分布

（2）催化剂的分类　根据催化剂组成元素和活性成分数量不同，可被分为金属催化剂、非金属催化剂和复合催化剂。金属催化剂，特别是过渡金属和稀土金属，因其丰富的价态、

可变的配位几何和电子结构，表现出优异的催化活性。过渡金属如铂、钯、铑、钌等常用于催化加氢、脱氢、氧化还原等反应，而稀土金属如镧、铈、镨等在有机合成、石油裂解等领域展现出独特优势。此外，金属合金以及金属纳米颗粒等形态的金属催化剂，也在特定反应中展现出良好性能。非金属催化剂主要包括酸碱催化剂、络合催化剂等。酸碱催化剂通过提供质子或接收质子来完成催化作用。络合催化剂，如过渡金属配合物、有机金属催化剂等，利用配体与金属中心形成的稳定配位结构，调整金属的电子分布和反应活性，适用于精细有机合成、不对称催化等反应。复合催化剂包含两种或多种活性组分，通过协同效应增强整体催化性能。

根据催化剂结构类型不同，可被分为均相催化剂与非均相催化剂和无载体催化剂与负载型催化剂。均相催化剂与反应物处于同一相态且不存在相界（液相或气相），如硫酸催化的酯化反应、铑催化剂催化的氢化反应等。非均相催化剂则与反应物处于不同相态（固 - 液、固 - 气或液 - 气），如固定床反应器中使用的固体催化剂、悬浮床反应器中的液 - 液催化剂等。非均相催化剂便于分离回收，但传质阻力可能较大。负载型催化剂则是将活性组分负载于载体上，如 V_2O_5-WO_3/TiO_2 用于汽车尾气处理，Pt/Al_2O_3 用于甲醇燃料电池，此类催化剂兼具活性组分的催化性能与载体的物理稳定性。无载体催化剂不依赖载体支撑，活性组分直接参与反应，通常在特定反应条件下使用。表 4-10 为不同类型催化剂及其特性汇总表。

表 4-10   不同类型催化剂及其特性

催化剂类型	特性
金属催化剂	含有过渡金属或稀土金属，具有丰富的价态与可变的配位几何，高催化活性，适用于加氢、脱氢、氧化还原等反应
非金属催化剂	包括酸碱催化剂、络合催化剂，酸碱催化剂促进质子转移或离子型反应，络合催化剂调整金属电子分布，适用于精细有机合成、不对称催化
复合催化剂	含有两种或多种活性组分，通过协同效应增强催化性能
均相催化剂	与反应物处于同一相态且不存在相界（液相或气相），例如：硫酸催化的酯化反应、铑催化剂的氢化反应
非均相催化剂	与反应物处于不同相态，方便分离回收，但传质阻力可能大，实例：固定床反应器中的固体催化剂、悬浮床反应器中的液 - 液催化剂
无载体催化剂	不依赖载体支撑，活性组分直接参与反应，通常在特定反应条件下使用，如某些气 - 气催化反应
负载型催化剂	活性组分负载于载体上，兼具活性与物理稳定性，实例：V_2O_5-WO_3/TiO_2（汽车尾气处理）、Pt/Al_2O_3（甲醇燃料电池）

3. 催化剂的功能和作用机制

催化剂在化学反应中的核心作用在于通过改变反应途径、降低活化能、提供特殊反应环境等方式，显著加速反应进程并提高产物选择性。

（1）降低活化能与加速反应速率　催化剂通过提供一种能量更低的反应途径，使得反应物分子越过反应势垒变得更加容易。在催化剂存在下，原本需要较高活化能的反应转变为经过催化剂表面的"活化过渡状态"，其活化能显著降低，从而使反应速率显著增加。这是催化剂最基本且最重要的功能，也是其被称为"化学反应加速器"的原因。

（2）改变反应途径与选择性　催化剂不仅能加速反应，还能通过改变反应途径，引导反应向生成特定产物的方向进行，即具有反应选择性。催化剂通过提供特定的活性位点和微环境，使反应物在这些位点上更容易进行所需的化学转化，同时抑制其他不必要的副反应，从而实现对化学反应的定向控制。反应选择性是催化剂在精细化学品合成、生物燃料转化、环保技术等领域发挥关键作用的基础。

（3）提供特殊反应环境与媒介作用　某些催化剂能创造有利于特定反应发生的特殊环境，如提供酸碱环境、氧化还原环境、配位环境等。此外，催化剂还可以作为反应的媒介，如在氧化反应中，氧气通过催化剂表面被活化为更易与底物反应的氧物种。这些特殊功能使得催化剂能够催化原本难以进行或难以控制的反应，拓宽化学反应的应用领域。

4. 催化剂的评价指标和影响因素

（1）催化剂的评价指标　催化活性是衡量催化剂提升反应速率能力的首要指标。通常以单位质量或单位面积催化剂在一定条件下单位时间内转化的反应物量来表示，如转化率、比活性（单位时间、单位质量催化剂转化的反应物量）或时空产率（单位时间、单位体积催化剂床层产生的产物量）。高活性意味着反应能在较短的时间内完成，有助于降低能耗和设备投资。

选择性反映了催化剂对特定产物生成的倾向性，是评价催化剂在多产物体系中定向催化能力的关键指标。选择性通常以目标产物占总产物的比例表示，包括化学选择性（特定化学反应相对于其他竞争反应的选择性）、立体选择性（生成特定立体异构体的比例）、区域选择性（特定化学键断裂或形成的优先性）等。高选择性意味着产物纯度高，减少了分离提纯的成本。

催化剂的稳定性是指其在一定操作条件下保持活性和选择性的能力，包括热稳定性、化学稳定性、抗积炭能力等。长期稳定运行的催化剂能有效降低催化剂更换频率和处理成本，对工业应用尤为重要。

再生性指催化剂在失活后通过适当处理恢复活性的能力。催化剂寿命则是从催化剂投入使用至其活性显著下降、无法满足工艺要求所需的时间。良好的再生性和较长的使用寿命可显著降低催化剂的使用成本。表 4-11 为催化剂主要评价指标。

表 4-11　催化剂的主要评价指标

评价指标	指标性质
催化活性	单位质量或单位面积催化剂在一定条件下单位时间内转化的反应物量，如转化率、比活性、时空产率
选择性	目标产物占总产物的比例，涵盖化学选择性、立体选择性和区域选择性
稳定性	热稳定性：在高温下保持活性与选择性的能力；化学稳定性：抵抗化学腐蚀，维持催化性能；抗积炭能力：减少催化剂表面堵塞，延长使用寿命
再生性	催化剂失活后恢复活性的能力
催化剂寿命	从使用到活性显著下降，无法满足工艺需求的时间

（2）催化剂的影响因素　催化剂的活性组分决定催化反应的基本类型；助剂可以改善活性组分的分散性、稳定性和选择性；载体提供大的比表面积、适宜的孔结构和良好的热稳定性。这些成分的种类、含量、粒径、形貌、分散度等均会影响催化剂性能。

反应温度、压力、气体流速、原料纯度、反应气氛等因素会显著影响催化剂的活性、选择性和稳定性。例如,合适的温度可以保证催化剂达到最佳活性,过高的温度可能导致催化剂烧结失活;适宜的压力有助于提高反应速率和产物选择性;原料中杂质的存在可能毒化催化剂。

连续操作、间歇操作等不同的操作方式对催化剂的性能有重要影响。合理选择操作方式有助于维持催化剂活性区的最佳状态,防止出现局部过热、积炭等问题,延长催化剂寿命。

5. 催化剂的应用

在石油化工领域,催化裂化是石油炼制中的关键过程,利用沸石分子筛催化剂可以将重质油裂解为轻质油品。以美国优尼科公司开发的 Y 型沸石分子筛催化剂为例,该催化剂具有优异的酸性活性中心和孔道结构,能有效促进大分子烃类的裂解、异构化和芳构化反应,显著提高了汽油、柴油等产品的收率和品质。

在化肥工业领域,哈柏 - 博世法是合成氨工业的标准工艺,利用铁基催化剂在高温高压条件下将氮气和氢气转化为氨。催化剂通常由铁、钾、铝的氧化物组成,通过优化载体、助剂及制备工艺,实现了高活性、高稳定性和长寿命。合成氨的大规模生产不仅解决了全球粮食生产的氮肥供应问题,也对世界经济格局产生了深远影响。

在能源转换和环保领域,催化剂发挥着至关重要的作用。例如,电解水制氢过程中,采用高效的催化剂如钌铱合金,可以显著降低电能消耗,提高氢气生成效率,为清洁能源的发展提供技术支持。

在环境保护领域,汽车尾气排放是空气污染的重要来源,三效催化剂(three way catalyst,TWC)的广泛应用显著降低了有害气体排放。TWC 主要由铂、钯、铑等贵金属及其氧化物构成,能同时催化 CO、HC(碳氢化合物)、NO_x(氮氧化物)转化为无害的 CO_2、H_2O、N_2。随着排放标准日益严格,催化剂的研发重点转向提高贵金属利用率、增强耐硫耐热性能及适应新型燃料。在新能源和新材料领域,质子交换膜燃料电池(proton exchange membrane fuel cell,PEMFC),作为清洁能源技术的核心部件,其阴极氧还原反应(oxygen reduction reaction,ORR)催化剂极为关键。铂基纳米催化剂是最常用的 ORR 催化剂,通过调控铂颗粒尺寸、形状,表面修饰及载体选择,可显著提升催化活性和稳定性。近年来,非贵金属(如氮掺杂碳材料、过渡金属氮化物等)催化剂的研究取得重要进展,有望降低燃料电池成本,推动商业化进程。

任务二　铭记一段历史——中国工业催化发展史

催化科学,这一深植于现代工业命脉之中的关键技术,以其无处不在的影响塑造着我们生活的方方面面。它不仅是推动化工产业升级、实现绿色低碳转型的核心驱动力,也是解决环境问题、保障能源安全、提升生活质量的关键工具。回溯历史,我国催化研究起步于20 世纪 30 ~ 40 年代,最初局限于南京、大连等地的氨合成与炼油催化剂开发。然而,短短几十年间,经过几代科研工作者的不懈努力,我国催化研究实现了从无到有、由弱到强的跨越,组建起以张大煜、蔡馏生、蔡启瑞、余祖熙、闵恩泽等为代表的一系列高水平研究团队，他们在炼油、有机合成、化肥制造、裂解催化等核心领域取得了一系列突破。尤其是20世纪80年代以来，我国工业催化技术迅速崛起，不仅在国内构建起完善的产业链，更在国际舞台上崭露头角，多项成果达到国际先进水平，赢得了国际催化界的广泛赞誉。展望未来，催化技术的发展趋势与应用前景展现出无限可能。面对化工原料品质下降、工艺升级、环保标准提升等挑战，新型催化剂的研发成为推动传统合成氨与石油化工技术持续创新的关键。

1. 催化历史溯往昔：奠基者拓土开疆，科研星火耀华夏

我国催化研究的历史篇章可追溯至20世纪30～40年代，彼时，仅有南京、大连等地少数机构涉足氨合成、炼油催化剂的研发与生产。20世纪50年代，中国科学院、各大高校及产业研究院所集结力量，组建了一支由张大煜（中国科学院大连化学物理研究所）、蔡馏生（吉林大学）、蔡启瑞（厦门大学）、余祖熙（南京化学工业公司）以及闵恩泽（中石化石油化工科学研究院有限公司）等前辈科学家领军的催化研究团队，他们分别在炼油、有机合成、化肥制造、裂解催化等领域展开深入探究。

以南京永利铔厂触媒部（1959年更名为南京化学工业公司催化剂厂）为例，这座创建于20世纪30年代的国内首个催化剂生产车间，于1950年成功生产出A1型合成氨催化剂、C-2型一氧化碳高温变换催化剂及二氧化硫氧化的钒基催化剂，自此逐步构建起合成氨工业所需的全套催化剂生产能力。

自20世纪80年代起，我国工业催化研究与开发技术呈现飞跃式发展，逐渐在国际舞台上崭露头角，多项成果达到国际先进水平。为了将中国催化界推向世界催化学术前沿，以郭燮贤（中国科学院大连化学物理研究所）、陈懿（南京大学）等为代表的催化学者积极投身国际学术交流。我国催化界专家广泛参与或主办了"国际催化大会""国际均相催化大会"等高端学术活动，推动了与美国、日本、欧洲等国家和地区的一系列双边及多边国际科技合作项目的开展。

2. 催化科技新趋势：绿色高效引航向，环境友好迈新阶

历经长足演进，工业催化科学与技术已构建出如下格局：传统的合成氨与石油化工技术虽已步入成熟之境，但面临化工原料品质下滑、工艺革新与产品迭代升级，以及日益严苛的环保标准的挑战，对创新型催化剂的需求日益凸显。煤化工在经济效益与环境影响层面尚难与石油化工抗衡，尽管两者催化技术体系间存在显著共性，但在特定领域的创新突破仍不可或缺。以环境治理与生态保护为导向的环境催化研究广受社会瞩目，而在新型能源化工领域，诸如电催化、生物质转化、光催化、纳米催化等前沿催化技术正经历前所未有的关注与研发热潮。

（1）能源与化工催化剂　创新型、高效率催化剂的研发，是推动能源化工与化学工业实现跨越式进步的基石。据统计，近年来全球催化研究中，半数聚焦于新型催化剂的开发。此类催化剂的开发与环保理念深度契合，力求在生产化学品的过程中从源头消减污染。以国际学术文献为例，1990～1999年间，关于新型催化剂的报道至少增长了15倍，尤以能源化工、绿色催化、选择性氧化等领域的发展最为迅猛。

面对催化剂活性、经济效益及环保性能的要求，煤化工催化研究的重心已由传统的合成氨、费 - 托合成转向煤直接液化及甲醇制烯烃（methanol to olefins，MTO）技术。在这些工艺中，催化剂性能的优劣对整个工艺的成功与否起着决定性作用。我国在MTO领域已取得

重大突破，而直接液化工艺仍面临催化剂配方优化、制备工艺改进、液化工艺与反应器设计等多重挑战。

（2）机动车尾气净化催化剂 随着汽车、柴油车等机动车的广泛应用，尾气排放导致的大气污染问题日益严峻，迫使各国制定更严格的环保法规，同时也加速了机动车尾气转化催化剂的研究与开发进程。首先，为提升燃油效率并减少 CO 排放，汽车发动机正逐步采用缸内直喷及稀薄燃烧技术。据报道，此类发动机较常规发动机燃油经济性可提升 20% ～ 25%。然而，由于氧气过量，NO_x 排放随之增加，因此 NO_x 的有效还原去除成为关键技术瓶颈。目前研究中的解决方案包括 NO_x 捕获、选择性还原（selective catalytic reduction，SCR）以及电热催化剂等。其次，研发能在发动机冷启动时快速预热的催化剂也至关重要。在欧美地区，汽车排放污染物主要源于催化转化器预热前的初期排放，特别是启动后 20 ～ 30 s 内的尾气净化。此外，面对愈发严格的环保法规，机动车尾气转化催化剂生产商正努力降低催化剂中贵金属含量。当前，鉴于对大气中颗粒物（$PM_{2.5}$）排放的严格管控，机动车尾气的三元污染物催化处理体系正逐步向更为严格的四元污染物（即 CO、HC、NO_x、$PM_{2.5}$）治理体系过渡，即开发四元催化剂系统（four way catalyst，FWC），以应对日趋复杂的空气质量管理需求。

（3）烟气脱硫、脱氮等环保催化剂 氮氧化物（NO_x，包括 N_2O、NO 及 NO_2）及硫化物（SO_x）对环境造成严重威胁，是导致雾霾现象的重要因素之一。NO_x 易引发光化学烟雾，破坏臭氧层并加剧温室效应，还可与 SO_x 一同构成酸雨。因此，对 NO_x 与 SO_x 的有效脱除已逐渐成为社会关注的重点。

当前，烟气脱硫、脱氮装置多采用分步操作：首先通过选择性催化还原过程（NH_3-SCR），利用 NH_3 将 NO_x 还原为无害的 N_2 和 H_2O。该过程中，常见载体材料有分子筛、TiO_2 或 TiO_2-SiO_2，活性组分则包括 V_2O_5、MoO_3、WO_3 和 Cr_2O_3，其中 V_2O_5/TiO_2 组合最为常用。完成 NO_x 脱除的烟气再进行脱硫反应，工业上主要使用钒或活性炭催化剂实现 SO_2 的氧化脱除。此外，科研人员正积极探索更为高效且经济的催化剂，如单一金属氧化物（如 CeO、MgO 及 CuO）、尖晶石型复合金属氧化物（如 Mg-Al 尖晶石）以及层状双羟基复合金属氧化物（水滑石）等。考虑到烟道气中常常同时含有 NO_x 与 SO_x，未来能够同步消除这两种有害物质的技术将成为重要研究方向。

（4）光催化剂/能源催化剂 近二十年来，由于在太阳能转化、新能源开发、环境污染治理等领域的广阔应用前景，光催化及其相关技术迅速发展，特别是在污水处理和太阳能利用方面备受瞩目。作为新兴的污水处理技术，光催化具备以下优势：一是广泛研究的高活性光催化剂二氧化钛吸收 4% ～ 5% 的太阳光，且具有稳定性强、无毒、成本低廉等特性；二是无需额外添加水溶性氧化剂，仅利用空气中的氧气即可分解有机污染物，理论上无需任何化学药剂辅助。

在光催化制氢领域，各国政府及研究机构纷纷加大投入，每年涌现出大量研究成果。当前光催化剂研发热点包括：非二氧化钛半导体材料的研究；混合/复合半导体材料的开发；二氧化钛催化剂的掺杂改性；催化剂表面修饰技术；制备方法与处理工艺的创新等。

从光催化剂的应用前景来看，其主要应用场景有：二氧化钛涂层的自清洁功能，将其涂覆于建筑材料、交通工具、室内装饰材料表面，利用阳光或照明灯光即可分解表面污染物，经雨水冲刷实现自洁效果；超亲水性能在防雾设备中的应用，如涂有超亲水光催化薄膜的玻璃遇水汽时表面形成均匀水膜，保持镜面清晰；空气与水资源净化，如饮用水源、工业废水、农业排水等各类水体的处理。

尽管光催化技术潜力巨大，但目前仍面临反应速率慢、量子效率低等挑战，还需充分考虑污染物特性和可能产生的有害副产品。要从根本上解决这些问题，关键在于提升催化剂性能。因此，开发高效可见光催化剂已成为光催化研究的核心课题。光催化治理污染无需额外能源和化学氧化剂，催化剂本身无毒、成本低、活性高，且有可能完全矿化有机物、杀灭微生物。一旦寻找到量子效率足够高的光催化剂，该技术将迎来极其广阔的市场前景。

3. 催化科学进化论：纳米革命破晨晓，登峰造极新效能

催化剂制备科学化是优化催化剂性能的关键路径，而催化新材料则是推动催化剂升级换代、丰富催化剂种类的物质基础。每当新型催化剂与相应催化工艺诞生，往往离不开催化新材料的创新及科学化、精细化制备工艺的支撑。自 20 世纪 80 年代起，国际上对此领域的研究异常活跃，各国政府与众多企业投入大量人力、财力进行研发，并在相关领域持续深耕。例如，联碳公司的磷铝、磷硅铝、金属磷铝分子筛及磷配体网络催化体系，美孚（Mobil）公司的 ZSM 分子筛，法国石油研究院的金属有机配合物，杜邦公司的白钨矿结构氧化物，海湾石油公司的层状硅酸盐和硅铝酸盐，英国石油公司（BP）公司的石墨插层化合物，以及埃克森公司的双、多金属簇团等。

随着纳米技术在催化剂领域的广泛应用，新研发的催化剂性能显著提升。例如，粒径小于 3 nm 的镍和铜 - 锌合金纳米颗粒作为加氢催化剂，其催化效率比常规镍催化剂高出 10 倍。而粒径在 2 ~ 3 nm 范围的纳米金催化剂，展现出超强的催化氧化能力，颠覆了人们对金元素传统认知中的惰性属性。在新材料研发的基础上，结合精细催化剂制备技术，可有效调控催化剂的孔结构、孔分布、晶粒尺寸、粒径分布、形貌等，并通过调控活性组分与载体间的相互作用，进一步提升催化剂性能。得益于对分子筛结构的精准控制使其呈现出多样性，以及分子筛在工业应用中取得的显著成效，人们愈发重视新型催化材料与精细化制备技术的开发。当前，杂多酸、固体酸、固体碱、金属氧化物及其复合物、层状化合物、均相催化剂、酶固定化载体、金属超微粒子与纳米材料等，都是研究较为活跃的领域。

任务三　讲述一个人物——余祖熙

在硝烟与希望交织的岁月里，余祖熙先生以一腔热血和满腹经纶，书写了中国化学工业不朽的篇章。从莆田走出的学者，到中山大学的化学精英，他见证了知识的光芒如何穿透战争的阴霾，毅然投身化工实业，誓以科技之力振奋民族脊梁。在硫酸用钒催化剂的研发征途中，余祖熙先生不仅是技术的破冰者，更是国家尊严的捍卫者，V1 型催化剂的成功，是他科研智慧与爱国情怀的璀璨绽放，为中国化工催化剂的自主之路奠定了基石。随后的氨合成与碳变换催化剂，邻苯二甲酸酐及己内酰胺生产技术，每一项成就都是余祖熙先生科研生涯的里程碑，见证了他引领中国化工催化剂从无到有、由弱至强的飞跃。他不仅是一位卓越的科学家，更是点亮无数心灵的教育家，培养的桃李芬芳满天下，为中国化工领域播种下希望的种子。余祖熙先生的一生，是对"学以致用，科教兴国"最生动的诠释。他以非凡的科研成就和高尚的人格魅力，激励着后来者在科学探索的道路上不断前行，为中国化学工业的发

展史添上了浓墨重彩的一笔。

1. 硫酸用钒 V1 催化剂

余祖熙，1914 年诞生于文化底蕴深厚的福建省莆田市，成长于一个知识分子家庭，自小沐浴在浓郁的文化熏陶中，接受了良好的家庭教育，为其日后在化学工程领域的深造奠定了坚实基础。1933 年，凭借过人的才智，余祖熙顺利考入位于广州的国立中山大学化学工程系，开始了系统专业的化学工程学习。在校期间，他刻苦钻研，学业优异，不仅积累了丰富的专业知识，更塑造了严谨的科学精神与旺盛的求知欲望。

"七七事变"的爆发，深深震撼了年轻的余祖熙。他深感教育虽为救国之本，但在烽火连天的岁月里，教育的力量显得相对有限。于是，他决心从教育岗位投身化工产业，期望通过提升国家工业实力，为抵御外侮、重振中华献出一份力量。1940 年，余祖熙决然离乡，前往重庆，入职国民政府资源委员会资中酒精厂。这段经历使他积累了宝贵的实践经验，对化工生产流程有了深刻理解。之后，他又转战四川内江酒精厂和永利化学工业公司川厂，进一步磨砺了专业技术技能和管理才能。

抗日战争胜利后，余祖熙选择加盟南京永利化学工业公司铔厂，成为一名技术员。该厂（即后来的中国石化南化公司）在中国化工产业中地位显赫，尤其在硫酸、化肥等基础化工产品的生产中扮演着无可替代的角色。在这样的核心平台上，余祖熙得以直接参与到国家化工建设的核心环节，为推动中国化工产业现代化倾尽全力。

新中国成立初期，面对国际经济封锁与技术封锁，中国化工生产对催化剂的完全依赖成为行业发展的一大桎梏。作为国内化工巨头的永利铔厂，其硫酸用钒催化剂的进口通道受阻，企业面临瘫痪危机。在此紧要关头，余祖熙挺身而出，满怀爱国热忱，投身硫酸用钒催化剂的自主研发，图 4-9 是钒系催化剂脱硝催化机理示意图。他率领团队，在简陋的实验条件下，克服种种困难，夜以继日地工作。1951 年，余祖熙研发出 V1 型（现 S101 型）钒催化剂，并于 1952 年实现工业化生产，产量达到数十吨，其性能显著超越当时从美国孟山都公司进口的同类产品，有效避免了中国硫酸工业及相关工厂因催化剂短缺而可能遭遇的停产风险。不仅解决了国家的燃眉之急，更一举打破外国的技术垄断，拉开了中国化工催化剂国产化的序幕。余祖熙的这一壮举，既展现出其深厚的学术底蕴与敏锐的科研洞察力，也凸显出其炽热的爱国情怀与无私的奉献精神。

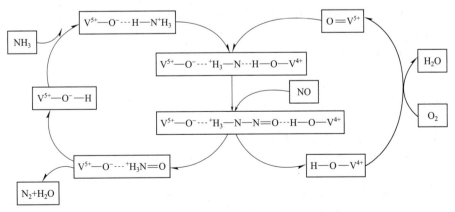

图 4-9　钒系催化剂脱硝催化机理示意图

2. 合成氨和碳变换用 A 系和 C 系催化剂

余祖熙在完成硫酸用钒催化剂的技术攻关后，科研脚步并未就此停歇。他又一次将注意力聚焦到氨合成催化剂的研发。氨合成是化肥生产的核心环节，催化剂效能直接影响氨合成效率。他带领团队相继研发出 A2、A4、A6 型氨合成催化剂，每一款新品的推出均标志着我国氨合成催化技术的一次重大突破。这些催化剂的成功应用，使我国合成氨的日生产能力从最初的 60 ～ 70 吨跃升至近 200 吨，有力推动了我国化肥工业的快速发展。苏联政府主动提出引进其研发的 A6 型氨合成催化剂的全套生产技术，充分证明了余祖熙在全球化工催化领域的广泛影响力。

余祖熙先生的科研视野并未局限于硫酸与氨合成催化剂。他还带领团队成功开发了 C4 型一氧化碳变换催化剂，以及在世界上率先实现大规模生产和工业应用的 V2 型环形钒催化剂。这些新型催化剂的诞生，不仅丰富了我国催化剂种类，提升了相关化工产品的生产效率，而且在国际市场上展现出强大的竞争力，为中国化工催化剂赢得了广泛的国际声誉。

3. 邻苯二甲酸酐和己内酰胺用催化剂

在有机化工这片广袤的科研沃土上，余祖熙先生以卓越的科研智慧与创新魄力独树一帜，特别是在萘氧化制备邻苯二甲酸酐催化剂以及用于己内酰胺（即日常生活中的尼龙 6、锦纶原料）生产的 O4 型加氢催化剂的研发与大规模工业应用中，留下了浓墨重彩的一笔。尤为值得一提的是，他所积极践行并大力推广的"紧贴中国国情"的科研导向，为我国有机化工产业的长足进步注入了源源不断的动力，其影响之深远，不言而喻。

（1）萘氧化制邻苯二甲酸酐催化剂的研发与工业化　邻苯二甲酸酐，作为关键的有机化工原料，其身影活跃于塑料制造、染料合成、药物研发等多个关乎国计民生的重要行业。余祖熙先生率领的研究团队，深谙我国资源分布及特性，独具慧眼地选择了杂质含量高达 5% 的工业粗萘——这一煤焦油副产品作为研究对象，旨在开发出适用于我国国情的萘氧化制邻苯二甲酸酐催化剂。面对原料纯度低、反应条件苛刻等技术挑战，他们果断采用先进的流化床催化氧化工艺路线，历经不懈探索与攻关。

终于，在 1958 年，一款性能卓越的 O4 型流化床萘氧化制邻苯二甲酸酐催化剂应运而生，顺利实现工业化生产和广泛应用。这款催化剂的成功研发，不仅一举打破了我国在此关键技术上的自主创新能力短板，更为我国以本土丰富的煤焦油资源为基础，高效生产邻苯二甲酸酐提供了坚实的技术支撑。其技术创新与实用价值得到了国家科委的高度认可，有力彰显了其在科学技术与经济效益双重维度的杰出贡献。

（2）O4 型加氢催化剂在己内酰胺（尼龙 6、锦纶）生产中的应用　己内酰胺，作为尼龙 6 和锦纶的重要原料，其生产技术水平直接影响到我国纺织工业的竞争力。余祖熙先生领导的研究团队在 1959 年成功研发出 O4 型加氢催化剂，应用于苯酚加氢制环己醇和苯加氢制环己烷这两个关键步骤，进而制备己内酰胺。这一技术于 60 年代实现工业化生产，至今仍是我国生产己内酰胺的主要方法，为我国提供了大量高品质的尼龙 6 和锦纶制品，对满足人民生活需求、提升纺织工业技术水平起到了关键作用。

4. 薪火相传催化人才培养

在人才培养与科研组织管理领域，余祖熙先生以其卓尔不群的领导力与教育家情怀，树立了科研工作者与教育者的双重典范。余祖熙深信，兴趣是科研航船扬帆的动力源泉，而学识则是稳固的船舵。深知科研工作犹如精密复杂的交响乐，余祖熙强调团队成员间的尊重、默契与高效协作。同时，他激励学生养成终身学习的习惯。余祖熙警示学子对待科研数据务必精益求精，面对科学问题应怀揣质疑精神，勇往直前。在余祖熙的领导下，南京化工研究院积极引进先进的高压实验室和一批大型精密仪器，如能谱仪等，极大提升了科研硬件设施水平，为高质量科研工作提供了强有力的技术支持。

余祖熙积极推动南京化工研究院成为化工部催化剂检测中心和化肥催化剂标准化归口单位，这不仅强化了研究院在行业内的权威地位，也为我国催化剂检测与标准化工作做出了重要贡献。余祖熙主编的《化肥催化剂使用技术》一书，系统整理并提炼了我国化肥催化剂的工业使用经验，为行业提供了宝贵的参考文献，有力推动了我国催化剂技术的传承与发展。余祖熙先生不仅在科研上成就斐然，更是一位卓越的教育家，他注重人才培养，强调团队协作与持续学习，培养出大批高级科技人才，为我国化工催化事业的长远发展奠定了人才基础。他以高尚的科学精神、深厚的爱国情怀和卓越的科研成就，塑造了科技救国的时代典范，为中国化工事业的发展做出了不可磨灭的贡献。

任务四 走进一家企业——中国石化催化剂有限公司

在当今社会，石油化工作为国家经济的基石产业，其触角深入到能源供给、物料制造与民众日常生活的方方面面。其中，催化剂被誉为石化领域的"灵魂芯片"，其效能优劣直接决定了石油化学工业的效率、产品品质以及环保表现。中国石化催化剂有限公司（简称"催化剂公司"），作为中国石化集团旗下的专业子公司，自2004年成立以来，始终肩负着科研成果产业化、生产流程优化及技术服务的重任，有力推动了我国石油化学工业的整体进步。历经十六载砥砺前行，该公司已跃升为全球知名的炼油化工催化剂研发者、供应商和服务商之一，科研创新成果屡次摘得国家级桂冠，标准制定彰显行业领军地位，多款催化剂性能傲视国际。特别是在"科改示范行动"中，催化剂公司凭借科技创新与体制创新双引擎驱动，成功塑造出一家"科技型、生产服务型和先进绿色制造"的世界级催化剂企业典范。

1. 整合启航：中国石化催化剂业务的重塑与飞跃

2004年前，中国石化在催化剂业务上遭遇了严峻挑战。尽管催化剂被视为石油化学工业的核心要素与"灵魂芯片"，对产业链整体效能提升及环保属性起着决定性作用，但当时该业务分散于各炼化企业及研究机构。这种分散状态导致了核心竞争力薄弱、市场响应滞后、抵御风险能力弱等弊端，严重制约了中国石化在催化剂领域的长远战略布局。

面对困局，中国石化高层深感唯有通过专业化整合，将催化剂业务集中运营，方能有效集结资源，提升研发效能，敏捷应变市场需求，从而在全球竞技场中抢占先机。为破解上述难题，中国石化于2004年末启动了催化剂业务的专业化重组工程。同年12月29日，中国石化催化剂分公司正式挂牌，标志着中国石化在催化剂领域踏出了专业化改革的历史性步伐。此次重组将原本分布于全国六省（市）的11家催化剂制造企业尽数收归麾下，完成了从研发到制造的全产业链一体化。重组后的催化剂分公司，被赋予了崭新的企业角色定位，即成为中国石化科研成果产业化、生产流程优化、技术服务输出的重要平台。这表明催化剂分公司不仅要负责催化剂的研发与制造，更要充当科研与市场之间的纽带，加速科研成果向生产力转化，优化生产流程，提高产品质量，提供专业级技术服务，以满足国内外客户多元化需求。

2. 创新驱动：科研高地与技术蝶变的双重奏

自成立以来，催化剂公司始终将科研创新视作企业进步的灵魂动力，矢志攻克关键科技难题，强化自主创新能力，为我国石油化学工业的技术革新与产业升级做出了重大贡献。2009年，公司设立院士专家工作站，成功引入6位院士加盟，两度荣获国家科协、发改委、科技部等多部门联合评定的"先进院士专家工作站"殊荣。借助院士团队的顶尖科研实力，公司开展前沿性研究，破解行业重大技术难题，有力推动产学研深度融通。同时，积极吸引博士后科研人员参与项目研发，培育高端创新人才，加速科技成果的市场化转化。

2011年8月，在中国石化提出"建设世界一流能源化工公司"的宏伟愿景后，公司开始筹划并着手推进催化剂业务的进一步专业化改革。2012年12月，中国石化集团公司正式发布《关于成立中国石化催化剂有限公司的通知》，标志着催化剂业务迈入新一轮专业化重组的实质性阶段。2013年4月18日，催化剂公司顺利召开第一届董事会、监事会第一次会议，选举产生了第一届董事会、监事会成员及经营管理团队。2014年，公司首度获得国家高新技术企业认证，2016年摘得中国石化首批"创新型企业"荣誉，2020年成功跻身国家"科改示范行动"企业行列，连续三年被评为国务院国企改革"科改示范行动"标杆企业，2023年荣耀入选国务院国资委"创建世界一流示范企业和专精特新示范企业"名单，并在实施方案评审中荣获国资委最高评价 A^+ 等级。

3. 市场版图：国内领航与国际舞台的双轮驱动

催化剂公司的生产运营机构遍布北京、上海、天津、湖南等七省（市），产品线覆盖炼油催化剂、聚烯烃催化剂、基本有机原料催化剂、煤化工催化剂、环保催化剂、吸附剂等六大品类，共计近300种型号。在国内市场，公司产品的综合占有率高达56%以上，其中在催化裂化催化剂领域，更是以61%的市场份额稳居行业之首。这一数据直观地展现了公司产品在品质、性能、服务等维度深受广大用户信赖，为我国石油炼制、化工生产的高效稳定运行提供了坚实保障。

在国际化道路上，催化剂公司步履稳健，产品远销亚洲、非洲、欧洲、美洲等地区，拥有广泛且忠诚度高的海外客户群。公司积极携手国际知名工程企业，引进海外技术服务专家，寻求与全球实力伙伴的合作，通过共建销售网络、组织技术交流、参与国际项目等方式，持续提升中石化催化剂品牌的国际知名度与影响力。特别是在"一带一路"倡议的背景下，催化剂公司敏锐捕捉机遇，深度参与共建国家石化项目的建设，提供定制化的催化剂解决方案，有力推动了当地石化产业的现代化进程，赢得了良好口碑与丰厚商业回报。公司多次荣获大奖，如国家科技进步奖特等奖、国家技术发明二等奖等，这些荣誉不仅是对公司在科技创新能力上的权威肯定，更极大地提升了中国石化催化剂品牌在国际市场的知名度与公信力。此外，公司还通过与北美权威检测机构合作，确保产品质量符合国际标准，进一步增强了海外客户对中石化催化剂产品的信任度。

4. 绿动未来：环保使命与可持续发展的责任交响

催化剂公司在追求经济效益与市场领导地位的同时，始终坚持将社会责任置于重要位置，积极践行绿色发展理念，全力推动行业环保升级，为守护绿水青山贡献力量。

在生产环节，公司大力推广绿色生产技术，重点降低能耗、减少废弃物排放。通过持续的技术革新与设备升级，实现生产线的自动化、智能化，提升能源利用效率，有效节约能源。同时，严格遵守国家环保法律法规，投入大量资金用于环保设施的建设和改造，确保废水、废气、废渣的排放全面达到国家标准。据不完全统计，"十二五"至"十三五"期间，公司共完成130余项环保治理与提标改造工程，显著减少了污染物排放总量，为炼化企业的稳定生产及环境质量提升打下了坚实根基。

面对国家油品质量升级政策，催化剂公司积极研发适用于高辛烷值清洁汽油、低硫清洁轻油、芳烃等绿色产品的专用催化剂。如 MIP-CGP 工艺专用催化剂与 SZorb 脱硫吸附剂等产品，显著提高了油品清洁度，有效降低了硫、氮等污染物含量，有力助推了我国燃料清洁化进程，对改善大气环境质量起到了积极作用。此外，公司研制的重整催化剂帮助炼油企业实现产品结构优化，向更加环保、高效的路径转型。

公司倡导绿色供应链管理，对原材料采购、生产过程、产品全生命周期进行全方位环保评估。优先选用环保性能优越、资源利用率高的原材料，推动供应商实施绿色生产，共同构建绿色供应链网络。在产品设计与使用阶段，注重催化剂使用寿命的延长及废旧催化剂的回收再利用，通过建立再生资源利用机制，实现资源闭环管理，最大程度减少环境污染。

绿色理念已深深植根于催化剂公司的企业文化之中，通过员工培训、公益活动等途径，提升全员环保意识，营造全员参与的绿色氛围。公司积极投身公众环保教育，通过举办开放日、科普讲座等活动，向社会各界普及石化行业环保知识，增进公众对催化剂在环保中所发挥关键作用的理解与认同。同时，公司主动接受社会监督，定期发布环境报告，公开环保工作进展与成效，展现出一个透明、负责任的企业形象。

任务五　发起一轮讨论——坚持问题导向

在催化科学的广阔天地里，问题导向不仅是探索的灯塔，也是创新的催化剂。回望中国工业催化的发展史，正是在问题与挑战中不断前行，从贝采里乌斯的催化理论启蒙，到余祖熙先生自主研发硫酸用钒催化剂，每一次突破都源于对现实困境的深刻洞察。余祖熙，这位中国催化界的巨擘，以解决实际问题为己任，不仅打破了国外技术封锁，更为化工领域培育了自主之花，他的科研人生是对"坚持问题导向"的生动诠释。步入现代，中国石化催化剂有限公司的成立与发展，正是对行业痛点的积极响应，通过整合资源、科技创新，不仅解决了催化剂业务分散、竞争力薄弱的问题，更是在"科改示范行动"中引领绿色、智能的未来趋势。坚持问题导向，不仅促进了中国催化技术的飞跃，也为中国乃至全球的可持续发展贡献了力量，书写了催化科学服务于社会进步的辉煌篇章。

讨论主题一：综合分析催化剂在未来可持续发展中的作用。

讨论主题二：结合催化工业发展史，讨论催化研究对于国家工业自立自强的意义。

讨论主题三：阐述余祖熙先生的科研精神与教育理念对当代化工领域人才培养的启示。

讨论主题四：探讨中国石化催化剂有限公司如何在国际竞争中保持领先地位。

任务六　完成一项测试

1. 催化剂组成中，（　　　）是负载活性组分的骨架，并能增大比表面积、提高耐热性。

A. 活性组分　　　　　B. 助催化剂　　　　　C. 载体

2. 下列不属于我国早期催化研究的标志性事件的是（　　　）。

A. V1 型催化剂的成功研发　　　　　B. 己内酰胺生产技术的突破

C. 炼油催化剂的初步探索

3. 余祖熙先生在（　　　）年考入国立中山大学化学工程系。

A. 1930　　　　　B. 1933　　　　　C. 1940

4. 中国石化催化剂公司作为科研成果产业化平台，其角色定位不包括（　　　）。

A. 科研成果产业化　　B. 生产流程优化　　C. 新能源汽车制造

项目四　绿色可降解——生物材料

生物化工巧妙地将微生物或生物酶作为催化剂，融汇现代生物科技与化工工艺，实现了生物制造的规模化进程。生物材料体现了自然与科技的和谐共生，是绿色未来的桥梁。可降解塑料，如聚乳酸，从玉米田到生活用品，以其自然循环的特性，减轻了"白色污染"的负担，成为了环保行动的先行者。可降解材料标识系统的设立，更是让消费者直观辨识，推动了市场的绿色转型，彰显了科技对生态的尊重与呵护。乙醇的生物发酵史，是人类智慧与自然力量的对话。从古代酒酿的偶然发现，到沈寅初先生在20世纪中对阿维菌素的创新突破，每一次技术革新都推动了能源与化工产业的绿色步伐。沈先生不仅在科研上独树一帜，更具备教书育人的精神，培育了生物化工领域的新生力量，为中国绿色化工的崛起铺就了道路。安徽丰原集团有限公司（简称"丰原集团"），作为生物材料产业的典范，通过技术创新，将农业废弃物变废为宝，不仅解决了秸秆处理难题，还以聚乳酸等生物基材料的生产，展示了废弃物重生的循环经济模式。从柠檬酸的发酵技术革新，到聚乳酸的规模化生产，丰原集团不仅走在了生物材料产业的前沿，更以实际行动践行了"绿水青山就是金山银山"的发展理念。这些故事与实践，不仅记录了生物材料从实验室到市场的奇妙旅程，也见证了科学家与企业家如何携手共进，将科技的力量注入绿色生活，织就了一幅人类与自然和谐共生的美好图景。

任务一　认识一种产品——可降解塑料

可降解塑料，不仅是现代生活循环利用的桥梁，更是科技进步与生态保护和谐统一的象征。从最初对自然界可降解物质的模仿与尝试，到今天科学界与工业界合力推动的绿色革命，可降解塑料的发展轨迹，映射出人类环境保护意识的觉醒与对材料科学的深刻理解。在这个任务中，我们将踏上一场从自然启示到科技前沿的探索之旅，揭开可降解塑料的神秘面纱。了解如何通过生物降解和合成设计，让塑料不再是永久的环境负担，而是自然循环的一部分。从淀粉基料的天然起源，到聚乳酸等生物基合成材料的高科技突破，每一次创新都在拓宽可持续材料的边界。我们将深入学习可降解塑料的分类与应用，见证它们如何在包装、农业、医疗乃至日常生活的各个角落，悄然替代传统塑料，减少环境污染，促进生态平衡。自修复与智能响应型可降解塑料的出现，更是赋予了材料"智能感知"的能力，它们能够根据环境变化自我调整，延长使用寿命或实现环境友好型降解，展现了科技与自然共生的智慧。此外，我们将一同审视可降解塑料的标识体系与评价标准，理解如何通过科学的指导原则，确保这些材料的正确识别与应用，促进市场的健康发展。

1. 可降解塑料的概念

遵循《可降解塑料制品的分类与标识规范指南（试行）》的标准，可降解塑料被界定为一类能在自然环境中如土壤、沙土、淡水环境、海水环境以及特定环境如堆肥化条件或厌氧消化条件下，通过自然界普遍存在的微生物活动实现分解，并最终完全降解变成二氧化碳（CO_2）或/和甲烷（CH_4）、水（H_2O）及其所含元素的矿化无机盐、新的生物质（如微生物死体等）的塑料（如图 4-10 所示）。在这一生物降解过程中，细菌、真菌、藻类等微生物的参与，以及必要的氧气、水分、矿物质养分供给缺一不可。另外，理想的生物降解过程还要求具备适宜的温度范围（20～60 ℃）和恰当的 pH 值区间（5～8）。参照美国材料与试验协会（American Society for Testing and Materials, ASTM）的相关标准，生物可降解塑料应当能够在 6～9 个月内完成显著降解，确保残留物粒径不大于 2 mm，且剩余质量不得超过原始质量的 10%。

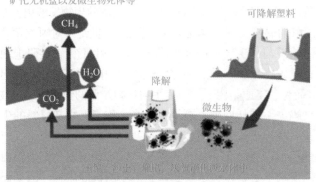

图 4-10　生物降解示意图

　　塑料是源自石油、煤炭等化石原料，经过提炼、合成等一系列化工过程形成的高分子聚合物，因其质地轻便、成本低廉、易成形等优点，自 20 世纪 50 年代起，被广泛应用于包装、汽车、电子乃至医疗等领域（如图 4-11 所示）。时至今日，全球年均塑料产量已近 4 亿吨，其中仅约一成得以回收利用，而三成左右未经妥善处理，肆意散落于陆地、水系乃至海洋之中。据统计，平均每秒钟即有 2.2 万个塑料瓶被遗弃，若照此趋势推算，预计到 2050 年，海洋中塑料废弃物的总重可能超越鱼类生物总量。

图 4-11　塑料制品在包装、汽车、电子和医疗领域的广泛应用

面对日趋严重的"白色污染"问题，中国政府早在 2007 年就由国务院办公厅发布了《关于限制生产销售使用塑料购物袋的通知》，俗称为"限塑令"。该政策自 2008 年 6 月 1 日起，在全国启动实施，明确规定禁止生产、销售及使用厚度低于 0.025 mm 的塑料购物袋，并在全国各大超市、商场、集贸市场等零售场所全面推行塑料购物袋有偿使用制度，不再无偿提供此类产品。随后，2020 年 1 月，国家发展改革委与生态环境部联合出台了《关于进一步加强塑料污染治理的意见》，明确提出我国将逐步淘汰一定规格以下的超薄塑料购物袋、特定类型的聚乙烯农用地膜及一次性塑料制品。预估至 2025 年，我国对可降解塑料的需求将达到 238 万吨，至 2030 年，这一需求量或将跃升至 428 万吨，相应市场规模有望达到 855 亿元人民币。

2. 可降解塑料的分类

从降解机制划分，可降解塑料包含非生物降解类型和生物降解类型两大类，其中非生物降解塑料的主要形态包括光降解、热降解和水降解等途径。生物降解则细分为纯菌种降解与自然环境微生物降解两种方式。

从降解程度考量，可将其划分为"全降解"和"部分降解"两类。当生物降解率超过 90%，即可视为"全降解"，剩余部分主要转化为矿化无机盐等成分。

依据原材料来源的不同，可降解塑料可分为生物基可降解塑料与石化基可降解塑料。生物基可降解塑料大体上可分为两类：一类是从天然素材直接加工合成的生物降解材料，即天然来源的生物可降解塑料；另一类则是通过微生物发酵和化学转化获得的生物降解材料，即微生物合成生物可降解塑料。天然生物可降解塑料主要源于植物内部的淀粉、壳聚糖、纤维素等成分，具有来源广泛、成本较低、环境污染小等特点。而微生物合成生物可降解塑料，则以秸秆、甜菜、甘蔗等为原料，通过微生物发酵工艺制成如聚乳酸、聚羟基脂肪酸酯（polyhydroxyalkanoates，PHAs）等可降解塑料，它们的优点在于生物兼容性优越、降解性能良好，但同时也面临生产工艺繁琐、成本较高的挑战。化学合成生物可降解塑料则是通过对聚对苯二甲酸/己二酸丁二醇酯（polybutylene adipate terephthalate，PBAT）、聚丁二酸丁二醇酯（polybutylene succinate，PBS）、聚碳酸亚丙酯（poly propylene carbonate，PPC）等聚合物分子链精心设计，采用化学合成方法，以酯键等形式构建而成，这类塑料通常表现出良好的加工性能和力学性能。表 4-12 为不同类型可降解塑料及其物理、降解性能汇总表。

表 4-12　不同类型可降解塑料及其物理、降解性能

塑料种类	塑料来源	物理性能	降解性能
淀粉基	生物基 - 天然生物	耐热性低、耐水性低、强度低	降解速率快
PBAT	石油基 - 化石能源	耐热性良、韧性佳、强度中等	降解速率一般
PLA（聚乳酸）	生物基 - 微生物合成	耐热性一般、韧性差、强度高	降解速率一般

20 世纪 80 年代，科研人员曾尝试在聚烯烃或聚苯乙烯塑料中混入可生物降解的淀粉成分，借助微生物的分解功能实现塑料的初步降解。然而，这类部分降解塑料往往会裂解为直径小于 5 μm 的塑料碎片或颗粒，即微塑料。这些微塑料无论滞留在陆地还是进入海洋，都极易被鸟类、鱼类以及其他动物误食，进而通过食物链回流至人类体内。因此，研发全生物来源、能完全降解的生物塑料成为了当时的科学家亟待攻克的新课题。

3. 可降解塑料的应用

可降解塑料在食品、农业、医疗及建筑等多个行业展现出广阔的应用潜力，如图 4-12 所示。

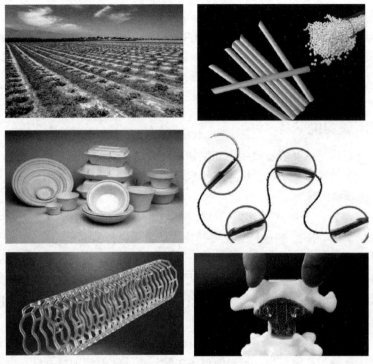

图 4-12　可降解塑料的应用

据数据统计，全球每年产生的食品包装废弃物数量以百万吨计。像聚乳酸和聚羟基脂肪酸酯这样的生物降解塑料已经被广泛应用到食品包装袋、一次性餐饮具等细分领域。例如，星巴克公司自 2020 年开始在部分店面试用 PLA 材质制作的冷饮杯盖，此举预计每年能减少约 10 亿根一次性塑料吸管的使用。欧洲议会已立法决定，自 2021 年起禁止成员国销售一次性塑料制品，其中包括不可降解的塑料袋，此时，如 PBAT 和 PBS 等生物降解塑料在替代此类商品中扮演着重要角色。

在农业生产环节，可降解塑料主要充当地膜和包裹材料的角色。自 20 世纪 70 年代我国引入日本农业地膜技术后，有效地解决了干旱、低温区域农作物增产问题，我国也因此跃居世界地膜生产和使用大国之列。但是，传统的塑料地膜不具备降解能力，破碎后难以回收，长期累积在土壤中会妨碍植物生长和农机作业。生物可降解地膜则能有效解决这一难题，不仅在防止杂草滋生、抑制虫害、保持土壤温度湿度及提升农作物产量方面表现出色，而且在中国部分区域已经推广采用玉米淀粉等生物基原料生产的可降解地膜，使用后能自然降解，无需人工清理，有助于维护土壤生态平衡。另外，可降解塑料还能作为农药、化肥及生长调节剂的缓释载体，调控释放速率，确保植物高效吸收。

生物可降解塑料在医疗领域的应用涵盖了医疗器械和药物缓释材料。举例来说，具备出色生物相容性的医用缝合线常常选用壳聚糖、聚乳酸等原料，不仅能降低排异反应，保持使用期间的强度，而且在伤口愈合后能够自行降解吸收。此外，这类塑料还可以作为靶向药物的智能释放载体，或是心血管、心脏支架以及人体人造关节等医疗器械的核心组成部分。

随着电子商务和快递业的飞速增长，包装材料的消耗量大幅度攀升。采用可降解的缓冲包装材料，比如生物降解型泡沫塑料，对于减轻垃圾负担至关重要。资料显示，2021 年顺丰速运在若干城市率先推出生物降解快递袋，估计每年可减少千万个不可降解塑料袋的使用。

而在土工布、排水板等建筑材料领域，可降解塑料同样有所应用。研究者研制出了一种结合 PLA 和 PHAs 的可降解土工布，适用于临时绿地覆盖或短期排水设施工程，项目结束后能自然降解，从而减少环境污染。

4. 可降解塑料的标识

2020 年 9 月 13 日，中国轻工业联合会正式发布了《可降解塑料制品的分类与标识规范指南》，该指南在其第四章节详尽阐述了可降解塑料制品的标识体系及规范要求。标识体系内部分为文字标识与图形标识两大部分。文字标识部分涵盖了产品的基本属性信息，诸如产品类型、遵循的标准、产品名称、规格参数以及材质成分等具体内容。

图形标识（图 4-13）部分则创新采用了象征环保与循环再生的绿色笑脸图案，其中包含了循环箭头、两个相互呼应的字母"j"造型、材质英文缩写以及代表六种不同降解环境的标注。这一设计旨在传达出通过使用可降解塑料制品，可在指定环境下实现完全降解，从而达到不破坏环境的目的。循环箭头形象生动地表明了可

>PLA<

可堆肥化降解　高固态厌氧消化

图 4-13　生物可降解塑料的标识

降解塑料同样具有循环利用的可能性，即使意外进入环境中也能顺利完成降解并被生态系统所消纳。双"j"图形呈左小右大的排列样式，寓意由小及老，人人皆有责任关爱与保护环境，体现了一种普及化的环保意识培养理念。

任务二　铭记一段历史——中国乙醇工业发展史

乙醇，俗称酒精，是一种清澈无色且散发独特气味的液体。我们将踏上一场穿梭时空的旅行，从古代酒香四溢的酿造坛，到现代精密高效的生物反应器，乙醇的生产见证了从传统技艺到绿色化工的华丽转身。化学合成与生物发酵，两者如同历史长河中的双轨，各自承载着时代的使命，却又在乙醇的故事中交汇，映照出化学工业的辉煌与环保理念的觉醒。从 20 世纪初的蹒跚起步，到抗日烽火中应急燃料的英勇担当，再至和平年代中技术革新与产业升级的不断超越，乙醇工业的成长与中国化工的现代化进程交相辉映，书写了一部产业自强与绿色转型的壮丽史诗。在生物发酵的温柔催化下，乙醇从最初的粮食作物中缓缓析出，逐渐成为推动能源绿色革命的重要力量。从第 1 代以粮食为原料的传统路径，过渡到第 1.5 代糖基乙醇的创新尝试，再到第 2 代纤维素乙醇的科技突破和第 3 代微藻乙醇的前沿探索，每一次技

术迭代都是对高效、环保理念的深刻践行，也是化学工业与自然生态和谐共生的美好诠释。

1. 通用乙醇：从历史沿革到技术飞跃，铸就绿色化工新篇章

化学合成法与生物发酵法是两种典型的工业乙醇生产方法。化学合成法利用浓硫酸或磷酸作为催化剂，在高温高压的严苛条件下，促使乙烯与水进行水合反应，从而生成乙醇。然而，这种方法由于涉及大量强酸的使用，故设备腐蚀程度较高，同时处理和回收废水的难度亦相应增大。与此相对的是，生物发酵法则更贴近自然，它选择了玉米、甘蔗、甜菜等富含淀粉、糖分或可用于提炼植物油的作物作为原料。在这一过程中，酿酒酵母等微生物担任了关键角色，通过水解发酵等一系列生物化学步骤，成功转化出乙醇。相较于化学合成法，生物发酵法在原料来源上更具多样性，且其反应条件较为温和，体现出更强的可持续性和环保性。表 4-13 是化学合成法与生物发酵法的比较。

表 4-13　化学合成法与生物发酵法的比较

生产方法	原料	条件	优势
化学合成	乙烯、水	高温、高压、强酸	转化率高
生物发酵	含淀粉、糖、纤维素等作物或废弃物	低温、常压	反应条件温和，原料来源广泛

在中国化工发展历程中，早期的酒精工业建设颇具历史意义。在 20 世纪 20 年代以前，我国尚未建立起自主的酒精制造产业体系。直至 1922 年，山东济南溥益糖厂附近建立了国内首家采用糖蜜为原料的酒精厂，揭开了我国工业化生产酒精的序幕。随后，在 1936 年的陕西咸阳，诞生了我国第一家专门生产无水乙醇的陕西酒精厂。然而，随着抗日战争的全面爆发，包括酒精厂在内的众多化工企业遭受冲击，被迫停产。为了应对战时极端环境下液体燃料短缺的问题，我国在四川、云南、贵州等地的后方基地紧急筹建了共计 306 家酒精厂，这些工厂年产能达到了惊人的 2400 万加仑（1 加仑 ≈ 3.785 升），有力地保障了抗战期间至关重要的燃料供应。

时间推移至 1956 年，上海乙醇厂在技术研发方面取得突破，成功利用 1 万升规模的发酵罐培育出了高效糖化酶产酶菌种——黑曲霉 NRRL330，该菌种对于提高乙醇生产效率起到了积极作用。20 世纪 80 年代，随着连续式蒸煮设备、真空冷却装置、现代化发酵罐及蒸馏塔等设备的引进与本土化发展，我国的制糖与制醇工艺实现了连续化生产模式的重大变革。1996 年，中粮生化能源（肇东）有限公司建成投产了一条年产 20 万吨的优质食用乙醇生产线，这标志着我国在大型乙醇生产设备与技术国产化方面迈上了新的台阶。同时，乙醇生产过程中的副产品二氧化碳得到了有效利用，转化为干冰或作为纯碱和小苏打生产的原料，此举显著提升了原料的综合利用率，展现了化工行业与美好生活的密切联系及可持续发展的实践成果。

2. 燃料乙醇：代际进化显神威，驱动能源绿色转型路

燃料乙醇是由富含碳水化合物的可再生资源，如玉米、甘蔗等，经过发酵、蒸馏、脱水等一系列工艺精炼而成的生物液体燃料，其体积浓度通常在 99.5% 以上。相较于传统车用汽油，燃料乙醇独具多项优势。首先，它拥有较高的辛烷值，可作为甲基叔丁基醚的安全替代品；其次，其含氧量高达 34.7%，意味着更高的燃烧效率，有研究表明，使用燃料乙醇可以

有效提升约 15% 的燃烧效能；再者，作为一种可再生能源，燃料乙醇的可再生性尤为出色，对环境友好，减排效果显著，相关权威数据显示，使用燃料乙醇可减少约 40% 的二氧化碳排放。同时，燃料乙醇堪称优质燃油品质的改良剂，当其与汽油混合使用时，能使汽油燃烧得更为充分彻底，从而显著降低二氧化碳等大气污染物的排放量。值得一提的是，乙醇自身的非腐蚀性特质使得车辆无需任何改装即可直接使用乙醇汽油，为车主带来便利的同时，也促进了汽车产业与绿色能源的深度融合。

步入 21 世纪，我国粮食连续多年丰产，粮食总储量远超联合国粮农组织设定的安全储备基准线，由此导致了陈化粮和超期储存粮食数量庞大，对国家财政形成不小的压力。以玉米、小麦和稻米为代表的淀粉类作物（图 4-14），具有淀粉含量丰富（通常在 60% ～ 80% 之间）、易于储存和转化且产量高的特性。面对这一问题，我国政府采取了积极策略，批准设立了吉林燃料乙醇有限公司等 4 家定点企业，利用富含淀粉的玉米等粮食谷物为原料，通过酶解将其转化为糖，再经发酵工艺，成功生产出第 1 代生物乙醇燃料，这一举措巧妙地化解了陈化粮难题。

在此基础上，我国政府进一步在河南等 9 个省份试点推广车用乙醇汽油，并正式颁布实施了《变性燃料乙醇及车用乙醇汽油"十五"发展专项规划》，这一系列举措的实施，使得中国跃居成为继美国和巴西之后，全球第三个在燃料乙醇生产和消费领域占据重要地位的国家。

图 4-14　第 1 代生物乙醇燃料的原料来源

二十世纪二三十年代，我国就已经开始利用丰富的甘蔗、甜菜、甜高粱等富含糖分的作物以及糖厂副产品（甘蔗糖蜜和甜菜糖蜜）为原料（图 4-15），探索生产燃料乙醇的道路。这种方式生产的乙醇，由于直接源自糖类物质的发酵转化，被业界称为第 1.5 代生物乙醇燃料。这一生产模式的一个显著特点是能够实现糖醇同步生产，因此具有产糖量大、生产成本较低等优点。有可靠统计数据表明，南美洲的巴西就是一个典型的成功案例，其境内生产的燃料乙醇中，高达 79% 的部分来源于甘蔗汁生物发酵技术。而在北美的美国，玉米是其生产乙醇的主要原料，而亚洲的印度则主要利用糖蜜进行乙醇的生产活动。

图 4-15　第 1.5 代生物乙醇燃料的原料来源

2005 年，我国颁布了《中华人民共和国可再生能源法》，这部法律以国家意志的形式积极推动包括燃料乙醇在内的生物质能源的发展。2006年，出于对国家粮食安全的考虑，我国调整了乙醇燃料的发展战略，明确提出了"坚持非粮为主，积极稳妥推动生物燃料乙醇产业发展"的方针。自此，以玉米、小麦等粮食作物为主要原料的第一代燃料乙醇生产逐渐被遏制。在国家税收政策的引导调控下，我国燃料乙醇产业开始向非粮经济作物和纤维素原料多元化综合利用的方向转型升级。2017年9月，国家发展和改革委员会、国家能源局等十五个部门联合发布了《关于扩大燃料乙醇生产和推广使用车用乙醇汽油的实施方案》，该方案明确了扩大生物燃料乙醇生产和推广使用车用乙醇汽油工作的重要意义、指导思想、基本原则、主要目标和重点任务。在此背景下，源自农业废弃物（如谷物秸秆、甘蔗渣等）和林业废弃物（如锯末、树木修剪和树皮残渣等）的木质纤维素类原料（图4-16）被逐步开发利用，标志着我国第2代燃料乙醇产业进入了快速发展阶段。

图 4-16　第 2 代生物乙醇燃料的原料来源

相较于前两种原料，木质纤维素因其年产量高达约 10^{12} 亿吨，且来源广泛，成为了第2代生物燃料技术的核心优势所在。大力发展生物液体燃料，不仅可以大幅度削减秸秆焚烧量，有效减轻环境污染，同时还能够创造就业岗位，实实在在地提高农民收入，更可通过秸秆的收集、储存、运输以及农机制造业等相关产业联动，形成完整的产业链集群效应，从而带来显著的经济效益和社会价值。具体来看，每5吨秸秆理论上可转化为约1吨的纤维素乙醇。假设全球每年能将1亿吨秸秆转化为纤维素乙醇，那么将能生产出2000万吨的纤维素乙醇，将其掺混入汽油中使用，理论上可以减少近7000万吨的二氧化碳排放量。此外，这也将有助于我国每年减少超过1亿吨的原油进口需求，这对于我国能源安全与环境保护具有重要意义。表4-14为不同代次乙醇染料生物发酵法的对比汇总表。

表 4-14　不同代次乙醇染料生物发酵法的对比

代次	原料	核心环节	优势	劣势
第1代淀粉基	玉米、小麦等粮食作物	淀粉转化为可发酵糖，发酵法制乙醇	原料种植量大，工艺较为简单、成熟	与人畜争粮、资源有限
第1.5代糖基	甘蔗、甜菜、甜高粱等能源作物	淀粉转化为可发酵糖，发酵法制乙醇	生物特性好，产糖量大，适应性广泛，能够实现糖醇同步生产，乙醇生产率较高，成本较低	与粮林争地，资源有限
第2代纤维素基	谷物秸秆和甘蔗渣等农林废弃物	原材料预处理，制取高效纤维素酶，将纤维素转化为可发酵糖，糖化发酵制取乙醇	不与人畜争粮、不与粮林争地，原料易得，资源丰富	产能规模有待提升
第3代微藻	微藻	筛选抗逆性强并富含碳水化合物的优良藻株，进行高效的微藻培养，生物质采收，发酵产醇	生长迅速、培养周期短，乙醇产率远高于其他原料，微藻养殖可全年进行，可减少温室气体含量	技术尚未完善，养殖需要大量水体，收获难度较大，藻液容易染菌和存在其他杂藻

如今，第 3 代生物乙醇的先进技术正在快速崛起，其核心是通过酯交换或藻油加氢转化过程，利用微藻进行生物燃料生产。这一技术的一大亮点在于，微藻（图 4-17）具有生长速度迅猛、收获周期较短的特点，无需占用耕地资源，而且在产油效率方面表现优异。这意味着在满足能源需求的同时，能够有效缓解土地压力，充分利用自然资源，为实现绿色可持续发展开辟了新的途径。

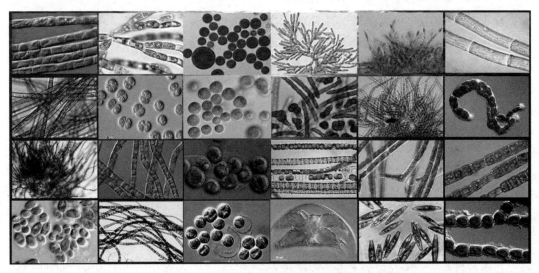

图 4-17 第 3 代生物乙醇燃料的原料来源

2020 年 9 月，我国政府明确提出要在 2030 年前实现碳达峰，并在 2060 年前实现碳中和，全力推进社会经济向绿色低碳方向发展。紧接着，2021 年 4 月，国家能源局发布了《2021年能源工作指导意见》，明确指示加速推进以纤维素等非粮食为基础的生物燃料乙醇产业示范项目，特别是强调纤维素乙醇的开发将成为生物燃料乙醇产业未来发展的重点。在此大背景下，生物质能源以其独特的全生命周期碳中性特征，能够有效解决传统化石能源使用过程中所产生的碳排放问题，并且更适合转化为可供运输使用的液体燃料。因此，生物燃料乙醇在交通能源领域中展现出巨大的替代潜力，被视为一种极具前景的新型燃料。

任务三　讲述一个人物——沈寅初

在浙江嵊州的秀美山水间，1938 年诞下了一位与生物化学有不解之缘的学者——沈寅初。文学与科学的双重熏陶，让他在生物化学的浩瀚星海中找到了人生的北极星。从蛋炒饭的生化奇旅到复旦大学的精耕细作，沈先生以满腔热忱开启了生物化工的探索之路，誓以科研解国忧，以井冈霉素应对粮食安全之急，不仅在稻田间书写了绿色防控的新篇章，更在世界生物农药史上镌刻下中国印记。20 世纪 60 年代末，面对农药残留与环境污染敲响的警钟，沈先生毅然踏上寻觅生物防治新途径的征程。井冈山下的红壤奇迹，井冈霉素的问世，是无数次失败后的柳暗花明，也是科研与民生紧密结合的光辉典范。成果转化的艰辛与执着，让高效低毒的井冈霉素惠及亿万农民，见证了科研从理论走向田埂的壮丽转型。步入新时代，沈先生的科研版图再拓新境，阿维菌素等绿色农药的研发，续写着生态与发展的和谐篇章。而立德树人，成为他晚年最深的牵挂。在浙江工业大学，他不仅是一位卓越的领航者，更是青年才俊的筑梦人，用无私与智慧，点燃了代代相传的科研火种，照亮了化学工业服务社会、培育未来的希望之路。

1. 志趣相融：青年巧结生化情缘

沈寅初于 1938 年出生在风景秀丽的浙江嵊州。年轻时，沈寅初深受文学作品的熏陶，犹记得在经典小说《钢铁是怎样炼成的》中，保尔·柯察金曾说过："人最宝贵的东西是生命。生命对于我们只有一次。一个人的生命应当这样度过：当他回首往事的时候，也不因虚度年华而悔恨，也不因碌碌无为而羞愧。"这句话如同一面镜子，照亮了沈寅初的人生道路，并成为他一生恪守的信念。

沈寅初对生物科学的兴趣始于一次偶然的课堂体验。当时，他的高中老师生动形象地讲解了蛋炒饭在人体内经过消化转化为能量的过程，这段精彩的讲解犹如一颗种子，在沈寅初心中悄然生根发芽。他认为，兴趣是知识探索的源泉，是启迪思维、提升能力的内在引擎。正是这份浓厚的兴趣驱使他在填报高考志愿时，毫不犹豫地将全部 12 个选项都指向了生物化学专业。

1957～1964 年间，沈寅初怀揣着对生物化学的热情，先后在复旦大学生物系攻读生物化学专业本科和微生物生化遗传学专业研究生，完成了一系列严谨而系统的学术训练。毕业后，他毅然投身于刚刚起步的上海市农药研究所，开始了自己在生物化工领域的职业生涯，踏上了关乎人类生活、农业发展、环境保护等诸多方面的广阔天地的不懈探索之旅。

2. 国计民生：科研靶向国家需求

20 世纪 60 年代，中国仍面临严峻的粮食短缺问题，水稻"纹枯病"是横亘在全国粮食生产面前的巨大挑战。这是一种由立枯丝核菌引发的首要水稻病害，尤其在气候湿润炎热的浙江、江苏、福建等地肆虐，年均影响上亿亩稻田，严重威胁到国家粮食安全。尽管 20 世纪 50～60 年代，我国就开始推广使用有机砷制剂来控制纹枯病的发生，但此类制剂却潜藏着对人体健康的危害，可能导致神经系统反应迟钝、四肢末端麻木、认知障碍、行动不便等症状，长期接触甚至有诱发癌症的风险。1962 年，美国著名作家蕾切尔·卡逊（Rachel Carson）在其著作《寂静的春天》中首次公开质疑化学农药的过度使用，这引发了全球对生物农药的关注。

沈寅初洞察到这个问题，他萌生了以生物技术对抗病虫害的想法，希望通过寻找土壤中的有益微生物，替代传统的化学农药。为此，他率领一支仅有五人的团队，踏上了一段艰辛的科研旅程。他们走遍全国各地，深入田野采样，顶着烈日风雨挖掘泥土样本，常常迷失在原始森林，仅带着一瓶水和几块馒头跋涉数十里。在历经无数次的试验与挫败后，他们在堆积如山的上万份土壤样本中筛选了几十万种微生物菌株，每一次实验都充满了未知与挑战。

转折点出现在 1971 年，沈寅初一行来到了红色革命圣地井冈山。这里肥沃的红壤仿佛蕴藏着神秘的力量，在经历了上万次实验的挫折之后，他们终于发现了一种神奇的放线菌微生物。这种微生物的代谢产物对防治水稻纹枯病有着显著的效果，于是，他们将这种微生物制品命名为"井冈霉素"。这一发现不仅为我国的粮食安全带来了福音，同时也体现了沈先生及其团队对生物农药的执着追求，生动展示了化工学科如何与现实生活紧密相连，服务于人们的美好生活。

3. 产研结合：成果惠及田间地头

在沈寅初看来，找寻到适宜的微生物仅仅是科研征程的启航点，真正将科研成果落地生根，实现产业化才是服务人民、践行科学使命的关键一步。在浙江省桐庐县，"井冈霉素"迈出了产业化第一步。沈寅初秉持着"科研服务于产业，科技成果回馈国家"的崇高理念，亲临现场教学指导，亲手安装调试生产设备。经过艰苦卓绝的技术攻坚，井冈霉素的生产效率提高了数百倍，刷新了抗生素行业内单位时间产量的世界纪录，将每亩稻田的用药成本降至不足 0.5 元人民币，成为当时兼具高效低毒特性的农药首选。得益于井冈霉素的广泛应用，年防治稻田面积达到 2 亿亩，成功挽回稻谷损失约 50 亿公斤，我国因此一跃成为全球最大的井冈霉素生产国，产值高达六亿元人民币，对国家经济产生了深远影响。沈先生研发的井冈霉素，随着技术的不断提升，数十年来始终保持价格稳定，至今仍然是我国防治水稻纹枯病的首选且最具性价比的药物。令人感慨的是，沈寅初从这一重大发明中所获得的奖励仅为 87 元人民币。对此，沈寅初表示，那个时代的科研人员都有着朴素的观念，知识是为了服务于大众。他所做的这一切，初衷都是为了让更多的民众受益。正如袁隆平先生用杂交水稻技术保障粮食增产，沈先生则用井冈霉素护航水稻健康生长。

步入 20 世纪 80 年代，沈寅初再度取得重大突破，成功研发了阿维菌素（7501 杀虫素）和浏阳霉素等多种高效抗菌杀虫剂。特别是在多种高毒农药被禁用后，阿维菌素作为替代高毒农药的理想绿色生物农药，以其出色的环保性和有效性受到市场的热烈追捧，实现了快速发展，现已成为我国使用最为广泛的绿色生物农药之一。

4. 后浪推前：培育新人续写辉煌

沈寅初长期与浙江多家企业的产学研合作，多项科技成果已在浙江成功实现产业化，但仍怀抱着退休后教书育人的愿景。1998 年，沈寅初受聘于浙江工业大学，先后担任生物工程研究所首席教授及校长职务。在浙工大，沈寅初组建了一支充满活力且秉承其科研理念的年轻团队。他以满腔热情和深厚的专业素养悉心指导团队成员，使得团队在科研道路上不断取得振奋人心的突破。

沈寅初在浙工大的工作中，尤为重视对年轻科研团队的培育与发展。他深信，作为老一辈教师，肩负着重塑新一代学术带头人的重任，要有宽广的胸怀，积极推动青年人才的成长。老一辈学者虽积累了丰富的经验，但也要清醒认识到创新能力随着时间推移可能会减弱，此时更应将重心转移到培养新生力量上，这是高校持续发展、厚植根基、蓄积后劲的关键所在。

团队成员们深深感激沈院士多年来的辛勤付出和精心栽培，他们深知没有沈院士的积累和指导，很难取得如此丰硕的科研成果。然而，沈寅初院士总是将自己的名字置于诸多奖项之后，因为他坚信科研的本质是集体协作，需要有无私奉献、不计个人得失的精神。作为团队的领导者，应当具备先人后己的精神，在奖金分配、成果共享等环节充分体现高尚的职业道德和人文关怀。通过这样的典范引领，沈院士不仅传承了化工科研的智慧火种，也生动诠释了化学工业如何通过教育与实践滋养美好生活。

任务四 走进一家企业——安徽丰原集团有限公司

在自然与工业交织的乐章中，柠檬酸与聚乳酸以其独特的魅力，谱写着化学工业的绿色进化史。从柠檬酸的古老发现到现代深层发酵的革命，从聚乳酸的诞生到开启生物基材料的新纪元，以其全生命周期的环保优势，重新定义了材料科学的可持续道路。在中国这片沃土上，安徽丰原集团有限公司（简称"丰原集团"）以创新为刃，斩破技术枷锁，从突破柠檬酸生产困境到聚乳酸合成技术的自主掌握，不仅成就了全球领先的产业地位，更向世界展示了废弃物重生的奇迹。秸秆，这一曾被视为农业负担的资源，在丰原集团的科技魔法下，摇身一变成为宝贵的生物原料，联产黄腐酸，滋养土地，形成闭环生态链，生动诠释了循环经济的真谛。这一系列辉煌成就，不仅仅是科技进步的胜利，更是对"绿水青山就是金山银山"深刻理解的实践。丰原集团的故事，是中国化学工业推动绿色发展的缩影，它激励着每一个化工人继续探索人与自然和谐共生的发展之道，用科技的力量守护地球，共创未来生活的美好图景。

1. 酸甜之源：从自然馈赠到工业奇迹

柠檬酸，又称枸橼酸，通常呈现为无色透明或半透明的晶体形态，或是细腻的粉末状。它是一种在自然界广泛分布的典型三羧酸类化合物，尤其在食品（占比约75%）、医药（约占10%）等行业有着极其广泛的应用，不仅作为酸味剂使用，还充当防腐助剂、pH值调整剂等多种功能角色。

追溯历史，1784年，瑞典化学家卡尔·威廉·舍勒（Karl Wilhelm Scheele）首次从柠檬果汁中分离纯化出柠檬酸。随后，在1891年，威廉·韦默尔（Wilhelm Weimer）发现某些霉菌能产生有机酸，其中柠檬酸也被确认是由黑曲霉菌的代谢活动产生的。1919年，比利时的一家工厂率先成功运用浅盘法实现柠檬酸的批量生产。紧接着，1923年，美国辉瑞公司开先河，利用黑曲霉菌对糖蜜进行浅盘发酵，从而开启了柠檬酸工业化生产的大门。尽管浅盘发酵法设备简易、操作直观，但由于劳动强度大、空间利用效率低下，只能算作柠檬酸早期生产工艺的代表。

转折点出现在1952年，美国迈尔斯公司成功运用深层发酵法进行柠檬酸的工业化生产，这一革新有效地取代了传统的浅盘发酵工艺，极大地推动了全球柠檬酸产业的快速发展。现代工业化生产中，液态深层发酵因其显著的优点，如劳动强度小、生产效率高等，成为柠檬酸生产的主要途径，目前市场上80%以上的柠檬酸产品均通过此种发酵方式产出。

与此同时，固态发酵作为一种新型研究热点，正在逐渐崭露头角。该方法在固态基质而非游离液体中进行发酵，特别适合利用工农业废弃物作为原料，有助于降低成本并减少环境污染。固态发酵只需维持适宜湿度即可进行，具有能耗低、废水排放量小等优点，极具发展潜力。然而，这种方法也面临挑战，如自动化程度相对较低，废料组分复杂导致产品分离提纯难度较大，难以实现大规模商业化运营。尽管如此，随着科技的进步，固态发酵有望在未来克服现有局限，为柠檬酸产业带来更为绿色可持续的发展路径。表4-15为不同类型柠檬酸发酵工艺比对汇总表。

表 4-15　不同类型柠檬酸发酵工艺比对

序号	发酵工艺	特点
1	浅盘发酵	设备简单、易操作；劳动强度大且空间利用率低
2	深层发酵	劳动强度小、生产效率高、占用空间小、自动化程度高
3	固体发酵	无游离液体、能耗低、废水产量少、成本低、污染少； 自动化程度较低，废料成分复杂，分离提纯难度大

2. 发酵艺术：从深层发酵到清液发酵

相较于国外较早的研究历程，我国在柠檬酸发酵技术方面的探索始于 20 世纪 50 年代。直至 1968 年，我国科学家才首次成功采用淀粉作为原料，实现柠檬酸深层发酵的国内生产。与此同时，天津工业微生物研究所也研发出利用薯干为原料的柠檬酸深层发酵技术。然而，初期的发酵工艺存在诸多弊端，如环境污染严重、生产成本高昂、原料与设备利用率偏低等问题。彼时，现今丰原集团的前身——蚌埠柠檬酸厂就因受制于上述困境而一度陷入经营危机。

转机发生在 1995 年，丰原集团创新研发出清液发酵的专利技术，改以玉米粉等为原料，通过改进发酵液纯化技术与母液净化处理工艺，基本上实现了柠檬酸清洁化生产，并一举降低了产品成本（每吨节省 2000 元），同时将废水排放量减少了 50%，产品质量全面达到美国药典和英国药典的标准，从而使得丰原集团成功扭转亏损局面。自那以后短短七年间，其年产量从 3000 吨飞跃增长至 22 万吨，一跃成为当时全球最大的柠檬酸生产基地。值得一提的是，1996 年，这项创新技术获得了世界知识产权组织与中国国家专利局共同颁发的中国发明专利金奖殊荣。时至今日，诸如可口可乐、百事可乐等国际知名品牌已成为丰原集团的重要合作伙伴，见证了我国化工技术创新对于提升生活质量、促进绿色环保发展的积极作用。

3. 聚合乳酸：绿色科技塑造未来生活

聚乳酸是一种源于大自然的神奇材料，它以玉米、薯类等富含淀粉的生物质或植物秸秆中的纤维素为起始原料。首先，这些原料经过糖化解析，得到纯净的葡萄糖；接着，通过微生物发酵技术提炼出高品质乳酸；最后，借助精细的化学合成工艺，我们得以创造出这种可降解的生物材料——聚乳酸。聚乳酸具有环保无毒、天然抗菌、不易燃烧以及优良的生物相容性等特性。

对比传统的石油基材料，以聚乳酸为代表的生物基材料在其整个生命周期内的碳排放量仅为前者的 10% ～ 20%。值得一提的是，聚乳酸制品在特定堆肥条件下，只需短短 25 周就能够完全降解，而常见的石油基塑料则需要上百年才能完成同样的降解过程。当聚乳酸制品废弃后，在水、细菌和微生物的协同作用下，最终会分解为二氧化碳（CO_2）和水（H_2O）。这两种分解产物通过植物的光合作用又可转化为淀粉，淀粉再次被用来合成聚乳酸，形成了一个闭合、清洁的碳循环过程（图 4-18），从根本上实现了对环境的零污染。

在日常生活中，聚乳酸这种神奇的材料几乎无处不在，从常用的一次性餐具、各类包装材料，到高端医疗领域的植入器械，都有其身影。在生物医药领域，科研人员巧妙地将聚乳酸制成纳米颗粒，用作抗肿瘤药物他莫昔芬的靶向输送工具，或是作为骨骼修复手术中的支架材料，为治疗疾病提供了新的可能性。而在工农业领域，聚乳酸同样大展拳脚，被制作成环保型农用地膜和农用缓释肥料载体，有效助力现代农业可持续发展。此外，由于聚乳酸具有良好的抑菌性能，它在食品保鲜领域也得到了广泛应用，比如用作食品保鲜膜等包装材料，既能有效延长食品保存期限，又能保障食品安全，让人们吃得更放心。

图 4-18　聚乳酸的绿色循环

4. 科技破壁：聚乳酸合成法的演进与挑战

聚乳酸的合成主要有两种主流方法，分别是直接聚合法（一步法）和丙交酯开环聚合法（两步法）。一步法制备聚乳酸，顾名思义，就是在特定脱水剂作用下，乳酸分子间直接脱水形成低聚物，随后在催化剂或高温条件下进一步发生缩合反应，生成聚乳酸。尽管一步法工艺流程简洁明了，但在实际操作中，由于体系内部同时包含乳酸单体、丙交酯以及水分，随着反应进程的推进，物料黏度逐渐增大，脱水变得愈发困难，且由于聚乳酸易受水解影响，所以难以获得高分子量的产品。相比之下，两步法制备聚乳酸则更为精细化。首先，通过一系列脱水、环化和精制提纯步骤，将乳酸转化为丙交酯，然后再进行开环聚合反应，最终得到高分子量的聚乳酸。目前，市面上大部分聚乳酸的工业化生产采用的就是这种两步法工艺。该方法具有可控性强、所得聚乳酸分子量分布窄、产品纯度高、机械强度优越等特点。

不过，需要注意的是，尽管我国在聚乳酸技术研发方面取得了一定进展，但在关键技术领域，长期以来受到了美国嘉吉（Cargill）公司和荷兰 Purac 公司的技术壁垒限制。然而，这并未阻止我国科研人员在该领域的持续探索和努力，力争打破技术封锁，为实现化学工业与美好生活的深度融合奠定坚实基础。表 4-16 为不同类型聚乳酸发酵工艺对比汇总表。

表 4-16　不同类型聚乳酸发酵工艺对比

方法	流程	特点
直接聚合法	一步：乳酸→聚乳酸	流程短、成本低、产物分子量低
丙交酯开环聚合法	两步：乳酸→丙交酯→聚乳酸	工艺易控、成本高、丙交酯提纯难度大、产物分子量高

5. 丰原篇章：聚乳酸产业的自主突破与绿色发展

2020 年，丰原集团成功实现了对两步法聚乳酸生产技术的全面突破。这一成就不仅解决了聚乳酸从微生物发酵源头至生产工艺流程，再到成本管控等一系列关键问题，更是标志着我国已实现聚乳酸生产设备的自主研发和国产化替代，一举打破了国际上长达 30 年的技术壁垒，从而使中国成为全球第三个掌握聚乳酸核心制造技术的国家。

步入 2022 年，丰原集团作为行业翘楚，其主打产品聚乳酸在国内市场份额已经接近半壁江山，稳居全国首位。值得一提的是，丰原集团还成为北京 2022 年冬奥会和冬残奥会官方指定生物可降解餐具供应商，总计提供了多达 3650 万套生物可降解餐具，其中包括一次性使用的刀叉勺、餐盒、餐盘以及吸管等，甚至还有可供循环使用的餐盘系列。这些环保餐具的广泛应用有力地支撑了"低碳奥运"和"绿色奥运"的理念，为中国乃至全世界展现了化学工业与绿色环保生活方式的紧密结合，诠释了化工产业在创造美好生活上的重要作用。

6. 秸秆新生：废弃物转化与产业革新之道

当前，聚乳酸生产大多依赖于玉米等粮食作物，如何在保障粮食安全的前提下，发掘新的生产路径，成为产业升级的一大关键。据统计，我国每年可再生生物质资源总量约为 20 亿吨，其中，秸秆资源高达 8 亿～ 9 亿吨。然而，秸秆因其低廉的价格、庞大的数量和轻质的特性，导致长途运输成本偏高，削弱了其经济价值，农民回收利用秸秆的积极性受限，秸秆资源的有效利用始终未能取得重大突破。

自 2010 年起，丰原集团在不断创新和完善淀粉质原料生产聚乳酸技术的同时，前瞻性地投入研发，探索利用包括秸秆在内的农林废弃物来生产聚乳酸的新技术。2023 年，丰原集团成功研发了一项农作物秸秆制糖联产黄腐酸的关键技术（图 4-19）。该技术首先通过酶解过程将秸秆转化为混合糖，这些混合糖可以进一步加工成乳酸，再经由丙交酯生产环节最终聚合为聚乳酸。与此同时，该过程还会联产出黄腐酸这一高效有机肥料，可用于改良农田土壤。

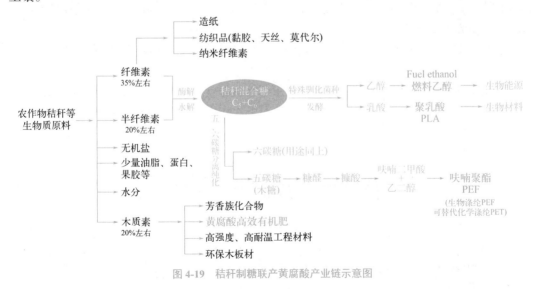

图 4-19 秸秆制糖联产黄腐酸产业链示意图

具体来说，每 2.5 ～ 2.7 吨秸秆即可产出 1 吨秸秆混合糖，并联产 1.5 ～ 1.7 吨黄腐酸高效有机肥。这样一来，秸秆不仅实现了完全无害化处理，还成功转变为零碳排放资源，同时有效提升了农林废弃物的利用价值，一举破解了秸秆回收难、利用率低的困局，为后石油时代的产业变革提供了新的发展方向。

丰原集团在攻克聚乳酸生产技术瓶颈、推动生物质资源高效利用上展现了我国化工产业的创新力量与社会责任。其率先打破国外技术垄断，实现聚乳酸全产业链国产化，不仅提升了我国在新材料领域的自主竞争力，也为全球生物基材料产业树立了绿色可持续发展的典范。展望未来，丰原集团的成功实践将激励更多企业和科研机构投入到生物质资源的深度开发与利用之中，进一步拓宽生物基产品的应用场景，推动化工产业向着绿色、低碳、循环经济的方向转型升级。丰原集团取得的一系列成果不仅是对"绿水青山就是金山银山"理念的具体实践，也是我国化工行业致力于服务美好生活、守护地球家园的有力见证。随着科学技术的持续进步，我们有理由相信，未来会有更多像丰原集团一样的中国企业，在化学工业的驱动下，以创新驱动发展，以绿色缔造美好，共绘美丽中国的宏伟蓝图。

任务五　发起一轮讨论——坚持系统观念

在探索可持续发展的过程中，坚持系统观念不仅是理论导向，更是实践刚需。从可降解塑料的兴起，我们见证了材料科学与生态保护的深度融合，这要求我们在设计生产到废弃的全链条中考虑环境影响，构建闭环系统。中国乙醇工业的发展历程，特别是沈寅初先生的贡献，映射出科技创新与产业实践相结合的系统思维，从单一产品开发到产研融合，再到循环经济的推进，每一步都需全局规划。丰原集团的绿色转型实例，展示了产业链条上每个环节的优化与整合对实现整体生态友好型生产的重要性。这些事例共同强调，面对环境挑战，任何单一策略都非孤立存在，必须在系统的框架下协同推进，确保经济、社会与环境效益的和谐共生，方能绘就可持续发展的宏伟蓝图。

讨论主题一：请从可降解塑料的产品开发与应用来分析其对能源利用、环境保护、经济发展、生命健康的意义。

讨论主题二：请从乙醇燃料发酵工艺的发展历史来分析我国能源产业的发展趋势和理念是什么。

讨论主题三：请从沈寅初先生的成长故事来分析如何将个人爱好与人民需要相结合。

讨论主题四：请从丰原集团的企业故事来分析农作物秸秆制糖联产黄腐酸等技术创新的意义。

任务六　完成一项测试

1. 从降解机理来说，下列不属于常见降解方式的是（　　）。

A. 光降解　　　　　B. 热降解　　　　　C. 生物降解　　　　　D. 电降解

2. 下列属于第 2 代乙醇生物发酵工艺的原料的是（　　）。

A. 玉米　　　　　B. 甘蔗　　　　　C. 秸秆　　　　　D. 微藻

3. 下列不属于沈寅初先生的研究成果的是（　　）。

A. 微生物法生产乙醇　　　　　　　　B. 微生物法生产丙烯酰胺

C. 阿维菌素　　　　　　　　　　　　D. 井冈霉素

4. 以下不属于生物可降解材料聚乳酸的应用领域的是（　　）。

A. 药物缓释载体　　　B. 食品包装　　　　C. 骨头支架材料　　　D. 耐水自清洁材料

参考文献

[1] 中国化工博物馆组织编写. 中国化学工业百年发展史 [M]. 北京：化学工业出版社，2021.

[2] 王成扬，张毅民，唐韶坤. 现代化工导论 [M]. 4 版. 北京：化学工业出版社，2021.

[3] 景崤壁. 化学与社会生活 [M]. 北京：化学工业出版社，2019.

[4] 谢洪珍. 化学与人类社会 [M]. 北京：化学工业出版社，2023.

[5] 杨文，邱丽华. 化学与生活 [M]. 北京：化学工业出版社，2020.

[6] 唐玉海，张雯. 化学与人类文明 [M]. 北京：化学工业出版社，2020.

[7] 陈浩文. 化学与生活 [M]. 2 版. 北京：化学工业出版社，2021.

[8] 李志松，田伟军. 化学与生活 [M]. 北京：化学工业出版社，2018.

[9] 李淑芬，王成扬，张毅民. 现代化工导论 [M]. 3 版. 北京：化学工业出版社，2020.

[10] 任仁，于志辉，陈莎，等. 化学与环境 [M]. 3 版. 北京：化学工业出版社，2023.